四川藏区高速公路科技示范工程论文集

中国公路学会　编

人民交通出版社股份有限公司
China Communications Press Co.,Ltd.

内 容 提 要

论文集均为四川藏区高速公路参建者在科技攻关、施工管理实践过程中写就,旨在展示该地区高速公路建设、管理方面的科研成果。论文集共分四个篇章:综合管理篇、桥梁工程篇、隧道工程篇、道路工程篇,共计54论文篇。综合管理篇有从宏观层面分析四川藏区高速公路管理难点及创新举措的,也有从典型案例中总结管理经验及措施的;桥梁工程篇和隧道工程篇是本论文集的重要组成部分,均为四川藏区高速公路项目中的创新亮点、新方法、新工艺以及重点项目介绍;道路工程篇包括了公路勘察设计、安全性分析以及典型项目介绍等。

图书在版编目(CIP)数据

四川藏区高速公路科技示范工程论文集 / 中国公路学会编. —北京:人民交通出版社股份有限公司,2019.2

ISBN 978-7-114-15167-5

Ⅰ.①四… Ⅱ.①中… Ⅲ.①高速公路—道路工程—四川—文集 Ⅳ.①U412.36-53

中国版本图书馆 CIP 数据核字(2018)第275201号

Sichuan Zangqu Gaosu Gonglu Keji Shifan Gongcheng Lunwenji

书　　名:四川藏区高速公路科技示范工程论文集
著 作 者:中国公路学会
责任编辑:刘永芬
责任校对:刘　芹
责任印制:张　凯
出版发行:人民交通出版社股份有限公司
地　　址:(100011)北京市朝阳区安定门外外馆斜街3号
网　　址:http://www.ccpress.com.cn
销售电话:(010)59757973
总 经 销:人民交通出版社股份有限公司发行部
经　　销:各地新华书店
印　　刷:北京虎彩文化传播有限公司
开　　本:787×1092　1/16
印　　张:24.25
字　　数:566千
版　　次:2019年2月　第1版
印　　次:2019年2月　第1次印刷
书　　号:ISBN 978-7-114-15167-5
定　　价:85.00元

前　言

自“十一五”以来，国家和四川省政府累计投入上百亿元，对连通川藏两地的公路进行全面升级改造，但恶劣的地形地质条件、有限的技术设备等决定了改造完成后的公路不具备原路拓宽的条件，无法满足社会经济、交通运输和军事国防等方面对运输能力的更高需求。“十一五”末期，在各方的大力扶持下，以雅康、汶马高速公路等为代表的一批高速公路项目醒目地出现在川藏大交通的规划蓝图上，这批高速公路的贯通将打破由川入藏的交通瓶颈，助力推动相关地区“交通+旅游”融合发展，带动农牧民增收，带动当地经济和社会发展。

但知易行难。茫茫川藏高原，崇山峻岭，山高谷深，河流纵横，构造、地形、地质条件极其复杂，气候条件极其恶劣，生态条件极其脆弱，建设条件极其艰难……修建四川藏区高速公路，对设计、施工、管理都提出了诸多前所未有的挑战。雅康高速公路开工伊始，四川藏区高速公路有限责任公司基于可持续发展理论，以建设绿色高速公路为核心，大力发展科技创新，强化科技成果推广应用，以生态旅游高速公路建设的要求，打造一个绿色科技示范工程，全面推广安全、高效、绿色的交通技术科技成果，取得了巨大成效，得到了交通运输部、省政府和社会公众的高度认可。雅康、汶马高速公路被科技部列为“十三五”国家重点研发计划示范工程。

为全面总结和宣传四川藏区高速公路示范工程的创新技术成果和管理经验，在中国公路学会与四川省交通投资集团有限责任公司联合主办的2018全国桥梁与隧道建设关键技术创新成果研讨会召开之际，会议主办方收集了管理方、设计方、施工方等多方具有代表性的论文出版成书，集中展示四川藏区高速公路示范工程项目在安全、高效、绿色发展等方面取得的成果。

论文集分为综合管理篇、桥梁工程篇、隧道工程篇、道路工程篇四个篇章，共计54篇论文。这些论文均为四川藏区高速公路参建者在科技攻关、施工管理实践过程中写就，文中数据经过反复试验和推敲，将在四川藏区高速公路上得到检验，显示出其创新性、优越性以及社会效益和经济效益，为同类型工程提供经验与借鉴。

论文集在编写和出版过程中，得到了四川省交通投资集团有限责任公司、四川藏区高速公路有限责任公司、四川雅康高速公路有限责任公司、四川汶马高速公路有限责任公司、四川公路桥梁建设集团有限公司、中铁十二局集团有限公司、四川交投建设工程股份有限公司、中交一公局海威工程建设有限公司、四川省交通运输厅公路规划勘察设计研究院等单位和各级领导的大力支持，他们中绝大部分人长期驻守一线，用严谨的工作态度，坚守着朴实的科研之心，为我国交通运输事业的健康可持续发展，做出了巨大的贡献，在此表示由衷的感谢。

编　者

2018年10月

目　录

综合管理篇

桥梁工程篇

隧道工程篇

道路工程篇

· 综合管理篇 ·

川藏梯度带高速公路建设管理模式研究

袁飞云

（四川藏区高速公路有限责任公司，成都 610041）

摘　要：随着我国高速公路网建设速度逐步加快，建设重心向西部艰险山区转移，具有典型特点和代表的川藏梯度带高速公路建设面临诸多机遇和挑战。本文针对川藏梯度带高速公路特点，从地形、地质、气候、生态环境和建设实施等方面提出建设管理过程中待解决的五大技术难题。从前期工作、施工管理和运营维护等方面详细阐述了川藏梯度带高速公路建设的管理方式，有效、有序和有力推进了川藏梯度带高速公路的建设并保证了项目运营维护的健康长效。

关键词：川藏高速公路　梯度带　建设管理

1　引言

四川藏区高速公路地处四川盆地向青藏高原快速攀升区域，高速公路项目的建设对于贯彻深入实施西部大开发和长江经济带发展战略，完善国家和四川省高速公路网，改善区域交通条件，维护藏区民族团结和社会稳定，促进沿线旅游资源开发和经济社会协调发展等具有重要意义。但对于地形地质条件复杂，气候生态环境多变的川藏高速梯度带而言，建设高速公路面临诸多挑战。

川藏梯度带高速公路建设所面临的问题分为五类，分别是：①地形：项目处于四川盆地向青藏高原过渡的边缘地带，沿路穿越狭窄河谷和高大山体，山势陡峭，地形起伏巨大，地貌类型复杂多样，横断山脉的岭谷高差一般在1000~2000m，甚至高达5000m以上，多为典型的V字形深大峡谷；②地质：项目穿越Y字形构造体系断裂带，紧邻“5·12”汶川地震震中，地震烈度高，沿线岩体破碎，滑坡、泥石流、崩塌等地质灾害多；③高速公路穿越不同气候垂直分布带，高海拔路段的雨、雪、冰、雾、风等恶劣气候影响时间长；④高速公路紧邻风景名胜区、大熊猫栖息地等自然保护区，工程建设过程中带来的弃渣、植被破坏等对环境影响大；⑤高速公路桥隧工程多，技术难度极高，雅康、汶马高速桥隧比分别达82%和86.5%，同时地区昼夜温差大，施工机械效率低，施工质量控制难度大。

针对以上五类技术难题，本文从前期工作、施工管理和运营维护三个方面详细阐述川藏梯度带高速公路建设的管理方式，为川藏梯度带高速公路的建设提出了适宜的管理方式。

2 前期工作

川藏梯度带高速公路前期工作是管理工作的重点，设计线路的规划、科研成果的转化，新技术和新工法的运用都能在很大程度上解决建设难题。本节主要从以下几个方面介绍本次建设管理的前期工作内容。

2.1 应对方案的制定

前期工作中，首先要针对川藏梯度带高速公路建设管理提出四步应对方案：

(1)创新理念，健全机制。根据“立足安全、创新破难、全面介入、有序推进”的勘察设计管理理念，抓好“两个阶段，三个环节”工作，按照设计准备和全面开展设计两个阶段组织实施，在设计方案研究、外业方案优化和开放内业设计等三个环节具体控制的思路下有序推进设计工作。预判建设管理难点，制定专项管理制度，成立安全、环保、质量、内控、协调等多个工作组，建立联系机制。

(2)专家献策，群策群力。交通运输部专家委员会四川藏区高速公路建设专家组召开三次专题会议，院士团队多次现场踏勘，当场诊断，建立各个专业联系专家库，遇到问题立即踏勘，立即解决，不留隐患。

(3)科技支撑，成果转化。突出“解决生产问题，支撑产业发展”的攻关导向，专项制定各个环节科研任务，联合开展技术攻关，同步推进“产学研用”协同创新，全面开展成果转化。

(4)队伍建设，人才培养。人才队伍是工程建设的重要生产力，是企业可持续发展的核心力量，通过藏区高速公路重大工程的历练，弘扬传承“两路精神”，培养一支具有丰富建设管理经验的藏区高速公路建设主力军。

2.2 针对性的勘察测量

依据四川藏区高速公路五类技术难题和工程建设的特点，科学、合理、有针对性地开展勘察测量工作，并根据工程推进情况实行动态管理，主要包括以下两个部分：

(1)针对高陡边坡、特长隧道、互通立交、潜在地灾段(高瓦斯、岩爆、涌突水、断层破碎带、滑坡泥石流区等)开展重点勘察。

(2)根据藏区高速公路重大地质灾害特点，提出地质灾害防治“1+4”工作方案，“1”即“开展沿线区域地质灾害综合分析评估，形成1个评估报告”，“4”即整治一批已发生的地质灾害，排查一批潜在的地质灾害，监测一批存在重大隐患的地质灾害，上报一批对高速公路造成巨大威胁的线外地质灾害。

2.3 开展设计专项研究

制定四个设计原则：穷尽方案，反复论证；结构设计，全面比选；动态设计，实时调整；创新设计，因地制宜。

采取五个措施进行设计专项研究：①融合“五个极其”特点，结合智慧交通、绿色交通等精神，打造品质工程；②现场办公，专家论证，从源头上控制图纸质量；③管理上定期复盘，对设计成果重新梳理，特别是灾害发生后，对原设计进行再认识、再评估，积累宝贵藏区建设经验；④对水保、环评、地灾、行洪、安评等，严格把控，纳入设计，指导落地；⑤重大结构安全问题专项设计,一事一议。

2.4 严格执行逐级审核制度

对于参建单位和业主单位均严格执行逐级审核制度,严格审核,层层把关,保证川藏梯度带高速公路建设的顺利进行。对于参建单位而言:各单位成果自查→专家评审→行业主管部门审核→藏高公司核对;对业主单位而言:业主代表处审查→项目公司审查→藏高公司审查→集团审查(重要节点)。

3 施工管理

施工过程管理决定了川藏梯度带高速公路建设的顺利实施,本项目主要通过落实各层级职责职能、建立重点节点处治机制、完善应急救援措施和加强科技支撑来实现。

3.1 各层级的职责职能

各层级职责职能主要为:集团公司负责项目建设的统筹管理→藏高公司进行项目建设管理的统筹协调→项目公司负责工程项目的具体落实→驻工地业主代表处负责工程项目的实际执行工况。通过各层级职责职能的落实,实现了四个职能目标即工程质量精准控制、工程安全全程监管、工程进度周期复合和工程信息互联互通。

3.2 建立重点节点处治机制

针对职责职能的不同,项目公司和参建单位的处治机制存在差异,具体如下:

对于项目公司而言,需要明确管理层级和边界,大力推动效率变革;采用倒排工期、正排工序的方式完成相应建设计划作为项目建设管理目标总纲,业主代表深入到第一线进行岗位专业、职业道德、业务水平等培养,此外业主代表处还需与总监办、试验室、设计代表实施合署办公。

对于参建单位而言,要求坚持三化(标准化、机械化、程序化)、四个集中的核心思想;按照两个程序(监理、试验检测)、三个系统(视频监控、试验数据、计量支付)、四专机制(专业监控、专题会议、专家咨询、专项费用)进行管理,现场施工作业遵循同步安排、并联推进、交叉作业、无缝衔接的工作思路。

3.3 完善应急救援措施

项目建设过程中需要加强隐患排查,确保灾害隐患及时发现并排除。健全应急预案以应对不同程度的灾害隐患,细化到各部门和相应职责。强化施工现场应急演练,提高高速公路建设工作人员的应急能力(图1)。针对项目建设过程中质量安全事故采用一票否决制度。

通过以上途径完善川藏梯度带高速公路建设过程中应急救援措施对保证项目的安全建设具有重要意义。

3.4 加强科技支撑

加强科技支撑力度。做好联合技术攻关和专题研究,有序推进各个层级的科研课题,做好阶段性成果推广应用示范工作。

按照一个目标(安全)、两个出发点(公路基础设施和人车营运环境)、三个层面(专题研究、成果应用、研究试验)、四个方面(防灾减灾、安全畅通、经济节能、重大工程)立项科研课题,指导工程建设和管理。

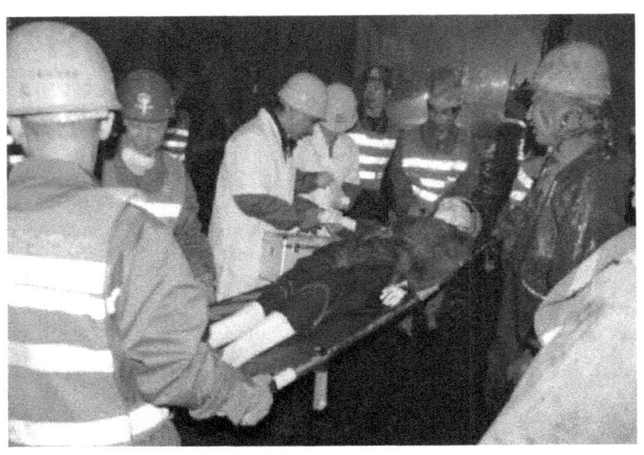

图 1　现场应急演练

4　运营维护

川藏梯度带高速公路的运营维护主要从信息化管理、队伍建设、风险防控三个方面进行管理,其中建设工程中的全寿命周期信息化管理是本项目的特色。

4.1　信息化管理

项目应用“高速云”平台,实现项目管理核心链条上质量管理、计量支付、资金拨付等软件的联通联动,切实提高了项目管理的力度和效率。打造具有鲜明行业特点的信息化软件,以高速云协同办公软件为基础,积极参与集团公司信息化管理平台建设。

此外,高速公路运营维护中充分利用了现代 BIM 技术,建成建设期和运营期 BIM+GIS 信息化管理平台(图 2),对项目全寿命周期实施现代化管理。

图 2　BIM+GIS 信息化管理平台

在 BIM+GIS 信息化管理平台的基础上,项目形成了完整系统的川藏梯度带高速公路运营维护管理系统(图 3),取得了良好的效果。

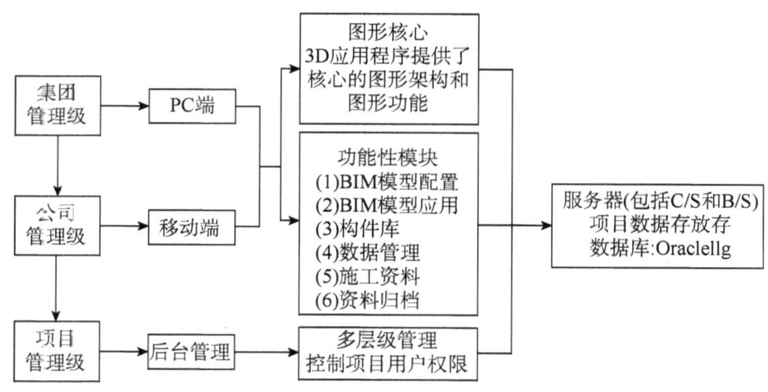

图3 川藏梯度带高速公路运营维护管理系统

4.2 队伍建设

队伍建设过程以支撑企业发展为出发点和落脚点。择优选聘、招聘补齐空缺岗位。期间强化学习培训,开展实战练兵,强化企业文化,开展多项劳动竞赛。按照发展战略要求,结合实际情况需要,采用市场化招聘方式,不断充实人才队伍,为公司的不断发展奠定人才基础,有效提升公司核心竞争力。积极开展现有职工的教育培训,不断增强职员的业务能力和职业素养,不断加强人才队伍建设。不断完善反腐败防控体系建设,加强党员干部队伍建设,促进优良党风形成,推动公司大力发展。

4.3 风险防控

项目建设过程中进一步加强风险防控。深入开展廉洁警示教育和廉洁文化建设,加大对"三重一大"、工程建设、产业多元化等领域廉洁风险防控力度。巩固廉洁风险防控"月分析"、效能监察等好的工作机制,充分运用监督执纪"四种形态",加强作风建设,防止"四风"反弹。强化审计结果运用,发挥审计对发现问题、提升管理、预防廉洁风险的积极作用。加强信访稳定工作。

5 结语

本文根据川藏梯度带自身特点,总结得到该地区高速公路建设过程中的五个技术难题,在此基础上从前期工作、施工管理和运营维护三个方面进行研究,得出主要结论如下:

(1)前期工作是项目建设的重点,制定详细的应对方案,进行具有针对性的勘察测量,开展设计专项研究和严格执行审核制度是项目顺利开展的前提。

(2)施工管理中需明确各层级的职责职能,并据此分项目公司和参建单位建立重点节点的处治机制,完善应急救援措施并强化施工现场的应急演练,加强科技支撑力度,做好技术攻关和成果转换能够保证项目的顺利进行。

(3)运营维护期间应用了"高速云"平台并利用了BIM技术,建成建设期和运营期BIM+GIS信息化管理平台。此外,通过加强队伍建设和风险防控对运营期管理起到了积极作用。

参 考 文 献

[1] 袁飞云,李永林,郑斌. 四川藏区高速公路斜坡地质灾害防范对策[J]. 地质灾害与环境保护, 2018,29(2):23-27.

[2] 李盟, 李顶萌. 提高高速公路路政管理水平的途径[J]. 交通运输研究, 2010(7):33-35.

[3] 石磊. 高速公路管理措施分析[J]. 交通世界, 2017(24):128-129.

[4] 宋扬. 新时期高速公路管理模式分析[J]. 工程建设与设计, 2017(16):164-165.

[5] 吴文娟, 沙爱民, 姚辉宁,等. 高速公路资产综合优化管理研究[J]. 公路交通科技, 2011, 28(4):146-152.

[6] 袁广学. BIM 在高速公路建设前期标准化管理中的应用[J]. 工程建设与设计, 2017(22):206-208.

[7] 邱彬. 高速公路管理常见问题及应对策略分析[J]. 科技创新与应用, 2017(13):217-217.

四川藏区高速"交通+旅游"融合发展背景下项目开发策略研究

陈　渤[1]　章旭韬[2]

(1.四川藏区高速公路有限责任公司,成都 610041;2.四川省港航开发有限责任公司,成都 610041)

摘　要:近年来,国家大力倡导"创新、协调、绿色、开放、共享"发展理念,旅游业迎来了创新发展的黄金时期,同时,旅游产业已成为我国国民经济中发展速度最快和具有明显国际竞争优势的产业之一。随着《国务院关于促进旅游业改革发展的若干意见》《国务院关于印发"十三五"旅游业发展规划的通知》《关于促进交通运输与旅游融合发展的若干意见》和《四川省"十三五"旅游业发展规划》等文件的相继出台,"交通+旅游"的融合(以下简称"交旅融合")发展已迫在眉睫。本文通过对藏区交旅融合发展情况进行分析和研究,找出存在的问题,并结合 RMIP 理论对兴康特大桥景区规划与实施现状,总结出解决方法。合理利用并优化现有旅游资源,对客源市场进行明确,凸显品牌形象,丰富藏区旅游产品,探索交旅融合发展可复制化的模式,希望能为藏区交旅融合发展项目做出微薄贡献,为国内将来交旅融合发展方向提供一些思路与借鉴。

关键词:"交通+旅游"融合发展　RMIP 理论　开发策略

1　引言

1.1　"交通+旅游"融合发展的背景及意义

1.1.1　"交通+旅游"融合发展的背景

任何旅游者要实现从定居地到目的地之间的旅行,都必须借助良好的交通条件和运输工具,交通运输是旅游业发展的基础支撑和先决条件。然而随着经济的发展,人民对美好生活需求的日益增长,传统的旅游模式已经不能适应大众旅游新时代的要求。2017 年 7 月,交通运输部联合国家旅游局等六部门,发布了《关于促进交通运输与旅游融合发展的若干意见》,提出"进一步扩大交通运输有效供给,优化旅游业发展的基础条件,加快形成交通运输与旅游融合发展的新格局"。预示着旅游与交通融合发展的趋势将越来越强劲,需要重新认识交通运输在旅游中的地位与作用。

1.1.2　"交通+旅游"融合发展的意义

近年来,我国多地为推动区域旅游发展,纷纷启动旅游公路、高速公路、国省干线公路建设,全面贯彻旅游理念,融入旅游元素,努力将本区域的公路打造成生态景观路或旅游路,以推动当地旅游产业发展。交通本身就可以形成一种交通旅游品牌,利用水上、陆地、空中以及特种旅游交通方式能拉动全国各省域市县地方经济消费。策划设计基于交通资源的旅游新产品——交通旅游产品,具有广阔市场潜力和消费空间,交通与旅游的跨行业、跨部门、跨学科合作已经成为趋势和必然,"交通+旅游"概念将被运用在更加广泛的领域。

1.2 国内外"交通+旅游"研究综述

1.2.1 "交通+旅游"融合发展国外研究现状

国外旅游公路起步较早,从18世纪开始,以公园道和绿道为代表的绿带式景观道路在欧美等国家开始出现。它们把绿色引入城市,是具有游憩、生态、美学等多种意义的绿道,也是景观公路的雏形。而在旅游和交通之间关系的研究方面,主要集中在交通对旅游需求的影响和交通对旅游目的地发展的影响。学者们逐渐认识到交通与旅游地发展密不可分,不但在新旅游地开发、发展中有至关重要作用,而且对现有旅游地的快速发展也起到了关键性的作用,健全合适的交通环境甚至可以使被人遗忘的旅游地重新焕发青春。

1.2.2 "交通+旅游"融合发展国内研究现状

近年来,随着我国经济的发展及对旅游资源大力开发,旅游业得到了蓬勃发展,与旅游相关的各种研究工作的陆续开展,旅游发展与交通建设之间相互关系的研究越来越受到关注,研究的内容也越来越丰富、深入细致。如孙有望等学者以上海为研究对象,不但记述和分析交通旅游的概念、要素,同时研究、策划与设计了以上海市为中心的交通旅游项目;薛佳通过对交通工具的选用、道路、站点的建设的研究,分析了旅游交通发展的方法措施,并针对不同交通工具功能与特点,提出了相关的旅游发展建议。

综上所述,国内外对旅游交通基础理论、定性分析的研究比较少,且均将研究的重点放在了旅游与交通发展的关系上,未对交旅融合发展模式、交旅融合项目展开深入研究并上升到一定理论层面。基于此,对藏区高速交旅融合发展战略研究将对我国高速公路交通旅游融合发展建设起到引领示范的作用。

2 四川藏区"交通+旅游"融合发展现状分析

四川藏区高速公路有限责任公司(以下简称"藏高公司")积极响应国家相关部委、部门出台的交旅融合发展政策,对藏区交旅融合发展相关课题做了深入研究,组织开展了雅康高速公路与旅游融合发展理论方法研究与技术实践、新时代弘扬"两路"精神传承研究等专题,并成立了天旅公司专注于交旅融合项目的研究与开发,负责兴康特大桥景区的开发。兴康特大桥位于四川甘孜藏族自治州泸定县雅康高速泸定大渡河河面上,被称为"川藏第一桥",是一座建设在高海拔、高地震烈度带、复杂风场环境下的超大跨径钢桁梁悬索桥。

在藏高公司的积极努力下,仍发现四川藏区交旅融合发展存在以下不足。

2.1 交旅融合发展度不足

四川藏区拥有得天独厚的旅游资源,且藏区旅游的可到达性高度依赖于交通,两者紧密联系在一起,但在开发过程中大多是以单独的交通建设主体与旅游开发主体进行独立规划开发,故而对交旅融合资源的挖掘十分不足。藏区旅游的开发离不开交通的建设,藏区交通本身也是旅游资源,两者相辅相成,应对其进行有机结合,开启交旅融合新篇章。

2.2 交旅融合发展未形成品牌形象

目前藏区缺少品牌形象的打造,提及藏区旅游大多与自驾游联系到一起,且随着藏区高速公路的延伸,交通与旅游的联系更加紧密,没有一个让人留下深刻印象的品牌不利于藏区交旅融合发展。旅游者在挑选旅游目的地时,不仅会考虑与目的地之间的距离远近、旅行时间长短、交通方式以及旅行成本等因素,旅游目的地的品牌形象也会影响旅游者的选择。

2.3 交旅融合发展中旅游产品特色不突出

藏区资源是极为丰富的,但推出的产品缺少特色,尤其是在交旅融合发展方面,更加无法形成具有影响力的产品集合。包括温泉、海子、疗养等在内的旅游产品在周边景区也有存在,若长此以往的不注重产品特色的挖掘,将很易被其他景区复制,并且造成对藏区得天独厚的资源的浪费。如果要使藏区交旅融合发展项目处于国内交旅融合发展的领导位置,必须注重产品特色的挖掘。

3 兴康特大桥“交通+旅游”项目分析及规划

3.1 RMP 理论

RMP 理论的提出者是吴必虎先生,主要内容是关于旅游产品开发的系统理论的研究,是以旅游产品为核心,对其进行“R”资源分析(Resource Analysis)、“M”市场分析(Market Analysis)和“P”产品分析(Product Analysis),最后提出了以旅游产品为中心的规划框架(图 1)。

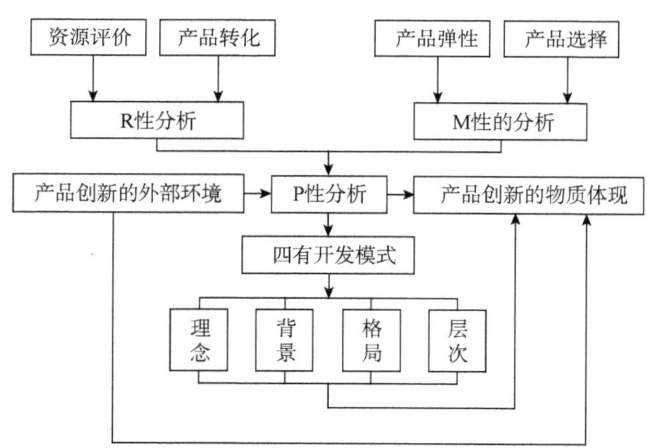

图 1 旅游产品(RMP)分析模式

RMIP 理论是由 RMP 分析理论发展而来的,特加入形象分析,通过对兴康特大桥景区的资源分析、市场分析、形象分析和产品分析,从而进行合理规划,使景区能可持续发展,同时为同类景区提供借鉴思路。

3.2 运用 RMIP 理论对兴康特大桥“交通+旅游”项目进行分析及规划

3.2.1 “R”资源分析及规划

兴康特大桥全桥长 1411m,主桥长 1100m,最高点距大渡河水面 364m,跨中距大渡河水面 269m,大桥一层为雅康高速部分路段,第二层为检修通道,四周风景秀丽,同时泸定县景观独特、气候宜人、人文资源内涵丰富,具有较高旅游开发价值。

天旅公司以兴康特大桥作为载体，开发建设蹦极、悬空玻璃栈道、桥梁博物馆、主题民宿等涉旅体验产品，打破以往交通与旅游的平行概念，将交通与旅游立体重合，直接在交通资源上有机叠加旅游元素。

3.2.2 “M”市场分析及规划

项目地地处进藏门户区，雅康高速泸定段在项目地穿境而过，依托211省道，连接318国道和雅康高速公路，对接伞甘坪立体交通枢纽，连接成渝攀西地区。形成半小时泸定县城，1小时雅安、康定，2.5小时乐山、成都的自驾交通路网。

项目区以四川省内与国内川藏线自驾游客为主要客源市场，以野奢度假、驴友结伴、摄影写生、周末休闲、亲子度假、四川省内游客、川藏线自驾游客、户外拓展、极限运动爱好者为主要客户群体。

3.2.3 “I”形象分析及规划

景区的旅游形象是吸引游客的关键，好的形象能增加景区的美誉度和回头率。兴康特大桥景区有无可比拟的优势：一是口岸优势，项目资源具有唯一性、稀缺性，这在中国交旅融合发展的景区中十分难得，少数民族文化、桥梁文化与红色历史的结合更不可能再造。二是气候优势，海拔1300m左右，最适宜人类居住度假。三是资源优势，兴康特大桥本身为桥梁界创新型的示范项目，与周围环境共同构成美丽风景，成为独特旅游资源。

综上所述，兴康特大桥景区从规划初期便致力于打造成为中国天路第一桥自驾游乐综合体，形成“天路之桥、立体游乐、挑战无限”的旅游区形象。

3.2.4 “P”产品分析及规划

兴康特大桥项目区根据功能分为五个区（图2）：综合服务区、极限挑战运动区、悬崖酒店休闲区、天路人文体验区、高山植物观光区。打造以高空蹦极、玻璃栈道图3为主的极限运动类产品，以微缩川藏线特色村落、两路精神博物馆为主的文化体验类产品，以绳网公园、VR游戏为主的亲子娱乐类产品，以大桥观光、高山仙人掌园、高山中药科普园为主的科普观光类产品，以悬崖野奢泳池酒店、花海野奢帐篷营地为主的特色住宿类产品。

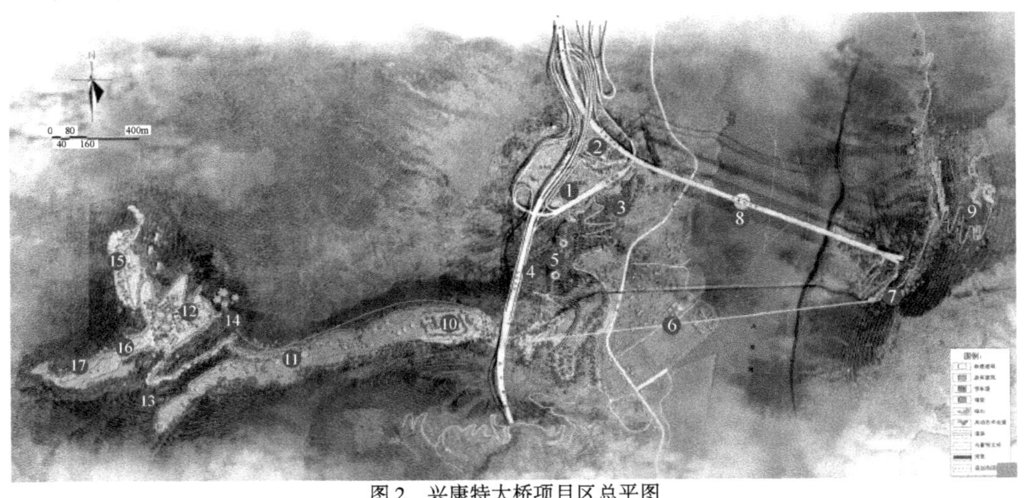

图2 兴康特大桥项目区总平图

1-综合服务区；2-两路精神博物馆；3-风谷广场；4-彩虹九道弯；5-玻璃吊桥；6-飞跃大渡河；7-崖壁攀岩；8-高空蹦极；9-悬崖野奢酒店；10-乡村集市；11-微缩川费线特色村落；12-绳网公园；13-风之谷小火车；14-速降滑道；15-花海野奢帐篷酒店；16-高山仙人掌园；17-高山中药材科普园

图 3 玻璃栈道效果图

综上所述,围绕兴康特大桥所打造的景区,有望于 2019 年投入试运营,且项目建成后,将成为四川省乃至国内的“交通+旅游”示范性项目,融入国家“交通+旅游”发展大格局之中。

4 四川藏区“交通+旅游”开发战略初步思考

4.1 整合现有资源,形成开发主体

交旅融合发展是一个全新的领域,相关工作的开展是一个探索性的过程,在没有太多政策实施细则及示范项目的指引下,更需要由专业团队或公司作为开发主体,整合可利用的资源,打破现状,探索新型模式。天旅公司则是在这样的大背景下应运而生的轻资产平台公司,积极搭建投融资、品牌建设、策划、产品研发以及运营管理平台,加大对藏区高速公路沿线资源的综合考察,紧抓优质项目,把握项目重点产品,创造核心竞争力,着力推进交通与旅游融合发展的新业态。

4.2 形成四川藏区核心交旅融合产品

打造特色鲜明的核心产品,是新形势下旅游目的地创新与发展的主题。藏区旅游资源丰富,占地面积广,需要打造交旅融合的核心产品作为藏区环线旅游的支柱,同时也是旅游目的地的引爆点。以兴康特大桥为例,使玻璃栈道与蹦极作为交旅融合发展的核心产品,吸引旅游者眼球,围绕核心产品,规划配套设施并进行合理项目分区,打造成为以“交通+旅游”为核心,满足当代旅游者多元化需求的国际化景区。

4.3 形成特色鲜明的品牌

对于一个可持续发展的旅游开发公司或旅游目的地,品牌的打造是必不可少的,知名度较高的品牌能让旅游目的地在与竞争对手竞争时获得更广阔的市场份额。对于国内正在打造的交旅融合发展的旅游目的地,可以由开发主体有意识地深度建立品牌文化,并尽可能发掘可开发资源,形成产业链和产品链,与品牌相结合,共同发展与推广。

4.4 大力发展“智慧交旅”

“智慧旅游是基于新一代信息技术(也称信息通信技术,ICT),为满足游客个性化需求,

提供高品质、高满意度服务，而实现旅游资源及社会资源的共享与有效利用的系统化、集约化的管理变革”，在其中加入交通的概念，成为以提升交旅服务、改善交旅体验、创新交旅管理、优化交旅资源利用为目标，增强交旅企业竞争力、提高交旅行业管理水平、扩大行业规模的现代化工程。

5 总语

交旅融合发展是未来国内乃至国际交通业及旅游业的发展新趋势，然而国内学术界对交旅融合发展的研究也处于起步阶段，研究成果还较少。在此基础上笔者对兴康特大桥景区运用 RMIP 模式理论依托兴康特大桥项目系统进行详细分析和研究，得出藏区高速交旅融合发展中一些思路，希望能为未来交旅融合发展提供一定的借鉴和帮助。

参 考 文 献

[1] 孙有望．论旅游交通与交通旅游[J].上海铁道大学学报，1999.
[2] 吴必虎．区域旅游规划原理[M].北京：中国旅游出版社，2004.
[3] 张凌云，黎巎，刘敏.智慧旅游的基本概念与理论体系[J].旅游学刊，2012，27(5).

交通旅游融合视角下的雅康高速公路主题形象定位与推广*

郑　忠[1]　纪亚英[1]　雷开云[1]　李齐丽[2]　董　硕[3]　张文静[4]　张　琪[4]

（1.四川雅康高速公路有限责任公司，雅安 625000；2.交通运输部规划研究院，北京 100028；3.河北师范大学旅游学院，石家庄 050024；4.河北师范大学资源与环境科学学院，石家庄 050024）

摘　要：交通作为旅游的要素，迫切需要转型升级，交通旅游融合（以下简称“交旅融合”）恰逢其时。在交通旅游融合发展形势下，高速公路主题形象定位也成为交通旅游融合背景下的一个研究热点。本文在交通旅游融合背景下，对雅康高速公路的主题形象定位进行设计，提炼出“川藏云端朝圣天路”等主题形象，并基于智慧旅游的理念提出了雅康高速主题形象的推广策略与方法。

关键词：雅康高速　全域旅游　主题形象　交通旅游融合

1　引言

近年来，旅游产业快速发展，交通作为旅游的要素，迫切需要转型升级，交旅融合恰逢其时。2017年交通运输部联合六大部委联合印发了《关于促进交通运输与旅游融合发展的若干意见》，将交通与旅游融合发展提上了日程。在交通旅游融合发展形势下，高速公路主题形象定位也成为交通旅游融合背景下的一个研究热点。高速公路交通系统的品牌就是为了得到市场和社会的认可，在高速公路使用者中有知名度和美誉度，同时还体现区域文化和区域特征，具有可识别性和差异性的公路交通标志。

1.1　雅康高速主题形象定位基础

1.1.1　项目概况

雅康高速公路全长134.789km，位于四川省雅安市、甘孜州境内，地理坐标：东经103°00′48″~102°14′05″，北纬29°58′50″~29°54′51″。路线起点位于雅安市草坝乡，沿线经过雅安市雨城区、天全县、甘孜州泸定县、康定县，终点为康定城东莱园子。项目位于四川盆地与青藏高原过渡地带，起点雅安市海拔高约580m，终点康定县城海拔达2500m。雅安高速是四川省规划建设的高速公路网中5条东西横线之一。

1.1.2　地理要素（图1）

地质地貌：雅康高速位于四川盆地西边山地，是盆地到青藏高原的过渡地带，海拔由4000

---

*　本论文属于《雅康高速公路交通旅游融合方案与技术实践研究》专题研究成果。

多米向500多米倾斜,呈由西向东倾斜之势。

气候:雅康高速周边区域气候类型为亚热带湿润季风气候。降水量较为充沛,但区域间降水量差异较大。

水系:雅康高速项目区河流主要属于岷江水系,著名的河流为青衣江和大渡河,水量丰富,最终汇入岷江。

图1　地理要素示例

1.1.3　文化要素(图2)

康巴藏族风情:康定作为甘孜藏族自治州的首府,藏族风情浓郁;康定的佛教文化较为深厚;豪爽粗犷的康巴汉子,也成为藏族男人的标志。

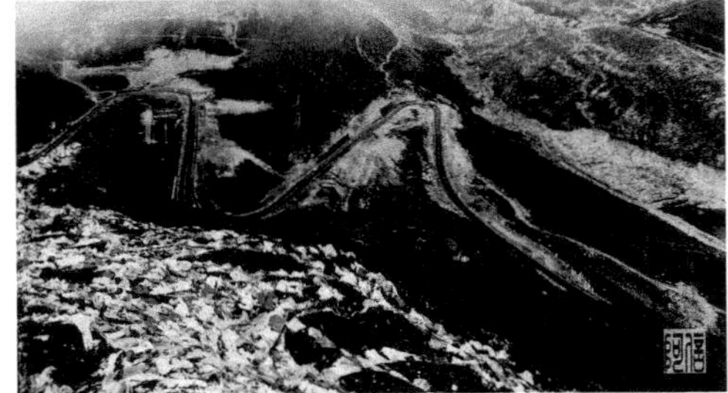

图2　文化要素示例

茶马古道风情:茶马古道源于古代的茶马互市,是中国西南民族经济文化交流的走廊。雅康高速公路的沿线区域涵盖了部分茶马古道,因此茶马古道可作为雅康高速公路沿线文化的亮点之一。

康定情歌文化:康定是一座享誉世界的历史文化名城。一首《康定情歌》响彻全国,成为千古绝唱,情歌文化也成为康定的一个代表性的人文情怀。

泸定红色文化:泸定县有红军长征期间的飞夺泸定桥壮举。泸定桥、泸定桥革命文物陈列馆、红军飞夺泸定桥纪念碑等都向后人展示着不朽的革命精神。

2 雅康高速主题形象定位

2.1 定位原则

(1)资源主导性原则。雅康高速公路作为“交通+旅游”融合发展的项目,在设计主题形象时应注重突出高速公路沿线区域的地方特色,将上述的地理与文化要素融入其中,突出雅康高速公路的主题特色,避免与其他高速公路形象雷同。

(2)市场导向原则。主题形象只有得到大众的认同,才能够拥有持久的吸引力。因此,雅康高速公路在进行主题形象定位时,需要了解目标群体的心理需求,做好市场分析,根据目标群体的动机,设计高速公路的主题形象。

(3)整体与个性化原则。雅康高速公路在进行主题形象定位时,需要综合考虑该项目的整体性形象,同时还要将特色部分进行突出,使得目标群体能够充分联想,增强该主题形象的感召力。

2.2 定位方法

地方文化和市场是旅游地形象设计的基本根据,定位是形象策划和塑造的核心工作,它为形象设计指出方向。根据网络调查和实地走访,借鉴旅游目的地的定性定位方法,对雅康高速公路主题形象进行定位。

2.2.1 总体定位:一级理念

雅康高速公路连接四川和西藏,提到雅康高速公路,无论是本地还是外地游客(含潜在游客),第一印象就是连通川藏,而西藏是大多数人心目中的佛教圣地。雅康高速公路沿途地势险峻、地质条件复杂、建设难度大。综上特点,根据具体抽象定位法,一级理念关键词为:川藏、天路、圣地、神奇。

2.2.2 地方文化:二级理念

雅康高速公路沿线地方文化丰富,且富有较强的影响力。康巴藏族风情、茶马古道风情、康定情歌文化、泸定红色文化等都在人们心目中留下美好印象,成为人们探寻、游览的目标。根据竞争定位法,提炼二级理念关键词为:康巴风情、茶马古道、康定情歌、318 中国最美景观大道、红色泸定。

2.3 主题形象定位

根据一、二级理念梳理,综合运用主题形象的定性定位方法,为雅康高速公路主题形象定位提供的方案有:

(1)川藏云端朝圣天路。雅康高速宛如一条苍龙飞入云端,是川藏最美景观大道,也将是通往藏传佛教教义中心的朝圣天路，雅康高速公路在很大程度上要打造“藏传佛教、朝圣天路”的形象概念，命名“天路”会对旅游者、朝圣者产生强烈吸引力。

(2)川藏云中路，神奇梦之旅。雅康高速地处旅游资源富集区，海拔变化大。行驶在雅康高速上，如同漫步云间、步入仙境，旅行者将获得梦幻般的神奇感受。“梦之旅”的命名也容易与“中国梦”对接。

(3)川藏“醉美天路”，逐梦神奇康巴。雅康高速公路沿线串联有贡嘎山、蒙顶山、二郎山等世界知名自然景观及特大桥、隧道等人文景观，形成了一条快速通达的特色旅游路线，游客置身其中会如醉如痴。雅康高速的贯通实现了自然资源与人文资源的有机整合，借势宣传会使游客印象深刻。

3　雅康高速主题形象推广

3.1　推广原则

雅康高速公路主题形象确定后，应该进行适度的形象推广，以达到“交通+旅游”的实用效益。在进行主题形象推广时，应注意遵循以下原则：

(1)全面性原则。在进行主题形象推广时，需要将不同职业、不同年龄、不同社会群体都囊括其中，而不仅仅是有车一族，达到宣传全面、形式全面等目的。

(2)网络化原则。在这样一个信息化的时代里，网络成为大众的信息来源，因此在进行主题形象推广时，需要充分利用网络的便捷性和广泛性，发挥网络的作用。

(3)多样性原则。在进行高速公路主题形象推广时，不仅仅要宣传主题形象，而应当把沿线区域的特色、当地信息进行说明，以便目标群体对此有充分的了解，尽可能地追求信息内容和表达形式多样化。

3.2　推广策略

根据旅游市场营销学的基本内容，以及全域旅游背景下智慧旅游的重要地位，雅康高速公路主题形象推广策略主要为：以智慧旅游为重要支点，从品牌塑造、品牌宣传等两个方面，通过交通、旅游网站、广告发布等途径进行主题形象的发展。在品牌塑造方面，借助智慧旅游理念，创建品牌塑造实用平台，将雅康高速公路主题形象定位理念发布于平台上，由大众根据时尚潮流或者喜好来进行主题形象的塑造。在品牌宣传方面，可以借助媒体、网站等信息化途经来进行传播。同时还可利用 VR 展示系统来进行宣传，让游客有初步体验，从而更利于主题形象的传播。

3.3　推广方式

(1)沿线景观索引的推广方式。雅康高速公路主题形象是通过沿线区域特色进行定位的，同时囊括了周边的旅游资源，因此在沿线景观设置索引，突出本项目的主题形象，达到由此及彼的效果。将贯穿的川藏文化、康巴风情、藏传佛教等特色凸显出来，设计出简单易懂的川藏、康巴、朝圣、天路等关键词，目标群体在游览的过程中，也能理解雅康高速公路主题形象定位的基础，从而让这条“交通+旅游”道路在游客心目中获得稳固的美好印象。

(2)广告媒体等传统方式。雅康高速公路可根据主题形象定位一部宣传片，在平面广告或者电视广告上播放，旅行车内播放宣传片，也可在报刊等以宣传画的形式进行推广，邀请有影响力的专家、媒体对雅康高速公路主题形象进行专题访问,或者召开新闻发布会、推介会等,利用纸质或媒体等传统方式进行主题形象的推广。

(3)智慧旅游推广方式。全域旅游应以智慧旅游为支点,在主题形象推广方面也要充分利用智慧旅游的发展理念,让信息化充斥主题形象推广的全过程。如利用虚拟场景模拟,让目标群体能够"身临其境",通过感官体验来牢记主题形象,达到较好的宣传效果。利月大数据、物联网等技术,得到目标群体获知信息的方式,从而有针对性地进行推广,更能收到良好效果。

参考文献

[1] 交通运输部综合规划司综规处. 产业融合的聚变效应——《关于促进交通运输与旅游融合发展的若干意见》解读[J].中国公路,2017(20):12-13.

[2] 张静.软实力视角下的山东高速公路品牌发展问题研究[D].济南大学,2010.

[3] 魏峰,董石羽,徐平.城市公共交通形象识别系统的应用研究[J].包装工程,2017,38(02):40-44.

[4] 徐伯初,王超,向泽锐.考虑地域文化的城市公共交通系统形象研究[J].美术观察,2014(08):130-131.

[5] 张红刚. 某高速公路品牌建设的设想[J]. 中国水运(下半月), 2012, 12(12):49-50.

[6] 林永坚,冯明义.嘉陵江流域旅游主题形象定位与营销策略[J].长江论坛,2007(01):24-26+31.

[7] 王爱忠.重庆茶山竹海景区旅游形象定位[J].旅游纵览(下半月),2014(06):150-151.

[8] 林移刚,杨文华.旅游形象定位指导下的旅游产品体系构建[J].商业时代,2007(36):88-90.

[9] 李莺莉,朱峰.华侨城可持续发展主题形象理论研究[J].人文地理,2003(01):10-13.

[10] 李蕾蕾.旅游地形象策划:理论与实务[M].广州:广东旅游出版社,1999.

[11] 吴必虎.区域旅游规划原理[M].北京:中国旅游出版社,2001.

[12] 凌善金.旅游地形象定位的新方法[J].旅游科学,2012,26(03):1-9.

[13] 任唤麟,龚胜生,刘冬梅.武汉城市圈旅游形象塑造研究[J].城市发展研究,2009,16(05):24-29.

[14] 李巧玲,王学军,董原.丝绸之路申遗河南段洛阳旅游区形象营销策略研究[J].科学经济会,2012,30(01):87-93.

[15] 李君轶,高慧君.信息化视角下的全域旅游[J].旅游学刊,2016,31(09):24-26.

提升管理水平、又好又快建设雅康高速公路

黄 兵 唐承平 郑 忠 周道良 肖 锋

(四川雅康高速公路有限责任公司,成都 610041)

摘 要:雅康高速公路作为从四川盆地向青藏高原快速攀升的高速公路,项目建设面临“五个极其”的严峻挑战和考验,建设难度极大,院士和专家形象比喻为攀登公路建设的珠峰。雅安至泸定段95km提前建成通车,结束甘孜藏区不通高速公路的历史,同时实现雅安绕城高速公路全面建成通车、芦山地震灾区新增一条生命大通道,是建设者努力提高项目建设管理水平、又好又快推进项目建设的有效实践。

关键词:雅康高速公路 建设管理 创新 实践

1 建设雅康高速公路的重要意义

雅康高速公路是国家高速公路网雅安至新疆叶城联络线(G4218)中的一段,项目全长约135km(其中雅安段长89km、甘孜段46km),桥隧比高达82%、概算总投资230亿元。

雅康高速公路连接雅安与康定,沟通内地与藏区,既是成都平原经济区、川南经济区和攀西经济区连接甘孜藏区进而通往西藏的重要通道,也是国家高速公路网雅安至新疆喀什叶城的重要组成部分;不仅是一条穿越芦山地震灾区的生命大通道,更是一条内地进入藏区、辐射带动藏区的经济大动脉、稳藏安康的政治大走廊、脱贫攻坚的交通大通道,因此,又好又快建设雅康高速公路具有十分重要的意义。

2 建设雅康高速公路的艰巨性

作为从四川盆地向青藏高原快速攀升的高速公路,项目建设面临“五个极其”的严峻挑战和考验,建设难度极大,院士和专家形象比喻为攀登公路建设的珠峰。

(1)地形条件极其复杂。短短135km的公路克服2000m的高差(占川藏公路克服高差的67%),海拔快速爬升,地形狭窄陡峻、沟壑纵横,路线在崇山峻岭中布设,需穿越狭窄河谷和高大山体。

(2)地质条件极其复杂。项目位于高烈度地震区域,需穿越龙门山断裂、安宁河断裂等多条区域大断裂带。受其影响,区域内滑坡、崩塌、泥石流等不良地质极其发育,频发次生灾害。

(3)气候条件极其恶劣。项目穿越不同的气候垂直分布带,高海拔路段的雨、雪、冰、雾、

风等恶劣气候影响施工时间长，早晚温差达15℃。

(4)生态环境极其脆弱。紧邻大熊猫栖息地自然保护区，穿越省级珍稀鱼类保护区，环境敏感点多，工程实施带来大量隧道弃渣等问题，面临巨大环境考验，工程建设的环境保护、水土保持工作任务异常艰巨。

(5)工程建设极其困难。项目桥隧比高达82%，是国内在建高速公路桥隧比最高、施工难度最大的项目之一。长达55km的隧道群穿越高山峡谷，施工便道布设于悬崖峭壁，材料运输、隧道弃渣、电力供应极其困难，如大杠山特长隧道施工便道盘山24道拐、长达9km，修筑时间长达一年。

3 建设雅泸段的实践经验

2017年12月31日，雅安至泸定段95km提前21个月建成试通车，结束了四川甘孜藏区不通高速公路的历史，同时实现雅安绕城高速公路全面建成通车、芦山地震灾区新增一条生命大通道。沿线群众纷纷称赞，感谢共产党、感谢建设者。2018年6月22日，杨洪波副省长调研雅康高速公路时对雅泸段优质提前建成试通车给予高度评价，对建设者争创优质工程、和谐工程、生态工程、廉洁工程所做出的努力表示肯定。雅泸段提前建成通车，是雅康公司努力提高项目建设管理水平、又好又快推进项目建设的有效实践。重点做了以下工作。

3.1 坚持四个目标的工作中心，努力提高项目建设目标管理水平

建设雅康高速公路具有重要的战略意义，工程建设面临“五个极其”的挑战。结合集团、藏高公司要求和项目建设实际，雅康公司归纳总结出“通、好、美、廉”四个关键目标。

(1)“通”：首先要保证项目如期竣工通车，交通运输部批复的工期是5年(2014至2019年)。为了加快藏区发展，雅安至泸定段需提前至2017年底通车。在工程难度很大、征地拆迁等环境保障任务重的情况下，如何保证质量和安全，又好又快推进项目建设，实现提前通车目标，这是摆在建设者面前的一道难题。为此，建设者倒排工期、正排工序，完成雅泸段提前建成通车实施方案，作为项目建设管理的总纲。

(2)“好”：就是要保证工程质量优良、施工安全、投资节约。光是通车还不够，必须要达到优质工程、精品工程。由于雅康高速社会关注度高，桥隧比高、施工难度大、施工安全风险压力非常大，建设过程中，质量如何控制、安全如何保证、投资如何节约，怎样处理好项目建设与沿线脆弱生态的环境保护、水土保持的矛盾，无不考验建设者的智慧。

(3)“美”：就是要保证项目工程内实外美。一条路修通了，验收也合格，但跑起来是否舒适，是否美观，能否体现高速公路文化，能否展现藏汉走廊、茶马古道、长征之路的神韵，能否传承两路精神、建设绿色公路的精神内涵，都值得建设者思考与探索。要打开思路，结合隧道洞门建筑、互通立交、收费广场、大渡河兴康特大桥、二郎山特长隧道、泸康段隧道群等几个关键节点认真思考，将高原自然景观、汉藏文化元素、高速公路现代元素有机结合，力争有所创新和突破。

(4)“廉”：就是要保证队伍廉洁。雅康高速项目管理的特点是人员较少、任务繁重，每位员工都有各自的工作职权，特别是代表处、工程部更是权责重大。项目工程建设主要风险来自两个方面，一方面是工程质量安全风险，另一方面则是干部队伍廉洁风险。

以上四个方面的中心工作,进一步确立了项目建设的目标,就是要重点突破提前“通”与“好、美、廉”之间的矛盾,又好又快又美又廉地建设雅康高速公路,确保建成优质工程、和谐工程、生态工程、廉洁工程。

3.2 坚持四个创新的工作理念,努力提高优质工程建设管理水平

面对加快建设提前通车与优质安全施工的突出矛盾,建设者执行合同、规范行为,精细管理、强化控制,坚持四个创新,即技术创新、工艺创新、组织创新、管理创新,攻克了一系列难题,获得国家专利、工法 11 项,工期完成 66%、工程完成 96%,工程质量优良,又好又快建设成效初显。

3.2.1 技术创新

(1)三个首次解决二郎山超长隧道重大技术难题。二郎山隧道长 13459m,是全国建成通车高海拔地区长度最长的高速公路隧道,被誉为“川藏第一隧”。隧道穿越 13 条区域性断裂带,建设地质条件极其复杂,被誉为地质博物馆。首次设置双车道大断面洞内交通转换通道:提高隧道防灾救援能力,实现“长隧短运”,提高行车安全性。首次采用超预期抗震设计理念:穿越区域活动性断裂内隧道断面整体扩大 40cm,为震后加固预留空间,并保证加固后不降低隧道的服务水平。首次在隧道内设置自流水高位消防水池:完全取消抽水设备,提高消防可靠性并节能;提出利用斜井高差引水发电方案;充分利用隧道两端气候气象不同形成的气压差设置自然风道,辅助通风节能约 15%。

(2)LED 视觉动态照明系统解决超长隧道及隧道群的行车舒适难题。国内首次使用 LED 视觉动态照明系统,在隧道内营造良好的行车环境,舒缓行车心理压力,提高行车舒适度,进一步降低行车安全风险。

(3)北斗卫星技术解决高陡边坡安全监测难题。利用科技手段,提高安全管控能力。结合沿线地质灾害排查情况,投入资金约 450 万元,在 72 个点位安装北斗高精度地灾监测预警系统监测点,为项目建设和后期营运安全管理提供监测数据保障。

3.2.2 工艺创新

(1)解决大型枢纽互通施工安全难题。对岩枢纽互通为省内在建最大规模枢纽互通,连接成雅、雅西高速公路,上下 4 层、8 条匝道、8 万 m^3 混凝土、长 5km 的桥梁,工程量集中;4 次跨越运营高速公路、18 次跨越国道 108 线,安全风险极大。建设者超前谋划,反复论证、优化施工组织方案,完善大跨径钢箱梁(65m、600t)顶推跨越运营高速公路的施工工艺和安全措施以及应急预案,安全优质完成建设任务。

(2)解决桥隧混凝土施工工艺难题。建设者弘扬工匠精神,成功开发研制了隧道整体式双侧壁电缆沟移动式模架、自行式液压防护棚架、隧道施工用移动式发电机组等新设备;采取了水压爆破、巷道式通风+射流式水幕降尘、智能架桥机、结构物二维码实名制、雅康项目桥梁混凝土护栏和桥面铺装施工工艺指南等新技术新工艺。取得国家实用新型专利 6 项、工法 2 个。

3.2.3 组织创新

(1)四个全面机制解决招标推进难题。即全面履行报审程序、全面开展电子化招标、全面进入省政府公共资源交易中心和全面实现两随机三分离,确保工程招标合法加快推进。累计完成工程施工、监理、检测、科研等招标 32 次,满足了工程加快建设的需要,同时有效节约了造价。

(2)四个同步方式解决地灾整治施工组织难题。李子坪隧道出现地质病害、大仁烟大桥红线外高位滑坡后,恢复重建任务异常繁重。建设者成立技术攻关组,现场研究、现场决策,动态设计、信息化施工;桥与边坡、桥梁上下、桥梁左右墩柱、边坡上中下部同步施工,确保了安全、质量、进度同步推进。

(3)四个集中机制解决工程建设专业推进难题。即混凝土集中生产、材料集中堆放、钢筋集中加工、梁板集中预制。累计建成22个钢筋加工场、20个梁板预制场、3个小型构件加工场,累计完成梁板预制7747片,实现智能张拉、循环压浆、喷淋或蒸气养生;累计完成新泽西混凝土护栏预制4845块。

(4)四专工作机制解决工程建设安全推进难题。即专业监控、专题会议、专家咨询和专项费用,确保重大桥隧工程建设安全推进。累计建成15个视频监控室、召开22次安全专题会议、组织9次专家咨询,投入16000万元的安全经费。

3.2.4 管理创新

(1)四张表格机制解决建设进度动态受控难题。坚持同步安排、并联推进、交叉作业、无缝衔接的工作思路,加强项目建设进度管理。推广四张表格即年度计划表、每月工作要点表、每日完成统计表和上月工作要点完成统计表,确保工程建设进度动态受控。累计印发年度计划表6次(含半年计划表)、每月工作要点表39次、每日完成统计表1170次、上月工作完成计划表38次。

(2)信息化监控解决路面工程好与快的难题。2017年下半年,沿线砂石料场纷纷关闭,造成路面工程停工3个月。为解决路面工程好与快的矛盾,增加路面工程质量实时监控系统,实时监控沥青混合料总盘数127379盘,形成监控日报72份,有效保证了混合料级配稳定、用油量足够,确保了源头质量;对沥青混凝土前场摊铺、碾压的温度和速度实现定量信息化管控,定期现场检查咨询,召开质量管控专题会25次、印发质量工作要求文件36份、有效保证了过程施工质量。据交工验收检测数据,厚度、弯沉、平整度、压实度、渗水系数等指标检测合格率均达100%;路面平整度σ代表值达0.56,达到高桥隧比高速公路的领先水平。

3.3 坚持四个强化的工作方法,努力提高生态工程建设管理水平

(1)强化学习培训,解决环水保意识不足难题。先后5次组织参建人员学习环水保法律法规,邀请专家讲座3次,提高环水保意识、牢固树立绿色发展理念。切实加强日常环水保巡查工作,累计全线巡查12次。发现问题及时按三定原则进行整改,同时严格追责问责63人次。

(2)强化施工举措,解决工程建设环境保护难题。二郎山超长隧道国内首次完全实现斜井洞内反打,有效保护二郎山大熊猫保护区生态环境,减少约4.3万m^2的地表及植被破坏。全面实施绿化工程,所有上下边坡、互通立交、弃渣场均实施生态恢复。累计完成绿化90万m^2,栽植乔木2.8万株,灌木10.6万株。声环境敏感点设置了5.8km声屏障,水环境敏感点设置了222套雨污收集系统,经沉淀处理后排放。

(3)强化绿色循环理念,解决弃渣难题。省内首次设计喇叭河互通综合体,变废为宝,能消化附近6个隧道的弃渣100万m^3,既有效解决弃渣难题,又节约弃渣占地、提升服务功能。公路为生态让路,周公山特长隧道出口涉及森林植被保护,实施改线,延长隧道600m,减少植被影响8.6万m^2,减少占地130亩。

(4)强化节点景观打造,解决公路文化传承难题。建设者结合民族特色、地域文化特点和交通旅游要求,提出了"茶马古道、熊猫家园、红色泸定、康定情歌"公路文化主题,对15处隧道洞门建筑、9处进出口遮光棚、5座特大桥梁护栏、29处路侧挡墙等结构物赋予地域文化和企业文化元素,在全线互通立交、隧道进出口等位置设置19处雕塑小品,满足安全使用功能的同时拓展景观功能,传承悠久历史、灿烂文化,弘扬两路精神。

3.4 坚持四个会议的工作机制,努力提高和谐工程建设管理水平

雅康高速公路途径雅安芦山4·20地震灾区和甘孜藏区,征地拆迁和施工协调工作量大、通道水系错综复杂,矛盾非常尖锐。因此建设者加大征地拆迁协调力度,坚持四个会议工作机制:

(1)联席会议。目的是解决工程进度计划和征拆进度计划的匹配问题,重点让施工单位和地方政府面对面商量两计划的结合问题,只有结合好了,工程进度计划才是可行的计划。

(2)现场办公会。目的是地方党委政府现场办公、解决实际问题,加快推进征地拆迁工作,确保工程及时开工建设;甘孜州还采用州县两级各部门联合执法、警务室进项目部等创新方法,为工程建设提供良好的环境保障。

(3)专题协调会。目的是解决征拆中的重大问题,突破影响工程建设的重要节点;集团领导与沿线市、州领导共召开专题协调会12次。

(4)设计回访会。目的是解决好地方党委政府和沿线群众的合理诉求、解决好通道水系等线外工程和公路文化、和谐工程等相关问题。

通过四个会议工作机制的运行,雅康高速公路环境保障工作实现了"四个迅速":征拆迅速完成,工程建设迅速开工,施工协调问题迅速解决,群众合理诉求迅速解决,和谐工程成效显著,有效保障工程建设加快推进。累计完成征地8660亩,拆迁房屋1260户,杆管线迁改500km,厂矿企业专项拆迁40家;支援当地百姓生产生活,修建永临施工便道47km;支持沿线政府连接线改造工程4.5km;支持沿线农民务工上万人次;使用沿线水泥280万t;代扣代缴建安税金及附加2.96亿元。

3.5 坚持四个活动的工作举措,努力提高廉洁工程建设管理水平

"四个活动"举措,即项目党建"1234工程"、"奋战藏区天路、建功雪域高原"劳动竞赛、效能监察、全过程跟踪审计,确保党建和党风廉政建设同步推进。累计开展项目党建"1234工程"活动16次,专项劳动竞赛考评10次、兑现奖励500万元,效能监察6次,全过程跟踪审计4个阶段。劳动竞赛考核中设置专项指标,督促参建单位强化混凝土护栏、波形护栏、路面标线等的线性管控;对重要的桥隧档墙外观进行认真施工,对沥青混凝土路面平整度提出内控高要求,让工程本身具有自然美。

"四个活动"的广泛开展,逐渐在工程建设全线形成了廉洁从业、有为才有位、凡事重落实的工作理念,建设行为进一步规范,造价良好受控,荣获国、省五一劳动奖状奖牌13项。

4 建设泸康段的工作思路

雅康高速公路泸定至康定段长约40km,占全线长度135km的29.6%,有特大桥2座,特长隧道5座,枢纽互通立交1座,桥隧比95%。2014年9月开工,按照上级要求,泸康段需于

2018年底提前建成通车,较项目批复工期提前9个月。目前控制性工程为“1135”:1座特大桥、1座互通立交、3座特长隧道、5座隧间桥,工程建设好与快、点与面的矛盾异常突出。

一是建设管理任务繁重。9座隧道组成的隧道群还有5座未贯通;5座隧间桥尚未开始施工;升航互通路基剩余20万 m^3 填方尚未填筑,互通区钢结构剩余1.12万t尚未开始加工。

二是安全和环水保管控任务繁重。涉路施工、大渡河兴康特大桥、泸康段隧道群等多工点多工序同步交叉施工,高空、临边、临河、临路、地下工程作业面多,作业工人多,安全隐患点多;部分标段环水保问题和隐患多,特别是隧道弃渣场面临较多问题;

三是要素保障任务繁重。沿线地质条件极其复杂,地质病害多,相应的设计变更较多;长大纵坡隧道群的安全技术方案保障、永临结合施工便道、永临结合供电技术方案保障困难;

四是队伍建设管理任务繁重。队伍出人才的任务仍然艰巨,参建各方精细化管理水平、专业化业务能力和争创品质工程的意识和能力需进一步提高;特别对隐蔽工程质量过程信息化管控、计量支付、变更设计管理需进一步加强;

五是党的建设任务繁重。项目党建“1234工程”创建活动任务仍然艰巨,廉洁风险防控体系尚不完善,作风建设还需加强。

为此,又好又快建设泸康段的工作思路就是继续发扬雅泸段已实践的有效工作经验、继续巩固雅泸段已实践的有效工作机制,重点抓好以下工作。

4.1 坚持通好美廉四个目标的工作中心,实现提前通车目标

按照同步安排、并联推进,交叉作业、无缝衔接的原则,倒排工期、挂图作战。

(1)工程前后紧跟:努力实现路面、机电、交安等后续工程紧跟桥隧土建工程;增加设备和作业班组,隧道二衬、水泥混凝土路面及电缆沟、瓷砖等工序紧跟隧道开挖。

(2)桥梁上下同步:同步开展桥梁上部钢结构加工和下部桩基、墩柱、桥台施工,同步开展钢结构拼装和吊装。

(3)隧道不见不散:大杠山特长隧道右线剩余1200m以上,为确保施工进度,要求隧道进口变更增加施工支洞两处(长约260m)、施工便桥一处,增加2个作业面;出口通过横通道增加1个作业面;喇嘛寺及小天都特长隧道均为两个合同段同步掘进,为有效加快隧道施工进度,要求采用“不见不散”的原则进行施工,相应增加费用按合同变更规定办理。

(4)路面东西联动:在康定升航互通内增设一座热拌楼,同步开展标准化建场、规范化备料、程序化交路、专业化施工工作,确保路面施工的均衡型,确保沥青混凝土施工质量和进度;提前准备混凝土拌和保温及低温养护设施设备,履行监理审批程序后立即实施。

4.2 坚持四个创新的工作理念,建设优质工程

按照执行合同、规范行为,精细管理、强化控制的原则,继续推进技术、工艺、组织、管理创新,进一步加强工程建设质量、安全过程管控。

(1)坚持技术创新:重点抓好特长隧道LED动态视觉照明系统技术升级、长大纵坡隧道群沥青混凝土施工质量管控技术、竣工档案电子化技术。

(2)坚持工艺创新:重点抓好隧道全工序推进、康定枢纽互通钢梁加工和吊装工艺、大渡河兴康特大桥钢桥面双层沥青混凝土路面施工工艺等工作;加强科研工作,加强创新专利、科技奖励、优质工程的申报。

(3)坚持组织创新:督促参建单位加强沟通协调,有效运用微信群等信息化手段加强质量安全管控效率;加快现场变更设计进度,变更设计方案取得咨询、审查同意后,设计单位分期分步动态提供设计变更图,保障工程现场施工需要。

(4)坚持管理创新:继续坚持运行沥青混凝土施工质量动态监控系统、隧道隐蔽工程质量管控系统;探索实施现场业主代表点面结合、以点为主的管理机制,业主代表综合管理本合同段内的土建、路面、交安、机电、房建、绿化等所有工程的建设管理,提高工作效率;增加资金保障措施,较大及以上变更设计采取暂计量的方式解决施工单位资金困难;新增细目单价采取暂定单价进行计量;施工高峰期缓扣材料预付款;加快变更设计和计量支付的办理进度。研究返还部分剩余质保金,采用监控使用、委托支付方式专项用于采购钢材、水泥、碎石等材料;按"招标文件、施工图设计、现场施工图三本账,0号变更和过程变更两个阶段变更"的原则加快推动施工便道的变更、计量、支付工作。

4.3 坚持四个强化的工作方法,建设生态工程

按照保护优先、自然和谐、传承文化、弘扬精神的原则,抓好环水保问题整改、生态修复、景观打造等工作。

(1)强化"绿水青山就是金山银山"的生态发展理念。统一思想、提高认识,进一步适应从严从紧管理的新常态。

(2)强化环水保问题的整改落实。围绕污水排放,弃渣堆放、垃圾处理、内业资料等四个方面重点工作,下定决心,按照"六见"原则(见文件、见绿、见池、见网、见罩、见水),立即整改;加快弃渣场整改,位置变更必须履行审批程序,同时立即完善挡防排水措施、并立即开展弃渣转运,坚决避免源头安全和环水保责任;加快完成建设场地生态修复工作。

(3)强化交通旅游加工作。按照尊重自然、顺应自然、融入自然的原则,将自然景观、文化元素、高速公路的现代元素有机结合,力争有所创新、有所突破,使雅康高速公路整体环境舒适宜人,与自然协调,地域生态和文化景观明显,成为生态、旅游、环保、景观大道,更好满足交通旅游加的新要求。重点抓好大渡河兴康特大桥超级工程旅游区建设、特长隧道洞门建筑、房建区域景观等工作。

(4)强化履职尽责,失职追责,确保各项工作安排落地落实。

4.4 坚持四个会议的工作机制,建设和谐工程

按照主动汇报、积极协调,合法合理、稳妥推进的原则,抓好征地拆迁收尾和施工协调工作。

(1)和谐完成征地拆迁工作:配合沿线政府和各区县协调办,深入细致、集中力量、全程跟踪、倒排时间、定人定责,全面完成泸康段征地拆迁工作,减少征地拆迁对工程建设的影响。

(2)和谐完成施工协调工作:积极沟通、友好协商,严格执行联席会议制度和工作协议,加大施工协调力度,为施工提供优良环境保障。重点加强变更设计新增用地、施工临时用地,地方道路使用,线外影响施工房屋处理、永临电力供应、夜间施工、外隔离封网等方面工作协调。

(3)和谐完成线外工程:协调各设计代表组全力支持和配合,合法合理解决线外工程、通道水系恢复、连接线等事宜,保证工程建设顺利进行,更好地满足保证沿线群众生产、生活需要。

(4)和谐完成费用支付:及时完成工作协议费用核销。

4.5 坚持四个活动的工作举措,建设廉洁工程

按照同心协力、拼搏奉献,勇为人先、追求卓越的原则抓好项目党建和党风廉洁工作。

(1)夯实党的基础建设。以党的十九大精神为引领,形成层层抓落实的党建工作格局;持续推进"两学一做"学习教育常态化制度化,开展好"不忘初心、牢记使命"主题教育,组织党员拓展训练、党性教育培训,进一步强化党员理想信念教育。

(2)深入开展项目党建"1234 工程"创建活动:将党建与工程建设紧密结合,以劳动竞赛为抓手,实现党建与项目建设、运营、企业文化建设互融共进。

(3)强化党风廉政建设:按照"谁主管,谁负责"的原则,细化任务分工,层层签订责任书,将从严管党治党责任层层落实;突出抓好廉洁警示教育,筑牢党员干部拒腐防变思想防线;突出抓好监督检查和责任追究,加强对项目建设、运营管理重点领域、重点岗位和贯彻执行党的政治纪律情况的监督检查,坚决维护纪律规矩的权威性和严肃性,切实提高纪律规矩的执行力和落实力。

(4)深入开展"奋战藏区天路,建功雪域高原"劳动竞赛活动:促进实现年底提前通车目标;向上级工会汇报,对提前建成通车进行专项劳动竞赛表彰;积极申报国家、省部级工程技术奖项。

5 结语

雅康高速公路项目建设任务艰巨、责任重大、使命光荣。全体建设者在上级和沿线党委、政府领导下,继续巩固已实践的有效工作机制,继续发扬已实践的有效工作经验,努力提高项目建设管理水平,又好又快推进雅康高速公路建设,为灾区恢复重建和藏区脱贫攻坚、经济社会跨越发展、长治久安做出了新贡献。

浅论公路施工企业开源节流降本增效措施

谭孝辉

（四川交投建设工程股份有限公司，成都 610041）

摘 要：树立全员、全过程动态管理成本理念，从增加预算收入和降低成本支出两个方面提出加强项目成本管控措施，达到提高投资收益的目的，有效促进企业可持续健康发展。

关键词：开源节流 降本增效 成本管控

“开源节流、降本增效”既是企业施行全员、全过程动态管理成本常抓不懈的长效工作，又是促进企业可持续健康发展的永恒主题和动力。当前，公路施工主营业务的市场占有率和利润空间被挤压得越来越小，企业的生存发展面临激烈的市场竞争，加强项目的成本管理迫在眉睫。增强创新能力，以标准化、精细化、全员全过程成本管理为基础，有效降低施工成本和管理成本，提高投资收益，为打造品质工程、创建一流施工企业服好务。

1 立足“开源”

重点抓好设计控制工程投资这个源头，提前介入补充优化设计施工方案，是企业获得最佳投资效益的根本。工程设计阶段占投资控制的75%以上，设计施工总承包价一旦确定，项目的建设成本与投资收益即可确认，因此，做好项目设计源头投资控制，是企业获得最佳投资效益的根本。

（1）加强工程的初步设计及概算审批跟踪，对投标项目组织专家团队，在充分研究设计图纸、可研立项批复和现场踏勘后，对初设重大设计及施工方案、料场调查、材料运输方式、场地标准化建设、便道、便桥、取弃土场选址、复耕及防护等牵涉成本的工作中主动作为，积极参与补充设计显得极为重要，为投标决策提供专家咨询意见，为项目的标前成本测算和投标报价提供参考，为下一步的施工图设计优化打下坚实基础。

（2）设计施工总承包中标后，项目施工图设计及预算审批跟踪尤为重要，根据合同文件组织专家团队，在重大设计及施工方案、料场调查材料运输、场地标准化建设、便道、便桥、取弃土场选址、复耕及防护等牵涉成本的业务中主动作为，积极参与设计，同时提出详细的施工图设计方案优化意见建议，最大限度降低项目施工风险，争取最佳投资收益。

2 挖掘潜力

在建设中挖掘内部潜力，依靠先进成熟的施工工艺，从根本上达到降本增效的目的。

(1)抓好项目安全质量工作,重点开展新设备、新技术、新材料、新工艺的使用推广,降低生产成本。一是通过隧道施工专业学习培训,熟练掌握隧道掘进、初支、二衬施工工艺;二是积极推广桥梁高墩滑模、爬模施工工艺,T形刚构的挂篮自行走施工工艺,钢结构栓接、焊接拼装工艺等成熟施工技术的推广应用,降低施工成本。三是通过路面典型材料试验研究,有效提升路用材料性能。

(2)加强分公司项目间生产资料和设备资源的整合,提高使用效率和投资回收率。

(3)做好施工方案特别是重特大工程的专项施工方案的优化审核工作,确保施工质量和安全生产,有效降低投资风险。遵循"合理工期、成本最低"原则,开展均衡有节奏的施工,保障资源的有效组合,按期完成,降低成本。

3 强化管理

强化管理出效益,实行全员、全过程成本管控措施建议。

施工企业成本管控与工程质量、工期、安全一样,是建设项目管理的四大要素之一,贯穿工程建设的始终。要做一流施工企业,必须制定完善成本管理制度,建立企业成本管理体系,加强全员、全过程成本管控,有效降低直接成本和间接成本,从而获得最佳投资收益。

3.1 构建企业成本管理层级体系及职能定位

构建总公司总体经营效益成本管理、分(子)公司完全成本管理、项目经理部现场成本管理三级成本管控体系,以加强现场施工成本管理为重点,以完善项目成本核算为基础,实现全员、全过程工程成本的动态管理。

制定完善企业成本管理制度,构件成本管控体系;根据上级下达的年度产值利润目标和企业总体经营管理规划,制定分(子)公司项目完成产值利润目标计划;指导项目开展标前完全成本测算、协作成本招标控制价和实际成本价的编制;审查批复项目标前测算成本价、协作成本招标控制价和实际成本价;组织开展年度成本管理绩效考评;项目竣工决算办理完毕组织考核项目经营效益完全成本绩效考评;制定企业《公路工程施工定额》成本基础数据库,发布协作施工成本指标,定期开展成本数据更新。

3.2 严格营收利润指标下达,开展年度成本管理绩效考核,确保实现项目利润目标

年初制定年度总公司、分(子)公司项目营收利润目标计划,批复核定分(子)公司项目营收利润指标。年末组织开展年度成本管理绩效考评。通过开展年度成本绩效考评促进分(子)公司项目部加强全员、全过程成本管理,全面总结推广成本管理好的做法,重点对营收及营收增长率、利润及利润增长率指标进行考核奖惩兑现,为确保实现项目产值利润目标和顺利建设保驾护航。

3.3 做好标前完全成本测算,为项目投标决策提供依据

工程成本管理的关口前移,从项目投标时开展标前完全成本测算,做到有的放矢、心中有数,为企业投标决策提供依据。积极开展主要材料产地、品质、储量、运输方式及价格现场调查,依据招标工程量清单,拟订协作劳务方式,按照总公司制定的《公路工程施工定额》编制人工、机械费,根据机料部核查材价和单位工程材料消耗量配合比编制材料费,依据施工管理初步规划编制项目管理费、利润、税金等,及时完成投标项目标前完全成本分析测算报批,提出

投标方案决策建议,要求项目投标报价原则上不低于总公司批复的标前测算成本价。

3.4 抓住成本管理的关键环节,有效管控好工程材料

材料费占工程成本的45%~75%,有效管控好工程材料的品质、价格与数量相当于完成工程的一半以上,是成本管控的关键环节。

(1)钢材、水泥、燃油、沥青等大宗材料由总公司通过社会公开竞争招标原则实行统一集中采购,以保障材料的优质优价,有效降低大宗材料的采购成本。

(2)加强对地材的统一集中招标采购、加工、储备,以降低建设项目耗用地材受市场供求关系和气候影响导致涨价的风险。尤其是施工项目的弃渣开发利用是有效降低材料成本的重要手段。

(3)引入电子称重视频信息监控技术手段,把好工程材料质量试验检测、数量过磅收方关;甲供材料严格实行限额用料核算制,坚决杜绝材料数量上的超耗现象。

(4)机料部门应紧密关注分析预测材料的市场价格走势行情,提前谋划好应对措施,最大限度减少价格上涨增加的工程成本。同时,对投标项目提供材料供给方案和价格。

3.5 加强项目协作成本招标控制价的编制审批,为规避施工风险打下基础

要求项目经理部依据批准的施工图设计文件、与业主签订的合同清单单价文件、项目实施性施工组织设计,结合工程所处自然地理条件和协作施工招标文件,拟订主要协作内容,编制工程量清单,调查收集工程所在地人工、材料、机械及设备价格,按照企业制定的《公路工程施工定额》编制协作劳务、机械费,根据单位工程材料消耗量配合比编制材料费,并做好签约合同价与协作成本价的经济比较,分析成本费用偏差原因。项目经理部编制完成的协作成本招标控制价由分(子)公司初审后请示总公司审批,要求做到批复的协作成本招标控制价是协作队伍投标报价的最高限额不得突破,项目的协作成本招标控制价未经批准不得开展协作队伍招标。

3.6 加强建设项目合同收入管理,争取成本管理的主动性

要求项目经理部根据行业主管部门审批的施工图设计文件开展合同工程量清单的清理核查报批,按照合同清单单价和单位工程实际进度申报工程验收计量,按照与投资人约定的合同中人工、钢材、水泥、燃油等调价条款申报主材调价。应树立开源的意识,对项目实行精细化管理,通过挖掘项目潜力积极开展二次经营,做好工程优化设计变更工作。

3.7 加强协作单位计量支付管理,圆满完成项目利润目标

(1)严格要求项目部按照协作劳务合同工程量清单单价和单位工程完成进度开展计量支付,对涉及工程设计变更新增单价或合同外发生需要补偿的费用无论产值大小一律报分(子)公司初审总公司审批,项目经理部才能开展协作工程计量支付。

(2)待项目投资人施工图设计文件获得行业主管部门审批后,要求项目经理部根据工程协作队伍中标清单单价完成项目成本利润资料归集分析,上报分(子)公司初审总公司批复项目利润指标,确保总公司下达分(子)公司的年度经营目标利润的完成。

3.8 建立工程成本基础数据库,定期开展成本数据更新

建立企业《公路工程施工定额》成本管理数据库,按季度更新基础数据,全面指导项目标前成本价和协作队伍成本招标控制价的编制。

(1)建立公路临时设施、路基、路面、桥涵、隧道、绿化、交安工程清包工指标数据库。

(2)建立不同区域工程人工、材料、机械单价数据库。

(3)建立单位工程材料(如混凝土、砌体、沥青混合料、水稳碎石等)消耗量配合比费用指标数据库。

3.9 配备公路工程造价专业人员做好成本管理工作

按照现代社会专业分工协同管理需要,遵循专业人做专业事的原则,利用既懂工程技术又懂经济的造价专业人才的专业优势,是保证成本管理工作高效运转的前提。为此,总公司、分(子)公司、项目经理部必须配备具有公路工程造价执业资格的专业团队,专职从事投标、协作队伍招标控制价编审、合同计量、工程设计变更、成本核算、审计等成本管控工作,负责测定编制企业施工定额。

4 结语

抓好设计源头控制投资,重视设计、施工方案比选优化,重点开展施工成本核算,合理控制劳务、材料、机械和管理费支出,以期改善企业经营生产模式,达到既保证工程质量安全又降低成本、提高投资收益的目的,进一步促进企业可持续健康发展。为此,树立全员全过程动态管理成本理念,做好成本控制是企业生存发展的必然要求。

参 考 文 献

[1] 2018年全国一级建造师职业资格考试用书教材委员会.公路工程管理与实务,北京:中国建筑工业出版社[M],2018.

[2] 宋珉珉,李俊倩.中级财务会计——收入费用和利润[M].北京:理工大学出版社,2015.

· 桥梁工程篇 ·

罕遇地震下曲线简支梁桥的地震响应分析

羊　勇[1]　邱文华[2,3]　王克海[2,3]　鲁冠亚[2,3]　张盼盼[2]

（1. 四川汶马高速公路有限责任公司，成都 610041；2. 东南大学交通学院，南京 210096；
3. 交通运输部公路科学研究院，北京 100088）

摘　要：本文以四川省汶川至马尔康高速公路长河坝左线大桥为工程实例，考虑板式橡胶支座的摩擦滑移特性，建立全桥有限元模型，计算其自振动力特性，通过非线性时程方法分析该曲线简支梁桥在罕遇地震作用下的地震响应，对 3 号桥墩进行了桥墩塑性铰转角和关键截面内力以及桥墩两侧的支座变形和支座抗滑稳定性验算。

关键词：罕遇地震　曲线简支梁桥　板式橡胶支座　地震响应

1　引言

曲线简支梁桥具有曲线梁桥和简支梁桥的双重特点。曲线梁桥能够很好地利用空间资源，曲线优美，但受力特点复杂，病害复杂严重，震后修复较直线梁桥困难。简支梁桥力学特性简单，结构内力不受地基变形的影响，对基础的要求较低[1]，施工方便快捷，但梁体之间的伸缩缝在相当程度上影响着简支梁桥的地震荷载响应[2]。

关于曲线梁桥和简支梁桥的分项研究已经有相当一部分的理论分析，杨吉新等对大跨度小半径曲线梁桥进行了不同维度地震激励下的地震响应分析，得出了曲线梁桥对横桥向地震激励最为敏感的结论[3]；王丽等对弹性支座上的刚性桥面系统建立了具有刚度偏心的简单曲线梁桥模型，给出了桥梁地震响应的简化计算方法[4]；韦杰、孙广俊等以某座板式橡胶支座曲线连续梁桥为研究对象，分别研究了梁端碰撞效应和板式橡胶支座摩擦系数对桥梁结构地震反应的影响[5]；孙广俊、李鸿晶考虑支座非线性和桥墩弹塑性的影响，建立了不等墩高的非规则直线简支梁桥的有限元模型，研究了非规则多跨简支梁桥邻跨刚度比及上部结构间相互碰撞效应对桥梁纵向地震位移反应和内力反应的影响规律[6]。

在地震中，曲线梁桥的反应较为复杂，容易发生碰撞甚至是落梁，板式橡胶支座经常会发生较大滑移，这种支座的滑移特性又会显著地改变曲线梁桥的动力反应[5]。上述研究只针对曲线梁桥、简支梁桥和板式橡胶支座滑移特性中的某一项或两项进行了地震响应分析，并没有对板式橡胶支座曲线简支梁桥做过全面的抗震性能分析。

本文以四川省汶川至马尔康高速公路上的某座曲线简支梁桥为研究对象，考虑板式橡胶支座的摩擦滑移特性，建立全桥有限元模型，计算其动力特性，通过非线性时程方法分析该曲线简支梁桥在罕遇地震作用下的地震响应。

2 工程背景

四川省汶川至马尔康高速公路（C17 标段）ZK156+597 长河坝左线大桥跨越 G317 和杂谷脑河，桥梁平面位于 $R=840.05\text{m}$，$Ls=110.00\text{m}$ 的圆曲线和缓和曲线上。上部结构采用 4×30m 曲线形预应力混凝土简支 T 梁，每跨梁体有 5 根 T 形梁组成，桥梁全长 128.93m；下部结构采用钢筋混凝土双柱式墩、桩柱式和重力式桥台，桥墩直径为 1.40m，桥墩中心间距为 4.00m；1、2 号桥墩采用小间距倒 T 型盖梁。主梁混凝土强度等级为 C50，1、2 号桥墩上的盖梁采用强度升级为 C40 的混凝土，3 号桥墩上的盖梁和所有桥墩墩身均采用 C30 混凝土。两侧台口设四氟滑板橡胶支座，其余墩顶设置板式橡胶支座，桥墩高度和桥台、桥墩处的支座型号见表 1，该桥的桥型布置图见图 1。该桥所在的场地类别为 B 类，地震动峰值加速度为 0.15g，抗震设防烈度 VII 度。

下部结构与支座 表 1

墩　台　号	形　　式	墩高（m）		支座（mm）
0	桩柱式桥台	—		$GJZF_4300\times450\times76$
1	双柱式桥墩	1	6.000	GJZ300×450×74
		2	6.880	
2	双柱式桥墩	1	6.000	GJZ300×450×74
		2	6.000	
3	双柱式桥墩	1	11.720	GJZ300×450×74
		2	12.000	
4	重力式桥台	—		$GJZF_4300\times450\times76$

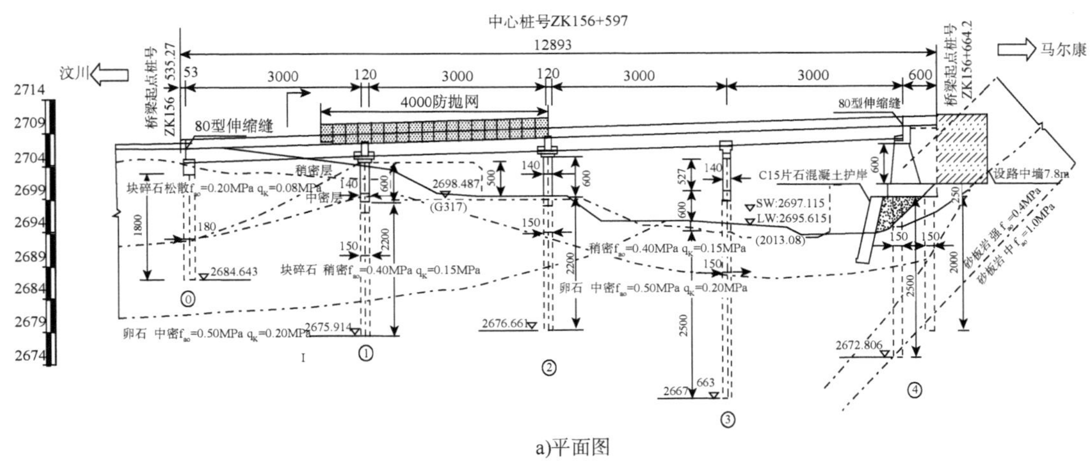

a)平面图

图 1

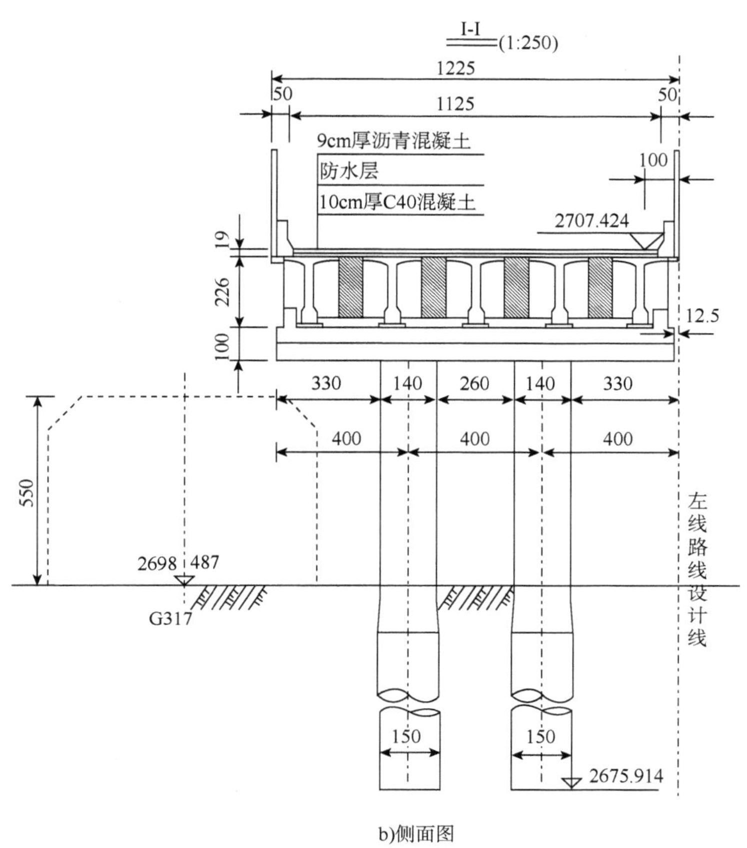

b)侧面图

图 1　桥型布置图(尺寸单位:cm)

3　有限元模型建立

根据四川省汶川至马尔康高速公路(C17 标段)ZK156+597 长河坝左线大桥的设计方案，采用 Sap2000 有限元程序，建立三维有限元动力计算模型，进行非线性时程地震响应分析，计算模型均以两端桥台连线为 X 轴纵桥向，垂直于桥台连线为 Y 轴横桥向，竖向为 Z 轴；上部结构、盖梁和下部结构采用梁单元；四氟滑板橡胶支座和板式橡胶支座采用双线性理想弹塑性弹簧单元模拟，恢复力模型见图 2，$F_\gamma = \mu_d \cdot W$，其中，W 为支座所承担的上部结构重力[7]；μ_d 为滑动摩擦系数，板式橡胶支座取 0.15，四氟滑板橡胶支座取 0.10[8]；二期恒载等效为线质量均匀施加在主桥主梁上，全桥有限元模型见图 3。

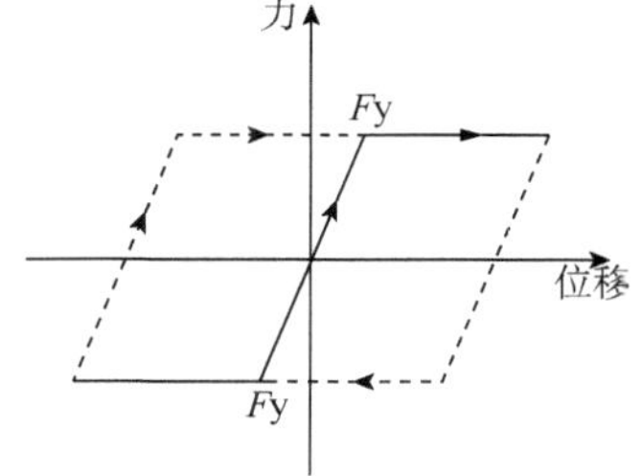

图 2　支座的力学模型

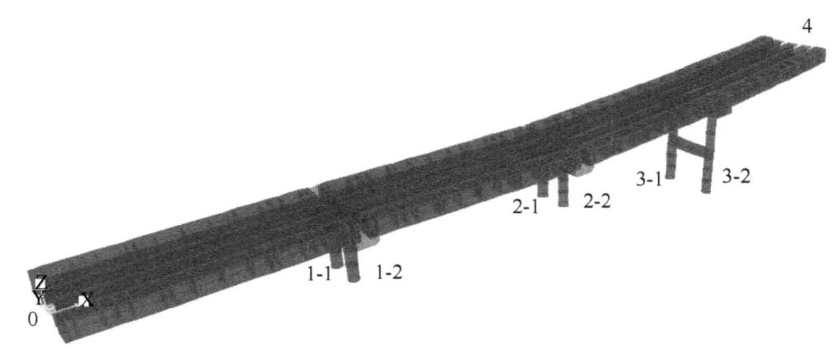

图 3 全桥有限元模型

4 桥梁自振特性分析

结构的振型、频率和周期是结构的固有特性,也是反应结构动力学特性的重要参数。分析结构模态,获得结构前 5 阶振型、自振周期和自振频率。表 2 给出了结构前 5 阶振型的自振周期和自振频率。

动力特性计算结果 表 2

振型阶数	周期(s)	频率(Hz)	振型描述
1	1.1149	0.8969	第三跨和第四跨纵向平动
2	0.9310	1.0741	第一跨和第二跨纵向平动
3	0.9285	1.0770	第三跨和第四跨横向平动
4	0.8800	1.1363	第一跨和第二跨横向平动
5	0.8681	1.1520	反对称纵向平动

在进行自振特性分析过程中, 3 号桥墩的墩高较高,在纵向和横向时均比 1、2 号桥墩早出现振动。

5 非线性时程分析

5.1 塑性铰区域的确定和地震动的输入

计算模型中的塑性铰长度采用等效塑性铰长度,其确定方法见文献[8],沿顺桥向简支梁桥墩柱的底部区域为塑性铰区域,沿横桥向双柱墩的端部区域为塑性铰区域[8]。根据长河坝左线大桥的地震动参数及场地条件所得出的设计反应谱,人工合成罕遇地震作用下三条加速度时程曲线所对应的加速度反应谱见图 4,地震动的输入采用纵桥向和横桥向两种方式。加速度设计反应谱的确定方法见文献[8]和文献[9],人工合成地震动方法见文献[10]。

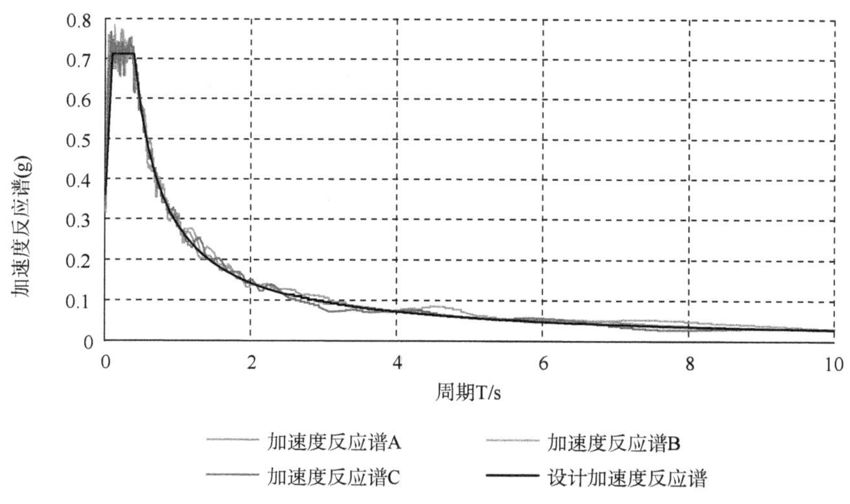

图 4　罕遇地震作用的加速度反应谱

5.2　非线性时程地震响应分析

选取三条加速度反应谱中的加速度反应谱 A 所对应的加速度时程 A 作用下的 3 号桥墩的内力与变形以及桥墩两侧支座的变形与稳定性进行地震响应分析。

5.2.1　*桥墩塑性铰转角分析以及桥墩曲率—弯矩曲线*

在有限元软件中提取出 3 号桥墩潜在塑性铰区域的塑性转角和墩底塑性铰区域的曲率—弯矩曲线。曲率—弯矩曲线见图 5b)，塑性转角值应该小于或等于最大容许转角，潜在塑性铰区域的最大容许转角按文献[8]计算。验证纵向地震作用下绕 Y 轴的转角和横向地震作用下绕 X 轴的转角，其验算结果见表 3，结果表明：3 号桥墩的潜在塑性铰区域的转角均小于最大容许转角。

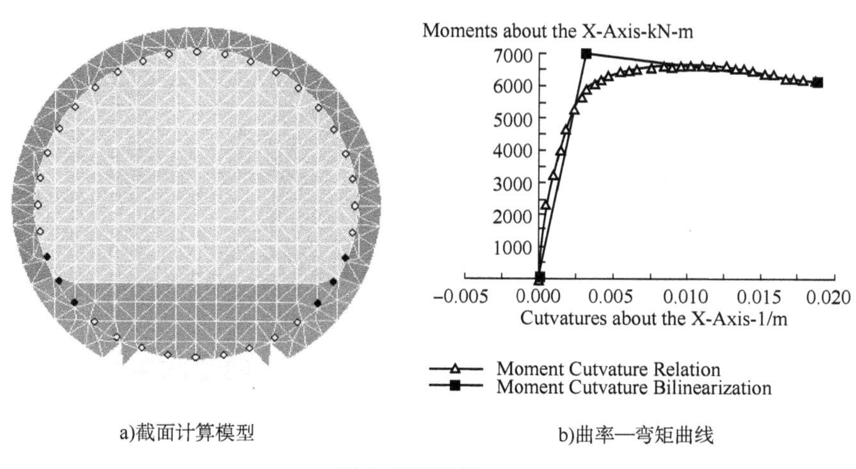

a)截面计算模型　　b)曲率—弯矩曲线

图 5　截面计算

3 号桥墩塑性铰转角验算(rad) 表 3

纵向地震作用					横向地震作用				
位置		转角	容许转角	验算结果	位置		转角	容许转角	验算结果
3 号桥墩	1 号墩顶	2.39×10^{-4}	8.78×10^{-1}	满足	3 号桥墩	1 号墩顶	4.84×10^{-4}	8.50×10^{-1}	满足
	1 号墩底	7.50×10^{-4}	9.12×10^{-1}	满足		1 号墩底	5.18×10^{-4}	7.94×10^{-1}	满足
	2 号墩顶	2.45×10^{-4}	8.75×10^{-1}	满足		2 号墩顶	4.90×10^{-4}	9.45×10^{-1}	满足
	2 号墩底	7.11×10^{-4}	9.08×10^{-1}	满足		2 号墩底	4.85×10^{-4}	1.19×10^{1}	满足

5.2.2 桥墩关键截面内力分析

在恒载和加速度时程共同作用下,桥墩的轴力大小相差不大;在纵向地震下,桥梁主剪力沿 X 轴方向,主弯矩绕 Y 轴方向;在横向地震作用下,桥梁主剪力沿 Y 轴方向,主弯矩绕 X 轴方向,因此,进行桥墩内力分析时,只验算桥墩的主剪力和主弯矩是否满足要求。

对 3 号桥墩进行桥墩关键截面的强度验算,验算结果见表 4。本部分内容结合有限元分析方法进行,利用 Xtract 截面分析软件,通过分析不同轴压荷载作用下设计截面的弯矩曲率关系,得出其抗弯承载能力。墩柱塑性铰区域沿顺桥向和横桥向的斜截面抗剪强度应按文献[8]计算。由表 4 结果可知,3 号桥墩在横向地震作用下的剪力比纵向地震下的剪力大,对横向抗震能力较弱,墩底抗剪承载力不满足要求,建议加大箍筋用量。

3 号桥墩强度验算 表 4

恒载+纵向地震作用									
墩柱号		取值	P (kN)	Vx (kN)	My (kN·m)	抗弯承载力 (kN·m)	抗剪承载力 (kN)	抗弯结果	抗剪结果
3 号墩	1 号墩顶	max	−2900.571	195.031	275.467	5253.000	629.396	满足	满足
		min	−3365.842	−158.582	−342.132	5450.000	629.396	满足	满足
	1 号墩底	max	−3536.259	190.892	2499.982	6028.000	629.396	满足	满足
		min	−4070.224	−249.785	−2719.202	6283.000	629.396	满足	满足
	2 号墩顶	max	−2965.045	189.928	266.336	5282.000	673.690	满足	满足
		min	−3416.056	−157.091	−334.463	5474.000	673.690	满足	满足
	2 号墩底	max	−3568.498	177.982	2413.378	6047.000	673.690	满足	满足
		min	−4124.719	−232.209	−2623.910	6307.000	673.690	满足	满足
恒载+横向地震作用									
墩柱号		取值	P (kN)	Vx (kN)	My (kN·m)	抗弯承载力 (kN·m)	抗剪承载力 (kN)	抗弯结果	抗剪结果
3 号墩	1 号墩顶	max	−2447.775	562.817	1514.626	5054.000	629.396	满足	满足
		min	−3680.609	−595.603	−1598.637	5583.000	629.396	满足	满足
	1 号墩底	max	−1850.614	711.263	2378.829	5185.000	629.396	满足	不满足
		min	−5416.813	−626.102	−2591.309	6893.000	629.396	满足	满足
	2 号墩顶	max	−2722.406	479.479	155.884	5176.000	673.690	满足	满足
		min	−3954.381	−543.462	−137.452	5695.000	673.690	满足	满足
	2 号墩底	max	−2128.006	700.581	2681.148	5324.000	673.690	满足	不满足
		min	−5685.050	−708.966	−2566.376	7020.000	673.690	满足	不满足

5.2.3 支座变形和抗滑稳定性分析

选取3号桥墩两侧的支座的最大变形和最大地震力做支座变形分析和支座抗滑稳定性验算,表中"左""右"分别代表靠近汶川端和靠近马尔康端。支座变形和抗滑稳定性验算公式见文献[8]。表中 X_0表示地震作用效应和永久效应组合后橡胶支座顶面相对底面的水平位移,$\sum t$ 代表橡胶层的总厚度,E_{hzb}代表地震作用效应和永久效应组合后橡胶支座的水平地震力,R_b是上部结构重力在支座上产生的反力,其中 μ_d为支座的动摩阻系数,板式橡胶支座取0.15,四氟滑板橡胶支座取0.10[8]。验算结果见表5。

支座变形和抗滑稳定性验算 表5

<table>
<tr><td colspan="12">支座变形(mm)</td></tr>
<tr><td colspan="6">恒载+纵向地震作用</td><td colspan="6">恒载+横向地震作用</td></tr>
<tr><td colspan="3">位置</td><td>X_0</td><td>$\sum t$</td><td>验算结果</td><td colspan="3">位置</td><td>X_0</td><td>$\sum t$</td><td>验算结果</td></tr>
<tr><td rowspan="2">3号桥墩</td><td colspan="2">左</td><td>20.516</td><td>53</td><td>满足</td><td rowspan="2">3号桥墩</td><td colspan="2">左</td><td>20.516</td><td>53</td><td>满足</td></tr>
<tr><td colspan="2">右</td><td>16.671</td><td>53</td><td>满足</td><td colspan="2">右</td><td>16.671</td><td>53</td><td>满足</td></tr>
<tr><td colspan="12">支座抗滑稳定性(kN)</td></tr>
<tr><td colspan="6">恒载+纵向地震作用</td><td colspan="6">恒载+横向地震作用</td></tr>
<tr><td colspan="2">位置</td><td>取值</td><td>E_{hzb}</td><td>$\mu_d \cdot R_b$</td><td>验算结果</td><td colspan="2">位置</td><td>取值</td><td>E_{hzb}</td><td>$\mu_d \cdot R_b$</td><td>验算结果</td></tr>
<tr><td rowspan="4">3号桥墩</td><td rowspan="2">左</td><td>max</td><td>62.668</td><td>-113.130</td><td>满足</td><td rowspan="4">3号桥墩</td><td rowspan="2">左</td><td>max</td><td>72.430</td><td>-113.130</td><td>满足</td></tr>
<tr><td>min</td><td>-61.074</td><td>-113.130</td><td>满足</td><td>min</td><td>-80.488</td><td>-113.130</td><td>满足</td></tr>
<tr><td rowspan="2">右</td><td>max</td><td>36.892</td><td>-112.632</td><td>满足</td><td rowspan="2">右</td><td>max</td><td>56.770</td><td>-112.632</td><td>满足</td></tr>
<tr><td>min</td><td>-50.883</td><td>-112.632</td><td>满足</td><td>min</td><td>-56.067</td><td>-112.632</td><td>满足</td></tr>
</table>

3号桥墩左右两侧的支座在加速度时程A作用下均满足变形和稳定性要求。

6 结语

本文利用有限元软件对四川省汶川至马尔康高速公路(C17标段)ZK156+597长河坝左线大桥建立了空间动力有限元计算模型,并进行了结构动力特性分析,在罕遇地震下采用非线性时程分析方法对有限元模型进行了地震响应分析,得到以下结论:

(1)4×30m曲线形预应力混凝土简支T梁的基本频率为0.8969Hz,基本周期为1.1149s。3号桥墩在纵向和横向振动过程中会先于1、2号桥墩发生振动。

(2)在罕遇地震加速度时程A作用下,采用Xtract截面分析软件对有限元分析中得出的3号桥墩关键截面内力和塑性铰转角以及支座变形和抗滑性进行分析;3号桥墩在横向地震作用下的剪力比纵向地震下的剪力大,对横向抗震能力较弱,墩底抗剪承载力不满足要求,建议加大箍筋用量;其潜在塑性铰区域的转角均小于最大容许转角,左右两侧的支座在加速度时程A作用下均满足变形和稳定性要求。

参考文献

[1] 王克海. 桥梁抗震研究(第二版)[M]. 北京:中国铁道出版社,2014.

[2] 陈彦江,于连杰,等.简支梁桥纵向地震碰撞响应研究[J]. 自然灾害学报,2016,25(2):159-166.

[3] 杨吉新,马璐珂. 大跨度小半径曲线箱梁桥地震响应分析[J]. 公路工程,2018,43(1):244-250.

[4] 王丽,周锡元,等. 曲线梁桥地震响应的简化分析方法[J]. 工程力学,2006,23(6):77-83.

[5] 韦杰,孙广俊,等. 板式橡胶支座曲线梁桥地震反应与参数影响分析[J]. 防灾减灾工程学报,2015,35(2):145-152.

[6] 孙广俊,李鸿晶,等. 非规则多跨简支梁桥纵向地震反应及参数影响分析[J]. 防灾减灾工程学报,2013,33(4):443-448.

[7] 卢皓. 罕遇地震作用下高速铁路简支梁桥抗震性能分析[J]. 铁道标准设计,2015,59(8):102-106.

[8] 中华人民共和国行业标准. JTG/T B02—01—2008 公路桥梁抗震设计细则[S]. 北京:人民交通出版社,2008.

[9] 中华人民共和国国家标准. GB 18306—2015 中国地震动参数区划图[S]. 北京:中国标准出版社,2015.

[10] 杨庆山,田玉基. 地震地面运动及其人工合成[M]. 北京:科学出版社,2014.

高阻尼隔震橡胶支座对桥梁抗震性能的影响分析

蒋建军　刘振宇

(四川省交通运输厅公路规划勘察设计研究院,成都 610041)

摘　要:以四川省雅安至康定高速公路青衣江特大桥为依托工程,从结构自振周期、墩底内力、墩顶位移、梁端位移以及支座剪切位移等方面分析高阻尼隔震橡胶支座对桥梁抗震性能的影响,并与普通板式橡胶支座进行对比研究,对其在公路常规桥梁上的适用性提出建议。

关键词:高阻尼　隔震橡胶支座　桥梁　抗震　设计

1　引言

我国是一个强震多发国家,近年发生的“5·12”四川汶川大地震、“4·14”青海玉树大地震、“4·20”四川芦山地震等,给我们带来了严重的灾害。公路桥梁作为生命线上的重要组成部分,一旦损毁,将严重影响救援和灾后重建。桥梁抗震越来越得到重视,目前已成为桥梁设计的必要内容。

在桥梁抗震方面,目前发展相对成熟、实际应用较为广泛的是减隔震技术。通过在梁体与墩台之间设置减隔震支座,一方面可以延长结构自振周期、减小地震力;另一方面,利用减隔震支座自身的阻尼性能进行滞回耗能,保护桥梁主体结构[1]。

目前,应用较多的减震、隔震支座有普通板式橡胶支座、摩擦摇摆支座、铅芯橡胶支座和高阻尼隔震橡胶支座。高阻尼隔震橡胶支座(简称 HDR 隔震支座)具有结构合理、外观简洁、阻尼效果好、技术性能稳定、维护成本低、耐久性能好等特点[2]。HDR 隔震支座作为一种新型减隔震支座,经过近几年来的研究和应用,逐渐被桥梁工程界所接受。但是,由于设计工程师对高阻尼隔震橡胶支座的抗震性能、适用性、经济性等方面了解不够,且 HDR 隔震支座在抗震分析计算和参数选取上比普通板式橡胶支座复杂,因此在一定程度上阻碍了 HDR 隔震支座的推广应用。

2　HDR 隔震支座的隔震机理分析

高阻尼隔震橡胶支座是采用特殊配制的橡胶材料(如掺石墨)与钢板等构件硫化而成的一种橡胶支座。其橡胶材料黏性大,自身可吸收能量,在强震作用下,支座变形产生大阻尼,大量消耗进入结构体系的能量，以达到控制结构内力分布及大小的目的。

通过对 HDR 隔震支座进行试验研究，发现其滞回环面积比较饱满，根据《公路桥梁高阻尼隔震橡胶支座》(JT/T 842—2012)，可以采用双线性恢复力模型来模拟[3]，见图 1。图中，K_1 为屈服前刚度，K_2 为屈服后刚度，K_h 为水平等效刚度，X_y 为屈服位移，Q_y 为屈服力，X 为 $E2$ 地震作用下的容许剪切位移，Q 为对应 X 的水平剪切力[2]。

HDR 隔震支座的屈服力 Q_y 较小，在地震作用下，支座容易屈服，从而发生弹塑性变形，通过快速的往返运动大量消耗桥梁结构的振动能量，并将上部结构传递至桥墩、桥台的地震力控制在一定范围内。由于屈服后刚度 K_2 远小于屈服前刚度 K_1，从而水平等效刚度 K_h 很小，因此增大了桥梁结构的柔性，延长了自振周期，进而降低了桥梁结构的地震力响应。

与 HDR 隔震支座配套的滑动型支座是在支座本体上方增设了聚四氟乙烯板和不锈钢板，在滑动摩擦前发生弹性，滑动之后摩擦力恒定，其力学模型见图 2[3]。图中，K_0 为滑动前水平刚度，X_y 为屈服位移，Q_y 为滑动摩擦力。滑动型支座的滑动摩擦力 Q_y 较小，在地震作用下，支座发生滑动后，通过往返运动、摩擦耗能，同时将上部结构传递至桥墩、桥台的地震力控制在滑动摩擦力 Q_y 以下。

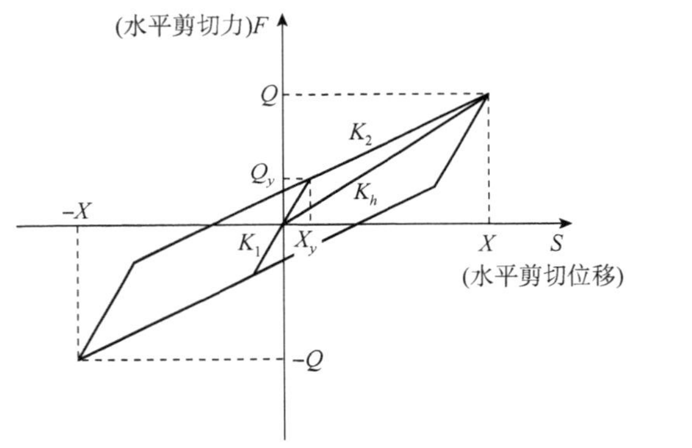

图 1　HDR 隔震支座双线性恢复力模型

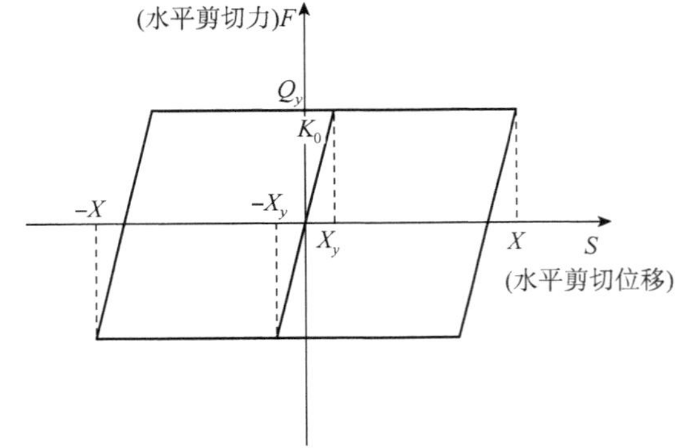

图 2　滑动型支座力学模型

3　依托工程概况

四川省雅安至康定高速公路青衣江特大桥位于雅安市雨城区，大桥横跨青衣江库区，主桥推荐桥型方案采用 42m+75m+42m 和 42m+70m+42m 预应力混凝土连续梁跨越河堤，江中采用 4×46.5m 预应力混凝土简支 T 梁，两岸引桥采用多孔 30.5m、30.95m 预应力混凝土简支 T 梁，全桥长 1421.6m。桥梁结构分幅设置，半幅桥宽为 12.25m。本文取其中具有代表性一联桥进行分析研究，孔跨布置为 4×30.95m，上部梁体横向由 5 片简支 T 梁组成，纵向采用桥面连续构造[4]。桥梁立面见图 3，横断面见图 4。

为了方便研究，假定各桥墩高度相同、地质条件相同。墩高分别取 15m、20m、25m、30m 四种情况。墩柱直径为 1.6m，桩基直径为 1.8m。

根据本项目两阶段施工图设计文件，中间 3 个桥墩处采用高阻尼隔震橡胶支座，型号为

HDR(Ⅱ)320×420×127—G0.8,即Ⅱ型矩形高阻尼隔震橡胶支座,纵桥向尺寸为370mm,横桥向尺寸为420mm,高度为127mm,剪切模量为0.8MPa;在剪应变为150%时,其主要力学参数为:K_1 = 4170kN/m,K_2 = 1190kN/m,K_h = 1510kN/m,X_y = 10.1mm,Q_y = 42kN,容许剪切位移X=126mm,竖向承载力P=1360kN,竖向压缩刚度Kv=777000kN/m,等效阻尼比ξ=12%。两个交界墩处采用滑动型支座,型号为LNR(H)320×420×137,即纵桥向尺寸为370mm,横桥向尺寸为420mm,高度为137mm;其主要力学参数为:K_0=1710kN/m,X_y=25.1mm,Q_y=43kN,竖向承载力P=1440kN,竖向压缩刚度Kv=735000kN/m。

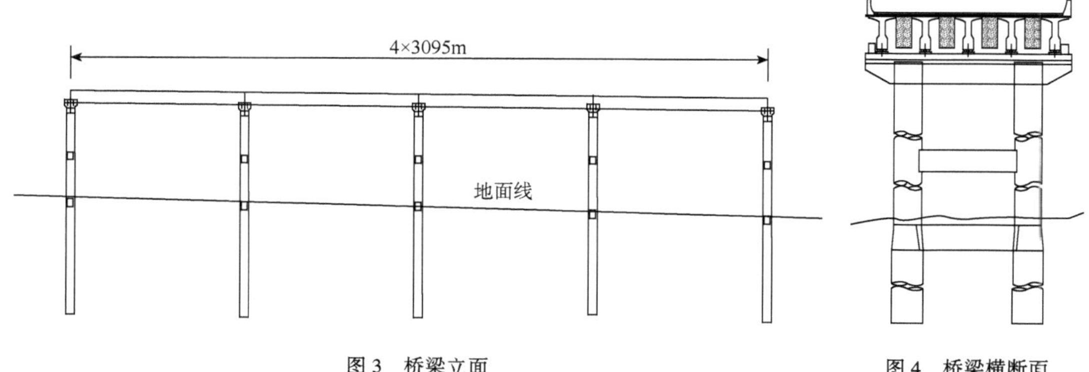

图3 桥梁立面

图4 桥梁横断面

为了对比研究,若采用常规静力设计,根据支反力和支座剪切位移计算结果,中间3个桥墩处普通板式橡胶支座的规格为GJZ300×450×63;其主要力学参数为:竖向承载力P=1260kN,动剪切模量G_d = 1.2 MPa,水平抗剪刚度K_h = 3600kN/m,竖向压缩刚度K_v = 1464509kN/m。交界墩处四氟滑板橡胶支座的规格为GJZF$_4$300×450×65;其主要力学参数为:摩擦系数μ=0.06,滑动前水平刚度K_0=3600kN/m,竖向压缩刚度K_v=1464509kN/m,滑动摩擦力Q_y根据恒载作用下的支反力计算。

"5·12"汶川大地震后,根据《中国地震动参数区划图》(GB 18306—2015)国家标准第1号修改单,本项目场地地震动峰值加速度为0.1g,地震动反应谱特征周期0.40s,场地类型为Ⅱ类,地震基本烈度为Ⅶ度。

4 桥梁抗震性能分析

根据《公路桥梁抗震设计细则》(JTG/T B02—01—2008),雅康路青衣江特大桥为B类,并采用两级设防,即在E1地震作用时,桥梁结构一般不受损坏或不需要修复可继续使用;E2地震作用时应保证不至倒塌或产生严重结构损伤,经临时加固后可供维持应急交通使用[5]。E1地震作用时,采用多振型非弹性反应谱法(等效线形化分析法)进行抗震计算。E2作用时,采用3组人工时程波进行非线性时程分析计算,取3组计算结果的最大值。E1地震作用(地震超越概率取50年10%)时,本项目的设计加速度反应谱见图5,抗震重要性系数取0.5,场地系数和阻尼调整系数均为1.0。E2地震作用(地震超越概率取50年2%)时的人工时程波见图6~图8,最大加速度峰值为1.95m/s^2。

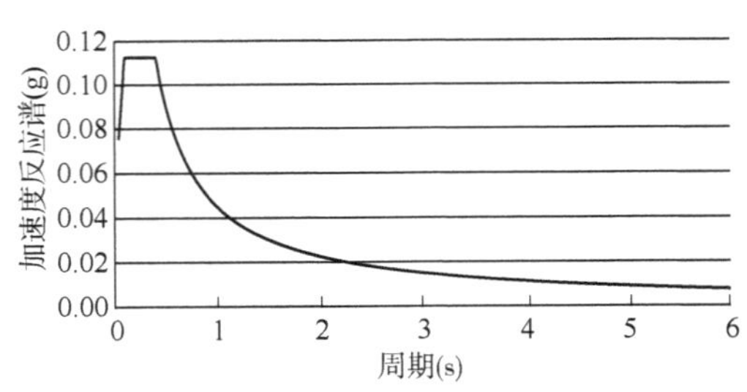

图5　E1地震作用时加速度反应谱

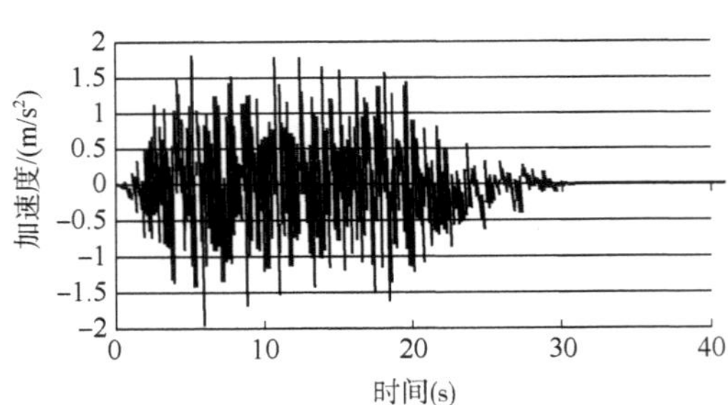

图6　第1组人工时程波

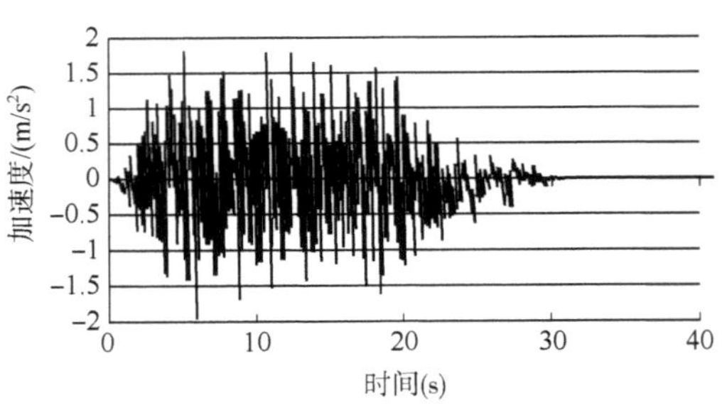

图7　第2组人工时程波

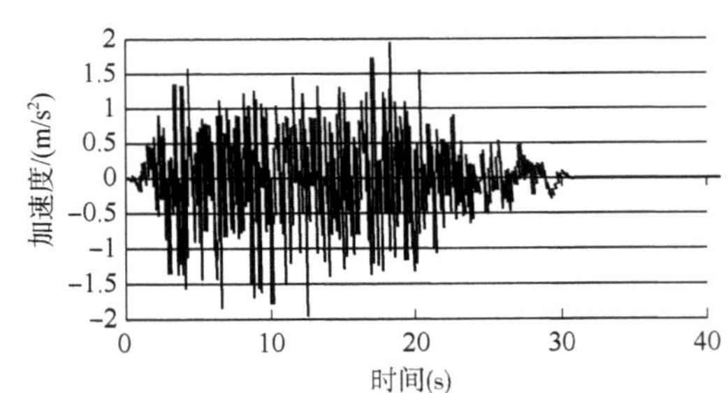

图8　第3组人工时程波

E1和E2地震作用下，根据不同支座类型、不同墩高，各计算了8种工况。抗震计算采用空间有限元程序MIDAS Civil 2015。主梁、桥墩、系梁和桩基均采用梁单元，计算模型见图9。在进行E1地震作用下的多振型非弹性反应谱分析计算时，普通板式橡胶支座、四氟滑板橡胶支座、HDR隔震支座以及滑动型支座均采用弹性连接；其中四氟滑板橡胶支座和滑动型支座的水平剪切刚度为零，HDR隔震支座的水平剪切刚度取水平等效刚度。当HDR隔震支座的剪应变计算值不等于150%时，需要通过迭代计算确定其水平等效刚度。在进行E2地震作用下的非线性时程分析计算时，普通板式橡胶支座采用弹性连接；四氟滑板橡胶支座、HDR隔震支座以及滑动型支座采用一般连接中双线性恢复力模型[6]。

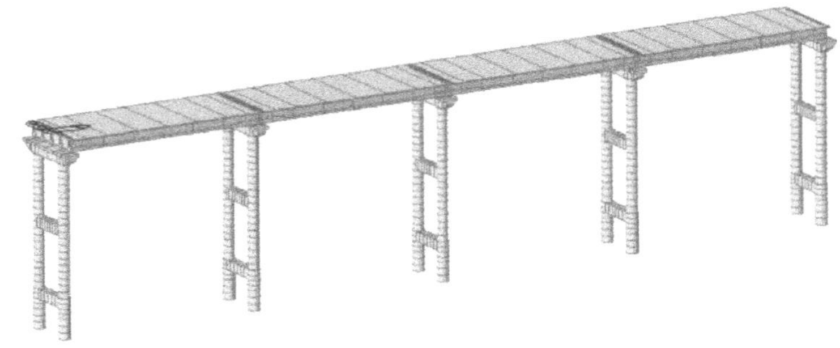

图9　抗震计算模型

E1地震作用下，分别采用普通板式橡胶支座（交界墩处为四氟滑板橡胶支座）时计算结果如表1所示。

E1 地震作用下设普通板式橡胶支座时桥梁结构响应 表 1

墩高(m)		15	20	25	30
纵桥向振动第一阶周期(s)		2.322	2.914	3.586	4.323
横桥向振动第一阶周期(s)		1.223	1.374	1.579	1.835
纵桥向地震响应	墩底弯矩(kN·m)	1150	1193	1197	1194
	墩顶位移(m)	0.018	0.026	0.035	0.045
	梁端位移(m)	0.028	0.035	0.043	0.052
	支座剪切位移(mm)	8.2	6.8	5.8	5.4
横桥向地震响应	墩底弯矩(kN·m)	728	914	1045	1136
	墩顶位移(m)	0.004	0.007	0.011	0.015
	梁端位移(m)	0.017	0.019	0.021	0.024
	支座剪切位移(mm)	9.6	8.8	7.8	7.1

E1 地震作用下,分别采用高阻尼隔震橡胶支座(交界墩处为滑动型支座)时计算结果如表 2 所示。

E1 地震作用下设高阻尼隔震橡胶支座时桥梁结构响应 表 2

墩高(m)		15	20	25	30
纵桥向振动第一阶周期(s)		2.691	3.282	3.973	4.744
横桥向振动第一阶周期(s)		1.679	1.788	1.943	2.148
纵桥向地震响应	墩底弯矩(kN·m)	1085	1153	1177	1184
	墩顶位移(m)	0.017	0.026	0.036	0.046
	梁端位移(m)	0.032	0.039	0.047	0.057
	支座剪切位移(mm)	13.7	11.5	9.9	8.8
横桥向地震响应	墩底弯矩(kN·m)	665	880	1018	995
	墩顶位移(m)	0.004	0.006	0.010	0.013
	梁端位移(m)	0.021	0.023	0.025	0.027
	支座剪切位移(mm)	16.1	15.5	15.1	13.8

E2 地震作用下,分别采用普通板式橡胶支座(交界墩处为四氟滑板橡胶支座)时计算结果见表 3。

E2 地震作用下设普通板式橡胶支座时桥梁结构响应 表 3

墩高(m)		15	20	25	30
纵桥向地震响应	墩底弯矩(kN·m)	5080	5696	5889	6015
	墩顶位移(m)	0.078	0.124	0.169	0.224
	梁端位移(m)	0.123	0.160	0.201	0.254
	支座剪切位移(mm)	39.0	32.0	27.2	26.5
横桥向地震响应	墩底弯矩(kN·m)	3042	3831	4519	4606
	墩顶位移(m)	0.017	0.030	0.048	0.062
	梁端位移(m)	0.065	0.075	0.090	0.092
	支座剪切位移(mm)	42.8	37.1	31.3	30.0

E2 地震作用下,分别采用高阻尼隔震橡胶支座(交界墩处为滑动型支座)时计算结果见表 4。

E2 地震作用下设高阻尼隔震橡胶支座时桥梁结构响应 表 4

墩高(m)		15	20	25	30
纵桥向地震响应	墩底弯矩(kN·m)	4603	5438	5670	5738
	墩顶位移(m)	0.072	0.122	0.171	0.226
	梁端位移(m)	0.129	0.164	0.212	0.260
	支座剪切位移(mm)	52.1	38.6	31.6	30.0
横桥向地震响应	墩底弯矩(kN·m)	2146	2855	3321	3792
	墩顶位移(m)	0.012	0.022	0.033	0.052
	梁端位移(m)	0.063	0.084	0.084	0.097
	支座剪切位移(mm)	49.1	57.6	51.1	45.6

从上述分析结果可知,设置高阻尼隔震橡胶支座时与设置普通板式橡胶支座时相比:

(1)能适当延长结构自振周期 0.3~0.45s;在 E1 地震作用下,HDR 隔震支座的剪切位移约小,其水平等效刚度 K_h 约接近弹性刚度 K_1,隔震效果约不明显。

(2)在 E1 地震作用下,纵桥向墩底弯矩减小 0.8%~5.7%;横桥向墩底弯矩减小 2.6%~12.4%;墩高越矮,隔震效果越好。

(3)在 E1 地震作用下,墩顶位移影响较小,但是梁端位移和支座剪切变形稍有增大,桥梁需要增加限位措施。

(4)在 E2 地震作用下,纵桥向墩底弯矩减小 3.7%~9.4%;横桥向墩底弯矩减小 17.7%~29.5%;墩高越矮,隔震效果越好。

(5)在 E2 地震作用下,墩顶位移和梁端位移影响较小,支座剪切变形量显著增大。

5 HDR 隔震支座的适用性分析

根据 8 种工况抗震分析计算,高阻尼隔震橡胶支座对延长结构自振周期、减小地震作用下桥墩内力有利,并且墩高不同,高阻尼隔震橡胶支座的隔震效果也不同,如图 10、图 11 所示。

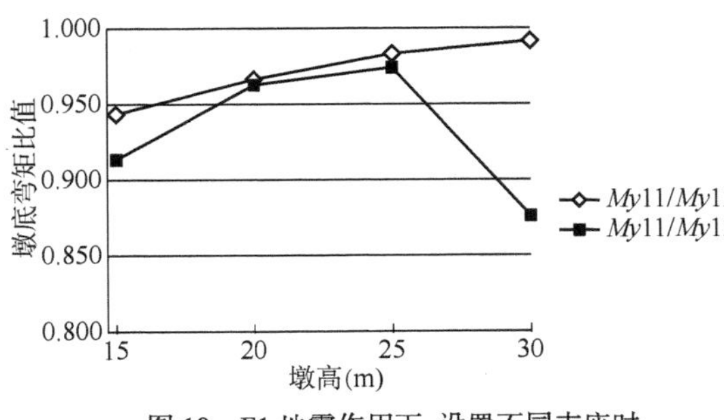

图 10 E1 地震作用下,设置不同支座时墩底弯矩比值随墩高变化图

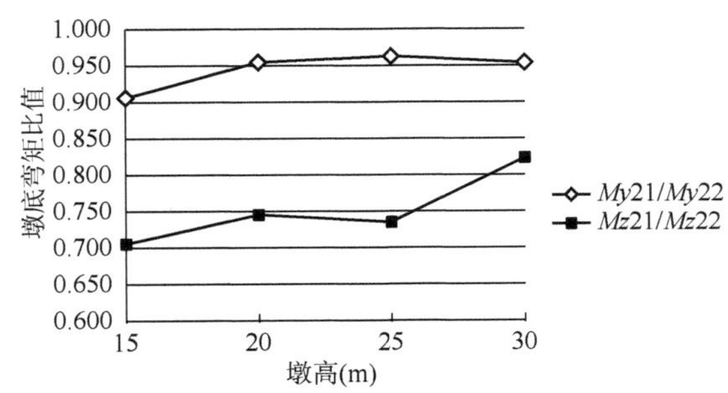

图 11 E2 地震作用下,设置不同支座时墩底弯矩比值随墩高变化图

图中，$My11$ 指 E1 地震作用下，设置高阻尼隔震橡胶支座时墩底纵桥向弯矩；$My12$ 指 E1 地震作用下，设置普通板式橡胶支座时墩底纵桥向弯矩；$Mz11$ 指 E1 地震作用下，设置高阻尼隔震橡胶支座时墩底横桥向弯矩；$Mz12$ 指 E1 地震作用下，设置普通板式橡胶支座时墩底横桥向弯矩；$My21$、$My22$、$Mz21$、$Mz22$ 为 E2 地震作用下相应的墩底弯矩。

从图 10 和图 11 可以看出，高阻尼隔震橡胶支座对矮墩桥梁的减隔震效果要好于高墩桥梁；且对横桥向的减隔震效果好于纵桥向，说明当结构自振周期越小，刚度越大时，采用高阻尼隔震橡胶支座时桥梁的抗震性能较好。横桥向个别数据出现偏离，是因为桥墩在横桥向为框架结构，且各桥墩横桥向振动不一致

同一支座，在同一条地震时程波作用下，墩高分别为 15m、30m 时 HDR 隔震支座的滞回环见图 12 和图 13。从图 12 和图 13 可对比看出，桥墩高度越小，高阻尼隔震橡胶支座的剪切位移越大，滞回环面积越大，耗能作用越大。

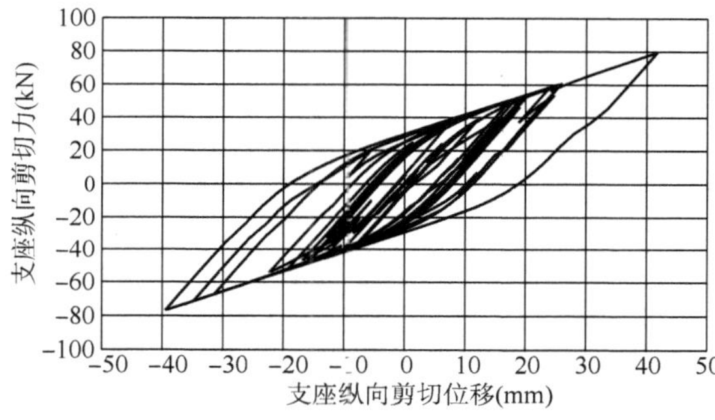

图 12　墩高 15m HDR 隔震支座时在时程波作用下纵向剪切力—位移曲线

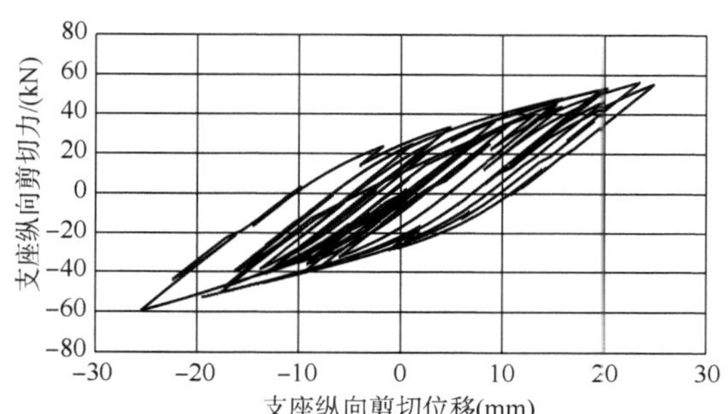

图 13　墩高 30m HDR 隔震支座时在时程波作用下纵向剪切力—位移曲线

桥梁的跨径、墩高千差万别，不便从结构尺寸上来定量化评判高阻尼隔震橡胶支座的适用性，比较合适的指标是结构的自振周期，从加速度反应谱曲线和分析结果来看，当对结构地震响应起主要贡献的振型对应的自振周期都小于 3s 且地震烈度较高时，适宜采用高阻尼隔震橡胶支座。

6　结语

高阻尼隔震橡胶支座在近几年逐步得到发展和应用，其水平等效刚度较小，能延长结构自振周期，同时具有双线性恢复力模型特性，在地震反复作用下能形成滞回环进行耗能，减小地震力。

对于公路常规简支梁桥，通过与普通板式橡胶支座进行对比，在墩高较矮，结构自振周期较小时，采用高阻尼隔震橡胶支座可以改善桥梁结构的抗震性能；当墩高较大时，结构自振周期较长，高阻尼隔震橡胶支座的减隔震效果不明显。

设置高阻尼隔震橡胶支座的桥梁，支座剪切位移和梁端位移稍大，需要配套设置纵向、横向限位装置，如挡块、钢拉杆、抗震缓冲橡胶垫等。

当对结构地震响应起主要贡献的振型对应的自振周期都小于 3s，且地震烈度较高时，适宜采用高阻尼隔震橡胶支座。

参 考 文 献

[1] 范立础. 桥梁抗震[M].上海:同济大学出版社,1997.

[2] 中华人民共和国行业标准 . JT/T 842—2012 公路桥梁高阻尼隔震橡胶支座[S].北京:人民交通出版社,2012.

[3] 沈朝勇,周福霖,崔杰,等.高阻尼隔震橡胶支座的相关性试验研究及其参数取值分析[J].地震工程与工程振动,2012,(6):95-103.

[4] 四川省交通运输厅公路规划勘察设计研究院.雅安至康定高速公路草坝至新沟段两阶段施工图设计文件C3合同段[Z].成都:2014.

[5] 中华人民共和国行业标准 . JTG/T B02—01—2008 公路桥梁抗震设计细则[S].北京:人民交通出版社,2008.

[6] 杜鹏飞.高阻尼隔震橡胶支座在桥梁设计中的分析与运用[J].赤峰学院学报(自然科学版),2013,(11):48-51.

预应力钢箱混凝土盖梁非线性行为及施工技术研究

张文居[1]　孙才志[2]　陈　功[2]

(1.四川藏区高速公路有限责任公司,成都,610041;
2.四川省交通运输厅公路勘察设计研究院,成都 610000)

摘　要:准确模拟预应力钢箱混凝土盖梁的非线性行为并优化结构的施工技术,对结构的力学行为分析及推广应用具有重要意义。针对汶马高速汶川克枯大桥的预应力钢箱混凝土盖梁,提出了基于有限元软件 ANSYS 的非线性行为分析方式,分析了结构在竖向荷载作用下的非线性行为及破坏阶段各个部件的应力分布,得出了结构破坏全过程的荷载位移曲线及破坏规律,论证了结构优异的抗震性能,最后针对施工中的预应力张拉及箱内混凝土灌注等关键技术进行了研究。研究结果表明:基于非线性有限元方法的数值分析方式能够很好地模拟预应力钢箱混凝土梁的非线性行为、构件的应力分布模式及破坏模式;灌注混凝土可有效提高结构承载能力及刚度;张拉预应力除了能提升结构承载能力极限外,还能改善受拉区混凝土的工作性能,使得三种材料形成整体共同工作;结构破坏阶段延性及继续承载的能力较强,抗震性能优越;同时结构还具有施工过程简便,施工工具重复利用率高,施工周期短的特点。

关键词:预应力钢箱混凝土　非线性有限元　抗震　施工技术

1　引言

预应力钢箱混凝土梁是在钢箱混凝土结构基础上提出的主要用于受弯的新型结构,由钢箱、箱内混凝土和预应力筋三部分组成。该结构能够充分发挥材料各自的优势,与钢结构和混凝土结构相比具有高承载能力、大刚度、高抗震性能和优越的经济效益,具有较高的推广价值。目前,该结构已在广东佛山东平大桥的和汶马高速的汶马克枯大桥盖梁采用。本文针对预应力钢箱混凝土梁在荷载作用下的力学性能,基于汶川克枯大桥的盖梁进行结构非线性行为分析和施工方案研究,为推广该结构提供理论基础。

2　工程概况

汶马高速 C4 标汶川克枯大桥上部结构为钢管混凝土桁梁桥,下部结构采用钢管混凝土桥墩,跨越国道317线处的桥墩盖梁设计为预应力钢箱混凝土盖梁,其结构特征见图1、图2。

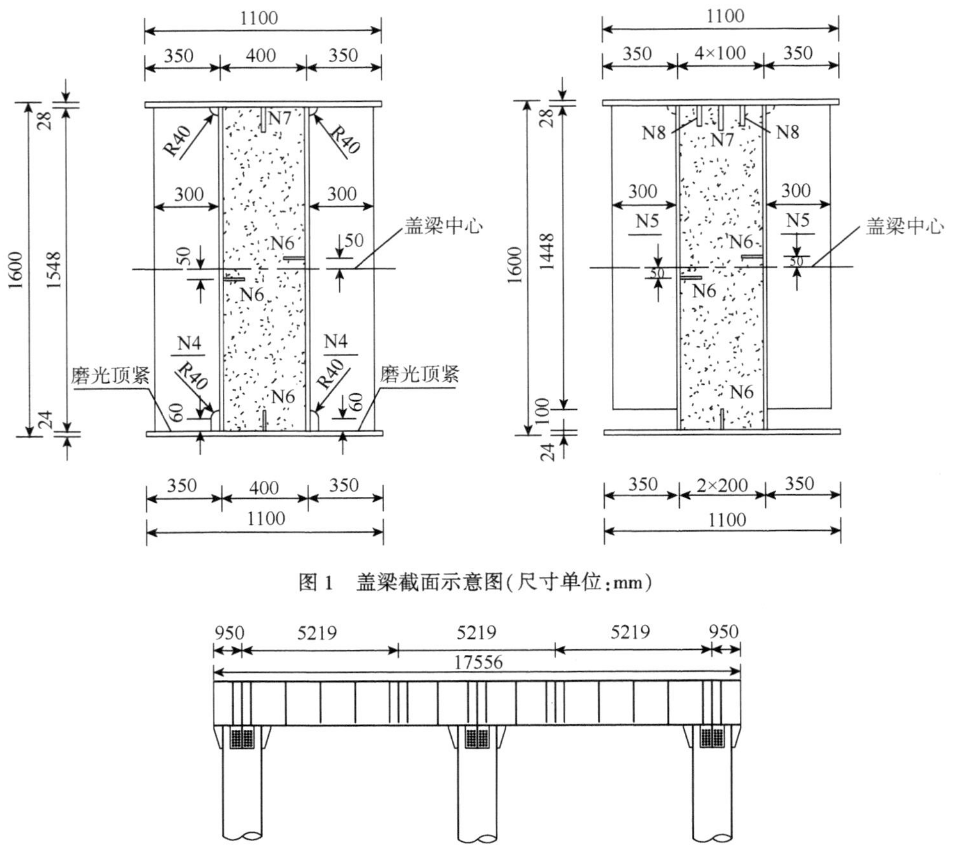

图1 盖梁截面示意图(尺寸单位:mm)

图2 盖梁立面示意图(尺寸单位:mm)

3 非线性行为分析

3.1 非线性数值方法

采用有限元软件ANSYS分析结构非线性行为,建立结构的有限元模型,下面对关键理论进行描述。

结构主要部件有:钢箱、箱内混凝土及预应力筋。为顺利解决结构破坏全过程中的材料非线性问题,采用三维实体等参元模拟混凝土的力学行为,该单元能够模拟混凝土的弹塑性行为及开裂后的力学行为,经验证具有较高收敛精度,其局部笛卡尔坐标下的单元性状见图3。

采用基于Mindlin-Reissner一阶剪切变形理论的三维四节点有限应变壳单元模拟钢板力学行为,见图4。该单元能够考虑钢板在复杂应力作用下的结构行为,适用于钢板的非线性行为模拟。

采用三维杆单元模拟预应力筋,并通过在单元上施加初应变的方式模拟预应力的张拉。考虑到网格划分的密集程度,在保证截面换算刚度相等的前提下采用共4根三维杆单元模拟预应力筋的力学行为。

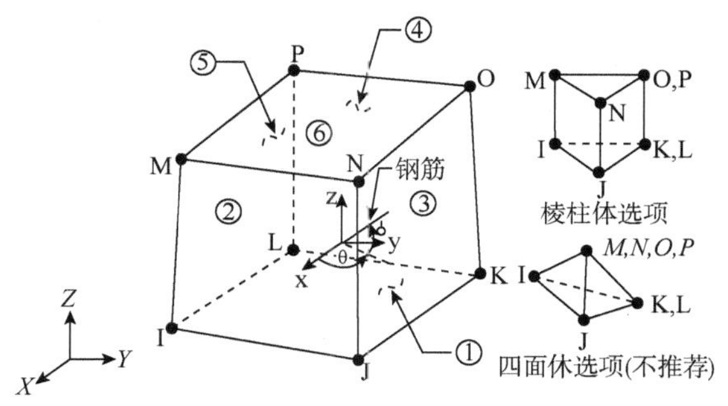

图3　三维实体等参元几何图示

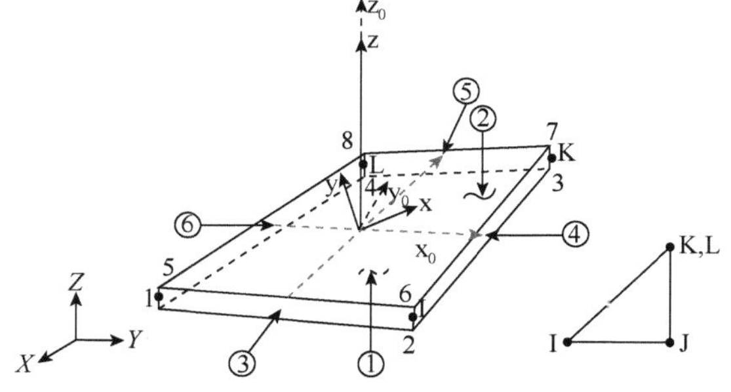

图4　有限应变壳单元几何图示

3.2　本构关系及破坏法则

混凝土受到钢箱的约束作用,处于三向受力状态,其抗压强度与抗拉强度均显著提升,常规混凝土本构无法描述其应力—应变特征,因此采用混凝土约束本构进行描述:

混凝土应力达到素混凝土极限强度之前,其本构关系与无约束混凝土相近。达到极限强度后,通过约束效应系数可以反映钢箱对混凝土的约束作用大小,从而推出混凝土约束本构关系。约束效应系数ξ的计算方式如式1:

$$\xi = \frac{A_s \cdot f_y}{A_c \cdot f_{ck}} = \alpha \cdot \frac{f_y}{f_{ck}} \tag{1}$$

式中:A_s——钢管横截面积;

A_c——混凝土横截面积;

f_y——钢材屈服强度;

f_{ck}——混凝土轴心抗压强度标准值;

α——钢管混凝土截面含钢率。

基于上述结果,采用了韩林海的混凝土约束本构模型,见图5。

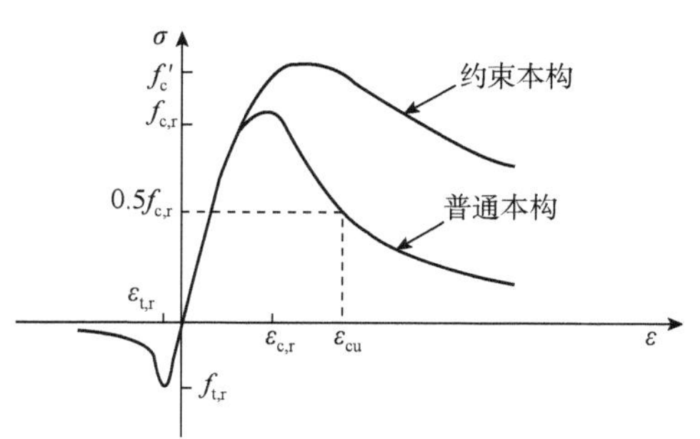

图5　混凝土约束本构关系

3.3　非线性行为分析

图6为钢线破坏阶段轴向应力云图。可知梁体破坏时的受拉区钢板拉应力最大值为398.4MPa,受压区钢板最大压应力为-373.3MPa,应力绝对值的差值仅25.1MPa。可以认为,预应力钢箱混凝土结构通过调整钢板厚度、优化结构几何构型及设置加劲肋的方式,使得承载能力极限受底板应力控制的同时,充分利用了受压区钢板的材料性能,未造成材料的浪费。

混凝土的轴向应力云图见图7。可以看出,混凝土应力沿梁高分布较为均匀,最大拉应力接近2.8MPa,排除加载点的应力集中效应的最大压应力为26MPa,超出了C30混凝土的抗压强度,因此认为钢箱对混凝土起到了较强的约束作用,有效地提高了混凝土的极限强度,同时提高了结构的承载能力极限。

对比了钢箱梁、钢箱混凝土梁和预应力钢箱混凝土梁的荷载位移曲线,见图8。可以看出,钢箱混凝土梁的结构弹塑性行为的发生点比钢箱梁高14%,极限荷载比钢箱梁高

26.5%；预应力钢箱混凝土梁的极限荷载比预应力钢箱梁高 13.7%，比钢箱梁高 43.3%。同时，未填充混凝土的钢箱梁在屈服阶段和破坏阶段的位移发展非常迅速，刚度迅速下降；而钢箱混凝土梁和预应力钢箱混凝土梁在破坏阶段的挠度并未迅速增大，结构仍然具有较大刚度。

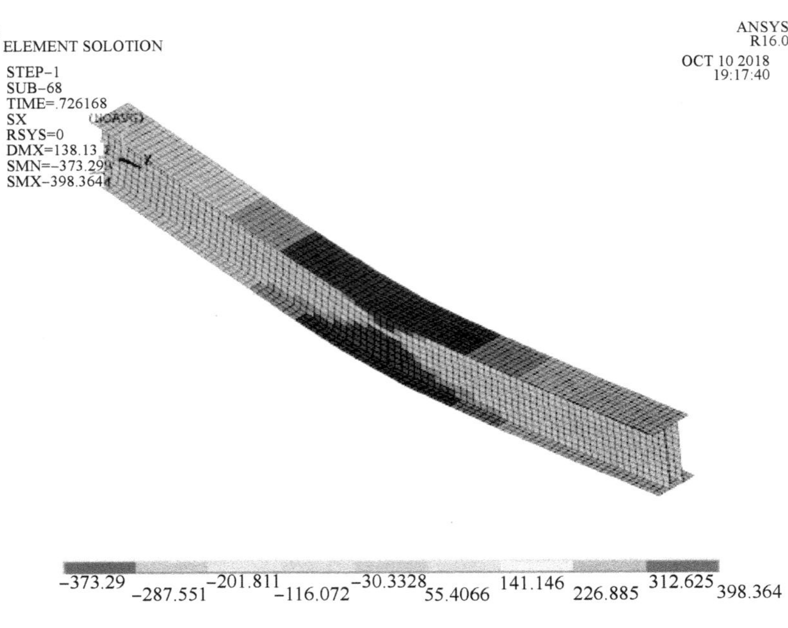

图 6　钢箱轴向应力云图

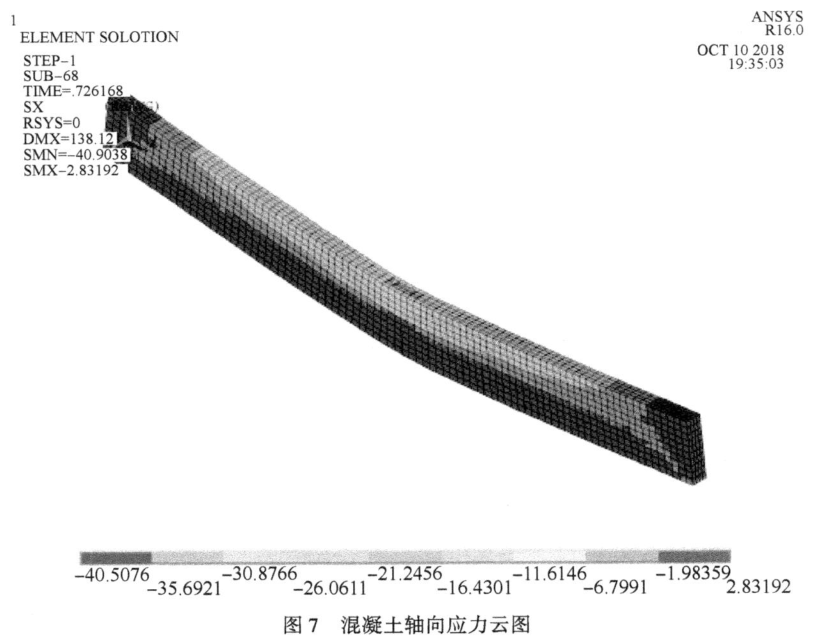

图 7　混凝土轴向应力云图

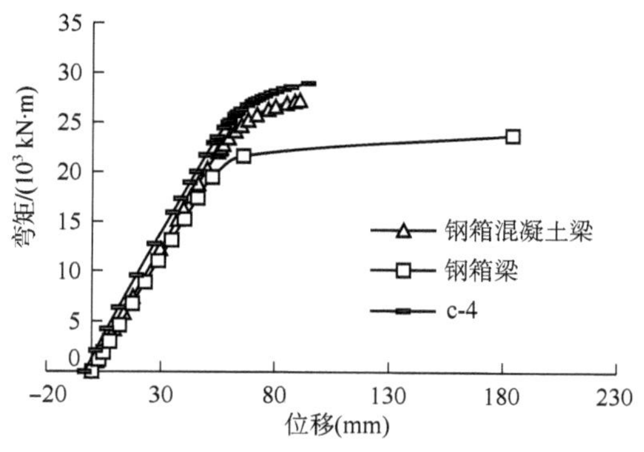

图 8　荷载—位移曲线

因此可以认为,通过在钢箱中填充混凝土可以有效提高结构的屈服荷载和承载能力极限,填充混凝土还能有效提高结构刚度及延性,使得结构具有优秀的抗震性能。张拉预应力筋还能通过改善受拉区混凝土的工作性能,从而进一步提高结构的屈服荷载和承载能力极限。

4　施工技术研究

预应力钢箱混凝土盖梁的施工按照如下步骤进行:①钢箱加工、焊接、修磨及质量检查;②箱内预应力张拉;③箱内混凝土灌注;④盖梁现场安装。其中钢箱加工及焊接工序在钢结构生产厂中完成。

4.1　箱内预应力张拉

箱内预应力采用先张法进行张拉,张拉力的控制采用智能张拉系统进行。预应力张拉数量与盖梁跨度有关,跨度大于 15.4m 的盖梁预应力束为 36 根,小于等于 15.4m 的盖梁预应力束为 18 根。

预应力张拉方式按如下流程进行:导束板、封头板及定位板安装(图 9)→预应力钢束穿入→张拉预应力并锚固于张拉板上→箱内混凝土灌注→待混凝土强度达标后放张预应力→

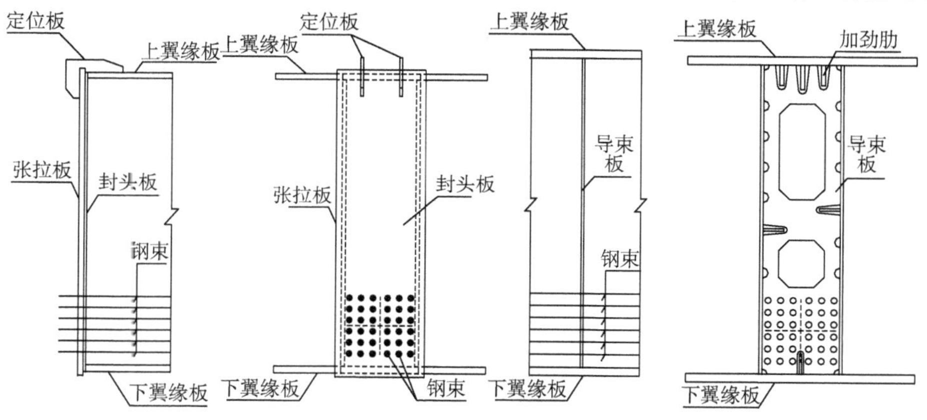

图 9　导束板及封头板示意图

切割钢绞线并拆除张拉板。

钢束张拉应控制应力采用低应力值0.65fpk，导束板设置为镂空式构件；张拉板用作主梁预应力张拉的并可重复利用工具。盖梁采用先张法进行张拉，使得钢、混凝土及预应力筋三者形成整体共同工作，更好地发挥了三种材料各自的优点，提高了结构的整体工作性能。同时，张拉预应力时不设锚头，构造简单；不设波纹管，无堵孔问题，无灌浆质量问题；单根钢束分散传力，与混凝土黏结更可靠；导束板镂空设置，能够保证混凝土顺利灌注。

4.2 箱内混凝土灌注

盖梁完成预应力张拉后即进行箱内混凝土灌注。箱内混凝土使用自密实补偿收缩混凝土，箱内灌注混凝土的灌注无须预设模板，可大幅节省工期和成本。混凝土的灌注采用的泵送压注法是利用泵送的压力将混凝土由一端到另一端注入箱内，由混凝土自重及泵送压力使混凝土达到密实的效果。

钢箱内混凝土必须完全饱满，浇注完成后应采用先敲击，再使用超声波探伤仪的方式检测混凝土灌注质量，必要时钻孔检测。箱内混凝土的灌注技术是结构施工中的关键技术环节之一，施工应严格依照技术要求进行，确保钢箱—混凝土组合构件的两种材料性能满足要求、结合紧密，发挥组合构件的优势。

4.3 盖梁安装(图10)

预应力钢箱混凝土盖梁的安装利用汽车吊快速吊装，可大幅减少钢管混凝土墩柱、钢箱混凝土盖梁的安装步骤，节省安装时间，在缩短施工周期的同时有效保障了安装质量。

图10　盖梁安装示意图

5 结语

基于非线性有限元方法分析了预应力钢箱混凝土的结构破坏阶段的应力应变分布规律及受力全过程破坏模式，研究了结构在施工中的关键技术，得到了以下几点结论：

(1)采用非线性数值方法能够很好地模拟预应力钢箱混凝土的非线性行为。

(2)预应力钢箱混凝土梁的应力分布合理，结构在保证安全的前提下充分利用了材料特性，未造成材料浪费。

(3)预应力的张拉改善了受拉区混凝土的工作性能，降低了最大拉应力；钢箱约束了箱内混凝土,提高列箱内混凝土屈服荷载和承载能力。

(4)相比钢箱梁,预应力钢箱混凝土梁在破坏阶段具有较大的后续承载能力和延性,同时预应力筋还保留有承载的能力,认为具有优异的抗震性能。

(5)预应力钢箱混凝土结构的施工周期短,施工工具重复利用率高。采用本文提出的预应力张拉方式和混凝土灌注方式能够在有效缩短工期的同时保证钢箱、混凝土和预应力筋组成整体共同工作,进一步优化了结构性能。

参 考 文 献

[1] 韩林海. 钢管混凝土结构——理论与实践,2 版[M]. 北京:科学出版社, 2004, 66-75.

[2] 牟廷敏,范碧琨,赵人达,等. 钢箱混凝土在桥梁工程中的应用研究[J]. 西南公路, 2017, 2: 38-46.

[3] 舒小娟,钟新谷,沈明燕,等. 钢箱—混凝土组合梁初步设计与应用[J]. 土木工程学报, 2011, 44(S1): 8-16.

[4] 四川省交通运输厅公路规划勘察设计研究院联合体. 钢—混凝土组合结构在桥梁工程中的应用研究[R]. 2006.10.

预应力钢管混凝土桁架梁整跨安装技术

詹　文　余　洋　莫志强　倪　红

(四川路桥桥梁工程有限责任公司,成都 610000)

摘　要:改革开放以来,国内常规桥梁建设迅速,推动了国家经济、政治、文化等的不断发展。然而,也消耗了大量资源,在桥基、墩台、梁板施工时,对生态环境的破坏极其严重。为贯彻国家创新、绿色发展理念,降低施工用材,减少施工对生态的破坏,一种预应力钢管混凝土桁架梁桥应运而生,该桥型工厂化程度高,大大降低了对生态的破坏,但作为科研桥,它的安装架设技术却十分困难。目前,国内现有架梁设备无法满足钢管桁梁整幅的吊装要求。我公司组织技术攻关,最终设计出国内第一台钢桁梁整幅吊装专用架桥机(JQJ200—4013),全断面整体吊装,减少大量空中焊接及涂装工作,确保了结构整体质量,缩短了工程工期。

关键词:钢管桁梁　整幅　全断面　吊装

1　工程概况

汶马高速公路C4合同段位于汶川县克枯乡,该工程由克枯特大桥(2.45km)、下庄特大桥(1.35km)、互通匝道桥(0.5km)组成。全长约4.3km。

上部结构:30m和40m预应力钢管混凝土桁式主梁;5cm厚沥青混凝土铺装。

下部结构:双柱式钢管混凝土桥墩,桩基础;桩柱式或重力式桥台。

钢管混凝土主桁采用由钢管混凝土主管作下弦,钢—混凝土组合桥面板作上弦,通过V型支管组成的平面钢管混凝土桁式结构。主梁下弦主管直径为ϕ670mm,上弦骨架主管直径为ϕ219mm,上下弦管内灌注C30补偿收缩自密实混凝土,其中,下弦主管设计为先张法预应力钢管混凝土结构,应首先张拉预应力钢束,再灌注主桁上下弦管内混凝土。支管直径为ϕ402mm,通过相贯接头与下弦主钢管焊接形成下弦节点,通过支管相互相贯焊接、内穿上弦钢管和设置纵、横带孔加劲钢板形成上弦节点,上弦节点内置于桥面板纵肋内。主桁支管内灌注与桥面板相同的C40钢纤维混凝土,浇筑桥面板时先浇筑主桁支管内混凝土,再浇筑桥面混凝土。标准宽度每幅桥梁采用两片桁式结构,主桁标准间距为7m,通过三角形横撑连接成半幅主梁结构,横撑采用下弦直径为ϕ351mm或ϕ377mm、支管直径为ϕ159mm的钢管组合而成的空间结构。图1为主梁空间结构图。

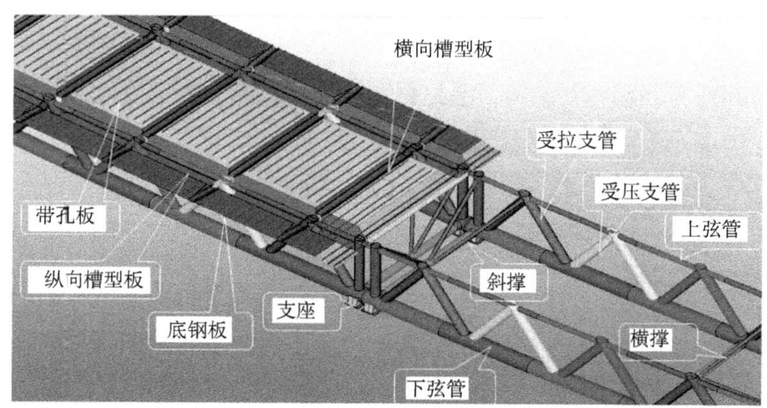

图 1　主梁空间结构图

2　钢桁梁安装方案比选

经过对各种安装形式的比较(表 1),本项目最终选择了架桥机安装。

各类安装工艺比选表　　表 1

序号	施工方法	优　　点	缺　　点	缺点补救措施	补救效果
1	顶推	节省施工用地、机具设备简便	协调配合困难大、对工人的素质要求高、拖拉过长难以满足桥梁线形	培训大量高素质工人、分节段拖拉,多建空中组装厂	效果微小
2	吊车吊装	工厂化程度高、高难度人工作业减少、设备成熟	对场地要求非常高、需专业大型吊装吊车及人员	由于地质地貌限制,此处基本无补救措施	—
3	架桥机吊装	工厂化程度高、高难度人工作业减少	协调配合较大、对工人的素质要求较高、设备需重新开发、科研投入大	加大设备科研投入、培训大量高素质工人、加强过程监控	效果显著

3　架桥机结构

本项目架梁采用 JQJ200—4013 架桥机,是一种运行工作技术新颖、性能优良、操作方便、结构安全的钢管桁架梁吊装架设设备。该架桥机适应于山区高速公路钢管桁梁架设,满足大坡度、小半径弯桥、45°斜交桥以及隧道口桥梁架设的要求。

该架桥机(图 2)在结构上分为主桁、起吊天车、前支腿、中支腿、后临时支撑、轨道运梁平车、电气系统和液压系统等几部分,构成一个完整的结构体系。图 3 为架桥机效果图。

4　钢桁梁安装计算

1)计算模型确定

分别计算以下 10 个受力模型:

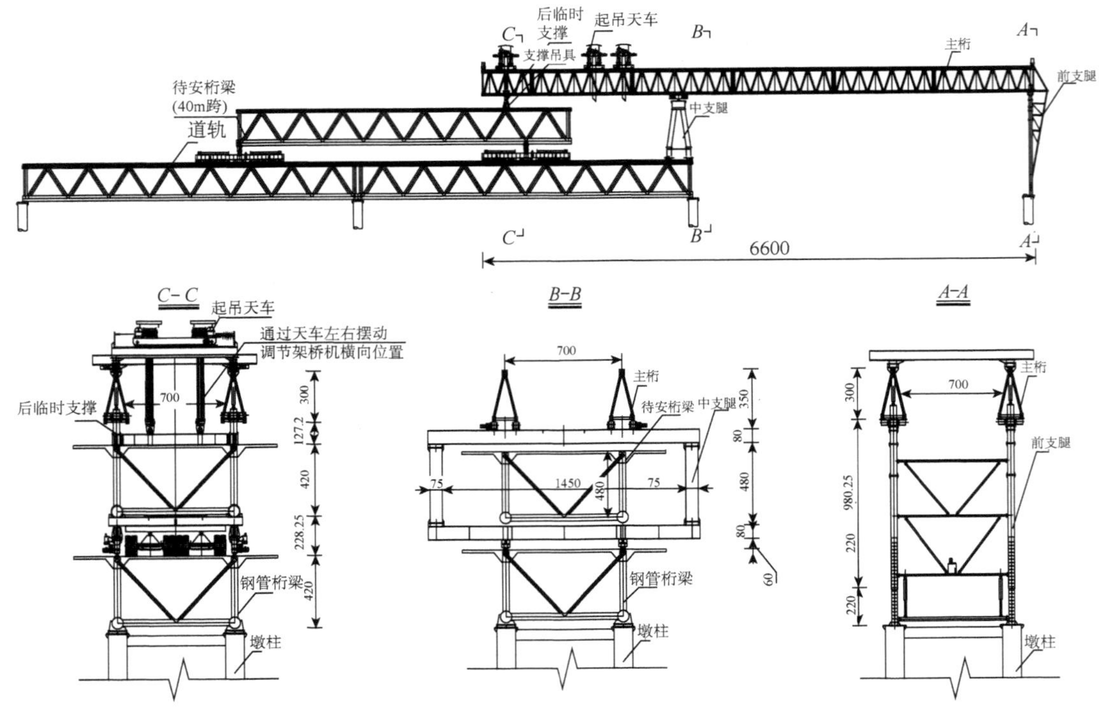

图 2　架桥机构造图(尺寸单位:cm)

图 3　架桥机效果图

模型 1:运梁平车运送 40m 跨主梁在未浇筑桥面板的 30m 跨已安装主梁上运行时 30m 跨已安装主梁受力验算。

模型 2:运梁平车运送 40m 跨主梁在未浇筑桥面板的 40m 跨已安装主梁上运行时 40m 跨已安装主梁受力验算。

模型 3:架桥机架设 40m 跨主梁前吊点起吊位于中支腿处受力验算。

模型 4:架桥机架设 40m 跨主梁前吊点起吊位于跨中处受力验算。

模型 5:架桥机架设 40m 跨主梁两端起吊后架桥机受力验算。

模型 6:架桥机架设 40m 跨主梁落位前架桥机受力验算。

模型 7:架桥机在牵引力的作用下行走验算。

模型8:架桥机中支腿位于30m跨已安装主梁上架设40m跨主梁时30m跨已安装主梁受力验算。

模型9:架桥机中支腿位于40m跨已安装主梁上架设40m跨主梁时40m跨已安装主梁受力验算。

模型10:轨道验算。

2)建模计算

根据主梁、架桥机的设计图纸,建立空间模型,将各工况的荷数载加到主梁、架桥机的相应部位,用结构分析程序MIDAS进行电算。

3)计算结果

计算结果汇总表如表2所示。

计算结果汇总表 表2

序 号	计算结构材质容许应力(MPa)	应力计算最大值(MPa)	位移计算最大值(cm)	反力最大值(T)	一阶屈曲	状态
1	273	-238.3	1.7		15.3	满足要求
2	273	-232	1.9		17.8	满足要求
3	188.5	-168.5	7.4	50	20	满足要求
4	188.5	-122.5	7.3	38	7.7	满足要求
5	188.5	-179.4	6.4	52	6.7	满足要求
6	188.5	153.5	6.6	49.6	6.1	满足要求
7	188.5	-181.3	48	46		满足要求
8	273	-176.4	0.3		43	满足要求
9	273	-167.2	0.34		34	满足要求
10	520	-353.2	0.05			满足要求

5 钢桁梁安装

1)钢桁梁运输(图4、图5)

(1)对已完成桥面板施工梁段和未施工桥面板梁段铺设钢轨,轨道通过支撑座支垫于未施工桥面板钢桁梁上弦管,轨道支撑座顶面与混凝土桥面板等高,保证钢轨平顺。

(2)炮车运输待安装钢桁梁行走至轨道平车停靠位置(桥面板施工完毕梁段),且炮车扁担梁处于轨道平车顶升装置正上方。

(3)轨道平车顶升装置顶升扁担梁,使钢桁梁脱离炮车。炮车回撤后顶升装置缓慢卸载下降,并使用精轧螺纹钢将扁担梁于平车横梁栓接固定,完成转换。

(4)回撤炮车,连接左右两侧轨道平车水平拉撑折叠杆,轨道平车将待安装桁梁运输至架桥机处。

2)架桥机过孔(图6~图10)

(1)架桥机后临时支撑千斤顶、前支腿千斤顶同时缓慢顶升架桥机主桁。

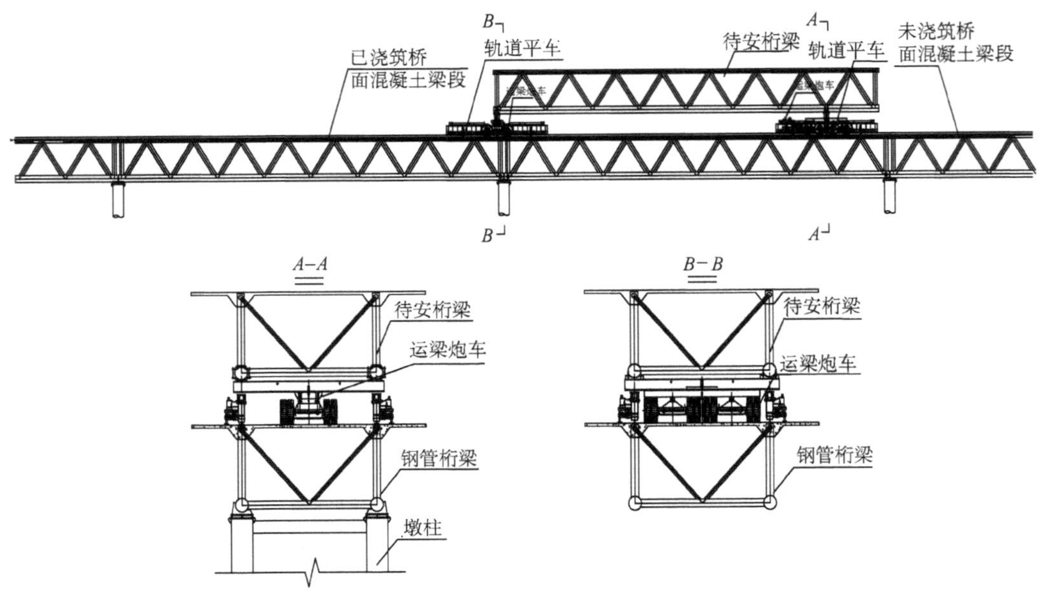

B
A
已浇筑桥面混凝土梁段
轨道平车
待安桁梁
轨道平车
未浇筑桥面混凝土梁段
B
A
A—A
待安桁梁
运梁炮车
钢管桁梁
墩柱
B—B
待安桁梁
运梁炮车
钢管桁梁

图4　钢桁梁运输示意图(一)

A
已浇筑桥面混凝土梁段
轨道平车
待安桁梁
轨道平车
未浇筑桥面混凝土梁段
A
A—A
待安桁梁
轨道平车
钢管桁梁
墩柱

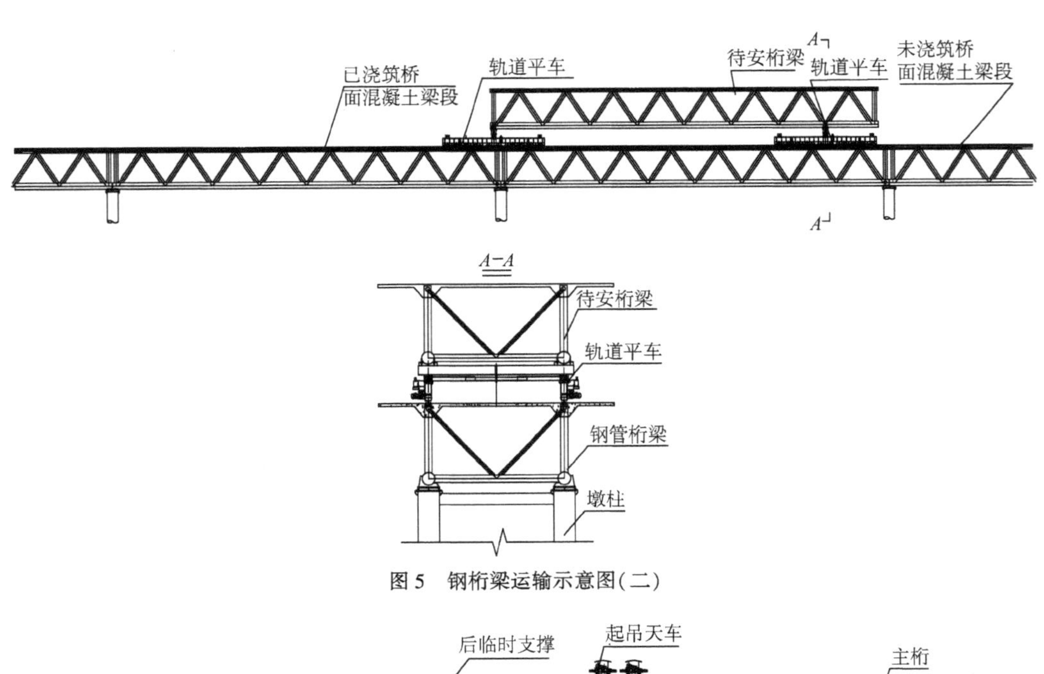

图5　钢桁梁运输示意图(二)

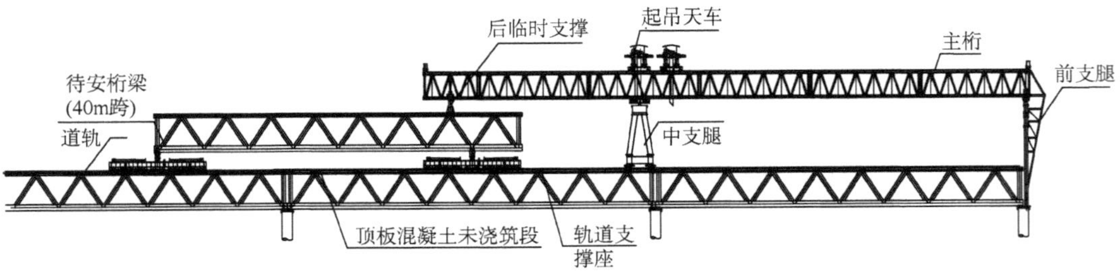

后临时支撑
起吊天车
主桁
前支腿
待安桁梁
(40m跨)
道轨
中支腿
顶板混凝土未浇筑段
轨道支撑座

图6　架桥机过孔示意图(一)

(2)利用起吊天车前移中支腿至已安装完毕梁段端头调整固定。

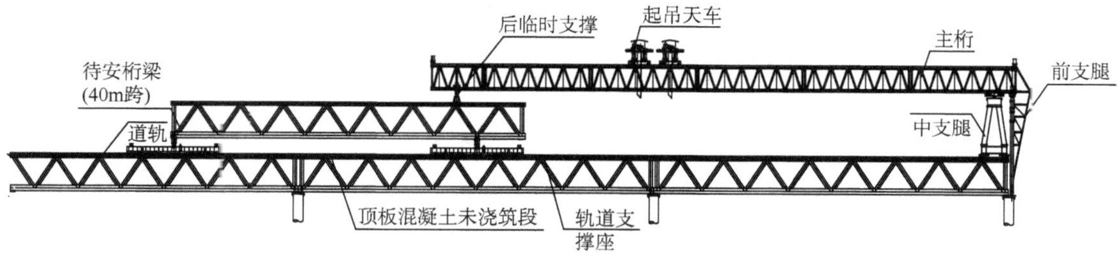

图7　架桥机过孔示意图(二)

(3)后临时支撑千斤顶、前支腿千斤顶同时缓慢卸载,使中支腿承受主桁荷载后,后临时支撑千斤顶停止卸载,前支腿千斤顶继续卸载并收起前支腿准备前移过孔。

(4)后临时支撑利用钢绳连接待安装钢桁梁上弦进行配重,轨道平车运输待安装桁梁与架桥机前天车同步前移过孔。

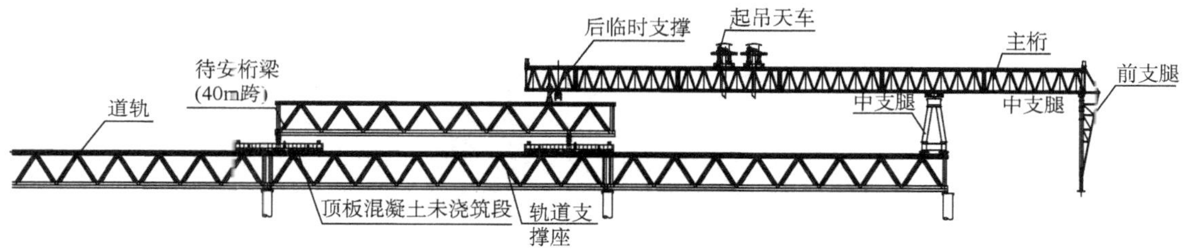

图8　架桥机过孔示意图(三)

(5)通过起吊天车横移调整架桥机偏角,链滑车辅助调整前支腿精确对位,固定前支腿。

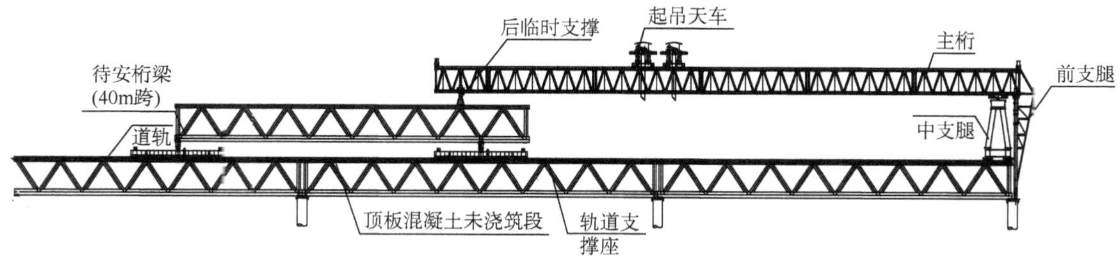

图9　架桥机过孔示意图(四)

图10　架桥机过孔效果图

3)钢桁梁安装就位(图11、图12)

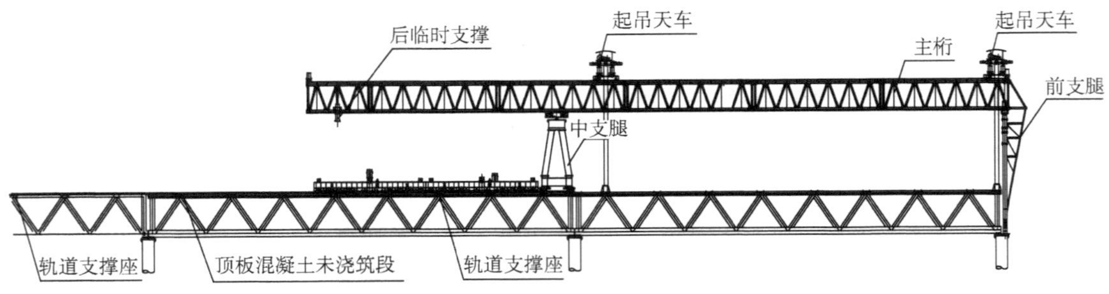

图11 钢桁梁架设示意图

图12 钢桁梁安装效果图

(1)后轨道平车配合后起吊天车前移待安装桁梁,待安装钢桁梁穿过中支腿至前起吊天车下。

(2)前起吊天车起吊待安装桁梁与后运梁平车同步前移至待安装桁梁能前移的极限位置,通过后起吊天车、轨道平车连续倒运待安装桁梁到达满足后起吊天车起吊位置。

(3)后起吊天车、轨道平车连续倒运待安装桁梁到达满足后起吊天车起吊位置。

(4)后起吊天车从中支腿上方前移至起吊位置,前后天车同步前移、下放待安装钢桁梁至安装位置,完成钢桁梁整幅架设。

(5)按以上步骤进行下孔钢桁梁架设。

4)加宽段钢桁梁安装(图13)

加宽段钢桁梁通过架桥机分两次安装,第一次架设后,用千斤顶将桁梁横移就位,然后进行第二次架设,最后将两部分进行连接。

6 结语

架桥机安装钢管桁梁施工有效缩短施工周期,还简化了施工工艺,可操作性强,施工安全、简单、快捷、环保,其综合技术达到了国内领先水平。该施工方法对丰富和发展类似桥梁的施工技术起到了积极的作用,应用前景广阔。

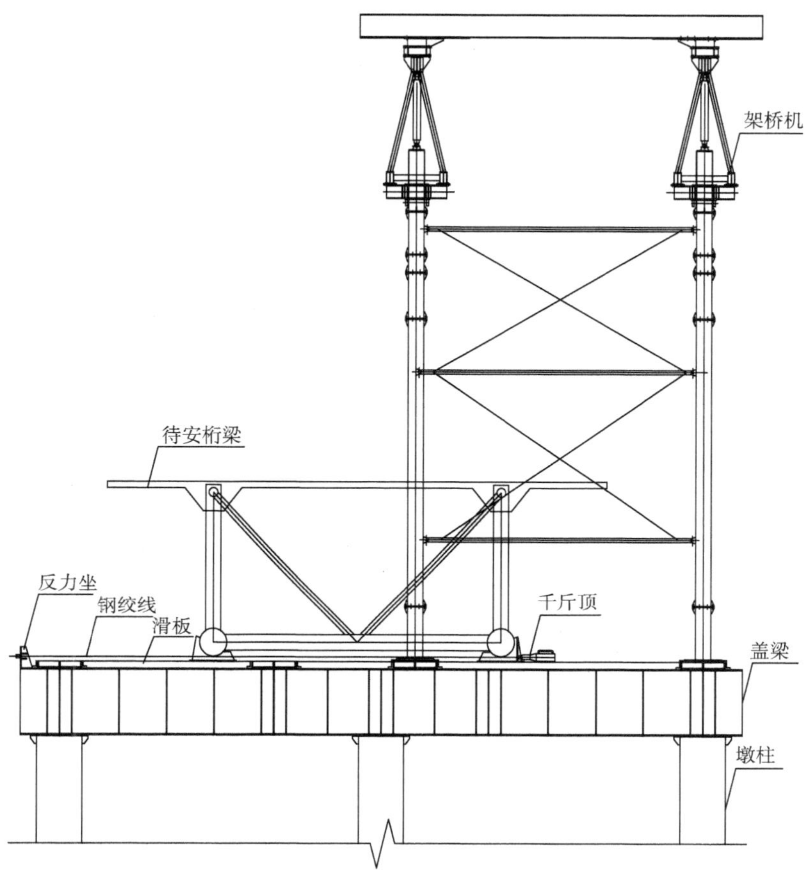

图 13 加宽段钢桁梁横移示意图

参 考 文 献

[1] 中华人民共和国国家标准.GB 50017—2003 钢结构设计规范[S].北京:中国建筑工业出版社,2003.
[2] 中华人民共和国国家标准.GB 5009—2012 建筑结构荷载规范[S].北京:中国建筑工业出版社,2012.
[3] 中华人民共和国国家标准.GB 6067—2014 起重机械安全规程[S].北京:中国质检出版社,2014.
[4] 中华人民共和国国家标准.GB 3811—2008 起重机设计规范[S].北京:中国建筑工业出版社,2008.
[5] 中华人民共和国行业标准.JB/T 4315—1997 起重机电控设备[S].北京:机械工业出版社,1997.
[6] 中华人民共和国国家标准.GB 5905—2011 起重机试验规范和程序[S].北京:中国标准出版社,2011.
[7] 中华人民共和国国家标准.GB 50278—2010 起重设备安装工程施工及验收规范[S].北京:中国计划出版社,2010.

小半径预应力混凝土连续梁逐跨施工技术

周良春

(四川交投建设工程股份有限公司,成都 610000)

摘　要:阐述了遂西高速公路双江枢纽互通A匝道大桥小半径预应力混凝土连续梁的施工方法,在借鉴直线段预应力混凝土连续梁施工方法的基础上,对60m小半径现浇预应力混凝土连续梁的施工工艺和质量控制等方面进行了论述,为今后类似工程提供相关的施工经验。

关键词:小半径　预应力　连续梁　逐跨　施工

1　引言

遂西高速公路设双江枢纽互通与绵遂高速公路实现交通转换,因地处四川山区,双江枢纽互通A匝道大桥为60m小半径现浇预应力连续梁,并且只能逐跨浇筑施工。

2　A匝道大桥预应力混凝土连续梁结构形式

2.1　桥跨布置

A匝道大桥为18+16×20m预应力混凝土连续梁,桥平面位于$A=73.427$m缓和曲线、$R=60$m圆曲线、$A=104.200$缓和曲线上,采用单幅双室截面结构形式,搭架现浇,全长341m,设计采用C40混凝土。桥两端分别接遂西高速公路右幅主线大桥第16跨和绵遂高速公路路基。

2.2　梁体构造

梁体高度为1.3m,箱梁顶板全宽8.5~9.5m,箱梁采用直腹板形式。顶板和底板厚度均为22cm,腹板厚度为45~60cm,箱梁顶、底、腹板均在转角处加厚。每跨箱梁均设2道中横隔板,横隔板厚0.2m,延线路法线方向布设,将箱梁等分成6个独立箱室。纵向腹板竖直设3道预应力钢束,15.2低松弛钢绞线,fpk=1860(MPa),张拉控制应力0.75fpk,采用连接器连接。端横梁和中横梁分别设置横向预应力钢束,分上下两层,端横梁上下层分别设置2、3束,中横梁上下层分别设置3、4束。

A匝道大桥连续梁半径为60m,属于超小半径曲线桥,且纵向预应力必须一端锚固,单端张拉,该桥只能顺向逐跨现浇施工。同时,在施加预应力过程控制不当,则连续梁可能会因受力不均而出现较大的裂缝,甚至发生破坏,影响桥梁整体结构的安全,施工过程中预应力张拉控制是该连续梁的重点和难点。

3 各主要工序的实施

各主要工序的施工流程图见图 1。

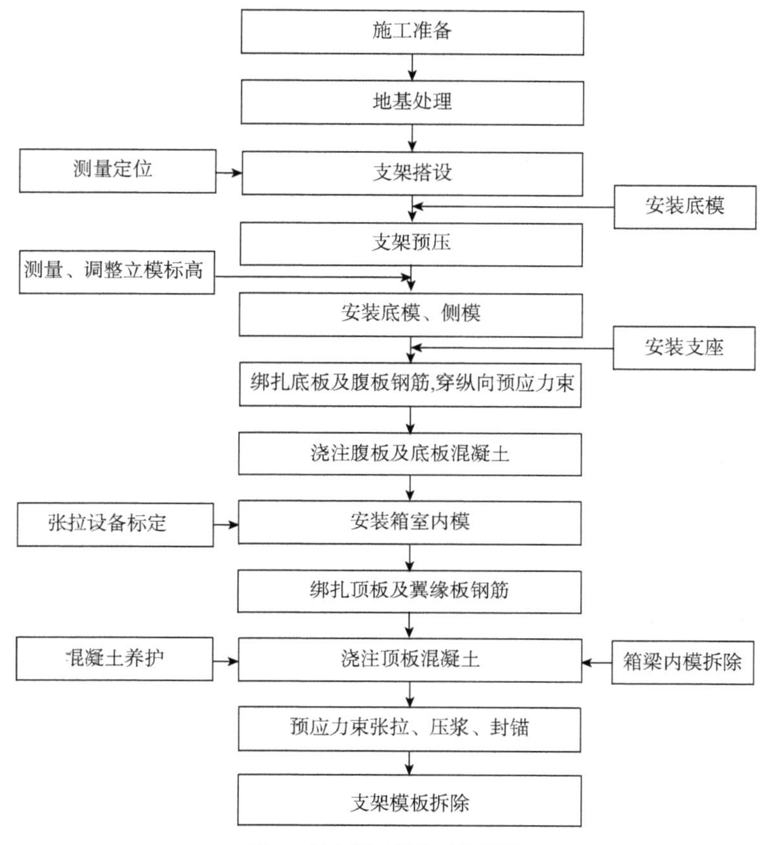

图 1 各主要工序施工流程图

3.1 地基处理

箱梁是一种薄壁结构,各部尺寸要求较严,因箱梁在未施加预应力以前,其自重完全由支架承担,如地基处理不当,支架产生不均匀沉降会导致梁体出现裂缝。该连续梁区域为农田,需全部换填,换填深度为 1m,在换填片石填筑碎石,用压路机平整压实,再检测地基承载力不小于 250kPa。检验合格后,在其上浇筑 20cm 厚 C20 混凝土作为面层,横向设置 2% 的流水坡,保证支架基础有一定的连续性,防止地基的不均匀沉降,同时在地基周围作好排水沟。

3.2 支架施工

支架全部采用 WDJ 碗扣式支架,顶底部均采用可调节杆调整高程。脚手架施工过程为:基础施工→立杆定位→安放可调底托→安装立杆、横杆→安装顶托→调整顶托顶面高程→检查各节点加固→安装剪刀撑。

3.2.1 支架布置

为满足支架本身承载力及地基承载力两个方面的要求,经过受力验算确定了支架搭设的断面形式，支架采用如下方式布置。立杆纵距和横向排距均采用0.6m+0.9m+0.6m+…+0.9m+0.6m间歇式布设，且采用单立杆。为保证支架的整体稳定性，每隔4m横、纵向均设置一道剪刀撑，剪刀撑钢管从地面到梁底。

3.2.2 支架搭设

测放出平面位置后，按脚手架安装布置形式，在方木上准确安放底托，立杆接长缝错开，横杆保持在同一平面上，每拼装4层横杆应用仪器检查横杆水平度和立杆竖直度，在无荷载情况下逐个将立杆底托旋紧。搭设过程中，每隔4m设置纵横向均增设全高剪刀撑，剪刀撑采用普通脚手架钢管，剪刀撑钢管与立杆和地面的夹角为45°。同时，在脚手架水平方向，自地面向上每隔4m也应增加一道贯穿整个平面的水平剪刀撑，确保脚手架的整体稳定性。

3.2.3 支架静载预压

为了消除地基及支架的非弹性形变，减少浇筑时模板、支架的不均匀沉降，保证梁体的线型及梁顶面高程，必须对整个连续梁支架体系进行静载预压。本项目采用吨袋预压。预压前做好观测点，并测量记录高程值。所加荷载为箱梁恒载的1.2倍，预压时间不小于7d，且沉降稳定，记录观测点高程值。卸载后再次观测。观测统计所得数据作为铺设底模时设置预拱度和预留沉降量的依据。

3.3 连续梁模板安装

该连续梁的侧模采用厂制大型钢模板，底模和内模采用木模。

3.3.1 模板安装施工工艺流程

顶托调节→模板边线放线测量→侧模安装、定位、校核→八字模安装、定位、校核→底模安装、定位、校核→边模、底模整体复测、调整→模板重复加固→检查验收。

3.3.2 模板拼装

安装前检查模板安装位置的定位基准及高程准确无误，重点复核梁底高程及轴线，钢模安装位置准确，接缝齐平。相邻模板安装就位后及时安装U形卡和L形插销，再用螺栓或连接件紧固。

模板由梁体一端向另一端左右对称安装，对每节模板必须经过严格检查，认真校正，支撑牢固，方可安装下块模板，以免积累偏差影响工程质量。模板安装过程中，保证接缝严密，防止漏浆，必要时用嵌缝材料填嵌缝隙。

3.4 连续梁钢筋制作安装

钢筋在使用前将表面油渍、漆皮、鳞锈等清除干净，钢筋无局部弯折，钢筋的弯制和末端的弯钩按照相关规范要求制作。梁体钢筋采用整体绑扎，先进行底板及腹板钢筋的绑扎，再施工顶板钢筋。必要时用点焊焊牢，确保钢筋的间距。在浇筑混凝土前，应对已安装好的钢筋、预埋件、泄水孔及通气孔进行全面检查。当钢筋和预应力管道在空间上发生干扰时，移动钢筋以保证预应力管道位置准确。

3.5 波纹管的固定

主筋安装完成后将波纹管吊装到工作面上。波纹管连接时接口必须平齐，接头施工时波纹管承插的方向与钢绞线的穿束方向一致，避免波纹管接头翻卷造成穿束困难。为防止浇筑混凝土过程中波纹管漏浆造成钢绞线张拉困难，采用预穿橡胶管。待混凝土初凝后，拔出橡胶管，钢绞线整体穿束。在即将拔出的橡胶管尾端拴一根钢丝绳穿过波纹管，钢丝绳另一端固定在集束钢绞线端部的铁环上，牵引钢丝绳，同时人工配合将钢绞线编束，推动钢绞线完成穿束，穿束时不能将钢绞线放在地上，防止污染和锈蚀。施工时应注意计算钢绞线的长度和连接器的位置。

3.6 梁体混凝土浇筑

连续箱梁梁体混凝土设计采用 C40 混凝土，本项目采用自拌混凝土，混凝土搅拌罐车运至施工现场，泵车浇筑，混凝土质量能得到很好的保证。

因 A 匝道大桥为 $R=60$m 的超小半径桥，纵向预应力必须逐跨张拉，故在箱梁的 1/5 部位设置钢绞线连接器，逐跨浇筑混凝土时应同时浇筑下一跨箱梁的 1/5。浇筑施工工序为：底板浇筑→腹板浇筑→顶板浇筑→翼缘板浇筑。先浇跨中部分，后浇支点部分。浇筑时配以足够数量的插入式振动器，按照操作规程的要求认真振捣，确保混凝土内在密实和外在美观。

4 预应力张拉施工

4.1 施加预应力前的准备和钢绞线下料与编束

根据设计要求，纵向钢束为单端张拉，张拉前应检查锚固段牢固与否。千斤顶在使用前与压力表配套检校，以确定张拉力与压力表之间的关系曲线，当千斤顶使用超过一个月或在使用过程中出现不正常现象或检修以后重新检校。

钢绞线下料过程中，下垫方木或彩条布，不得将钢绞线直接触地以免生锈，也不得在混凝土地面上生拉硬拽，磨伤钢绞线，严格控制下料长度。下料时，制作一个简易的铁笼，将钢绞线盘卷在铁笼内，从盘卷中央逐步抽出。钢绞线下料采用砂轮切割机切割，不得采用电弧切割。钢绞线的编束用铁丝绑扎，间距 2m 为宜。编束时先将钢绞线理顺，使各根钢绞线松紧一致。每根筋上贴上标签，标明长度及代号分类存放和穿束。

4.2 施加预应力

当箱梁混凝土强度达到设计值的 90%时，方可对钢绞线张拉施工。张拉以预应力控制为主，以伸长值进行校核，实际伸长值与理论伸长值的差值控制在±6%以内。双江枢纽互通 A 匝道大桥连续梁纵向钢束长且线形复杂，应根据《公路桥涵施工技术规范》(JTG/T F50—2011)采用分段精确计算法计算连续梁纵横向钢束的理论伸长值，每个曲线段伸长值的计算式如式(1)，相加即为总的伸长值。

$$\Delta L=\frac{P\cdot L\left[1-e^{-(k\gamma+\mu\theta)}\right]}{A_{\mathrm{p}}\cdot E_{\mathrm{p}}(k\gamma+\mu\theta)} \tag{1}$$

式中：ΔL——钢束的理论伸长值(mm)；

P——没分段预应力筋张拉端的张拉力(N)；

γ——从张拉端至计算截面的孔道长度(m)；

θ——从张拉端至计算截面曲线孔道部分切线的夹角之和(rad)；

k——孔道每米局部偏差对摩擦的影响系数，取 $k=0.0015$；

μ——预应力筋与孔道壁的摩擦系数，取 $\mu=0.2$；

L——预应力筋的长度(mm)；

A_{p}——预应力筋的截面面积(mm^2)；

E_p——预应力筋的弹性模量(N/mm^2)。

张拉步骤:0→10%σk(初始应力)→105%σk(超张拉阶段,持荷 5min)→回油锚固。

伸长值量测:伸长值应从初应力开始量测,钢束的实际伸长值 ΔL(mm),可按公式(2)计算:

$$\Delta L = \Delta L_1 + \Delta L_2 \tag{2}$$

式中:ΔL_1——从初始应力至最大张拉应力间的实测伸长值(mm);

ΔL_2——初应力以下的推算伸长值(mm),可采用相邻级的伸长值。

张拉时,在千斤顶正后方设置安全挡板。张拉及回油锚固过程中,注意观测有无滑丝、断丝等异常现象发生,每束钢绞线断丝或滑丝不得超过 1 丝。每个断面断丝之和不超过该断面钢丝总数的 1%。锚固完毕并经检验合格后即可切割端头多余的预应力筋,外露长度不得小于 3cm。严禁用电弧焊切割,只能用砂轮机切割。

5 连续梁孔道压浆和封锚

钢绞线张拉完毕后将锚塞周围预应力钢绞线间隙用水泥浆封锚,达到强度后进行注浆。压浆前认真对排气孔、注浆孔等全面检查,并对压浆设备进行安装检查。

压浆剂采用活塞式压浆泵,压浆泵要同水泥浆搅拌机相连接并不停搅拌,防止水泥浆凝固。压浆泵最大压力宜为 0.5~0.7MPa,当采用一次压浆或孔道较长时最大压力宜为 1.0MPa。

压浆顺序为从下至上,每一个孔道应达到另一端饱满和出浆,并达到排气孔排出与规定稠度相同的水泥浆为止。为保证管道中充满灰浆,将出浆口塞住,并保持不小于 0.5MPa,持续时间为 2min。

水泥浆水灰比控制在 0.4~0.45,并掺入管道压浆剂,水泥浆的泌水率最大不超过 3%,水泥浆稠度控制在 14~18s 之间,天气温度高时取上限,反之取下限。

压浆完毕后,先将锚具周围冲洗干净,梁端混凝土凿毛后按设计布设钢筋网浇筑封锚混凝土,但要严格控制封锚后的梁体长度。

6 结语

在保证安全和质量的情况下,遂西高速公路双江枢纽互通 A 匝道大桥 0~17 跨连续梁采用了以上方法施工,达到预期的目标,张拉过程中梁体受力均匀,没有出现裂缝和其他异常情况,为以后小半径曲线连续梁逐跨施工提供了参考。

参 考 文 献

[1] 向中富.新编桥梁施工工程师手册[M].北京:人民交通出版社,2011.

[2] 格威克.预应力混凝土结构施工[M].黄棠,等,译.2 版.北京:中国铁道出版社,1999.

[3] 中华人民共和国行业标准.JTG TF50—2011 公路桥涵施工技术规范[S].北京:人民交通出版社,2011.

浅谈预应力钢管混凝土简支桁梁桥整孔制造

张友平

(四川路桥桥梁工程有限责任公司,成都 610000)

摘　要:预应力钢管混凝土简支桁梁桥是适宜地震烈度较高和桥位地形环境复杂的桥型之一。同时降耗减排成效显著,符合国家可持续发展战略。但是传统的现场组拼工艺,不能有效地控制质量和工期。通过整孔制造的施工方法,可对预应力钢管混凝土桁梁工厂化整孔制造,有效提高结构质量。

关键词:钢管桁梁　整孔　制造

1　工程概况

汶马高速公路 C4 合同段位于汶川县克枯乡,起止桩号为 K53+600~K61+455,全长 7.84km,本标段路线沿国道 317 线走廊按沿溪线布设。克枯特大桥、下庄特大桥和汶川克枯互通立交桥上构采用 30m、40m 跨度的预应力钢管混凝土简支钢桁梁,桥面连续。下构采用桩基础,钢管混凝土柱式桥墩。图 1 为主梁空间结构图。

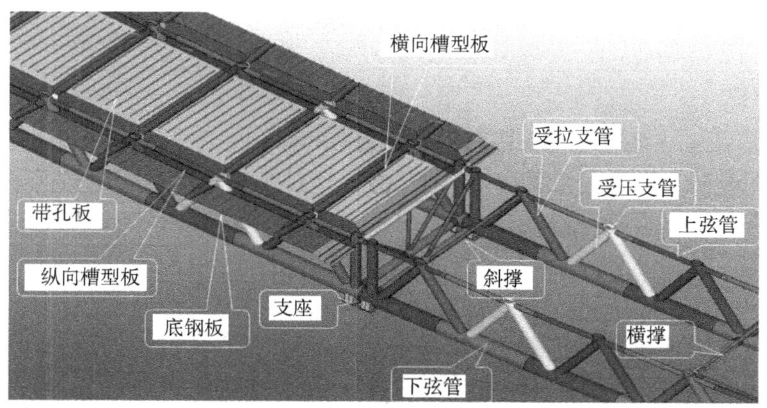

图 1　主梁空间结构图

钢管混凝土主桁采用由钢管混凝土主管作下弦,钢—混凝土组合桥面板作上弦,通过 V 形支管组成的平面钢管混凝土桁式结构。主梁下弦主管直径为 ϕ670mm,上弦骨架主管直径为 ϕ219mm,上下弦管内灌注 C30 补偿收缩自密实混凝土,其中,下弦主管设计为先张法预应力钢管混凝土结构,即先张拉预应力钢束,再灌注主桁上下弦管内混凝土。支管直径为 ϕ402mm,通过相贯接头与下弦主钢管焊接形成下弦节点,通过支管相互相贯焊接、内穿上弦钢管和设置纵、横带孔加劲钢板形成上弦节点,上弦节点内置于桥面板纵肋内。主桁支管内灌注与桥面板相同的C40钢纤维混凝土,浇筑桥面板时先浇筑主桁支管内混凝土,再浇筑桥面混凝土。标准宽度每半幅桥梁采用两片桁式结构,通过三角形横撑连接成半幅主梁结构,横撑采用下弦直径为ϕ351mm或ϕ377mm、支管直径为ϕ159mm的钢管组合而成的空间结构。

2 生产工艺

钢结构下料、加工→主桁片组装焊接→加工厂内预拼装→拆解成片桁、杆件单元→运输至施工现场拼装场→拼装场组拼焊接→预应力张拉→上下弦管灌注混凝土→钢桁梁涂装→交工验收。

3 钢桁梁拼装

3.1 钢结构下料、加工

1)预处理

(1)钢板矫平及预处理

钢板矫平:钢板在下料前,根据不同的板厚采用矫平机进行矫平以保证钢板平面度,消除钢板轧制内应力。钢板预处理:钢板在钢板预处理流水线上完成抛丸处理和喷涂车间底漆工作,喷涂车间底漆一道;进行表面除锈。

(2)钢管预处理

钢管在大型钢管预处理生产线进行预处理。

2)放样

采用计算机三维放样技术,对各构件进行准确放样。

3)下料

(1)钢板下料

钢板及大型零件的起吊转运采用磁力吊具,保证钢板及下料后零件的平整度。

焊缝坡口在此阶段采用机械加工和切割加工,达到工艺文件确定的技术要求。

对零件自由边经半自动打磨机进行倒角、打磨处理,确保外观质量达到美观要求和满足涂装工艺要求。

(2)钢管下料

钢管采用大型数控相贯线等离子切割机进行下料。

4)零件加工及矫正

(1)钢管过渡坡口、过钢筋孔在相贯线切割机上进行。

(2)制孔采用数控钻床或摇臂钻床进行加工。

(3)零件矫正前清除下料边缘的毛刺、挂渣。

(4)底钢板槽型零件采用数控切割机切割。

(5)钢板采用九辊和十一辊校平机进行矫平。

5)直缝管加工工艺

超探板→铣边→预弯边→成型→预焊→内焊→外焊→超声波检验Ⅰ→X射线检查Ⅰ→

扩径→倒棱→超声波检验Ⅱ→X 射线检查Ⅱ→管端磁粉检验→防腐和涂层。

3.2 主桁片组装焊接

通过主梁桁片组装,使上弦节点单元件与下弦主管单元件组合形成整体,便于桁架立体预拼。

1)组装胎架设置

根据三维模型,结合反变形设置胎架高程及地标点。按 2+1 桥孔跨径设置桁片组装胎架,必要时采用多桥孔跨径连续型胎架。新一轮构件上胎前,对旧地标及高程进行废除,按本轮组装线形重新设置,并报检。

2)主梁桁片组装工艺

(1)对胎架进行复检,对来料单元件进行清理、复核。

(2)将上弦单元件依次吊上胎架,进行测量定位。

(3)吊装受压支管,测量定位后进行点焊固定。

(4)下弦主管单元件上胎架,吊线对合地标定位。

(5)微调各单元件,使接口间隙、轴线、高程均满足要求,并进行装配报检。

3)焊接方法

焊接方法如表 1 所示。

焊接方法 表 1

序号	类别	焊接部位	拟定的焊接方法	焊缝要求	焊接工位
1	单元件制造	钢板接料	双面埋弧自动焊	全熔透	平位
2		上弦管节点的焊接	CO_2气体保护自动焊、	全熔透	全位置焊
3		下弦管接长、虾弯接头对接	CO_2气体保护自动焊、埋弧自动焊	全熔透	平位、全位置焊
4		钢底板单元件的焊接	CO_2半自动气保焊	贴角焊缝	平位
5	总成制造	片装上弦管对接焊缝	CO_2半自动气保焊	全熔透	全位置焊
6		片装相贯线焊缝	CO_2半自动气保焊	全熔透	全位置焊
7		节段总成预拼钢管短接头相贯线焊缝	CO_2半自动气保焊	全熔透	全位置焊
8		槽型钢底板焊接	CO_2半自动气保焊	贴角焊缝	平、立位
9		检修道焊接	CO_2半自动气保焊	贴角焊缝	平、立位
10	工地制造	横、斜撑钢管对接	CO_2气体保护焊(钢衬垫)	全熔透	全位置焊
11		钢底板角接	CO_2气体保护焊(陶质衬垫)	全熔透	平位
12		支座焊缝	CO_2气体保护焊	全熔透、部分熔透	平、立位

3.3 加工厂预拼装

1)厂内预拼装的目的

加工厂内对主梁桁架结构预拼装,为施工驻地拼装顺利进行提供有力支撑。厂内预拼装还可检验工艺参数是否满足规范及设计要求。首件预拼后,进行首制件评审,指导后续施工。

2)预拼装胎架设置

按照“2+1”桥孔跨径设置预拼胎架进行完整线形预拼装。根据三维模型,结合反变形按完整线形设置胎架高程及地标点。胎架制造后，由严格执行“三检”制度，直到监理工程师签字认可后再投入使用。

3）桁架预拼装工艺

检查胎架、来料情况→横撑杆及短接头配合地标定位安装→吊装斜撑及端接头，进行测量定位→进行横撑端接头、斜撑端接头焊接→对合地标，安装检修道托架、支座零件→装焊蝴蝶板零件、上弦下方槽型底钢板零件→对本轮结构进行整体检测、矫正，对构件进行编号、方向标记，安装临时匹配件→各轮预拼装报检合格后，按照横向、纵向划分，拆分为桁片及杆件转入涂装工序，按照涂装专用文件要求进行涂装。

4）主要控制措施

（1）横撑、斜撑短接头通过临时匹配件与横撑杆连接（图2），匹配安装，保证杆件同轴度。临时匹配件形式如下：

临时匹配件一节100mm长、6mm厚钢管和一根钢筋组成，在横撑杆上开制20mm×60mm腰圆滑移孔，通过钢筋推动钢管滑移。钢管兼做对接环口的定位套及钢衬垫，在桥位总拼时进行焊接。焊后取下钢筋，塞焊腰圆孔。

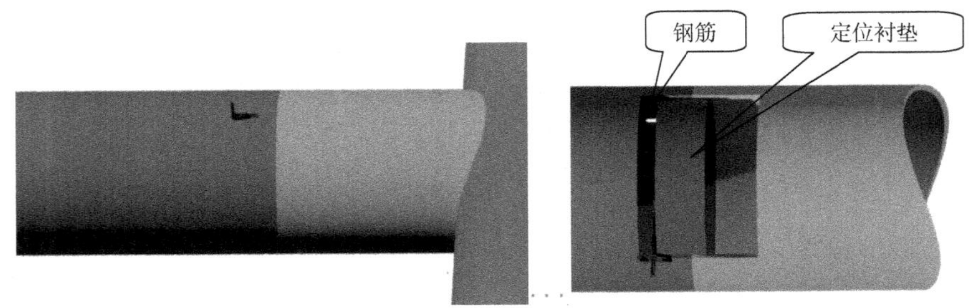

图2　横撑临时匹配示意图

（2）为保证桥位拼装顺利进行，在下弦管对接处设外法兰进行临时连接（图3）。

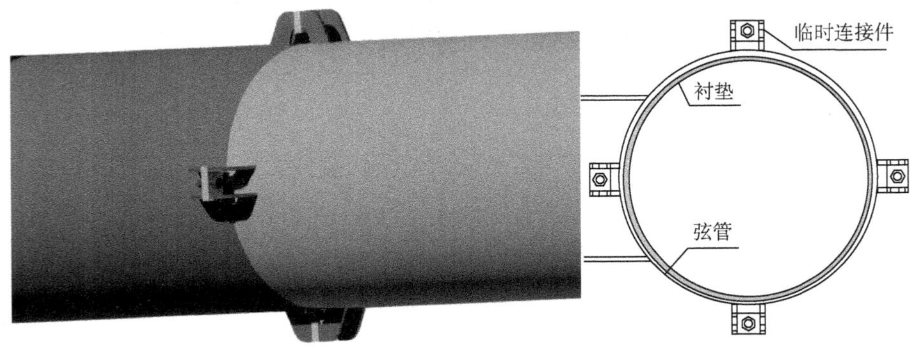

图3　下弦杆对接环口临时连接示意图

（3）为保证上弦管下方槽型底钢板顺利安装，将其按每个节间分三块进行安装。槽型底钢板安装前需完成上方构件的焊缝无损检测及返修，安装时由已安装侧开始。现场拼接还口处槽型底钢板零件留待现场安装。

3.4 拼装场拼装

将加工厂预拼装好的钢桁梁拆分成单元件,通过汽车运输至施工现场。

1)拼装场拼装的主要工作内容

按"2+1"桥孔跨径进行钢结构的拼装,将主梁桁片、横撑杆件、桥面底钢板单元件及相应附属配件组装成为钢桁梁。

2)拼装胎架设置

根据场地资源,拼装胎架按模拟线形布置,各节段拼装胎架按设计线形加预拱度布置,各节段间有张口。根据三维模型,结合反变形设置胎架高程及地标点。胎架地标考虑桁架横向焊缝6mm收缩量,胎架制造后,由严格执行"三检"制度,直到监理工程师签字认可后再投入使用。图4为线形匹配拼装布置图。

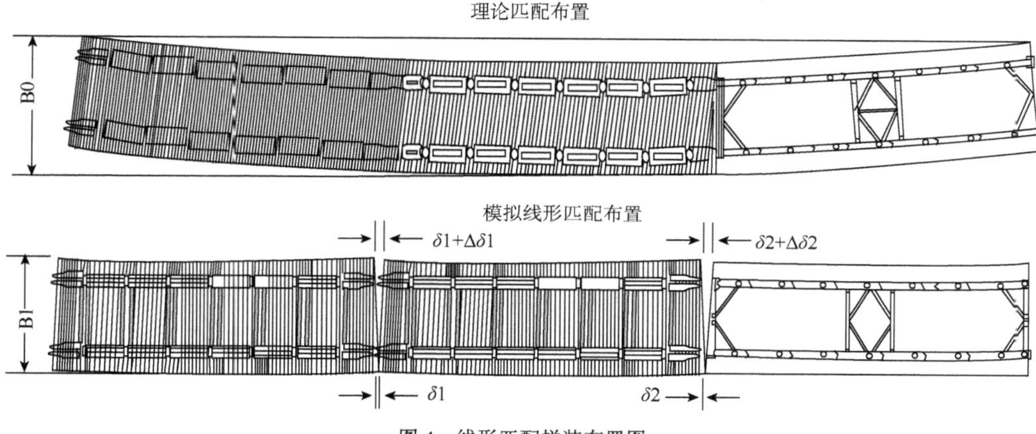

图4 线形匹配拼装布置图

3)拼装场拼装工艺

对胎架、来料进行检查→用门式起重机将主梁桁片吊上胎架→进行测量调位,穿入下弦主管内预应力钢束→吊装横撑杆件→对桁架进行整体测量报检→检验合格后进行焊接→装焊下弦主管端头封板→横向槽型底钢板单元件上胎架安装,焊接→板肋式底钢板单元件上胎架安装→测量检验后焊接底钢板接缝及带孔板接缝→焊缝无损检测→局部矫正→清磨报检→安装临时吊点→转至张拉灌注区域。

4 预应力施工

下弦管纵向预应力张拉采用数控智能对称张拉技术。

1)预应力智能张拉系统组成

预应力智能张拉系统(图5)主要由预应力智能张拉仪、智能千斤顶、自带无线网卡的计算机、高压油管等组成。

2)张拉施工

(1)检查控制软件状态是否正常。

(2)检查下弦管的两端千斤顶安装正确,启动设备,进行15~30min预热。

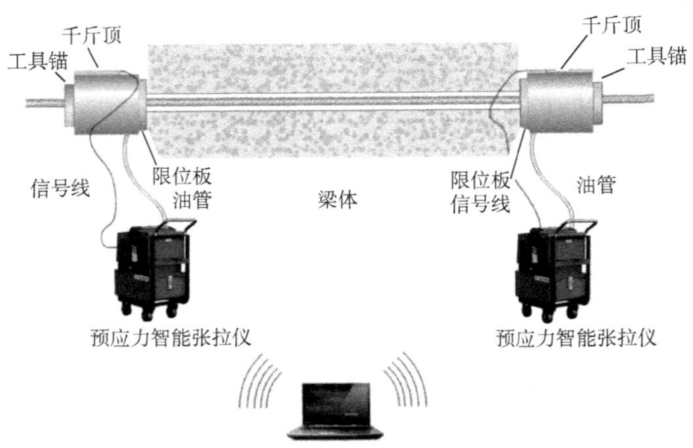

图 5　预应力智能张拉系统示意图

(3)进行预应力张拉,在张拉施工过程中严禁运行其他程序。

(4)在张拉过程中应密切注意桁梁两端设备和千斤顶的工作情况,注意安全,如有异常情况立即停止张拉,排除异常情况后,方可继续张拉。

(5)每一束张拉完成后,在下一个张拉步骤开始之前,计算机操作人员应再次检查锚具、千斤顶、限位板是否正确嵌套,数据连接线是否松动、被挤压,千斤顶是否压迫粗钢筋等等。等桁梁张拉施工完成后依次关闭软件、电机、切断电源,拆卸千斤顶、油管。

5　主梁管内混凝土灌注施工

上下弦管设计灌注 C30 补偿收缩自密实混凝土,施工采用泵压法自主梁一端向另一端的压注顺序灌注钢管内混凝土。

1)施工布置及设备

本桥结构混凝土均采用罐车运输,混凝土输送泵压注。

2)泵送顺序

混凝土泵送顺序为水泥砂浆→混凝土。

3)泵送控制

一根钢管混凝土灌注时间不得超过第一盘混凝土的初凝时间;每根钢管的混凝土必须连续灌注,一气呵成。记录灌注全过程的各种工况下钢管变形情况,与理论分析进行比较,避免出现异常现象。每组钢管泵送完毕后,对混凝土强度,密实度进行检测,并进行分析,为下步施工提供经验和指导。

4)管内混凝土检测

在管内混凝土灌注完毕后,对混凝土进行检测。

(1)检测目的:判定评价管内混凝土匀质性;混凝土填充效果(黏结状况);内部裂纹空洞的定性判别。根据检测结果进行相应处理,以确保钢管与混凝土的组合受力。

(2)检测仪器:超声波深伤仪、数显超声波仪,探头频率 50kHz。

(3)依据:参照《超声法检测混凝土缺陷技术规程》(CECS21:2000)。

(4)对缺陷的处理:发现混凝土缺陷后,进行局部钻孔,高压压注水泥净浆。检测合格后再焊封钻孔。

6 钢桁梁涂装

首先,对所有原材料进厂后进行预处理(原材料磨料除锈和喷涂车间底漆),喷砂除锈等级为Sa3.0;对于焊接预留部位则采用胶带保护,保护宽度为50~100mm,然后对其他部位钢结构表面进行电弧热喷铝(160~200μm);构件还尚有余热时刷涂或喷涂环氧封闭漆及环氧云铁中间漆;待节段组装后,对焊接部位再进行相同的处理,最后对整个制造阶段涂装一道丙烯酸聚氨酯面漆。

7 结语

预应力钢管混凝土简支桁梁于拼装厂内进行统一生产和管理,生产效率高,劳动强度低,有效地提高结构质量、缩短工程工期。

参考文献

[1] 中华人民共和国国家标准.GB 50017—2017 钢结构设计标准[S].北京:中国建筑工业出版社,2003.
[2] 中国工程建设标准化协会.CECS 28—2012 钢管混凝土结构技术规程[S].北京:中国计划出版社,2012.
[3] 中华人民共和国行业推荐性标准.JTG/T B07—01—2006 公路工程混凝土结构防腐蚀技术规范[S].北京:人民交通出版社,2006.
[4] 中华人民共和国行业标准.JT/T 722—2008 公路桥梁钢结构防腐涂装技术条件[S].北京:中国标准出版社,2008.

钢管混凝土墩柱施工技术探讨

郝新庚

(四川路桥桥梁工程有限责任公司,成都 610000)

摘　要:在有些地区存在天然砂石材料资源匮乏,水泥运距远,地震烈度高等问题,西部山区桥梁建设常规混凝土结构桥梁很难满足以上条件下的施工;根据既有项目研究成果和依托工程建设、使用的经验等,通过多方位技术讨论,确定将部分规模较大、材料紧缺、地震烈度较高的桥梁,下部结构采用钢管混凝土柱式结构;本文就钢管混凝土墩柱的现场施工工艺进行探讨。

关键词:钢管混凝土墩柱　施工技术　质量控制

1　工程概况

克枯特大桥、下庄特大桥位于四川省汶川至马尔康高速公路 C4 标段主线桥梁的主桥部分。本桥结合地形、地质条件,上部采用 30m、40m 跨度的预应力钢管混凝土简支桁梁桥,左右线分幅设计。30m 跨度的钢管混凝土简支桁梁桥主梁总高度 3.5m,桥墩采用门形结构,桩基直径 140cm,钢管混凝土墩柱直径为 110cm。40m 跨度的钢管混凝土简支桁梁桥主梁总高度 4.0m,桥墩采用门形结构,桩基直径 160cm,钢管混凝土墩柱直径为 130cm。

桥墩采用钢管混凝土柱式结构,主钢管规格为 ϕ1.3m 和 ϕ1.1m,钢管内采用高抛灌注法灌注 C30 自密实微膨胀高性能混凝土。桩基与柱采用钢—混凝土过渡接头连接,当过渡接头位于地面时,采用钢筋混凝土地系梁;当河流中过渡接头高出地面设计时,采用单支钢管系梁,墩顶设钢板横系梁。

墩柱钢管在工厂内制作试拼完成后,用汽车运输到施工现场,采用汽车吊进行现场安装。

2　钢管墩柱施工流程

墩柱施工工艺流程如图 1 所示。

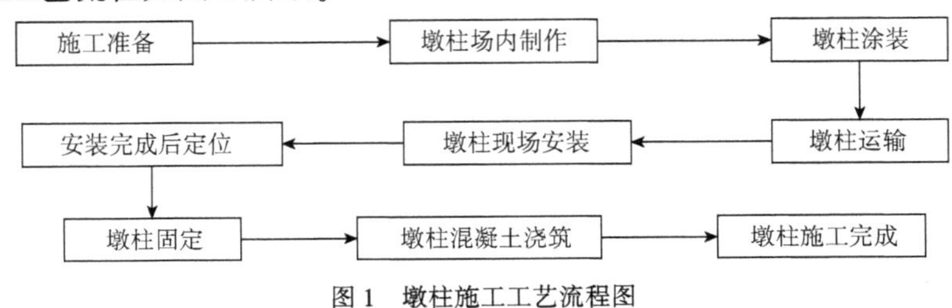

图 1　墩柱施工工艺流程图

3 钢管墩柱施工技术

3.1 法兰盘安装

桩基浇筑完成后将桩顶混凝土凿除至设计桩顶高程以下不小于 20cm，并将桩顶凿毛，然后安装钢筋网片及法兰盘，最后浇筑混凝土。图 2 为桩顶法兰盘施工情况。

图 2 桩顶法兰盘施工

3.2 钢管墩柱制作

墩柱统一集中在工厂内加工制作，制作完成后运至现场安装；钢管下料应按下料施工图设计进行计算机放样确定下料、号料等准确尺寸，因此在厂内必须采用 1∶1 实样进行校核，满足要求后方可进行组装焊接。

3.3 钢管墩柱运输(图 3)及下车

根据本项目现场地形状况和墩柱钢管制作分段情况，墩柱钢管制作完成后全部采用拖挂汽车运输至施工现场。

图 3 墩柱钢管运输图

在待安装桩基附近平整场地，将墩柱安放架摆至设定位置，并使用胶皮及薄膜将安放架包裹，确保墩柱钢管下放后不被碰伤表面(图 4)。

图4　墩柱钢管现场下车

采用吊车将墩柱钢管起吊下放,起吊绳选用两根等长布吊带,并在吊带与墩柱接触位置使用胶皮进行保护,避免墩柱钢管在起吊过程中受到磨损。

3.4　钢管墩柱安装

墩柱安装采用两台吊车进行起吊,起吊墩柱顶部采用钢绳,墩柱底部采用尼龙吊带,顶部钢绳外面包裹胶皮管对墩柱钢管进行保护。在钢管起吊前,将抗风钢绳使用卡环锁在抗风预留孔内,两台吊车由一人统一指挥起吊;用尼龙绳将钢管底部拴住,通过尼龙绳来防止钢管在起吊过程中摆动过大。见图5。

图5　吊点安装及起吊准备

首先两台吊车将墩柱钢管同时起吊，待钢管达到一定高度后，起吊墩柱顶面的吊车继续提升，另一台吊车缓慢下放，直至将墩柱完全起吊。见图6。

图6 钢管墩柱起吊

将底端吊车吊带取下，然后将墩柱钢管穿过外护筒并用链子滑车将外护筒提升2m，最后将钢管墩柱及外护筒同时起吊，待起吊后的钢管稳定后再进行安装。见图7。

图7 钢管墩柱穿过外互通并起吊

3.5 钢管墩柱定位焊接

在钢管定位前，首先找出桩顶法兰盘横桥轴线、纵桥轴线，然后将钢管起吊安装，待钢管轴线与法兰盘轴线重合后再采用全站仪将钢管竖直度调制设计及规范要求，竖直度及其他各项指标均满足设计及规范要求后，采用四方抗风将墩柱固定，待墩柱稳固后再采用全站仪复测墩柱竖直度，仍满足要求后方可进行钢管与法兰盘的焊接。见图8、图9。

3.6 系梁及第二根钢管安装(图10)

待第一根墩柱钢管安装完成后，再进行同排第二根钢管及系梁的安装；先将第二根钢管安放在法兰盘上(钢管底部与法兰盘不焊接)，然后采用抗风绳配合吊车使钢管向系梁反方向倾斜；用另一台吊车安装两个墩柱的系梁焊接平台，待系梁平台安装完成后，再将系梁起吊安装，待系梁位置调至设计位置后，再将第二根钢管调至设计位置并将其固定；最后将系梁与墩柱钢管进行焊接。

系梁及第二根钢管安装完成后，检查系梁与墩柱焊接质量，确保满足设计及规范要求，并且墩柱平面位置、高程及竖直度均满足设计及规范要求。

图 8　法兰盘轴线划分

图 9　钢管墩柱焊接

图 10　第二根钢管及系梁安装

3.7　墩柱过渡段钢筋及外护筒施工

待墩柱钢管安装完成，经过探伤合格后，将墩柱环箍筋及挂钩筋按照图纸要求进行安装。

墩柱环箍采用 C22 钢筋,并采用单面焊接;抗剪挂钩筋采用 C16,钢筋短边钩住环箍筋,长边穿过钢管壁的开孔,两端均点焊。

墩柱钢筋全部施工完成后,将护筒内焊渣及其他杂质清洗干净,最后将外护筒与桩基护筒满焊。

3.8 管内混凝土浇筑(图 11)

待墩柱钢管及系梁安装完成后,在墩柱支座下钢板上面安装操作平台,且操作平台周围加焊护栏;采用天泵通过料斗及导管浇筑墩柱混凝土,为满足高抛自密实混凝土要求,导管底部至浇筑混凝土顶面的高度应不小于 4m 且不大于 9m;浇筑墩柱顶以下 4m 内的混凝土时应使用振动棒振捣密实。

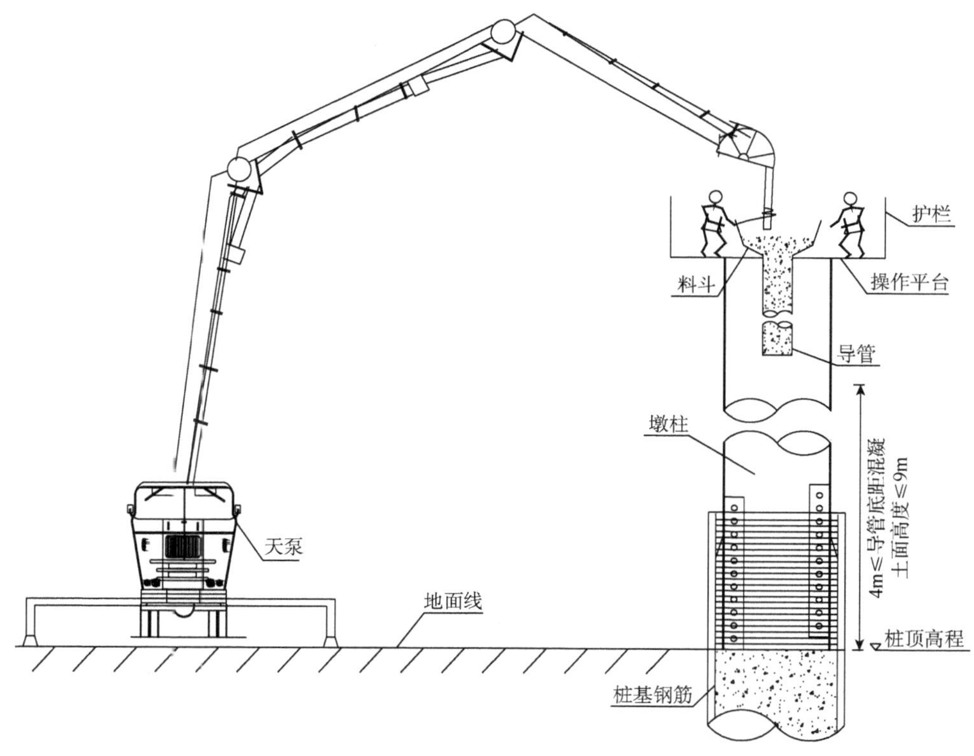

图 11 墩柱管内混凝土现场浇筑示意图

4 墩柱施工质量控制及注意事项

(1)采用与主桁梁相同的管结构制造要求,在工厂加工钢管节段,检测合格后运至工地,等待安装。

(2)桥墩安装精度要求:墩顶高程偏差±5mm,墩顶纵横向偏差≤10mm。

(3)检查安装好的墩柱连接焊缝、垂直度、高程是否满足设计及规范要求,合格后才能灌注钢管混凝土。

(4)墩柱钢管内采用高抛自密实高性能混凝土灌注工艺灌注完成管内混凝土,其水泥配合比应提前试验，保证混凝土拌和物具有合理的包裹性能、黏聚性能、流动性能和自密实性能，并应现场完成高抛模拟试验和测试。

（5）钢管内混凝土浇筑前，应清理钢管内混凝土界面的积水、垃圾、浮浆，露出粗骨料，混凝土灌注完成后，应设计雨盖及时盖住，防止雨水等，并在初凝后浇筑 3cm 深的水养护。

（6）墩柱顶钢管与支座下钢板间应将混凝土灌注饱满，且应开展专项灌注工艺论证，制定专项检查表格，采用敲击法、超声波法或钻孔检查法检查，并将专项检查数据记录全面、准确。如果出现脱空等现象，应补充灌注水泥砂浆（与钢管内混凝土具有同配合比的水泥砂浆），并检查合格后才能安装支座等。

（7）墩柱顶设计钢—混凝土组合结构盖梁的墩柱，灌注墩柱钢管内混凝土，应预留距离顶端 50cm 的高度不灌注混凝土，待盖梁安装就位、墩柱与盖梁加劲肋板焊接完成，并经检查验收合格后，再灌注 C30 自密实无收缩混凝土。

5 结语

钢管混凝土下部结构适用于当地资源匮乏、自然环境恶劣、地震烈度高、施工场地有限制等地区，其优点在于无模板施工，大部分工序在工厂内完成，减少了在恶劣环境下的户外施工，并且钢管结构刚性较大，对地震区的抵抗能力大于混凝土结构；缺点是厂内到施工现场的运输，因有些钢管较长，现场运输危险性较大，另一方面就是对现场安装精度要求较高，因墩柱与桩顶法兰盘需要焊接，若底部定位不准确将影响后续一系列施工。

参 考 文 献

[1] 中华人民共和国国家标准.GB 50017—2017　钢结构设计标准[S].北京：中国建筑工业出版社，2017.

[2] 中国工程建设标准化协会.CECS 28—2012　钢管混凝土结构技术规程[S].北京：中国计划出版社，2012.

[3] 中华人民共和国行业标准.JTG B01—2014　公路工程技术标准[S].北京：人民交通出版社股份有限公司，2014.

[4] 中华人民共和国行业标准.JTG D60—2015　公路桥涵设计通用规范[S].北京：人民交通出版社，2004.

[5] 中华人民共和国行业标准.DL/T 5085—1999　钢—混凝土组合结构设计规程[S].北京：中国建材工业出版社，2005.

钢桁梁焊缝修磨工艺

余 洋 张友平 魏 军

(四川路桥桥梁工程有限责任公司,成都 610000)

摘 要:预应力钢管混凝土桁梁桥是适宜地震烈度较高和桥位地形复杂环境建造的桥型之一,同时降耗减排成效显著,符合国家可持续发展政策。钢桁梁焊缝余高的大小对焊缝的疲劳强度有很大影响。试验表明,焊缝余高的夹角愈小,则应力集中愈大,疲劳强度愈低。因此,对直接承受重复荷载作用的对接焊缝连接,除了要进行无损检验,使其符合钢结构工程施工及验收规范外,还要对焊缝表面进行修磨,磨去余高,以消除焊趾处的缺口效应,改善对接焊缝连接的疲劳性能。

关键词:钢桁梁 对接焊缝 修磨

1 工程概况

汶马高速公路 C4 合同段位于汶川县克枯乡,起止桩号为 K53+600 ~ K61+455,全长 7.84km,本标段路线沿国道 317 线走廊按沿溪线布设。克枯特大桥、下庄特大桥和汶川克枯互通立交桥上构采用 30m、40m 跨度的预应力钢管混凝土简支钢桁梁(图 1),桥面连续。下构采用桩基础,钢管混凝土柱式桥墩。

图 1 钢桁梁效果图

钢管混凝土主桁采用由钢管混凝土主管作下弦,钢—混凝土组合桥面板作上弦,通过 V 形支管组成的平面钢管混凝土桁式结构。主梁下弦主管直径为 ϕ670mm,上弦骨架主管直径为 ϕ219mm,上下弦管内灌注 C30 补偿收缩自密实混凝土,其中,下弦主管设计为先张法预应力钢管混凝土结构，即先张拉预应力钢束，再灌注主桁上下弦管内混凝土。支管直径为 ϕ402mm，通过相贯接头与下弦主钢管焊接形成下弦节点，通过支管相互相贯焊接、内穿上弦钢管和设置纵、横带孔加劲钢板形成上弦节点，上弦节点内置于桥面板纵肋内。主桁支管内灌注与桥面板相同的C40钢纤维混凝土，浇筑桥面板时先浇筑主桁支管内混凝土，再浇筑桥面混凝土。标准宽度每幅桥梁采用两片桁式结构，主桁标准间距为7m，通过三角形横撑连接成半幅主梁结构，横撑采用下弦直径为 ϕ351mm 或 ϕ377mm、支管直径为 ϕ159mm 的钢管组合而成的空间结构。图2为主梁空间结构图。

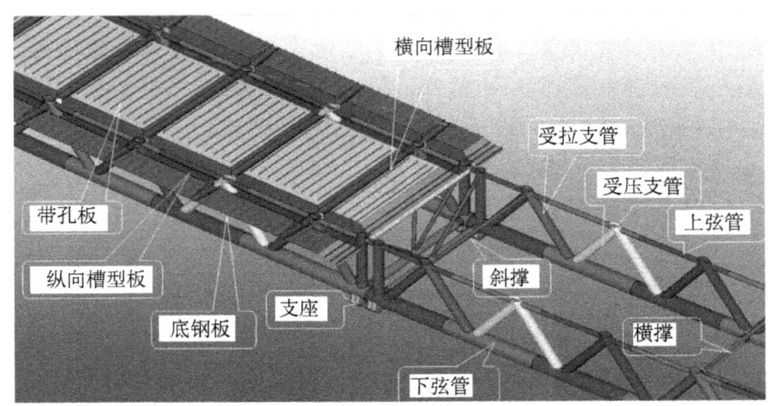

图2　主梁空间结构图

2　修磨区域

(1)主桁梁受拉与受压支管的划分见图3。

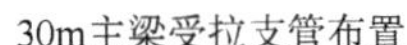

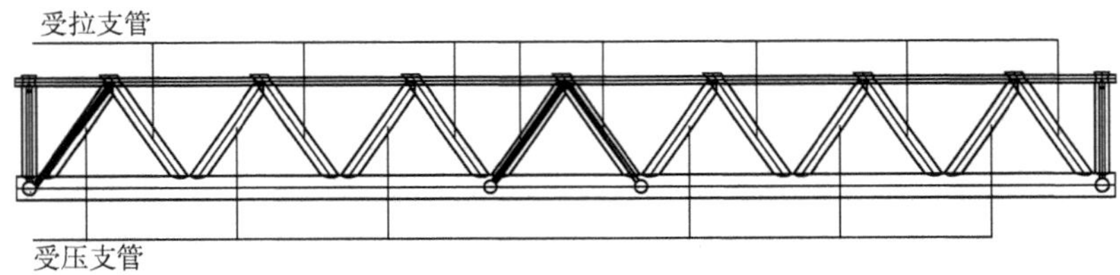

40m主梁受拉支管布置

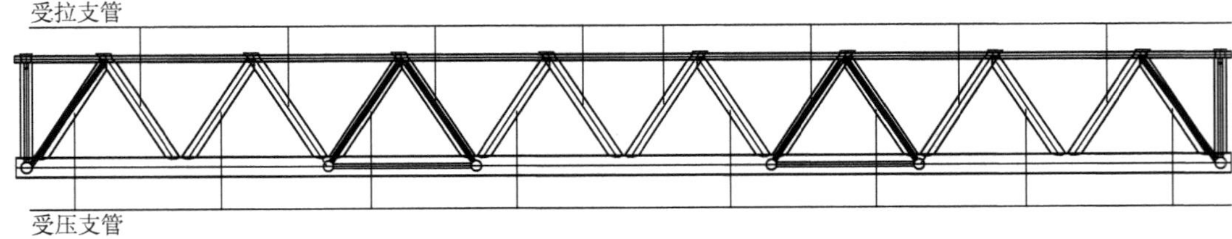

图3　主桁梁受拉与受压支管划分图

(2)需修磨的焊缝主要包括：

①主桁下弦主管与主桁受拉支管相贯焊缝;其修磨范围为趾部与鞍部(270℃范围),见图4。

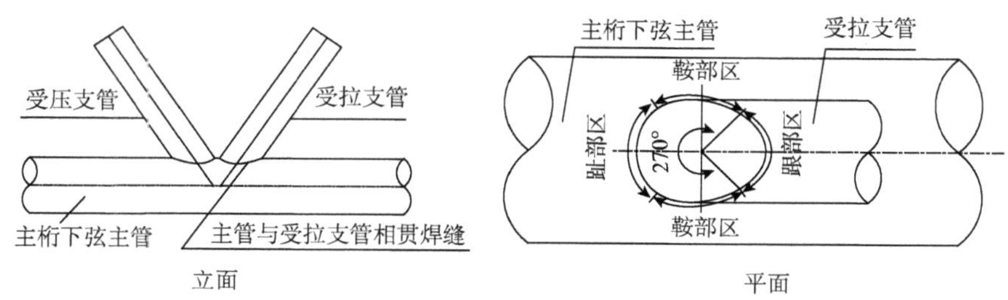

图4 下弦主管与受拉支管相贯焊缝示意图

②主桁下弦主管与横撑主管相贯焊缝,见图5;其修磨范围为该焊缝全长。

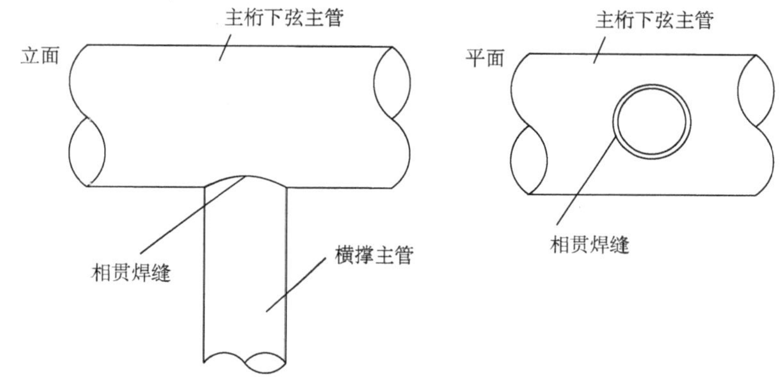

图5 下弦主管与横撑主管相贯焊缝示意图

③横撑主管与横撑支管相贯焊缝,见图6;其修磨范围为该焊缝全长。

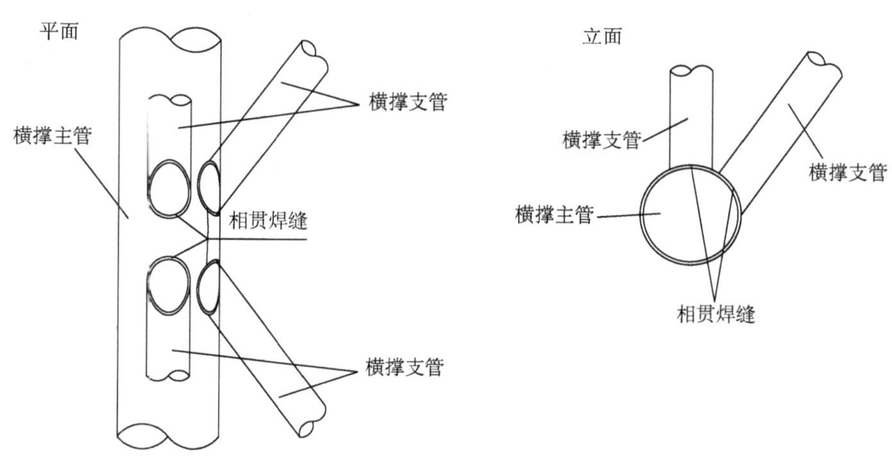

图6 横撑主管与横撑支管相贯焊缝示意图

④管—管对接焊缝(包括上弦主管、下弦主管及横撑主管),见图7;其修磨范围为该焊缝全长。

⑤多余焊接割除后的遗留焊缝,见图8;其修磨范围为该焊缝全长。

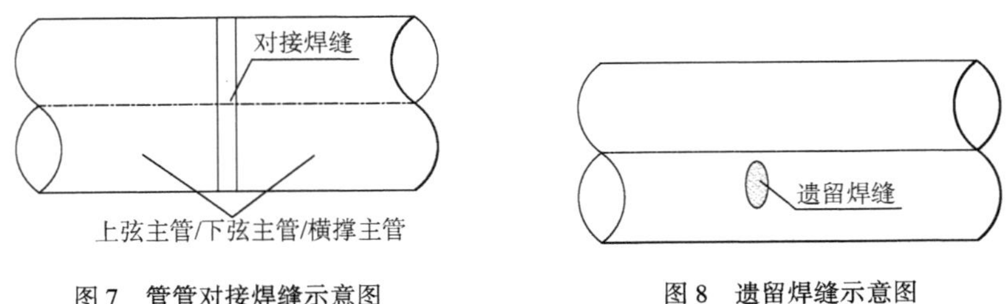

图7　管管对接焊缝示意图　　　　图8　遗留焊缝示意图

⑥除上述①~⑤项界定修磨范围外的其他焊缝,应当满足无损检验的清磨要求。

3　设备要求

对接焊缝和多余焊件割除后的遗留焊缝采用手持角磨机修磨,其他相贯焊缝采用手持直柄砂轮机修磨,砂轮粗糙度 $R_a = 0.2$,砂轮转速为 15000~40000r/min,砂轮要求用碳—钨材料制作。直柄砂轮机磨头为球形,直径 40mm。

4　技术要求

(1)所有焊缝修磨起止点应使母材与焊缝平顺过渡,不得有凹凸轮廓,且焊缝表面也要打磨圆滑。

(2)打磨方向应平行于焊缝的受力方向且保持一致,严禁无序乱打磨。打磨对接焊缝和遗留焊缝时,打磨方向应沿着钢管的长度方向。打磨相贯线焊缝时,打磨方向应该垂直于相贯线的方向,见图9。

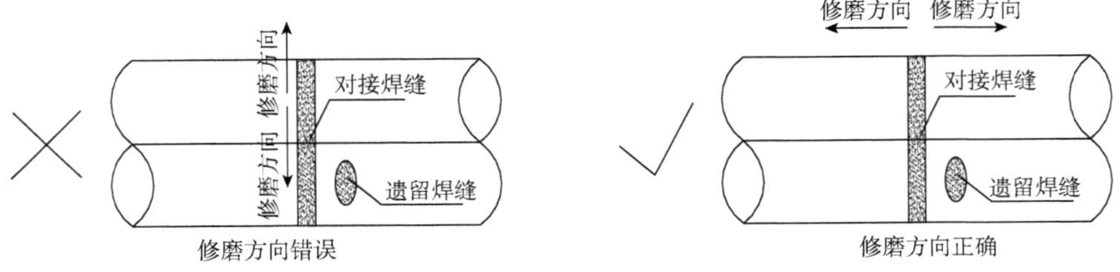

a)对接焊缝与遗留焊缝修磨方向示意

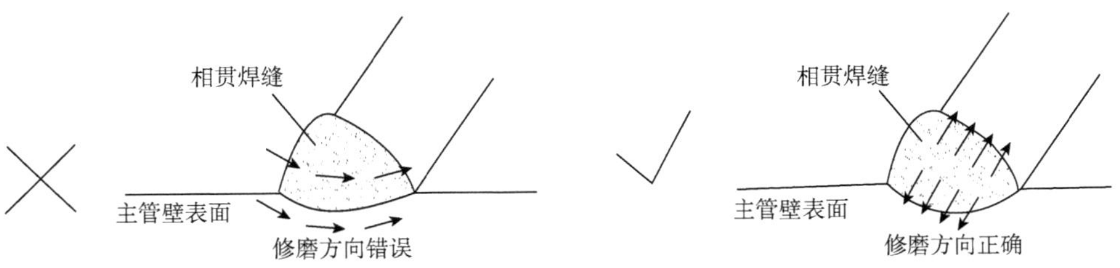

b)相贯焊缝缝修磨方向示意

图9　焊缝修磨方向示意图

(3)打磨时不得损伤母材(以母材的被去除量不超过0.5mm为标准),不得增加额外的切口或凹痕。分层磨削,边磨边观察,防止修磨损伤到母材,若母材的磨削量大于0.5mm,则该结构应予报废,未经监理工程师认可不得返修焊接。母材允许的修磨深度见图10。

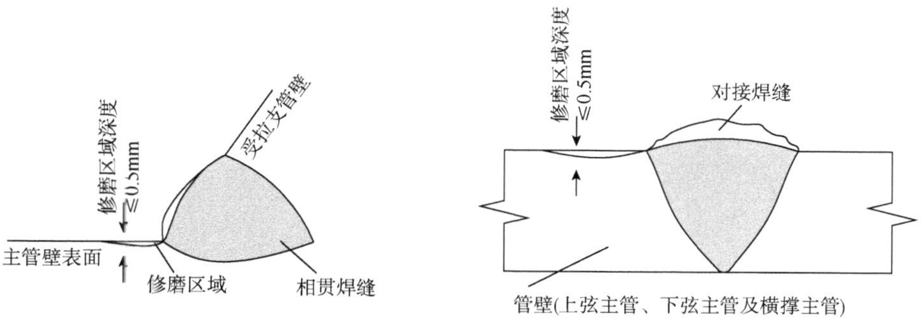

图10 修磨深度示意图

(4)上弦、下弦主管及横撑主管对接焊缝和遗留焊缝修磨步骤:按照无损检验要求打磨消除掉焊缝表面的飞溅、焊渣、焊瘤等外观缺陷后,打磨出符合本工艺规定的焊缝余高,见图11。注意打磨方向应该沿钢管长度方向,严禁无序乱打磨。修磨完成后,按照《汶川至马尔康公路桥无损检验检验工艺规程》《汶川至马尔康公路桥无损检验清册》等工艺文件要求对焊缝进行无损检验。

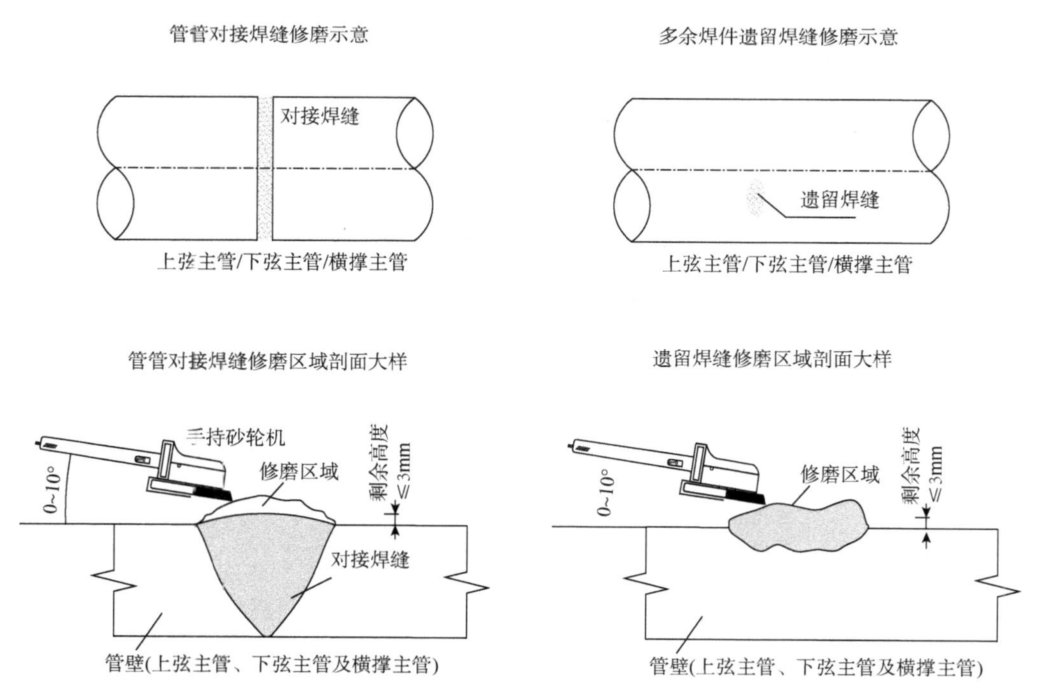

图11 管—管对接焊缝及遗留焊缝修磨示意图

(5)相贯焊缝修磨步骤:按照无损检验要求打磨消除焊缝表面的飞溅、焊渣、焊瘤等外观缺陷后,按照《汶川至马尔康公路桥无损检验检验工艺规程》《汶川至马尔康公路桥无损检验清册》等工艺文件要求对焊缝进行无损检验,经检验全部合格后,再按照本工艺的要求进行相贯线焊缝外形尺寸的修磨。下弦主管与受拉支管的相贯焊缝修磨按照图12和图13执行,其他类型的相贯焊缝按照图11进行,同时须进行焊缝全长的修磨。注意修磨方向须垂直于相贯线。

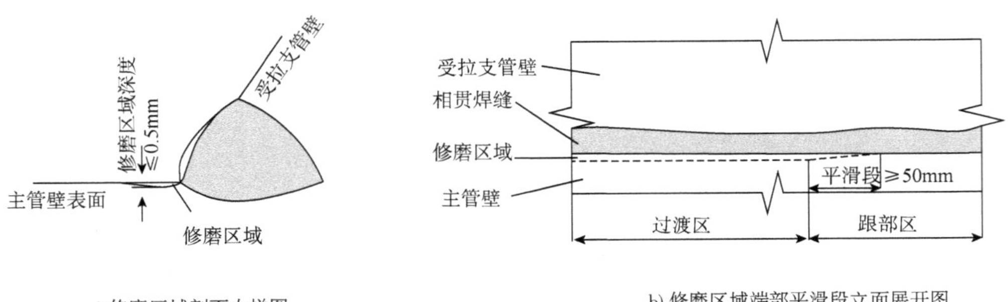

图12　相贯焊缝修磨示意图

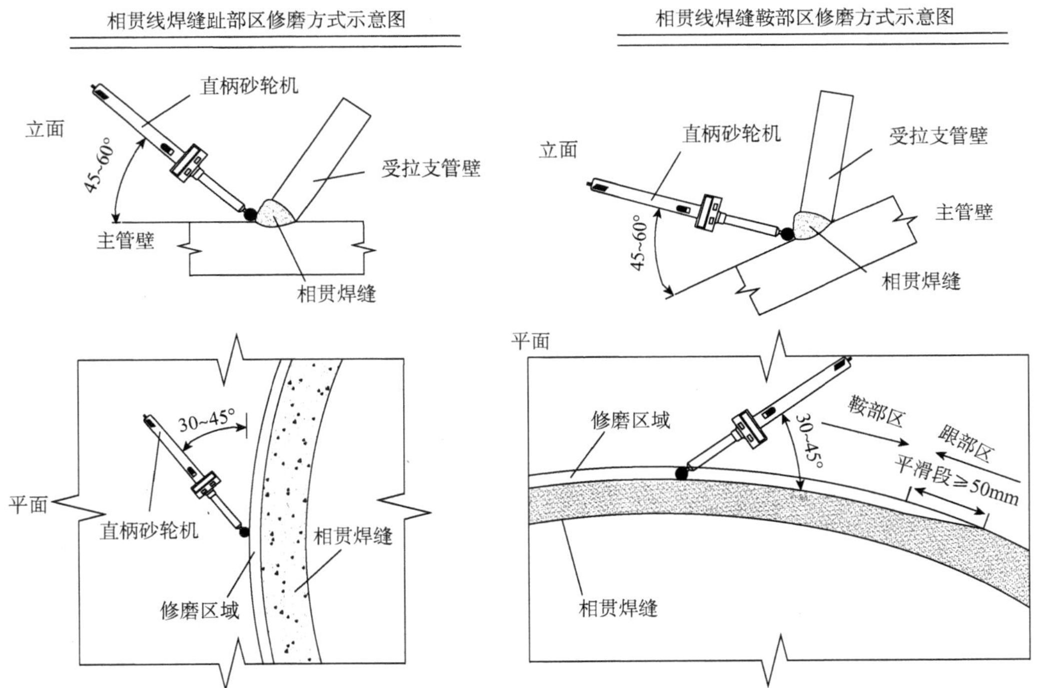

图13　相贯焊缝修磨示意图

修磨完成后,首先通过外观100%检查判定修磨质量合格后(焊缝修磨区域表面不得有任何缺陷),再采用无损检测方法对修磨焊缝进行探伤20%抽检,检查无任何缺陷后,判定修磨质量合格。

(6)将下弦主管对接焊缝、下弦主管与受拉支管的相贯焊缝按照1∶1加工制作为修磨试验模型,进行修磨工艺试验,修磨满足要求后,进行首制件验收,验收通过后,再开展修磨工培训和考试。

5 施工注意事项

(1)工作前应检查砂轮有无损坏,安全防护装置是否完好,通风除尘装置是否有效。

(2)工作时要求戴好防护口罩及眼镜。

(3)重新安装砂轮后,须将防护罩重新装好,再进行试转,砂轮空转时不允许有明显的震动。

(4)严禁站在砂轮正面操作,以防砂轮破裂伤人。

(5)两人以上同时作业时,严禁同时在同一方向相对作业。

(6)焊缝表面凹凸处应轻轻打磨,不得用力过猛。

6 焊缝修磨考试

(1)要求所有修磨人员必须接受专项培训,考试合格后持证上岗作业。考试用试件为类比下弦主管对接焊缝、下弦主管与受拉支管相贯焊缝的结构形式制作的试件。见图14。

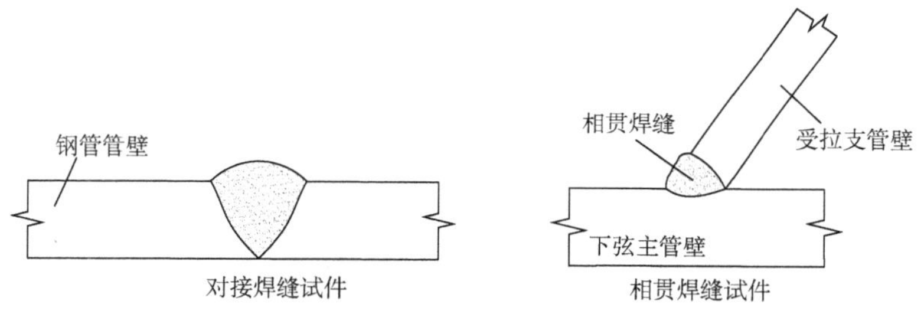

图14 修磨考试试件示意图

(2)考试的模型为下弦主管对接焊缝及下弦主管与受拉支管相贯焊缝,相关参考标准如表1所示。

焊缝相关参考标准 表1

考核项目	合格标准
母材表面出现凹痕	不允许
焊缝表面凹凸不圆滑	不允许
对接焊缝打磨方向	平行于管长度
相贯线焊缝打磨方向	垂直于相贯线
对接焊缝和遗留焊缝余高	≤3mm
相贯焊缝焊趾允许修磨深度	≤0.5mm
相贯焊缝鞍部—根部交界处平滑段长度	≥50mm

在考试时出现了表中不允许出现的情况或者超过了规定限值,则视该修磨人员考试不合格。焊接点疲劳试验见图15~图17。

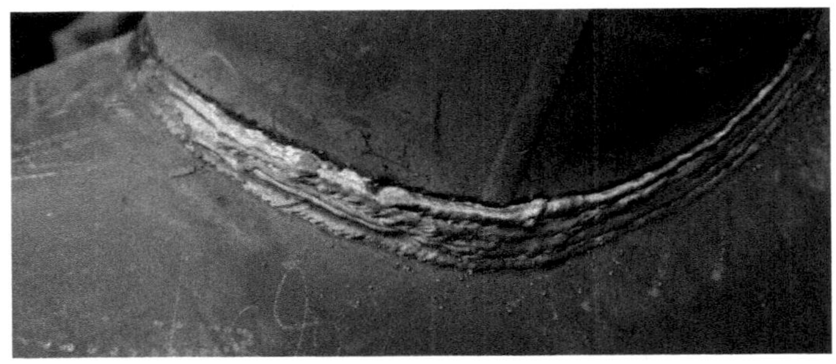

图 15　修磨前

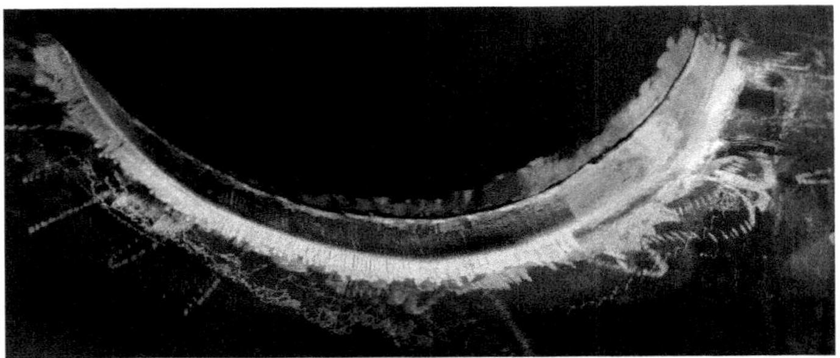

图 16　修磨后

图 17　焊接节点疲劳试验

7　结语

钢桁梁焊缝余高的大小对焊缝的疲劳强度有很大影响。试验表明,焊缝余高的夹角愈小,则应力集中愈大,疲劳强度愈低。因此,对直接承受重复荷载作用的对接焊缝连接,除了要进行无损检验,使其符合钢结构工程施工及验收规范外,还要对焊缝表面进行修磨,磨去余高,以消除焊趾处的缺口效应,改善对接焊缝连接的疲劳性能。通过模型试验研究表明,焊后对焊缝进行修磨,将可以控制表面焊接缺陷,提高疲劳寿命至少 50%,延长了疲劳寿命。

参考文献

[1] 四川省交通厅公路规划勘察设计研究院.公路钢管混凝土桥梁设计与施工指南.北京:人民交通出版社,2008.

[2] 中华人民共和国国家标准.GB 50923—2013 钢管混凝土拱桥技术规范.北京:中国计划出版社,2013.

组合荷载下钢管混凝土焊接节点疲劳强度的研究

康　玲[1]　牟廷敏[1]　范碧琨[1]　李成君[2]　赵艺程[2]

(1.四川省交通运输厅公路规划勘察设计研究院,成都 610041;
2.四川交通职业技术学院,成都 611130)

摘　要:以往开展的钢管混凝土焊接节点疲劳强度试验研究只计入腹管轴力影响,但随着钢管混凝土材料应用的发展,一些结构形式中腹管所受弯矩不可忽略。本文利用有限元模型以及疲劳试验相结合的方法研究在轴力及弯矩组合作用下,K形节点钢管及钢管混凝土焊接节点的疲劳强度,以及失效机理。

关键词:钢管混凝土　疲劳强度　K形节点　轴力及弯矩组合作用　失效机理

1　引言

钢管混凝土结构凭借其优良的力学性能和施工方便的特点广泛应用于桥梁工程中。钢管混凝土结构主要以柱和桁架的形式出现。早期,其多用于受压结构,如桥墩、桥塔以及主拱。随着材料性能的不断提升以及施工工艺的发展,钢管混凝土结构开始应用于受力形式更为复杂的主梁结构。活载作用下,部分主管以及腹管处于高应力幅状态,节点疲劳开裂问题日益突出,常常成为设计的控制因素,直接关乎行车安全和工程耐久性。

目前,关于钢管混凝土焊接节点疲劳的试验研究均是腹管只受轴力单一荷载作用,而忽略弯矩的影响。钢管混凝土桁梁桥,下弦主管受拉,K形节点的腹管一支受拉,另一支受压。钢管混凝土桁梁桥桁高通常较低,腹管长度短、刚度大,腹管所受弯矩较大,不容忽略。针对这一问题,开展了钢管混凝土桁梁桥焊接节点疲劳试验。以实桥为参照,设计试验模型,研究腹管在轴力及弯矩组合作用下节点的疲劳强度,并对比钢管和钢管混凝土焊接节点疲劳强度,分析管内灌注混凝土对疲劳强度的贡献。最后,根据试验结论,提出钢管混凝土焊接节点失效准则。

2　实桥测试

55t六轴重车以35km/h的速度从伸缩缝端驶向桥台连续端,并对实桥各支杆进行编号(图1)。

在此期间,连续记录各节点相关位置的应力变化。各节点相贯焊缝主管侧的应力幅分布见图 2，均为趾部应力幅最大，跟部应力幅最小，鞍部应力幅介于二者之间。KZ1～KZ4 四个节点焊缝主管侧，最大应力幅值出现在 KZ2 拉管焊缝主管侧的趾部区，移动荷载（横向中心加载）作用下应力幅为 26.88MPa，且趾部侧跟部侧应力幅差值达 24.33MPa。KZ2 节点焊缝主管侧最大最小应力及应力幅分布列于表 1。

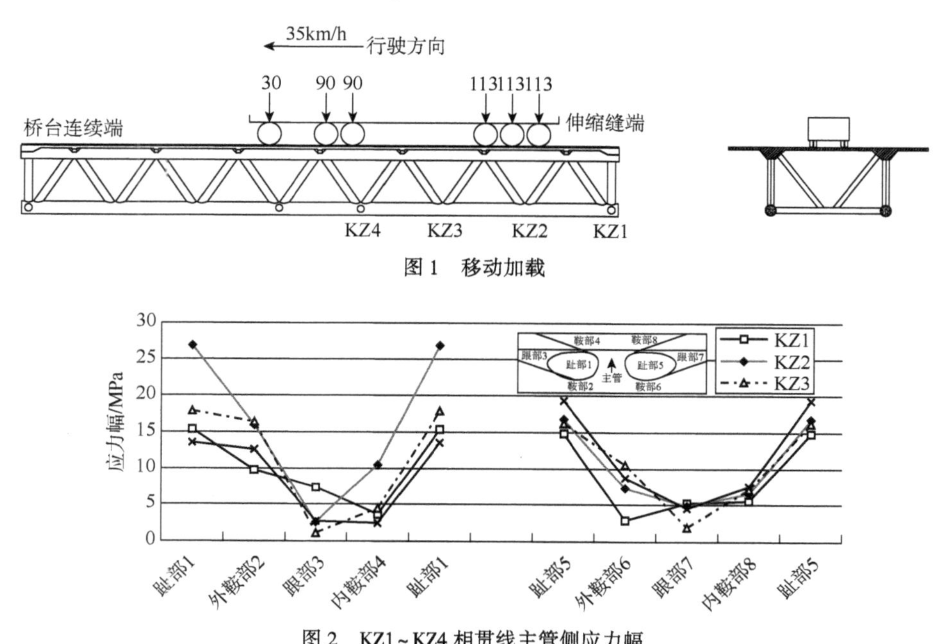

图 1　移动加载

图 2　KZ1～KZ4 相贯线主管侧应力幅

KZ2 主管侧应力及应力幅分布（单位：MPa）　　表 1

工况	应力	拉管焊缝				压管焊缝			
		趾部 1	外鞍部 2	跟部 3	内鞍部 4	趾部 5	外鞍部 6	跟部 7	内鞍部 8
移动加载	σ_{max}	26.55	15.97	2.2	9.77	0.16	5.35	1.29	0.04
	σ_{min}	−0.33	0	−0.35	−0.75	−16.63	−1.93	−3.53	−6.48
	$\Delta\sigma$	26.88	15.97	2.55	10.52	16.79	7.28	4.82	6.52

对 KZ2 做进一步研究，分析受拉腹管对应趾部侧和跟部侧应力幅沿轴向高度的分布情况如表 2 所示。

KZ2 受拉腹管不同高度处应力幅（单位：MPa）　　表 2

工况	应力	4mm		500mm		1000mm		2000mm	
		趾部侧	跟部侧	趾部侧	跟部侧	趾部侧	跟部侧	趾部侧	跟部侧
中心加载	σ_{max}	14.91	5.55	8.18	4.31	5.21	4.64	3.86	6.39
	σ_{min}	−0.01	−0.11	−0.02	−0.14	−0.01	0	−0.21	−0.34
	$\Delta\sigma$	14.92	5.66	8.2	4.45	5.22	4.64	4.07	6.73

图 3 实测结果表明，沿腹管高度的不同，趾部侧与跟部侧对应的应力幅差值随同变化。

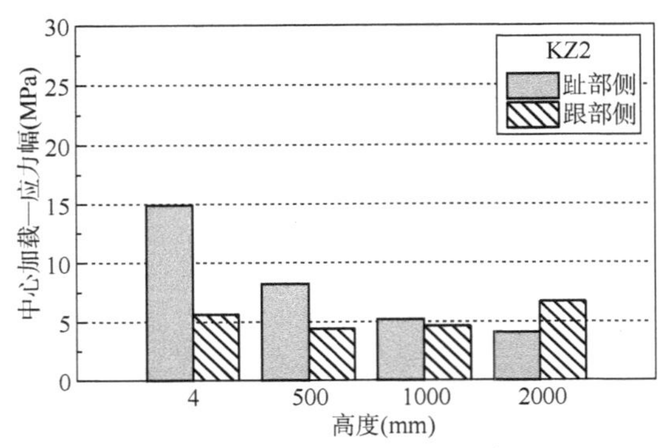

图 3　KZ2 受拉腹管应力幅(中心加载)

趾部侧应力幅基本大于跟部侧,且距离相贯线越近,应力幅差值越大。测试数据中在距相贯线 4mm 处二者差异最大达到9.26MPa。在距相贯线 1000mm 处,约腹管长度 1/2,趾部侧与跟部侧应力幅较为接近。在距相贯线 2000mm 处,受桥面板影响两侧应力幅大小分布反向,跟部侧应力幅大于趾部侧。

通过实桥测试,研究相贯线处主、腹管应力幅分布情况,结果表明趾部位置应力幅最大,是疲劳寿命的控制位置。受拉腹杆沿杆轴线方向分布情况表明,腹杆受轴力及弯矩共同作用,使得趾部侧应力幅越接近相贯焊缝就越大。当腹杆受到组合力作用时,导致相贯线处主管、腹管应力幅分布很不均匀,且不均匀程度远大于只受轴力作用下的分布状态。所以,研究钢管混凝土桁架梁焊接节点疲劳寿命时,不可忽略弯矩作用,应考虑轴力及弯矩组合作用。

3　试件设计及静力测试

3.1　试件设计

通过对实桥测试结果分析,应针对焊接节点实际受力状态进行模拟试验,研究此类钢管混凝土焊接节点的疲劳寿命。

参照实桥节点几何参数,制造缩尺模型。试验模型参数为主管直径 377mm,壁厚 12mm;斜腹管直径 180mm,壁厚 10mm;下撑管直径 159,壁厚 8mm。分主、腹管均未灌注混凝土试件 XJ1 和仅主管灌注、腹管未灌注混凝土 XJ2 两类。试件加载情况如图 4 所示。

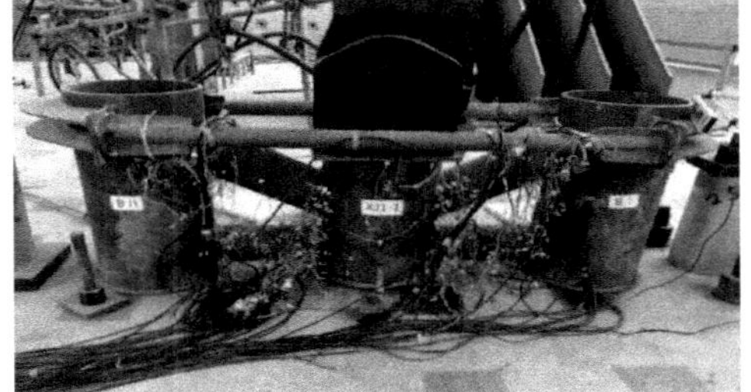

图 4　试件加载

3.2 有限元分析与静力测试结果

对试件接头进行编号,如图 5 所示。根据节点的几何形式划分,接头Ⅰ-1(Ⅱ-1)与Ⅰ-4(Ⅱ-4)属于"K"形节点;接头Ⅰ-2(Ⅱ-2)与Ⅰ-3(Ⅱ-3)属于 T 形节点。

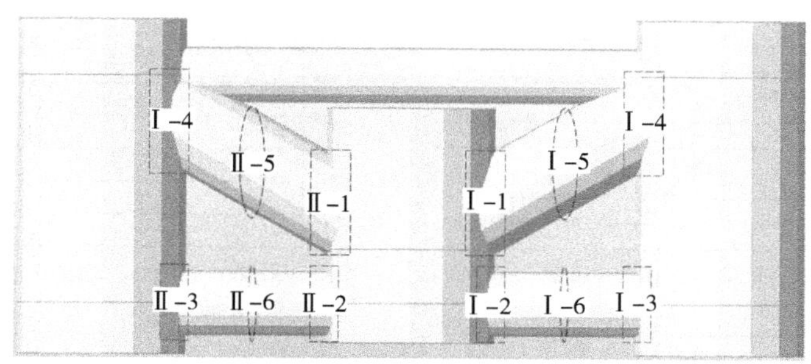

图 5 试件接头编号示意

以 XJ1 为例,F = 200kN 作用下有限元实体分析结果及与实测应力对比如表 3～表 5 所示,各接头应力分布见图 6。其中应力为轴力及弯矩的组合应力,弯矩作用不可忽略。对比结果表明,有限元分析与实测结果吻合较好。

XJ1 计算与实测值应力对比之一(单位:MPa) 表 3

接头	位置	分析值	趾部	过渡 1	鞍部	过渡 2	跟部
Ⅰ-1	主管	计算值	138.9	83.2	17.6	-46.1	-57.7
		实测值	—	81.8	15.5	-43.5	-42.1
		计算/实测	—	1.02	1.14	1.06	1.37
Ⅰ-4	主管	计算值	50.6	99.5	74.7	-34.8	-49.1
		实测值	36.0	82.5	68.8	-4.4	-42.3
		计算/实测	—	1.21	1.09	7.91	1.16

XJ1 计算与实测值应力对比之二(单位:MPa) 表 4

接头	位置	分析值	上冠点	过渡 1	鞍部	过渡 2	跟部
Ⅰ-2	主管	计算值	-106.2	-71.8	4.5	71.7	70.7
		实测值	—	-70.5	2.3	68.7	—
		计算/实测	—	1.02	1.93	1.04	—
Ⅰ-3	主管	计算值	42.6	52.8	8.1	-54.0	-120.7
		实测值	46.7	53.3	11.9	-16.2	-50.7
		计算/实测	0.91	0.99	0.68	3.34	2.38

XJ1 计算与实测值应力对比之三(单位:MPa) 表 5

接头	位置	分析值	上	中	下
Ⅰ-5	主管	计算值	1.5	20.5	27.9
		实测值	4.0	18.4	29.4
		计算/实测	0.38	1.11	0.95
Ⅰ-6	主管	计算值	-14.7	0.5	17.4
		实测值	-17.1	1.0	17.4
		计算/实测	0.86	0.50	1.00

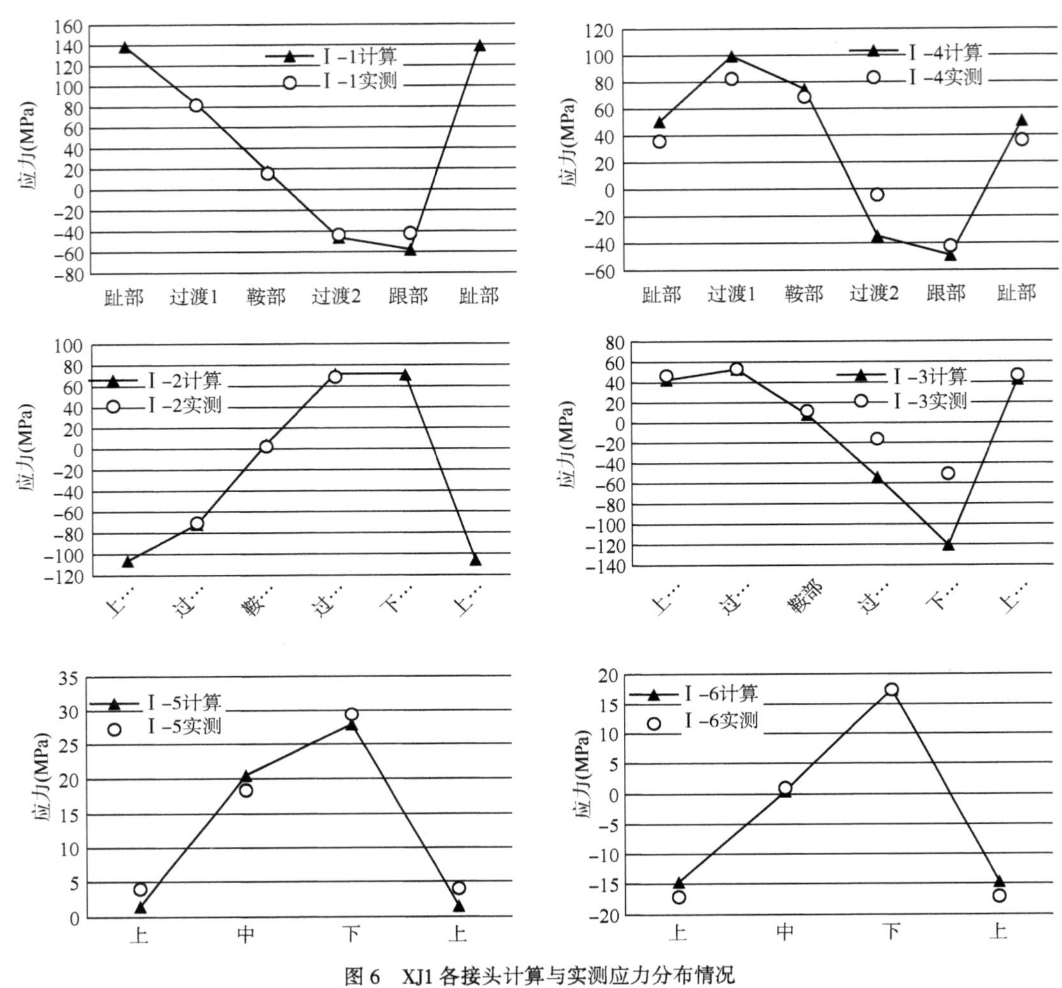

图 6　XJ1 各接头计算与实测应力分布情况

4　疲劳测试

4.1　疲劳加载

计算结果表明斜腹管接头Ⅰ-1(Ⅱ-1)焊趾处拉应力最大，因此应力幅最大，为重点研究对象。依据计算分析及静载试验结果所得疲劳加载荷载谱如表 6、表 7 所示。表中列出了不同疲劳荷载作用下各接头所对应的应力幅值及相应加载次数。

4.2　疲劳裂纹

XJ1 在 100～200kN 疲劳荷载下，振动 10 万次，在 100～300kN 疲劳荷载下，持续振动 17.8 万次，在Ⅰ-1 号接头距离趾部 1.5cm 处产生 1 条长度 30mm 的裂纹。该试件在试验过程中总共产生 14 条裂纹，其中前 5 条裂纹产生之后进行了修磨，将裂纹完全打磨掉。在 270 万次停止加载时，Ⅰ-1 号接头产生的所有裂纹长度总和为 106mm，占相贯线焊缝长度 15.4%，为主管壁厚的 8.8 倍,节点刚度衰减 14.6%。此时,裂纹开展最大深度为 10.5mm,并未贯穿主管壁厚。14 条裂纹按发生顺序编号,裂纹分布位置如图 7 所示。

XJ1 试件疲劳荷载谱 表 6

结构类型	静载加载(kN)	疲劳次数(万次/Hz)	疲劳荷载(kN)	Ⅰ-1(Ⅱ-1)应力幅(MPa)	Ⅰ-4(Ⅱ-4)应力幅(MPa)
主管未灌注 支管未灌注 焊缝未修磨	0→200 (Δ=50)	1/6	低:100~200	34.9	27.3
		5/6	低:100~200	34.9	27.3
		10/6	低:100~200	34.9	27.3
	0→300 (Δ=50)	50/6	中:100~300	69.8	54.6
		100/6	中:100~300	69.8	54.6
		270/6	中:100~300	69.8	54.6

XJ2 试件疲劳荷载谱 表 7

结构类型	静载加载(kN)	疲劳次数(万次/Hz)	疲劳荷载限值(kN)	Ⅰ-1(Ⅱ-1)应力幅(MPa)	Ⅰ-4(Ⅱ-4)应力幅(MPa)
主管灌注混凝土 支管未灌注 焊缝未修磨	0→250 (Δ=50)	50/6	低:100~250	53.0	42.7
		100/6	低:100~250	53.0	42.7
		200/6	低:100~250	53.0	42.7
		500/6	低:100~250	53.0	42.7
		800/6	低:100~250	53.0	42.7
		1000/6	中:100~250	53.0	42.7

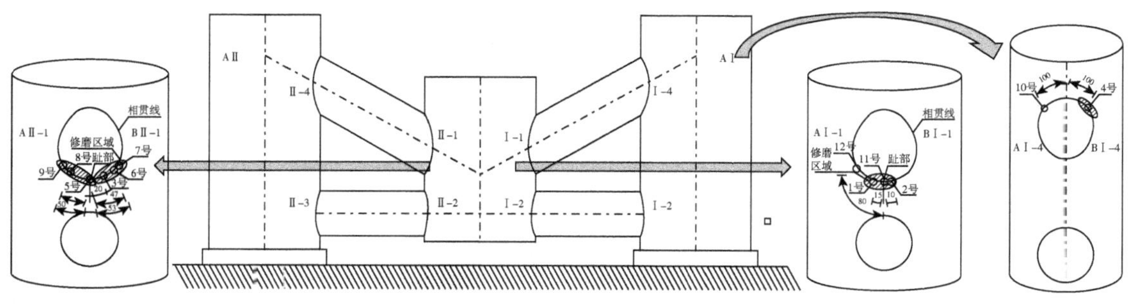

图 7 XJ1 裂纹分布(尺寸单位:mm)

XJ2 在 100~250kN 疲劳荷载下,持续振动到 249 万次时,在Ⅱ-1 号接头趾部区产生 1 条长度 12mm 的裂纹。此后维持现有疲劳加载水平(100~250kN)继续振动到 800 万次时,在 AⅡ区 1 号裂纹尾部平行出现一条长为 8mm 的 2 号裂纹。经超声波探测,在 918 万次时,1 号裂纹贯穿主管壁厚,此时相贯焊缝上产生的 2 条裂纹长度总和为 150mm,占相贯线焊缝长度 21.7%,为主管壁厚的 12.5 倍。各裂纹分布位置见图 8。

4.3 疲劳强度

按照等效损伤的原则对变幅加载进行任意等幅加载推算,计算公式见式(1):

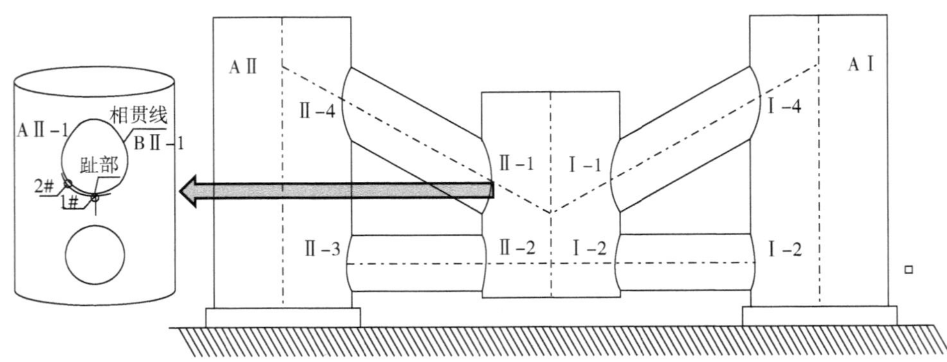

图 8 XJ2 裂纹分布

$$n_{eq} = \sum_{i=1}^{L} \left(\frac{S_i}{S_{eq}}\right)^m n_i \tag{1}$$

式中：n_i——i 级荷载的循环次数；

S_i——i 级荷载的幅值；

S_{eq}——折算幅值等级。

对 XJ1 两级变幅加载进行等效换算。m 按照规范取值为 5，以 XJ2 疲劳加载的应力幅 53.0MPa为等效应力幅，换算得到 XJ1 在出现第一条裂纹时，等效寿命为 71.8 万次。而 XJ2 在 53.0MPa 应力幅作用下，产生第一条裂纹时的疲劳寿命为 249 万次。

5 结语

钢管混凝土桁梁桥的疲劳寿命是桥梁运营的关键点，疲劳寿命的长短一定程度上决定了桥梁的使用寿命。然而公路桥梁车辆行驶车道不固定，疲劳车辆的组成难以把握，相贯焊接节点的应力幅无法确定，因此实桥测试与相应试验研究的开展非常必要。

本文通过数值分析、试验模拟及实桥测试研究了 K 形焊接节点在承受组合作用力时，相贯焊缝应力分布状况。并主要以试验为基础，分别得出空心管和主管内灌注混凝土的焊接节点疲劳寿命，最后依据试验现象给出焊接节点失效判断准则：

(1) K 形节点在轴力和弯矩共同作用下，应力集中程度比只承受轴力时更为不利，故弯矩作用不可忽略。以往试验研究相贯焊接节点疲劳寿命以只承受轴力为主，故非常有必要开展受组合力作用的钢管混凝土焊接节点疲劳寿命试验研究。

(2) 相等应力幅作用下，第一次出现疲劳裂纹，空心管节点对应疲劳寿命为 71.8 万次，主管内灌注混凝土节点对应疲劳寿命为 249 万次。在主管内灌注混凝土后，疲劳寿命比未灌注的提高了 3.5 倍，远高于空心管节点。

(3) 若以裂纹穿透壁厚时的荷载循环次数作为焊接管节点最终疲劳寿命，对 K 形钢管混凝土焊接节点而言，裂纹发展长度为主管壁厚的 12 倍左右，即可判断裂纹贯穿壁厚，节点失效。

参 考 文 献

[1] 陈宝春,黄文金.钢管混凝土 K 形相贯节点极限承载力试验研究[J].土木工程学报,2009:91-98.
[2] 杨峥,金伟良.Y 形管节点应力集中系数有限元分析[J].中国海洋平台,2004:17-21.
[3] 贾法勇,霍立兴,张玉凤,等.热点应力有限元分析的主要影响因素[J].焊接学报,2003:27-31.
[4] 邵永波,LIE Seng-Tjhen.K 节点应力集中系数的试验和数值研究方法[J].工程力学,2006:79-85.

基于实桥试验的钢管混凝土桁梁桥力学性能研究

李　畅[1]　牟廷敏[1]　范碧琨[1]　李成君[2]　赵艺程[2]

(1.四川省交通运输厅公路规划勘察设计研究院,成都 610041;
2.四川交通职业技术学院,成都 611130)

摘　要:钢管混凝土桁梁桥由钢管混凝土桁架和钢—混凝土组合桥面板组成,作为一种新型的组合结构桥梁,具有承载能力高、刚度大和抗震性能优异等特点,为研究其力学性能,选择在某30m跨钢管混凝土桁梁桥进行实桥测试,对钢管混凝土构件及桁梁桥的整体力学性能进行了研究。试验研究结果表明:在550kN试验荷载下,各杆件在加载过程中始终处于弹性工作状态,实测值和有限元计算值较为吻合;下缘同时存在轴力和弯矩作用,且主管应力水平较低;支管在两端承受相反的弯矩作用,热点应力和名义应力均处于较低水平;主梁整体刚度大,偏载效应较为明显。

关键词:钢管混凝土　桁梁桥　力学性能　实桥试验

1　引言

钢管混凝土桁梁桥作为一种新型组合结构桥梁,是由钢管混凝土桁架和桥面板共同组成的结构体系。钢管混凝土桁梁桥承载能力高,延性好,用钢量低,易实现预制化和工厂化,具有广泛的应用前景[1,2]。从1994年建成通车的南海紫洞大桥首次应用钢管混凝土桁梁桥以来,全国已陆续修建了十几座钢管混凝土桁梁桥,其中具有代表性的桥梁有向家坝大桥、万州大桥、干海子大桥等。

实验室对钢管混凝土材料和钢管混凝土桁架进行了大量研究[3,4],而实验室大多采用缩尺模型,无法充分考虑实际桥梁结构的边界条件、受荷特性、尺寸效应和钢混凝土相互作用等问题。为了更好地了解钢管混凝土桁梁桥的受力特性,选择在已建成的汶马高速克枯大桥B匝道桥进行实桥试验。

2　实桥试验

2.1　工程概况

汶马高速克枯大桥为钢管混凝土桁梁桥,主要跨径为30m和40m两种,在支座处采用下弦断开,桥面板连续的“中”连续结构。主梁由钢管混凝土主桁梁与其上的钢—混凝土组合桥面板组成。主桁由上下弦主管与 Warren 式支管组成平面桁式结构,左右桁片间由空司管式横撑连接,支管和主管均采用钢管混凝土结构。墩柱采用钢管混凝土柱式结构,主钢管直径为 1.1m 和 1.3m 两种,钢管壁厚均分别为 14mm 和 16mm,钢管内高抛灌注 C30 自密室补偿收缩高性能混凝土。

此次试验在已架设好的 B 匝道上进行,跨度 30m,桥宽 8.5m,桥梁一侧桥面与桥台连续,另一侧简支。主梁梁高 3.5m,节间距 4.11m,横桥向布置两片桁架,桁间距为 7m。下弦主管钢管尺寸为 670×20mm,管内灌注 C30 自密实补偿收缩混凝土,预应力采用 12 根 $\phi^{S}15.2$ 预应力钢绞线。支管钢管尺寸由支座处的 402×16mm 依次变化到跨中的 402×10mm,管内灌注 C40 自密实补偿收缩混凝土。桥面板采用钢—混凝土组合桥面板,底钢板既为受力构件,同时又是浇筑混凝土的底模。试验桥立面图、横断面图如图 1 和图 2 所示。

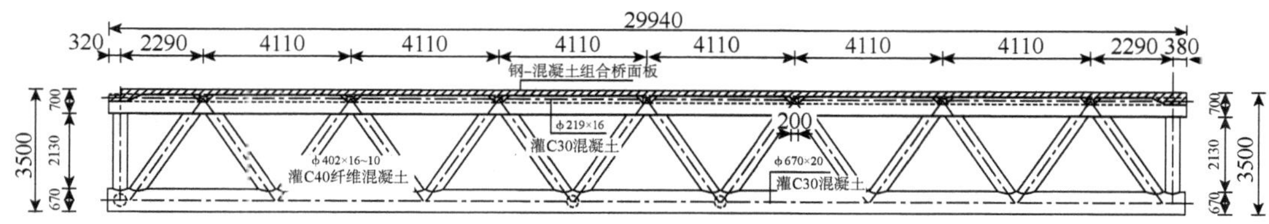

图 1 试验桥立面布置图(尺寸单位:mm)

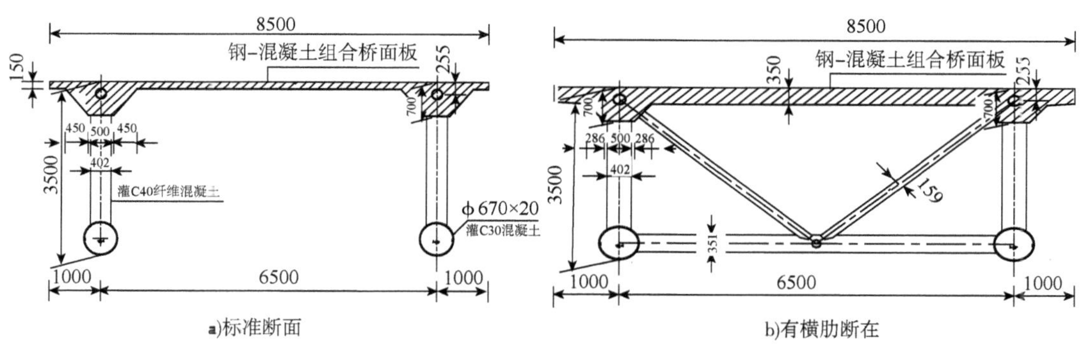

图 2 试验桥横断面布置图(尺寸单位:mm)

2.2 试验方案

(1)测试截面及测点布置

在试验桥选择跨中节间 1/2 和 1/4 处截面的桥面板和主管、跨中节间的桥面底钢板和靠近支座处的上弦端节点作为研究对象,见图 3,其测点布置见图 4~图 6。

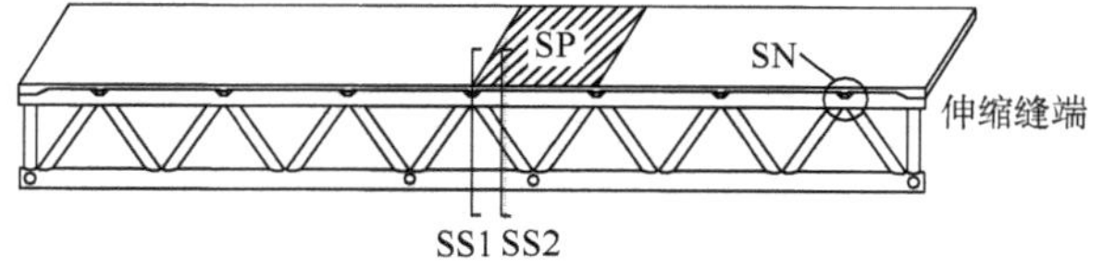

图 3 测试截面位置示意图

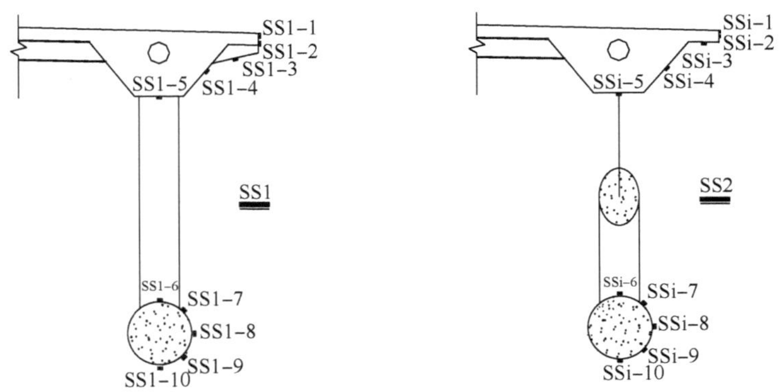

图 4 测试截面测点布置

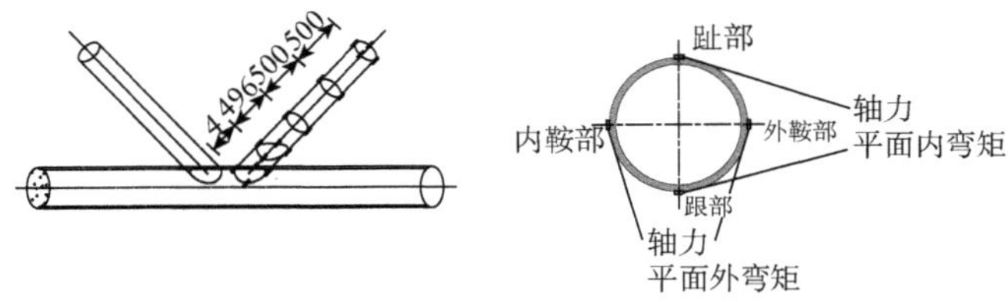

图 5 支管测点布置(尺寸单位:mm)

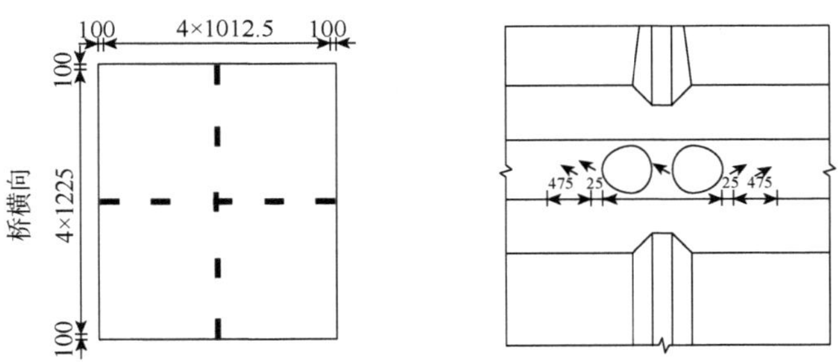

图 6 桥面底钢板和上弦端节点测点布置(尺寸单位:mm)

(2)荷载工况及加载方式

试验荷载采用 55t 六轴重车,试验前对车辆进行称重,实测参数见图 7。

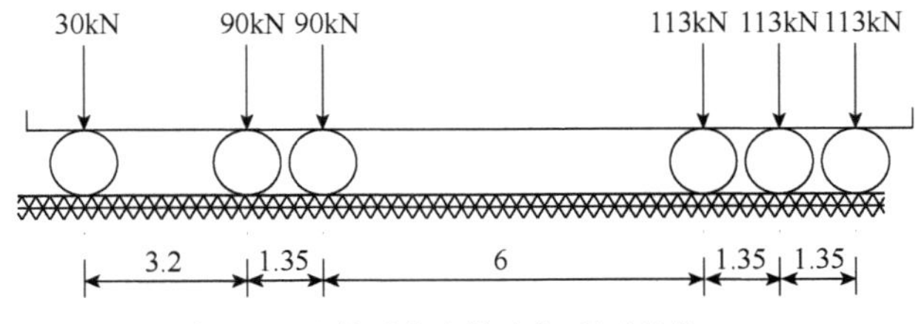

图 7 55t 六轴重车参数示意(尺寸单位:m)

静力布载在纵向上分四个静力加载点,在横桥向上分正载和偏载两种情况,共 8 个加载工况,纵横向加载示意见图 8 和图 9。图 10 为现场测试照片。

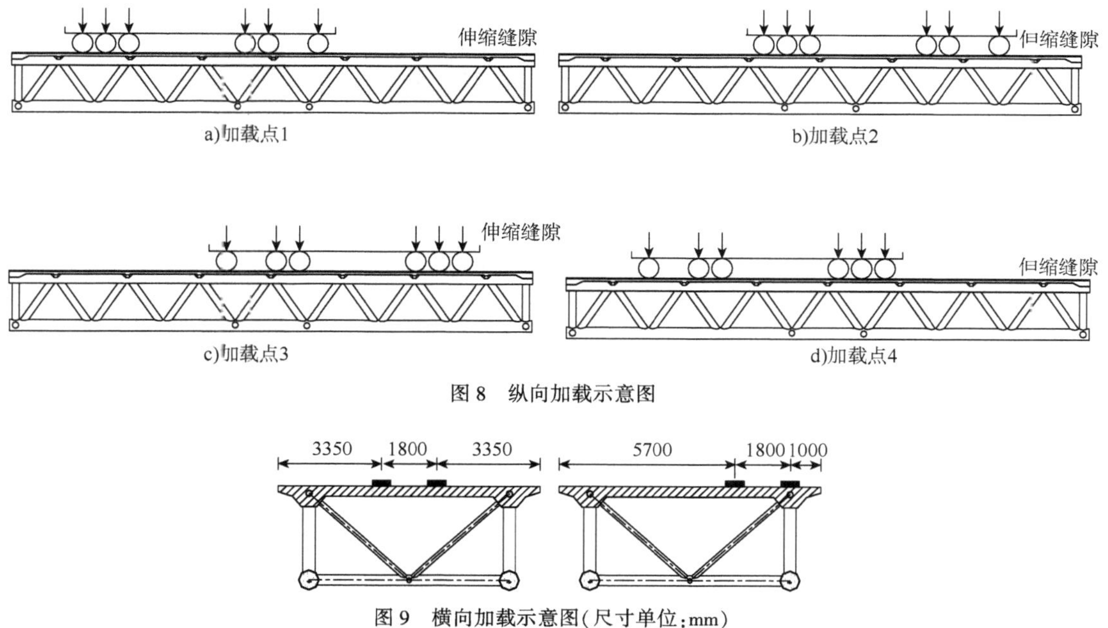

图 8　纵向加载示意图

图 9　横向加载示意图(尺寸单位:mm)

图 10　现场测试照片

3　有限元模拟

MIDAS/FEA 软件是专门针对土木领域开发的非线性详细分析软件,具有强大的前后处理功能,能够快速有效地解决土木工程的计算分析问题,故本文选择运用此软件建立全桥空间详细有限元模型。

根据钢管混凝土桁架组合梁桥的特征,不同部位采用不同的单元类型,采用实体单元模拟桥面板混凝土和钢管内核心混凝土,钢管、桥面底钢板横撑钢构件等薄壁构件采用板单元模拟,预应力筋采用软件自带的预应力筋单元。钢管内混凝土与钢管、桥面板底钢板与桥面板混凝土均采用共节点的方式,不考虑相互之间的滑移。对于钢管混凝土节点,在划分网格单元时,围绕热点区域布置得较密,以便真实模拟此处激烈变化的应力,同时模型考虑了平面弯曲半径。由于试验加载控制在弹性阶段,钢管和混凝土暂采用线弹性本构关系。全桥详细组合单元模型见图 11。

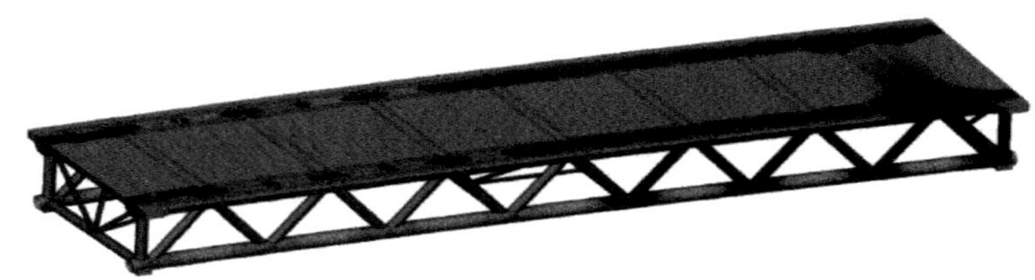

图 11　全桥详细组合单元模型

4　构件力学性能

主桁梁主管和支管均采用钢管混凝土，钢管混凝土在桁式结构中的受力行为是最为关键的问题之一。本节基于实桥试验数据和有限元模拟，对钢管混凝土构件在弹性阶段的力学性能进行定量分析，从应力和刚度两个方面研究钢管和管内混凝土是如何参与受力的。同时对钢—混组合桥面板和上弦端节点进行了分析。

4.1　钢管混凝土主管

跨中下弦主管 SS1 截面和 SS2 截面在工况一和工况二的实测数据和有限元模型计算值如图 12 和图 13 所示，纵向正应力都呈现出由主管上缘到下缘逐渐增大的规律，即主管上缘应力最小，下缘应力最大，表明主管同时受到轴拉和弯矩的作用。正载作用下跨中主管最大应力为 6.6MPa，偏载作用下主管最大应力为 9.7MPa，主管在车辆荷载作用下处于较低的应力水平。实测值和计算值差别较小，由于有限元计算值是基于线弹性建立的，由此可以说明在车辆荷载作用下，管内混凝土也承担了一部分荷载。

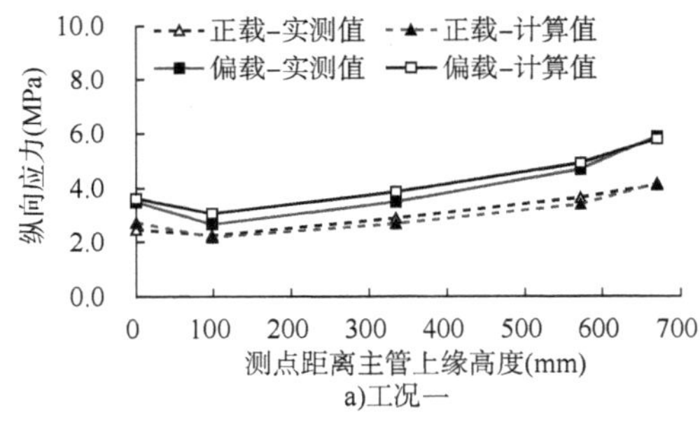

a)工况一

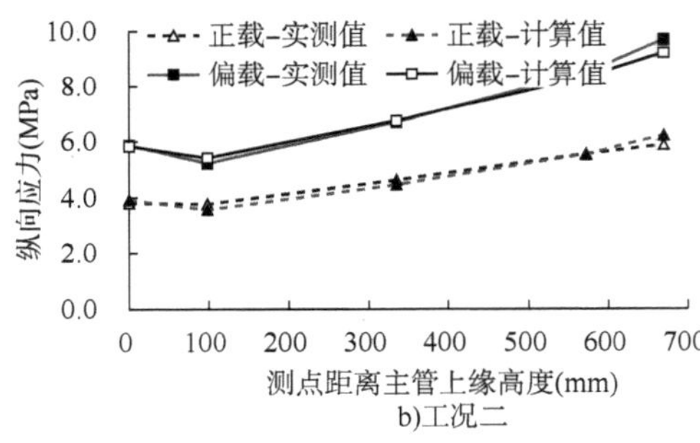

b)工况二

图 12　SS1 下弦主管截面应力分布曲线

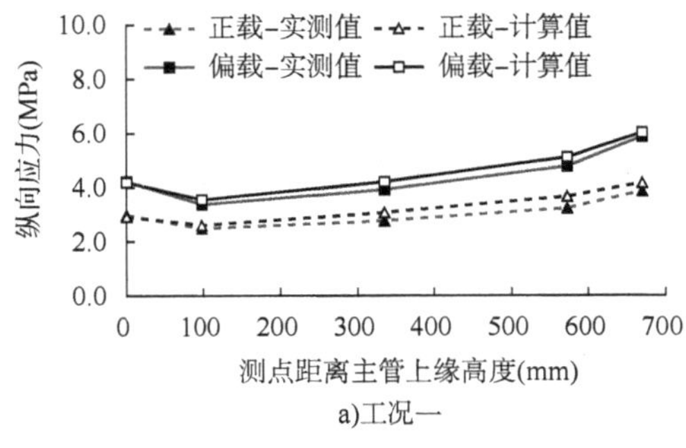

a)工况一

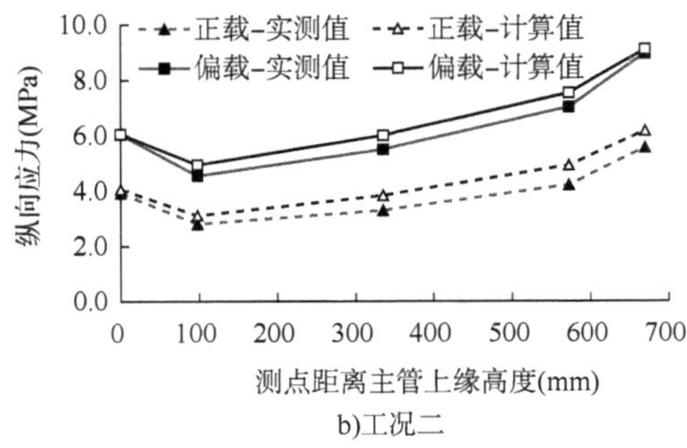

b)工况二

图 13　SS2 下弦主管截面应力分布曲线

同时还可以看出，偏载作用下的应力分布规律相对正载作用有凹凸的趋势，根据应力测点的分布可以得到轴力、平面内弯矩和平面外弯矩各自产生的应力分量，如表 1 所示。可以看出偏载作用下平面外弯矩的应力分量占比较大，这是因为此时桁架在偏载作用下发生扭转，从而产生平面外的变形。

下弦主管在不同内力作用下的应力分量　　表 1

应力分量(MPa)	SS1 截 面				SS2 截 面			
	工况 1 正载	工况 1 偏载	工况 2 正载	工况 2 偏载	工况 1 正载	工况 1 偏载	工况 2 正载	工况 2 偏载
轴力	3.3	4.7	4.8	7.8	3.4	5.0	4.7	7.5
平面内弯矩	0.8	1.2	1.0	1.9	0.4	0.8	0.8	1.5
平面外弯矩	0.4	1.2	0.2	1.1	0.6	1.1	1.4	2.0

4.2 钢管混凝土支管

选取靠近支座的受拉支管为研究对象，同时支管在工况 3 作用下受力最大，图 14 为支管距离节点焊缝不同高度截面在工况 3 作用下的应力变化规律。由图 14 可以看出，节点焊缝与距离焊缝 4mm 截面处的应力分布较其他高度处的应力明显不均匀，跟部与趾部应力相差很大，这主要是节点连接处几何形状突变导致的应力集中；距离焊缝 500mm 截面时，截面应力分布规律发生明显变化，跟部稍微较趾部应力小，此时已远离热点应力影响区域，但因弯矩的作用导致跟部和趾部应力有一定的差别；当上升到距离焊缝 1000mm 截面处，跟部应力与趾部应力几乎等值，说明此处弯矩值较小，仅受轴力作用；距离焊缝 2000mm 截面处，规律发生变化，跟部应力大于趾部应力，相对于支管下端存在相反的弯矩作用，即支管两端存在异号的弯矩作用。

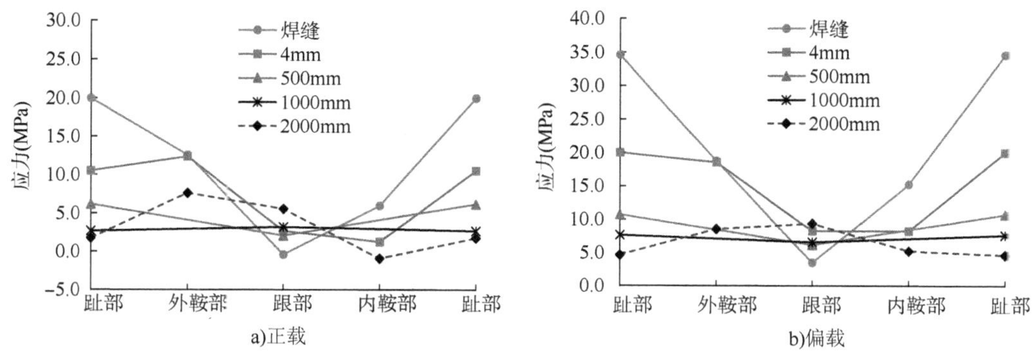

图 14　支管沿高度方向不同截面应力分布规律

从应力数值来看，支管在焊缝处存在明显的应力集中现象，最大应力为 26MPa，支管中心截面处，支管仅受轴力作用，最大应力为 5MPa。由此可以看出，在支管内灌注混凝土后，车辆荷载作用下的支管管中截面应力（名义应力）和焊缝位置的应力（热点应力）均处于较低水平。在常规的管节点中，由于几何突变产生的应力集中和焊接缺陷的双重影响，导致受拉节点在活载作用下易出现疲劳裂纹，当支管内灌注混凝土后，有效地降低了节点处的应力集中系数，从而极大地改善了管节点的受力性能。

4.3 钢—混组合桥面板

在顺桥向,测点应力受轮轴位置影响较大。当轮轴远离测点位置时,测点基本表现为压应力。这主要是桥面板相当于上弦杆参与整体受力,因此表现为压应力。当轮轴直接作用在测点位置时,此时测点不仅有桥面板参与整体受力(第一体系)的压应力,轮轴还会产生局部应力(第二体系和第三体系),局部受力相当于桥面板纵向支撑在支管上的连续梁,因此在节间跨中产生一定的拉应力,由实测数值和计算值可以发现,轮轴作用位置的测点为拉应力,表明轮轴产生的拉应力较大,也即第二体系和第三体系效应明显。从数值上来看,最大拉应力为 6MPa,最大压应力为-6MPa。

在横桥向,桥面板受力属于第二和第三体系受力状态,即局部弯曲受力状态。从图 15、图 16 可以看出,钢底板横向正应力沿横向差别较大,其应力数值取决于车辆的作用位置。最大值出现在工况 4,桥面板横向跨中拉应力为 10MPa,与纵梁交界处压应力为-10MPa。

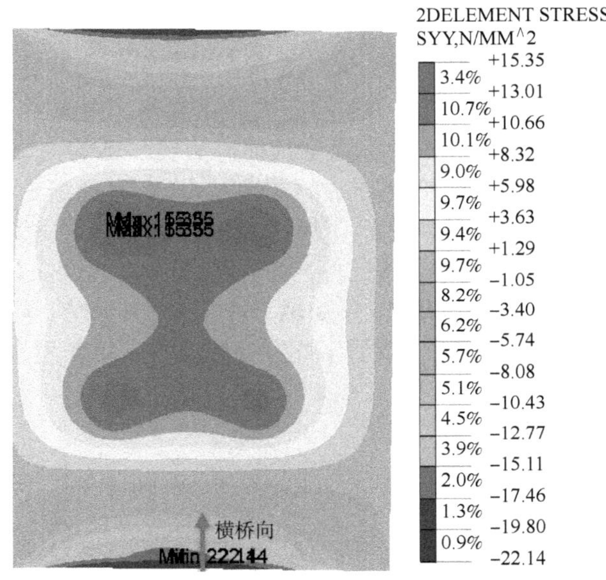

图 15　工况 4 桥面底钢板横向正应力云图

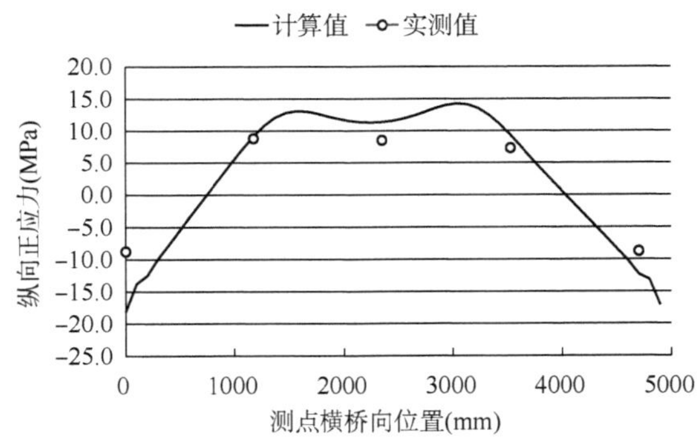

图 16　工况 4 桥面底钢板横向正应力对比

4.4 上弦端节点

SN-5、SN-6 位于受拉支管侧，SN-7 位于受拉支管和受压支管中间位置，SN-8、SN-9 位于受压支管侧。从图 17 可以看出，纵肋底部沿桥跨方向受力较为明显，靠近受拉支管侧的纵肋底板受压，且越靠近支管，压力越大；靠近受压支管侧的纵肋底板受拉，且越靠近支管，拉力越大。而位于拉压杆之间的 SN-7 值相对较小且接近于 0。

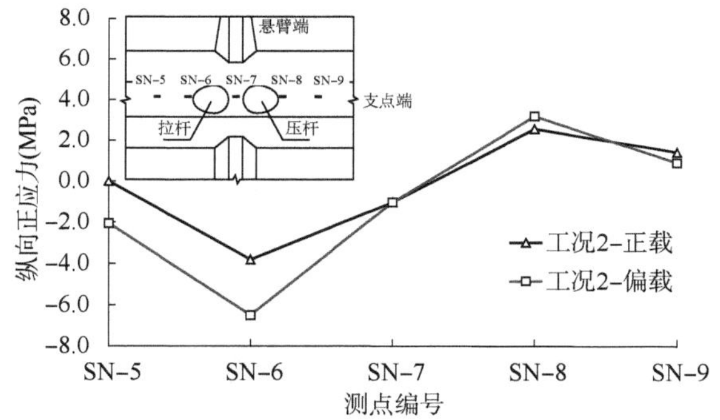

图 17 上弦端节点纵向正应力分布

在试验荷载作用下，虽在第一体系中靠近端部的桥面板作为上弦杆产生的压应力较小，但此处的拉杆和压杆较大轴力相交于此，导致节点附件桥面板受力较为明显。

5 整体力学性能

5.1 截面应变分析

跨中有横肋断面和无横肋断面的测点应变沿截面高度分布规律分别如图 18 和图 19 所示，从图可以看出，桥面板的测点基本处于受压状态，但其应变值较小，下弦主管的测点处于受拉状态。中性轴高度在 2000～2500mm 之间（梁高 3500mm），即处于下弦主管和桥面板之间，更接近于桥面板。

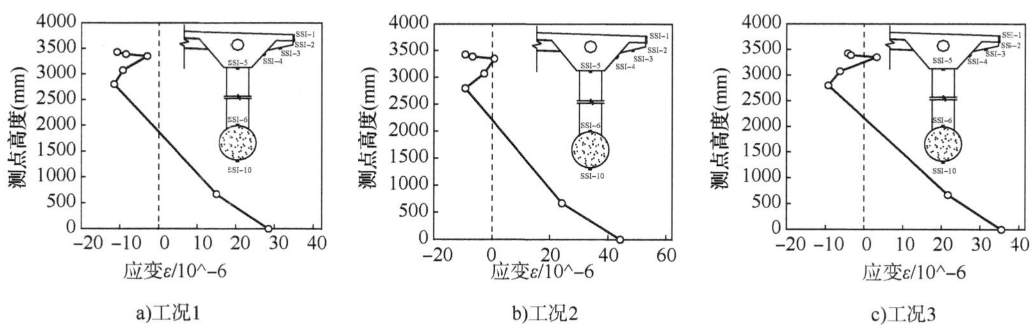

图 18 跨中 SS1 截面应变沿截面高度分布规律

SS1 截面桥面板的 5 个测点应变分布不规律，测点 SS1-1 到测点 SS1-5 出现先减小再增大的现象。分析原因有以下几个方面，SS1 截面桥面板处有横肋，导致传力不直接；测点 SS1-5 处于拉杆和压杆之间，受力较为复杂；此外桥面板测点应变太小，导致实测值误差较大。

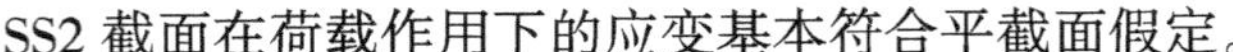

SS2 截面在荷载作用下的应变基本符合平截面假定。

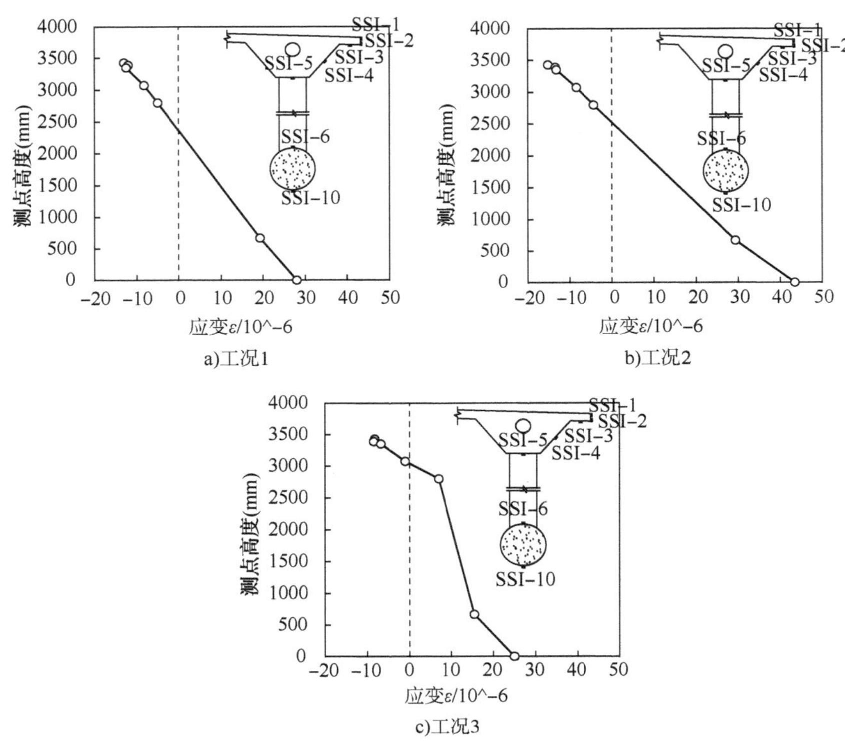

图 19　跨中 SS2 截面应变沿截面高度分布规律

5.2　整体刚度分析

主管跨中最大挠度如表 2 所示，计算值和实测值较为吻合，当正载作用时，外侧主管位移与内侧主管位移比较接近，但外侧要大 12%，因为本桥并非直桥，由于弯扭耦合作用，即使在正载作用下外侧位移会大于内侧位移。正载作用时挠跨比为 1/18987，偏载作用时挠跨比为 1/12987，充分体现出钢管混凝土桁梁桥刚度大的优异性能。

跨中挠度(mm)　　表 2

工　况	外　侧		内　侧	
	实测值	计算值	实测值	计算值
正载	1.58	1.50	1.38	1.33
偏载	0.50	0.71	2.20	2.20

5.3　偏载效应分析

汶马路克枯大桥 B 匝道桥为平面桁架结构，在荷载作用下的偏载效应即为两片桁架所分担的内力比例，因此选择跨中下弦主管为研究对象，分析在不同荷载工况作用下主桁的偏载效应。跨中主管的应力变化可以近似看成所在桁架分担的荷载比例，因此偏载系数为同一测点在偏载时的应力与正载时应力比值。如表 3 所示，在三种不同的工况下，偏载系数在 1.43~1.65。

偏载系数　表3

工况	跨中主管下缘应力(MPa)		偏载系数
	正载	偏载	
工况1	4.1	5.9	1.43
工况2	5.9	9.7	1.65
工况3	5.6	9.2	1.65

6 结语

(1)本文基于实桥测试研究了钢管混凝土桁梁桥的基本力学性能,同时建立了全桥组合详细单元模型,各杆件在加载过程中始终处于弹性工作状态,实测值和计算值较为符合。

(2)在试验荷载下,下缘主管同时存在轴力和弯矩作用,应力水平较低,最大为9.7MPa。支管在两端承受相反的弯矩作用,且热点应力和名义应力均处于较低水平。由此可见钢管管内混凝土可有效提高结构的受力性能。

(3)主梁截面在荷载作用下基本符合平截面假定,整体刚度较大,主桁偏载效应较为明显,偏载系数在1.43~1.65之间。

参考文献

[1] 韩林海.钢管混凝土结构[M].2版.北京:科学出版社,2007.
[2] 牟廷敏,范碧琨,赵艺程,等.钢管混凝土桥梁在中国的应用与发展[J].公路,2017,62(12):161-165.
[3] 陈宝春,黄文金.圆管截面桁梁极限承载力试验研究[J].建筑结构学报,2007,28(3):31-36.
[4] 何珊瑚.三肢钢管混凝土弦杆——钢管腹杆桁架抗弯力学性能研究[D].北京:清华大学,2012.

泸定大渡河兴康特大桥主塔施工关键技术

黄　兵[1]　徐国挺[2]

（1.四川雅康高速公路公司，成都 610041；2.四川公路桥梁建设集团有限公司，成都 610041）

摘　要：泸定大渡河兴康特大桥主跨达1100m，是目前四川省第一跨径悬索桥，也被誉为“川藏高速第一桥”。桥址所在区域位于海拔爬升地带，具有风场复杂，风速高，昼夜温差大的特点。两岸主塔为高188m的门式主塔。本文围绕主塔的起步段混凝土温度控制，施工抗风，混凝土养护及外观质量控制，波形钢腹板横梁施工等重点环节，对主塔施工工艺进行总结。

关键词：悬索桥　主塔　施工工艺　质量控制

1　工程背景

大渡河兴康特大桥位于雅康高速公路C15合同段。主桥为1100m单跨悬索桥，钢混叠合桥道系，主梁为钢桁梁，桁宽27.0m、桁高8.2m。雅安岸为隧道式锚碇，康定岸为重力式锚碇；两岸均为门型钢筋混凝土主塔，基础为钻（挖）孔圆桩基础。被誉为“川藏高速第一桥”。

桥址区属于中亚热带季风气候，垂直递变显著，水平过度明显，干湿季节分明，冬无严寒，夏无酷暑，干燥、多风，年平均气温15.5℃，极端最高气温36.4℃，极端最低气温-5℃；桥位处在海拔爬升地带，具有风场复杂、风速高、昼夜温差大的特点，瞬间最大风速超过32.6m/s，达到12级台风风速。

2　主塔施工概况

2.1　主塔概况

大渡河兴康特大桥主塔为门式框架混凝土桥塔，其由塔柱及横梁组成。主要承受由主索鞍传下的竖向荷载以及由风、温度、地震等所产生的顺桥向和横桥向水平荷载。两岸主塔整体结构尺寸相同，因此采用相同的施工工艺进行施工。

主塔塔柱共分三个节段，采用箱形截面，由下至上第一二节段塔柱纵横向均为变宽截面，顺桥向宽度为12.3～8.6m，横桥向宽度为8.2～5.8m，第三节段塔柱为等截面，顺桥向宽度8.6m，横桥向宽度5.8m。第一节段塔柱壁厚100cm，第二节段塔柱壁厚90cm，第三节段壁厚80cm。塔柱总高188m。主塔横梁为波形钢腹板与预应力混凝土顶底板的组合箱形结构，其中上横梁梁高7m，宽度7.8m，梁长21.904m；中横梁梁高7m，宽度7.8m，梁长26.618m；下横梁梁高8m，宽度9.8m，梁长31.403m。大渡河兴康特大桥的主塔也是世界第一次采用波形钢腹板横梁的主塔。

大桥主塔全景和主塔结构见图 1、图 2。

图 1　大桥主塔全景图

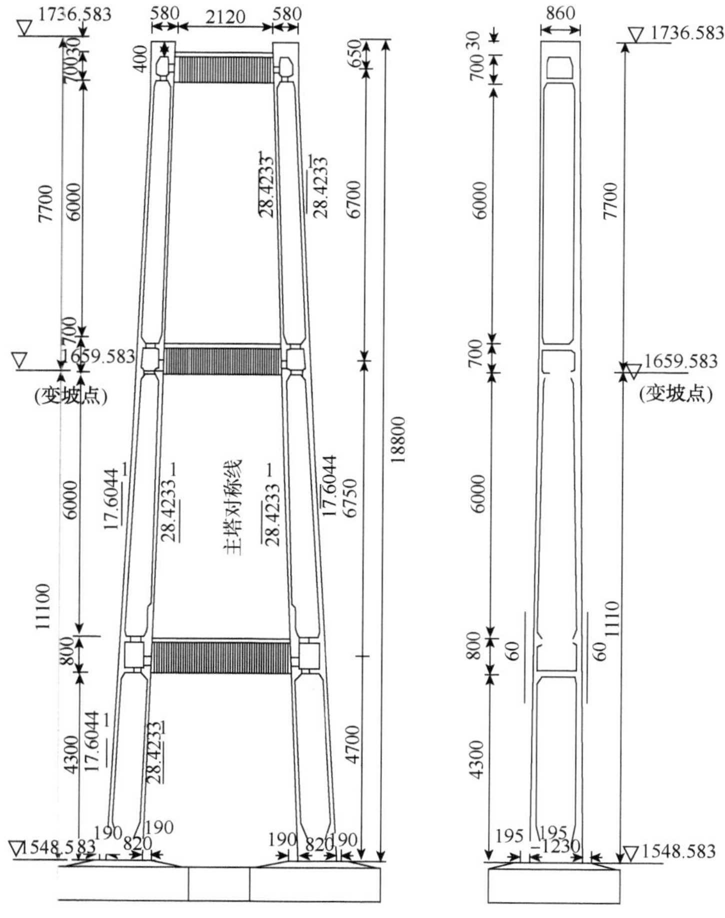

图 2　主塔结构图(尺寸单位:mm)

2.2 主塔主要施工工艺及流程

塔柱共分45个节段施工。塔柱第1、2节段采用翻模施工。塔柱第3~45节段采用液压爬模施工,其标准节段高度为4.5m。塔柱施工工艺流程见图3。

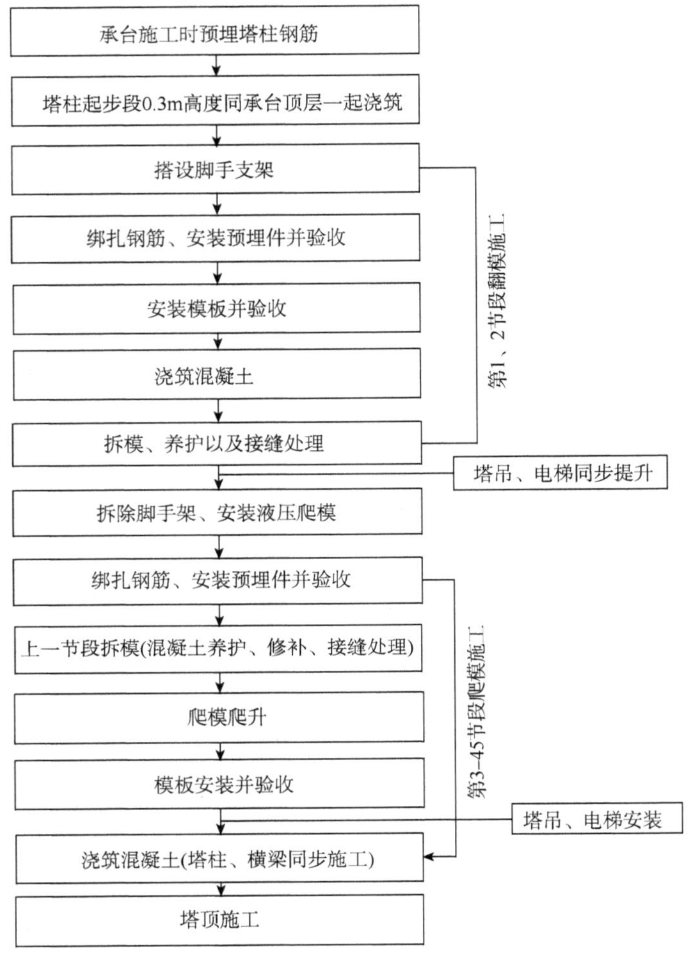

图3　主塔塔柱施工流程图

3　主塔柱施工关键技术

大渡河兴康特大桥主塔施工关键技术点包括:

(1)主塔起步段混凝土温控措施及抗裂处置。根据之前施工经验,主塔起步段混凝土温度控制不当必然会造成起步段温度应力裂缝产生,对主塔整体质量及安全都带来相当大的影响。

(2)复杂风场条件下施工抗风。大桥位于高原峡谷地带,风场复杂,且常年大风,瞬时风力可达32.6m/s,大风对模板等阻风面积大的构造以及塔吊、施工电梯等设施造成一定安全风险,增加了施工难度,抗风也是需要重点关注项目。

(3)主塔塔身混凝土养护及外观质量控制。混凝土养护及外观质量是相辅相成的,混凝土养护得当，外观质量必定得到有效保证，外观质量不仅是业主要求，也在侧面反映了混凝土养护质量。

（4）波形钢腹板横梁施工控制。大渡河兴康特大桥主塔横梁是第一座采用波形钢腹板的横梁，其施工具有很大的借鉴意义，施工经验可以为后续类似桥梁施工提供相当大的参考价值。

因此，将从这四个方面详细介绍大渡河兴康特大桥主塔施工。

3.1 主塔起步段混凝土工程温度控制

塔柱起步段施工高度为9m（其中3m为实心段），分两节段（一节段4.5m）翻模施工。塔柱起步段温控为第一节段实心段混凝土温度控制。为了提高起步段混凝土工程质量，项目与武汉理工大学进行科研合作，通过模拟分析混凝土温度场，从混凝土的原材料选择、配比设计以及混凝土的拌和、运输、浇筑、设置冷却水管、养护等全过程进行控制，以达到控制其混凝土质量、混凝土内部最高温度、混凝土内表温差及表面约束，从而达到控制温度裂缝的形成及发展的目的。起步段混凝土3d温度场计算结果见图4。

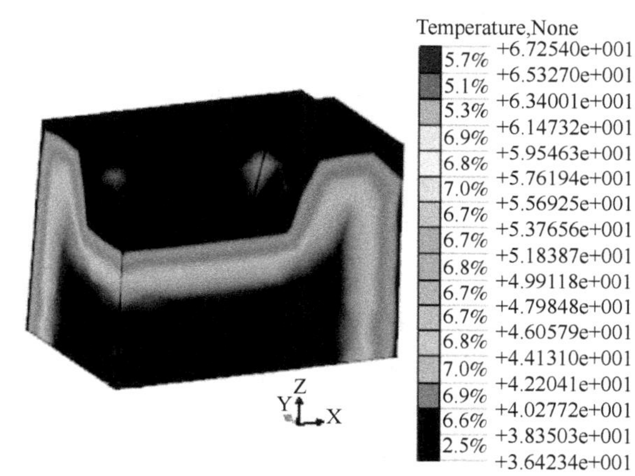

图4 起步段混凝土3d温度场计算结果

1）原材料优选

（1）应选用低水化热和含碱量偏低的水泥。水泥应符合《通用硅酸盐水泥》（GB 175—2007）标准中相应等级要求，尽可能避免使用早强水泥、磨细水泥和C3A含量高的水泥。不得使用新出厂的水泥，需放置至温度≤60℃再使用。

（2）应优选组分均匀、各项性能指标稳定的矿物掺合料，注重需水量比、细度和烧失量等关键指标。

（3）应选用质地均匀坚固、粒形和级配良好、吸水率低、孔隙小的洁净骨料。骨料应符合国标《建筑用砂》（GB/T 14684）和《建筑用卵石、碎石》（GB/T 14685）的技术要求。选择料场时必须对骨料进行潜在活性的检测，不得采用可能发生碱骨料反应的活性骨料。

（4）使用缓凝型聚羧酸类高效减水剂，可有效降低单方混凝土用水量，延缓温峰出现时间，提高混凝土和易性和抗裂性能。聚羧酸系高性能减水剂进场后必须进行匀质性检验，使用前应进行混凝土适应性试验，质量应符合《聚羧酸系高性能减水剂》（JG/T 223—2017）要求。

2）配合比优化

（1）采用新型胶材体系，降低水泥用量以降低水化热。在满足混凝土工作性和强度条件下,最大限度地减少胶凝材料用量及浆体率,这是提高混凝土体积稳定性和抗裂性的一条重要措施。在胶材总量确定的情况下,尽量减少水泥用量,使用大掺量矿物掺合料,实现混凝土的高性能化。

(2)选择适宜的水胶比,控制最大用水量。将拌和水最大用量作为控制混凝土耐久性的重要指标,比控制最大水胶比更为有利。因为控制水胶比不能解决混凝土中因浆体过多引起的收缩、水化热增加等负面影响。尽量降低胶凝材料用量,增加集料所占的比例,提高混凝土抗渗、防裂性能。

(3)采用粉煤灰与高效减水剂,可以改善混凝土中细微颗粒的级配,提高浆体和界面的致密性;改善混凝土拌和物的施工性能;降低混凝土内部由于水泥水化热而产生的温升;改善胶凝材料的组分,提高抵抗环境中化学介质腐蚀的能力。

(4)延长混凝土缓凝时间以推迟并削弱温峰。

3)浇筑温度控制

控制混凝土的浇筑温度对控制混凝土裂缝非常重要。相同混凝土,入模温度高的混凝土温升值要比入模温度低的大许多。本桥施工对大体积混凝土浇筑温度的要求为不低于10℃且不高于28℃。桥址所在地夏无酷暑,冬无严寒,夏季日均最高气温为35℃,浇筑温度较易控制。

4)冷却水管及温控点布设

冷却水管采用ϕ32×2mm,具有一定强度,导热性能好的薄壁电焊钢管制作,90°弯头采用弯管机冷弯而成,管间连接及进出水口采用黑橡胶管,单根管子长度不超过200m。冷却水管采用丝扣连接,连接部位须绑扎止水带;或使用黑橡胶套管连接,两边用四道铁丝错位绑扎,确保不漏水。冷却水管必须使用铁丝(非扎丝)绑扎固定在钢筋上,减小混凝土下落对冷却水管的冲击,施工过程中注意对冷却水管进行保护,应避免混凝土直接落到冷却水管上,严禁施工人员踩踏水管。

冷却水管安装完成后,进行通水检查。混凝土浇筑到盖住一层冷却水管后,可开始通水降温,并且在进出水口温差较大时,采取倒换进出水口,一般24h倒换一次,从而使混凝土均匀降温。

冷却水管出水口和进水口采取集中布置、统一管理,并标示清楚。水管由离心泵供水。塔柱起步段冷却水管布置见图5。

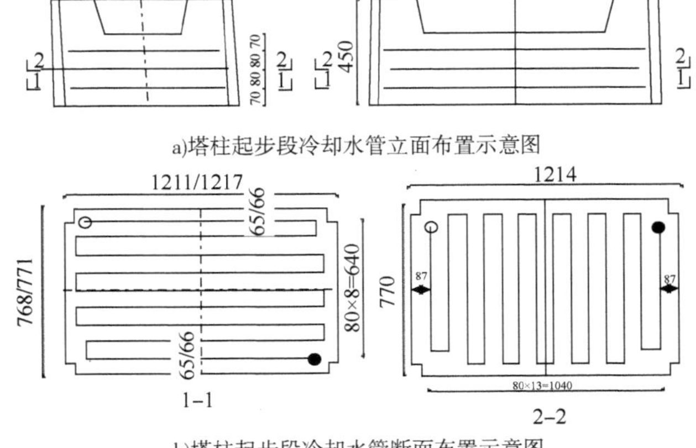

a)塔柱起步段冷却水管立面布置示意图

b)塔柱起步段冷却水管断面布置示意图

图5 起步段冷却水管布设图(尺寸单位:cm)

为检验施工质量和温控效果,掌握温控信息,以便及时调整和改进温控措施,做到信息化施工,需对混凝土进行实时温度监测,检验不同时期的温度特性和温控标准。当温控措施效果不佳、达不到温控标准时,可及时采取补救措施;当混凝土温度远低于温控标准限值时,则可减少温控措施,避免浪费,起步段测温点布置见图 6、图 7。

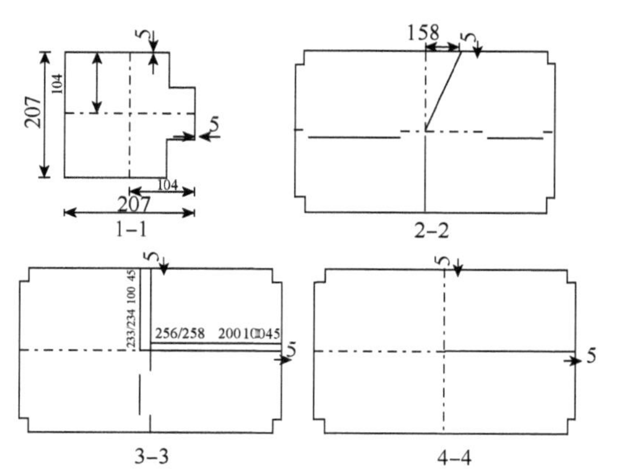

图 6 起步段测温点断面布置示意图(尺寸单位:cm)

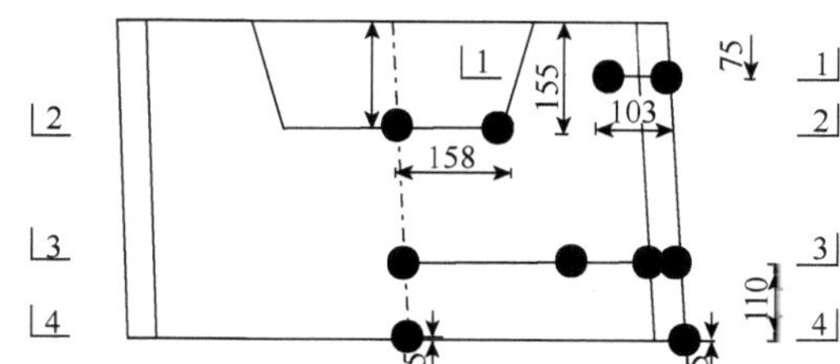

图 7 起步段测温点立面布置示意图(尺寸单位:cm)

5)构造措施

承台施工时主塔起步段浇高 30cm(从塔柱内层钢筋向四周扩展 5cm 区域),这样不仅有利于承台与主塔的连接,并且可以在温度应力过大时,减轻温度应力影响,以防止塔柱根部约束裂纹的产生。

通过采用一系列温控措施,起步段混凝土温度得到了有效控制,内外温差控制在 25℃之内。温度应力得到降低,起步段混凝土没有出现裂缝。

3.2 复杂风场条件下主塔施工抗风措施

施工区域风场分析:本合同段所在地受中亚热带季风气候影响,加之峡谷风的管峡效应,常年均有大风。日大风时段在中午 12 点至当天晚上凌晨,部分时间因天气变化大风持续时间较长。根据现场长时间观测表明桥位处每日下午出现规律性的大风。

1)液压爬模施工

主塔施工中,受大风影响最大的是液压爬模系统,因此这里着重介绍液压爬模系统的运行及使用。

项目采用四套 ZPY100 型扬州中润自动液压爬升模板系统施工索塔塔身,计算时按照 12 级风荷载标准验算其安全及使用性能。该套模板体系综合了质量稳定,安装快捷,高效实用的特点。

液压爬模系统主要由上爬架、下吊架、液压系统、预埋件系统组成,见图 8、图 9。

上爬架是由若干基本单元构件(包括竖杆、横梁和可调斜杆等)拼装而成,采用螺栓和销轴连接,整个上爬架支撑在分配梁上翼缘板设的支座上。下吊架所有部件均为拼装构件,采用螺栓和销轴连接,整个下吊架悬挂在分配梁下翼缘板设的吊耳上。液压系统由液压动力单元、快换管路、液压缸和电控操作系统等几个主要部分构成。在塔柱单肢顺桥向两侧各布置 3 套顶升装置,在塔柱单肢横桥向两侧各布置 2 套顶升装置。液压自爬体系的埋件系统组成有:伞形头、内连杆、锥形接头、定位盘、高强螺栓等。

图8 爬模模板

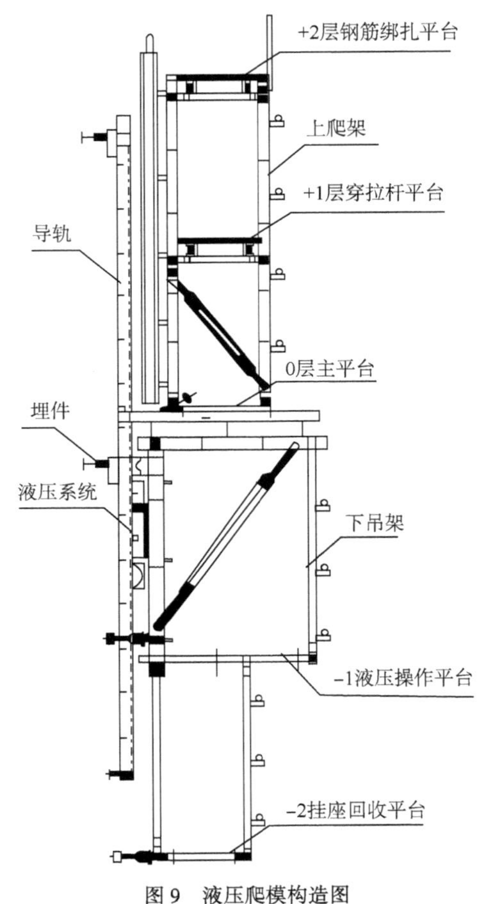

图9 液压爬模构造图

外模板周转次数多,选用钢木模板。规则内腔面模板采用悬臂爬架配合钢木模板施工,不规则内腔面模板采用钢模组拼施工(索塔倒角处用组合钢模配合异形钢模施工,索塔横梁内膜和索塔根部倒角用大块钢模配合异形钢模施工)。在倒角节段使用组合钢模施工,但使用组合钢模施工时需在塔柱内相应位置安装好预埋构件，搭设支架，再在支架平台上立膜施工。液压爬模外模板和规则内腔面的内侧模板采用木梁胶合板体系，面板为 21mm 胶合板，模板高度为 4800mm。浇筑标准层高为 4500mm。竖肋为木工字梁，横楞为 2[14 槽钢。塔柱的施工严格按照塔柱施工分节段图进行施工。液压爬模、悬臂模板以及组合钢模使用范围如表 1 所示。

塔柱施工各类模板使用范围表 表 1

项目	使用部位	具体施工节段	备注说明
液压爬模	塔柱外模	1~45 节段	①液压爬模主要用于塔柱外模施工； ②在索塔内侧三道横梁处上两节段施工不能使用； ③在索塔内侧三道横梁处上两节段施工时体。只使用液压爬模模板，不使用下架
悬臂模板	塔柱内模 标准节段	3~9 13~25 29~41 节段	①塔柱内部顺桥向使用悬臂模板（包括上、下三角架及操作平台）； ②塔柱内部横桥向使用钢木模板
组合钢模 大块钢模 异形钢模	塔柱内模 变截面段	2、10~12 26、28 42~44 节段	①塔柱底部起步段内部变截面段； ②三道横梁对应塔内变截面段； ③组合钢模使用需要在塔柱内相应位置预埋构件，搭设支架，再在支架平台上支模

2）劲性骨架施工

根据设计及施工要求，需在塔柱施工中增设劲性骨架，其主要作用是定位、支撑钢筋、临时调整、固定模板和用于测量观测。劲性骨架立柱、水平杆、斜杆均按设计要求选取型号，骨架间主要由角钢与连接板焊接组成。

劲性骨架采用型钢格构柱形式，单个格构柱之间用型钢进行水平焊接连接，形成一个整体框架。

劲性骨架分节：参照塔柱节段高度进行分节，基本高度定为 9m，考虑到方便骨架连接施工，将下塔柱第一节劲性骨架加工成非标型，其余均为标准高度骨架，依次接高。

劲性骨架在施工现场加工，为保证每节的加工精度，我部在施工平台上按尺寸 1：1 放样，然后进行加工，见图 10。

图 10 劲性骨架加工

劲性骨架的安装原则是：单元现场安装，先分节段加工骨架单元，运至现场后，先对骨架位置进行放样，然后安装骨架单元，最后将骨架单元通过水平杆和斜杆进行连接成整体。

劲性骨架安装从承台面开始，承台面预置有钢埋件，在承台高度范围内的劲性骨架利用塔吊将单个柱节骨架吊至安装现场,首节劲性骨架下端采用钢连接板水平焊接,次节以上的骨架采用型钢连接板进行连接。在竖向劲性骨架安装时,劲性骨架的上端利用附近液压爬模平台上设置顶撑(拉结)进行临时固位,下脚先栓接固定,经测量校核后进行电焊固位。劲性骨架立柱通过吊垂线控制精度,顶口偏差控制在±20mm 以内,而后用水平型钢连系杆将各个单个骨架焊连,形成一个整体框架。劲性骨架形成后在骨架顶口精确放样塔柱内外边线,钢筋绑扎完后,依托劲性骨架定位主筋位置,见图 11。

在无较大风力影响情况下,采用重锤球法定位劲性骨架,定位高度大于该节段劲性骨架长度的 2/3,以靠尺法定位劲性骨架作校核。如果受风力影响,锤球摆动幅度较大,则采用全站仪三维坐标法定位劲性骨架。除首节劲性骨架控制底面与顶面角点外,其余节段劲性骨架均控制其顶面四角点的三维坐标,从而防止劲性骨架横纵向倾斜及扭转。

3)其他附属设施抗风

康定岸、雅安岸主塔均布置两台 SC200W 型电梯,供施工人员上塔使用,全桥共布置 4 台。其布置在塔柱顺桥向靠岸边跨侧,靠塔柱垂直安装。

为了避免使用过程中大风造成电梯电缆钩挂附着支架等风险出现,电梯电缆采用滑槽式安装,见图 12。这样有效规避了大风天气电梯频繁使用中的意外风险。

图 11　劲性骨架安装

图 12　电缆滑槽

根据施工需要及现场实际情况,3 号主塔布设一台 TC7030 塔吊和一台 F0/23B 塔吊,塔吊置于承台两侧;4 号主塔布设一台 H3/36B 塔吊和一台 F0/23B 塔吊,同样置于承台两侧。为了实时监测大风对塔吊运行的影响及带来的安全风险。塔吊顶都设置自动风速仪,通过电路与塔吊运行系统联动,一旦风速超过安全限值,风速仪立刻报警,停止塔吊工作。

此外波形钢腹板横梁施工也涉及一定抗风措施,下面将在波形钢腹板横梁施工中一起介绍。

3.3　主塔塔身混凝土养护及外观质量控制

大风环境下,塔身表面混凝土极易由于失水过快,干缩等,造成混凝土表面蜂窝麻面,细微龟裂等影响混凝土质量及外观质量的缺陷。为了控制主塔混凝土施工质量,项目部采用了以下措施。

1)混凝土养护

(1)振捣充分。

(2)模板采用优质脱模剂,涂抹均匀,防止产生色斑,拆模后及时进行表面修整以及养护,脱模后及时在侧面喷涂养护剂,并在液压爬模下架体布设双层防风防火布。

(3)拆模安排在 4d 后,混凝土强度达到 2.5MPa。

(4)每平方米安装4个保护层垫块,从而确保混凝土保护层满足要求。

(5)安装模板时,必须拼缝紧密,板间用泡沫胶封堵。

(6)模板与已浇筑混凝土接缝处,用泡沫胶封堵,避免漏浆。

(7)每次水泥和粉煤灰进场时进行取样,对比色泽,确保原材料色泽统一。

刚浇筑完的混凝土未拆模前,对顶面混凝土加以覆盖和浇水,使得节段顶面保持湿软,起到类似于滴灌养生的作用。

混凝土浇筑完成后在拆模前,木模板对混凝土有一定养护作用,爬模爬上过后的混凝土采用养生剂养护。由于泵送混凝土早期收缩量大于普通混凝土,很容易导致早期干裂缝,夏天控制混凝土的浇筑温度不超过28℃,同时应采取有效措施降低混凝土结构内部由于水泥水化热引起的温升效应,混凝土内外温差控制在不大于25℃。

由于主塔侧面长期暴露,冬季低温和大风环境下容易致使塔柱开裂,脱模之后在混凝土表面喷涂养护剂,并在液压爬模上、下架体采用防风防火布。上架体外侧挂设一层防风防火布,下架体内外侧挂设一层防风防火布。防风防火布与下架体型钢间用铁丝扎紧,使得爬模系统全封闭,提高养护质量,见图13。

图13　混凝土养护

2)外观质量控制措施

(1)防止起砂的措施:配合比合理、防止振捣过度、保温保湿、雨水冲刷、控制粉煤灰等掺入量。

(2)防蜂窝麻面的措施:模板、分层均匀振捣、装饰及时。

(3)防露筋的措施:钢筋位置、保护层厚度、石子最大粒径、严禁撞击踩踏钢筋、正确掌握脱模时间。

(4)防表观色泽不一和流眼泪措施:上下接缝检查、接缝两侧充分振捣、漏浆及时冲洗、原材料控制。

(5)分层面混凝土防错台措施:模板下口预埋小爬锥。

经过施工作业组努力,主塔塔身混凝土外观质量得到了有效控制。整体未出现蜂窝麻面,细微龟裂等现象,成为整条高速公路的样板工程。

3.4　波形钢腹板横梁施工控制

1)波形钢腹板横梁施工概况

主塔共三道横梁,下横梁底高程1591.583m,中横梁底高程1659.583m,上横梁底高程1726.583m。下横梁宽9.8m,高8m;中横梁宽7.8m,高7m;上横梁宽7.8m,高7m。横梁为箱形构造，采用钢—混凝土组合结构，腹板为波形钢腹板，上下底板采用预应力混凝土结构。上、中横梁内部设两道钢隔板，下横梁内部设六道钢横隔板。中上横梁支架由于是悬空临时设施，在大风环境下，稳定性及安全性需要特别重视。横梁支架采用斜腿支撑系统，主要由钢管斜腿、纵向撑杆、柱间平联、卸荷砂筒、型钢纵横梁、贝雷架及工字钢分配梁等组成，见图 14。

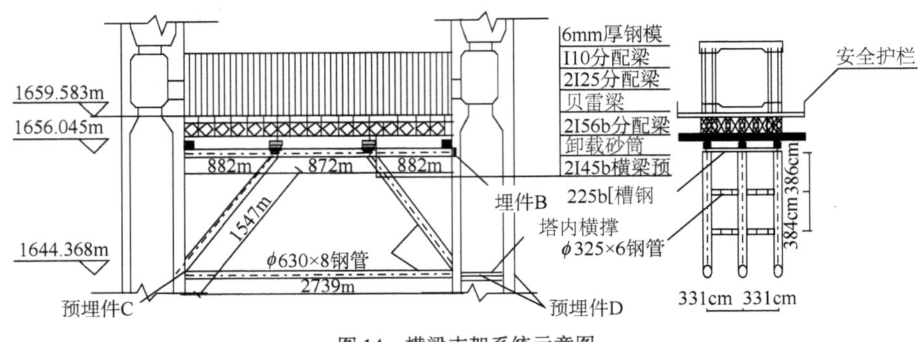

图 14　横梁支架系统示意图

主塔横梁为波形钢腹板与预应力混凝土顶底板的组合箱形结构，结构复杂，且需在现场复杂环境下进行波形钢腹板的拼装、焊接、涂装，其施工难度大。每道横梁共计 2 组波形钢腹板，每组由一对波形钢腹板拼成钢箱组成，设计采用 1600 型波形钢板。

波形钢腹板与底板的连接方式采用在波形钢腹板上开孔并内穿钢筋的嵌入型方式，即在波形钢腹板上开 60mm 的孔，并插入 20mm 的钢筋的形式。其与顶板则是通过上翼缘板的 PBL 剪力件埋入顶板混凝土的方式进行连接，见图 15～图 17。

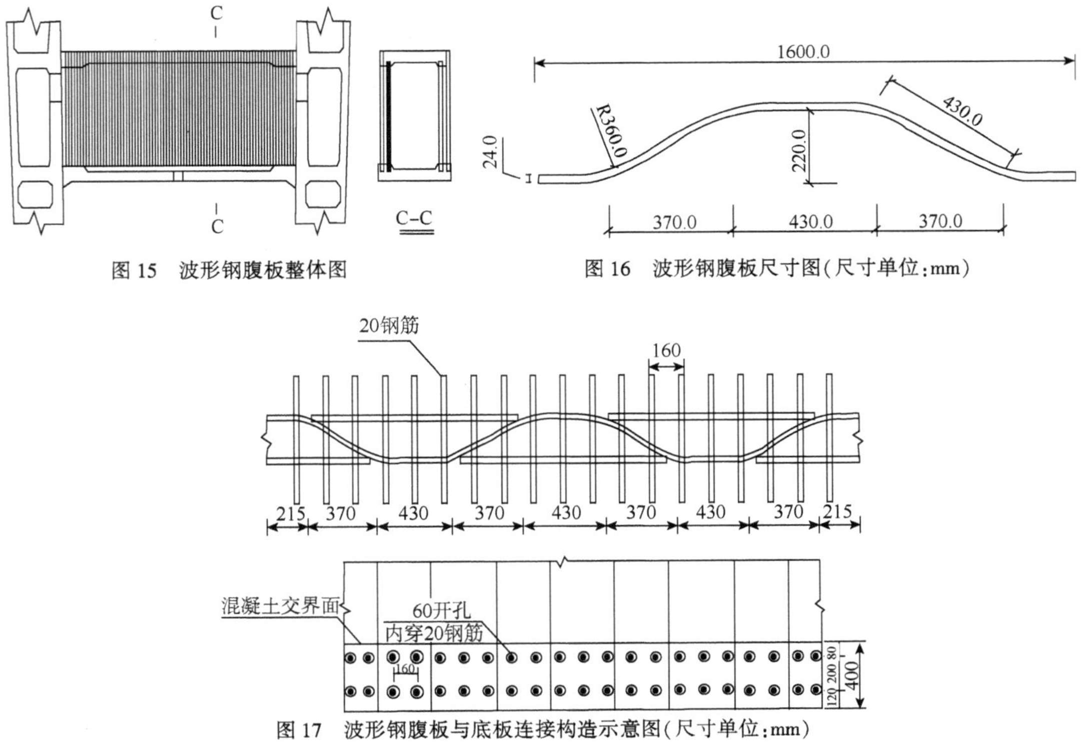

图 15　波形钢腹板整体图

图 16　波形钢腹板尺寸图(尺寸单位:mm)

图 17　波形钢腹板与底板连接构造示意图(尺寸单位:mm)

2)波形钢腹板施工方法

钢腹板采用布置在承台两侧的塔吊进行吊装。由于钢腹板的结构尺寸较大,故对钢腹板采用分块分节段吊装的施工方法。根据波形钢腹板的结构尺寸,考虑现场最不利吊装配合即F0/23B塔吊和H3/36B塔吊的起重配合,将波形钢腹板按3.2m一节段,分内外侧腹板进行分块分段吊装。钢腹板横向从两侧向中间安装,纵向从内向外安装。首先安装一侧波形钢腹板内侧板,然后安装外侧板,并在下翼缘板位置设限位装置,最后对上下翼缘板进行施焊形成箱形骨架。为抵抗高空风荷载对波形钢腹板造成的水平倾覆力,吊装前,安装刚性侧向支撑架。侧向支撑与内侧波形钢腹板进行临时焊接固定,横梁底板混凝土施工完成后拆除,见图18、图19。

图18　波形板侧向支撑架示意

图19　波形板侧向支撑架示意

波形钢腹板吊装完毕后,进行阶段连接,连接采用焊接形式。考虑在节段施工连接中的方便性,采用螺栓先作临时固定后再行施焊的连接方法。普通螺栓将波形钢腹板进行临时固定,为现场施焊提供稳定的支撑和固定作用,确保焊接质量,减少因施工而造成的内部应力。焊接采取防风和防雨措施(焊接过程与焊接完成后,用事先固定彩条布遮盖波形钢腹板施工场地,固定彩条布时应在无风状态下进行)。当现场遇大风天气时,进行必要的防风处理(搭设防风棚,采用药芯焊丝进行施焊)。具体施工流程见表2。

3)波形钢腹板安装注意事项

(1)钢腹板前应搭好支撑钢管架,按计算结果设置预拱度。

(2)熟悉横梁内部截面尺寸,用型钢斜撑加限位装置形成支撑体系以控制钢腹板组成的横梁断面形状。

(3)每安装一片波形钢腹板即需用广线控制其横向平面位置,通过在底模上画线和螺栓孔眼来双重控制其纵向平面位置,用靠尺或垂球控制其倾斜度,并用全站仪进行校核。

(4)焊接前后要及时校正钢腹板,使钢腹板上缘外面保持在一条直线上,要挂线作业。可通过撑杆、设置反撑装置进行校正见图20。此时钢腹板弹性大,一般变形钢腹板块件组合后均能校正。特别注意校正钢腹板会使钢腹板变长而影响横隔板的位置。

(5)严格控制各波形钢腹板节段尺寸和螺栓孔尺寸。在完成节段的制造运输后,进行节段的拼装时应控制立面线形及梁长。节段的长、宽、高,螺栓的纵、横向间距,预拼装全长、拱度等偏差也要严格控制。

(6)要确保波形钢腹板安装牢固,避免在混凝土浇筑等施工过程中,不移位、不变形。

(7)钢—混结合段混凝土施工,加强振捣,保证结合段有效连接。

波形钢腹板安装施工流程图 表 2

流程		
流程一 1.搭设下横梁施工支架体系及操作平台; 2.通过承台塔吊,将根部首节波形钢护板吊装至下横梁塔柱结合处; 3.根部波形钢护板吊装就位后,通过塔柱劲性骨架和结构钢筋进行定位		
流程二 1.采用塔吊将跨中侧波形钢护板内侧板第二节段吊至下横梁施工平台; 2.人工配合塔吊将该波形钢护板内侧板第二节段与根部首节板对位,并用螺栓进行连接; 3.用L75×6mm的角钢作为斜撑,临时焊于波形钢护板内侧板第二节段上,以增大起抗倾覆能力		
流程三 1.按照流程二的1、2步骤安装跨中侧波形钢护板外侧板第二节段; 2.对跨中侧波形钢护板第二节段的上下翼缘板进行焊接		
流程四 流程二、三的方法安装边跨侧波形钢护板第二节段	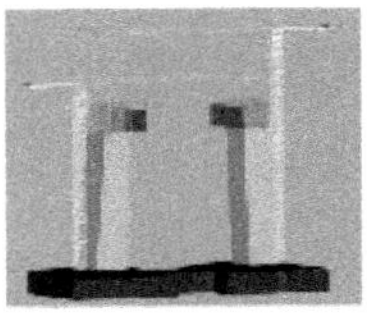	
流程五 安装下横梁1号、6号横隔板		
流程六 按照流程二至流程五继续施工下横梁中部剩余节段波形钢护板和2至5号横隔板		
流程七 1.合龙段施工,波形钢护板吊装顺序,先跨中后边跨,先内侧后外侧(合龙段施工时,一定要保证波形钢护板吊点位置准确,使板面在整个吊装过程中始终保持垂直不倾斜); 2.对先前采用螺栓连接板间接缝,全部进行烧焊,且必须保证焊接质量		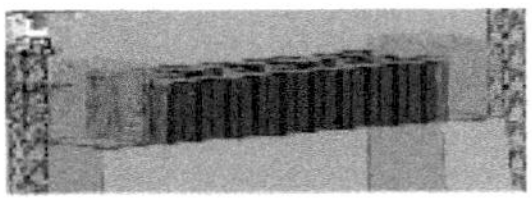
流程八 1.下横架支架预压; 2.进行下横梁底板、顶板以及连接段混凝土的浇筑; 3.预应力张拉		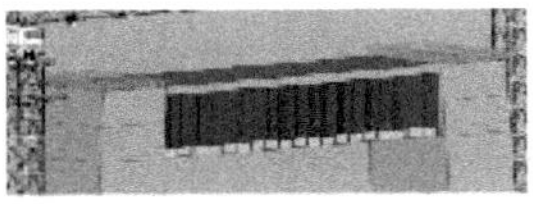

波形钢腹板横梁施工完成后状况见图 21。

图 20 反撑装置示意图

图 21 波形钢腹板横梁施工完成

4 结语

雅康高速公路泸定大渡河兴康特大桥风场复杂,风速高,昼夜温差大。大桥主塔施工紧抓质量控制,从细节入手,采取有效措施确保了主塔施工质量,为后续上部构造施工打下了坚实的基础。见图 22。

图 22 主塔施工完成

参 考 文 献

[1] 牛和恩.虎门大桥工程——悬索桥[M].北京:人民交通出版社,1998.
[2] 周孟波.悬索桥手册[M].北京:人民交通出版社,2003.
[3] 路仁达.公路施工手册桥涵(下册)[M].北京:人民交通出版社,2000.
[4] 滕小竹.大跨度钢桁梁悬索桥关键问题研究[D].上海:同济大学土木工程学院,2008.
[5] 严国敏.现代悬索桥[M].北京:人民交通出版社,2003.

T构盖梁悬臂式支架设计施工

贾少凯　张卫强

（中交一公局海威工程建设有限公司，北京 101119）

摘　要：坎坡坝特大桥17号、18号、19号墩T构盖梁采用悬臂式支架的形式进行设计施工，其结构为穿销、预埋牛腿托架作为支撑，其上布设贝雷梁、小工钢等，此文对悬臂式支架的基本构造及其施工作简要介绍，同时对其结构的受力情况进行分析。

关键词：悬臂盖梁　穿销　牛腿　贝雷梁　弯矩　应力

1　引言

目前，对于桥梁盖梁施工无非采用两种方式：采用落地支架和无落地支架施工方案。常规情况下一般均采用落地满堂支架、剪刀撑、抱箍立模现浇，此法施工简单、方便，特别是当墩柱较矮时更能体现其优越性，较普遍采用；但是，在山岭重丘地区修建桥梁时，由于地理情况复杂，地形条件差，相对高差大，致使墩柱的高度较高，若此时采用满堂支架立模现浇，则费时费力且耗用大量的周转材料，并存在地基不均匀沉降等安全隐患。为此，针对盖梁施工的其他方法亦应运而生，本文通过对正在施工的悬臂式盖梁的研究，提出一种结构安全、操作方便、经济节省的新型无落地支架施工方法。

2　工程背景

2.1　工程概况

坎坡坝大桥地处雨城区对岩镇川滇藏物流园区内，全长1122.5m，上部结构采用预应力混凝土T梁、连续梁，下部结构采用双柱式、三柱式、门柱式钢筋混凝土桥墩和盖梁；其中17号、18号、19号墩顶为悬臂式预应力混凝土盖梁，盖梁总长约24.5m，悬臂段长约8.75m，盖梁宽2.7m，采用C40混凝土浇筑，混凝土自重约370t。

地质情况：坎坡坝大桥17号~19号桩位处属于丘陵低山区，地形较为平缓。地层岩性以侏罗系至第三系红层碎屑岩为主，岩体风化严重，节理较发育，地质构造以宽缓向斜背斜相间分布为基本特征。该段从上至下，岩层分布为，3m厚粉质黏土，16m厚卵石土，以下为粉质泥岩；主要构成地质问题是顺层挖方边坡和软弱地基。

2.2　方案比选

目前国内对于盖梁施工比较成熟的方法不外乎以下两种：落地支架法和无落地支架法。

根据桥梁结构特点及现场实际施工条件,采用落地支架存在混凝土体积大,支架搭设高,地基为卵石土,承载力偏差,且盖梁较高,不宜采用满堂支架法,落地梁式支架高宽比过大,并伴有安全风险高、成本投入大等缺点,故初步选用无落地支架进行悬臂式盖梁施工。无落地式支架施工较为方便,主要优点是节省支架,缩短工期,特别是对地面软土较多或高墩盖梁的施工,其经济效益非常突出。

无落地支架施工就是利用墩柱作为支撑来施工,做法是在墩柱的适当位置设置支撑系统(牛腿+预埋件),承受盖梁施工的所有荷载。结合悬臂式盖梁结构形式,计划采用预埋式+预留孔式组合牛腿支撑,即在墩柱施工时埋设钢板及预留穿销孔,待墩柱施工完成后,分别在预埋钢板上焊接钢管牛腿和在穿销孔内穿入 I40 工字钢,然后在钢管牛腿上安装双拼 I40 工字钢,工字钢上安装贝雷梁作为主梁,进一步在主梁上设横向分配梁及模板。

3 支架体系受力计算

3.1 荷载组合

根据《建筑结构荷载规范》选择由永久荷载控制的效应设计值,按公式(1)计算:

$$S_d = \gamma_G S_{GK} + \gamma_Q \psi_C S_{QK} \tag{1}$$

式中:S_d——效应设计值;

γ_G——永久荷载的分项系数,1.35;

γ_Q——可变荷载的分项系数,1.4;

ψ_C——组合值系数,0.7;

S_{GK}——永久荷载标准值;

S_{QK}——可变荷载标准值。

为安全考虑,盖梁横断面按等截面考虑 2.7m×2.5m。沿盖梁长度方向永久荷载标准值由钢筋混凝土及模板组成:

钢筋混凝土荷载:

$$26\times2.7\times2.5=175.5\text{kN/m}$$

模板自重:

$$0.75\times2.7=2.025\text{kN/m}$$

盖梁长度方向的均布荷载由公式(1)可得:

$$Q=1.35\times(175.5+2.025)+1.4\times0.7\times(2+2+2.5)\times2.7=256.86\text{kN/m}$$

3.2 分配梁计算

分配梁采用 I16 工字钢,长 4.5m,净跨距 2.5m,按间距 30cm 布置,按简支梁进行计算。

作用在分配梁上的均布荷载为:

$$q=0.3\times Q/2.7=0.3\times256.86/2.7=28.54\text{kN/m}$$

(1)弯应力计算

跨中最大弯矩:

$$M_{\max}=\frac{1}{8}ql^2=\frac{1}{8}\times28.54\times2.5^2=22.30\text{kN}\cdot\text{m}$$

分配梁抗弯应力：

$$\sigma_{max}=\frac{M_{max}}{W}=\frac{22.30\times10^6}{140.9\times10^3}=158.27\text{MPa}\leqslant[\sigma]=215\text{MPa}$$

结论：分配梁 I16 工字梁抗弯应力满足要求。

(2)挠度计算

由《混凝土结构设计规范》(GB 50010—2010)附录及《路桥施工计算手册》可得计算公式如下：

$$f=\frac{5ql^4}{384EI}=\frac{5\times22.30\times2500^4}{384\times2.1\times10^5\times1127\times10^4}=4.79\leqslant[f_0]=\frac{2500}{400}=6.25\text{mm}$$

结论：分配梁 I16 工字梁挠度满足要求。

3.3 承重梁计算

承重梁采用 4 组(8 排)单层“321”普通贝雷梁，沿墩柱两侧布置，每边 2 组，跨径为 3.125m+6.5m+5m+6.5m+3.125m。容许最大弯矩：1576.4×4＝6305.6kN · m；EI＝1052088.24×4＝4208352.96kN/m^2；最大剪力[Q]＝490.5×4＝1962kN。

沿盖梁长度方向单位长度范围内 I16 工字钢质量为 1/0.3×92.25＝307.5kg。

贝雷梁上所承受的均布荷载 q 为：

$$q=Q+3.075=256.86+3.075=259.94\text{kN/m}$$

受力示意图见图 1。

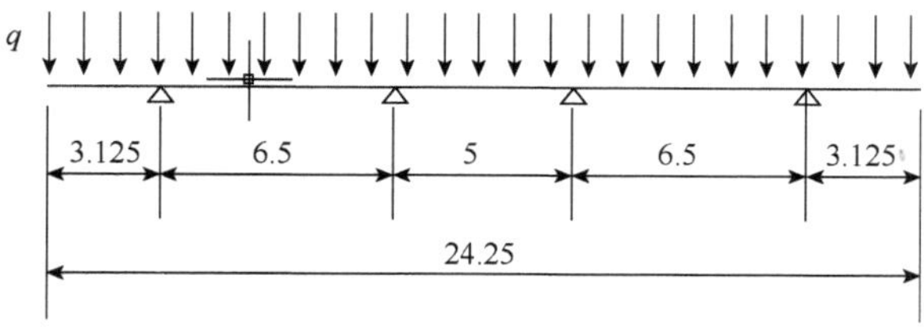

图 1 贝雷梁受力示意图(尺寸单位：m)

由于该超静定结构为对称结构，根据结构力学中位移法可得：

两侧支座压力：

$$N_1=3.8865q=3.8865\times259.94=1010.24\text{kN}$$

中间支座压力：

$$N_2=24.25q/2-N_1=12.125\times259.94-1010.24=2141.53\text{kN}$$

(1)弯矩计算

边支座弯矩：

$$M_1=\frac{1}{2}qa^2=\frac{1}{2}\times259.94\times3.125^2=1269.24\text{kN}\cdot\text{m}$$

中支座弯矩：

$$M_2=\frac{1}{2}q\ (a+b)^2-N_1b=\frac{1}{2}\times259.94\times(6.5+3.125)^2-1010.24\times6.5=5473.94\text{kN}\cdot\text{m}$$

为安全考虑，跨中弯矩按简支计算：

$$M_3=\frac{1}{8}qb^2=\frac{1}{8}\times259.94\times6.5^2=1372.81\text{kN}\cdot\text{m}$$

贝雷梁承受的最大弯矩

$$M_{\max}=M_2=5473.94\text{kN}\cdot\text{m}<[M]=4\times1576.4=6305.6\text{kN}\cdot\text{m}$$

结论：承重梁弯矩满足要求。

(2)挠度计算

悬臂段挠度计算：

$$f=\frac{qa^4}{8EI}=\frac{259.94\times3125^4}{8\times4208352.96\times10^9}=0.74\text{mm}\leqslant[f_0]=\frac{3125}{500}=6.25\text{mm}$$

跨中挠度计算：

$$f=\frac{5qb^4}{384EI}=\frac{5\times259.94\times6500^4}{384\times4208352.96\times10^9}=1.44\text{mm}\leqslant[f_0]=\frac{6500}{400}=16.25\text{mm}$$

结论：贝雷梁挠度满足要求。

3.4 穿销计算

穿销采用 Q345 钢，I40a 工字钢，长 4m，截面面积为 8607mm^2。穿销主要承受上部荷载传递的剪力，为纯剪结构。

穿销所受剪力为：

$$V=0.5\times N_2=0.5\times2141.53=1070.77\text{kN}$$

剪应力为：

$$\tau=\frac{V}{A}=\frac{1070.77\times10^3}{8607}=124.4\text{N/mm}\leqslant[\delta]=180\text{N/mm}$$

4 牛腿体系受力计算

牛腿受力示意图见图 2。

4.1 水平受拉钢管验算

牛腿水平受拉钢管由 2 根 ϕ400×10mm 钢管组成，悬臂长 5.5m，根部采用焊接与预埋钢板相连。

根据结构力学，支点处力平衡可得水平拉力：

$$N_{拉}=N_1=1010.24\text{kN}$$

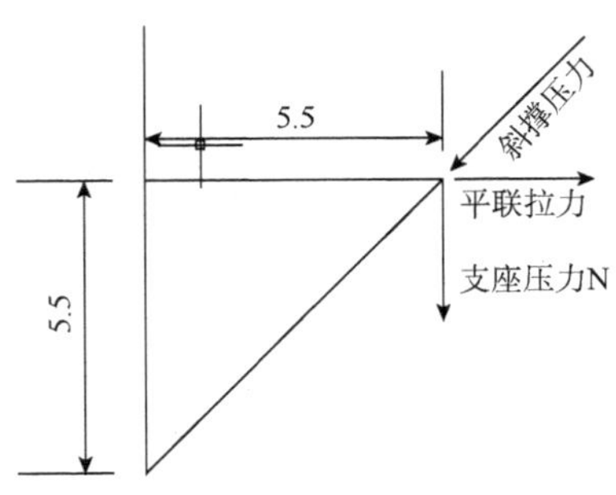

图 2 牛腿受力示意图(尺寸单位：m)

(1)钢管拉应用验算

由《钢结构设计标准》(GB 50017—2017)可得：

$$\delta=\frac{N}{A_n}\leqslant f$$

式中：N——轴心拉力或轴心压力，1010.24kN；

A_n——净截面面积，2×12880.53mm^2。

因此，可得水平受拉钢管拉应力：

$$\delta=\frac{N}{A_n}=\frac{1010.24\times10^3}{2\times12880.53}=39.22\text{N/mm}^2\leqslant f=215\text{N/mm}^2$$

结论:水平受拉钢管强度满足要求。

(2)焊缝验算

钢管与钢预埋板采用角焊缝相连,采用 E43 型焊条的手工焊,焊脚尺寸 $h_f=8\text{mm}$,焊缝长度为两钢管周长之和,$l_w=251.33\text{cm}$。

根据由《钢结构设计标准》(GB 50017—2017)可得:

$$\delta_f=\frac{N}{h_e l_w}\leqslant f_f^w$$

式中:δ_f——正面角焊缝应力;

h_e——角焊缝计算厚度,等于 $0.7h_f$。

因此可得正面角焊缝应力:

$$\delta_f=\frac{N}{h_e l_w}=\frac{1010.24\times10^3}{0.7\times8\times2513.3}=71.78\leqslant f_f^w=160$$

结论:受拉钢管焊缝应力满足要求。

4.2 斜向受压钢管验算

牛腿斜向受压钢管由 2 根 $\phi400\times10\text{mm}$ 钢管组成,长约 7.8m,根部采用焊接与预埋钢板相连。

根据结构力学,支点处力平衡可得斜向压力:

$$N_{压}=\sqrt{2}N_1=\sqrt{2}\times1010.24=1428.79\text{kN}$$

(1)受压钢管稳定性验算

由《钢结构设计标准》(GB 50017—2017)可得稳定性计算公式:

$$\frac{N}{\varphi A}\leqslant f$$

式中:φ——轴心受压杆件的稳定系数,根据长细比 λ 查表即可求得 φ,长细比 $\lambda=L/i$;

i——截面的回转半径,145mm;

L——斜杆计算长度 7.8m。

于是,$\lambda=L/i=7800/145=53.79$,查《钢结构设计标准》(GB 50017—2017)附录 C 得 Q235 钢的折减系数值为:$\Phi=0.905$;

则:

$$\frac{N}{\varphi A}=\frac{0.5\times1428.79\times10^3}{0.905\times12880.53}=61.29\text{N/mm}^2\leqslant f=215\text{N/mm}^2$$

结论:斜向钢管稳定满足要求。

(2)焊缝验算

钢管连接处采用焊缝连接,焊缝处截面应力为 $N_1/\sin22.5°=2639.88\text{kN}$。焊缝长度 $l_w=251.33/\sin22.5°=656.76\text{cm}$。

因此可得正面角焊缝应力:

$$\delta_f=\frac{N}{h_e l_w}=\frac{2639.88\times10^3}{0.7\times8\times6567.6}=71.78\leqslant f_f^w=160$$

结论:钢管焊接处焊缝应力满足要求。

4.3　预埋钢板验算

钢板采用国标且厚度 20mm，长宽为 80cm×80cm 的 Q235 钢材，锚筋采用 HRB400 钢，直径 32mm，钢板所受拉力为 $0.5\times N_1=505.12\text{kN}$。锚筋锚固长度 1m。

根据《混凝土结构设计规范》（GB 50010—2010），锚固长度计算公式：

$$l_{ab}=\alpha\frac{f_y}{f_t}d$$

式中：f_y——钢筋抗拉强度设计值，360N/mm^2；

f_t——混凝土轴心抗拉强度设计值；

α——锚固钢筋的外形系数，0.14；

d——锚固钢筋直径，32mm。

则：

$$l_{ab}=\alpha\frac{f_y}{f_t}d=0.14\times\frac{360}{1.71}\times 32=943.16\text{mm}\leqslant 1000\text{mm}$$

结论：锚固长度符合要求。

5　施工工艺

5.1　施工流程（图 3）

5.2　悬臂式盖梁支架构造（图 4）

悬臂式盖梁承重结构采用钢牛腿+砂筒+工字钢+贝雷梁+小工字钢。

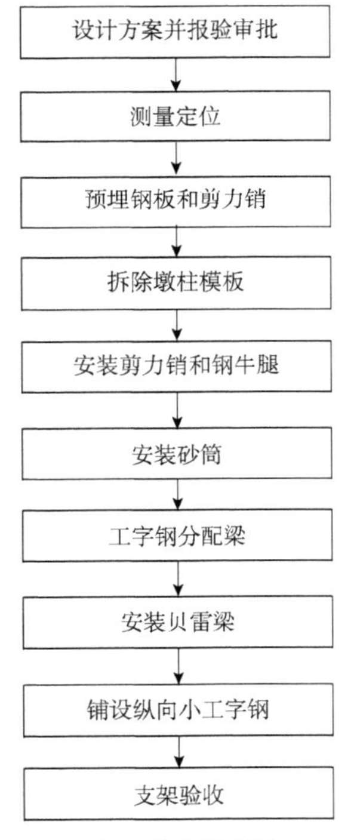

图 3　施工流程图

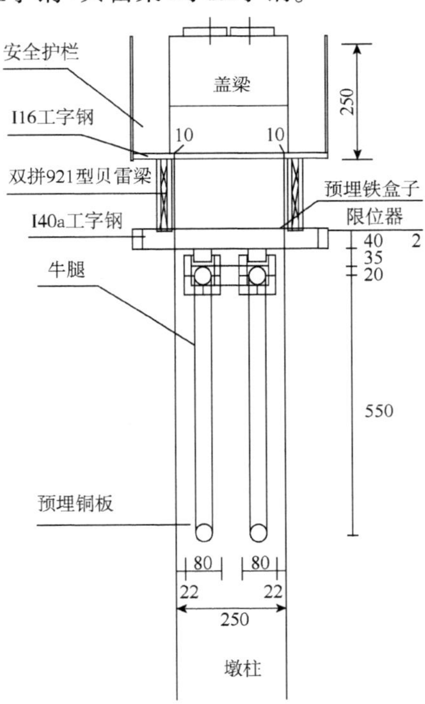

图 4　悬臂式盖梁支架侧面图（尺寸单位：cm）

(1)在方墩墩身施工时先确定好各个预埋件的高程,在墩身钢筋绑扎完成后。埋设各个预埋件,预埋件中心点误差3mm,高程误差(+2,-5)mm。穿销孔截面内部尺寸误差控制在(+10,-0)mm之间。

(2)墩柱模板拆除过后再次用仪器测量各个预埋件、穿销孔的位置是否准确。

(3)安装穿销:将4m长的Q345钢,I40a工字钢安装在穿销孔内。工字钢底部用砂筒支撑(图5)。

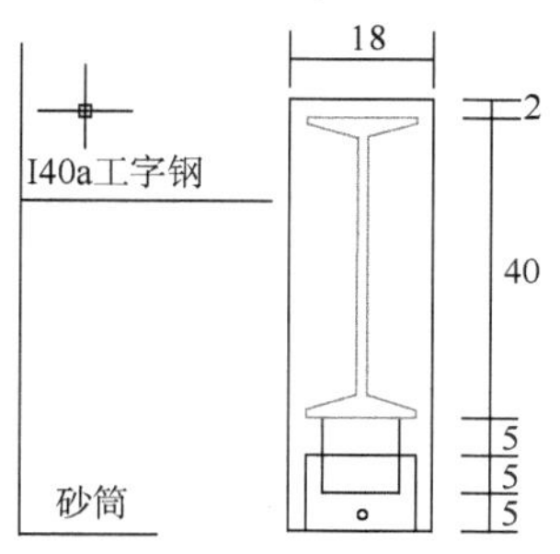

图5 工字钢与砂桶的尺寸(尺寸单位:cm)

(4)牛腿安装:牛腿采用ϕ40×1cm的Q235钢管制作,每边横桥向设置2个牛腿支撑贝雷梁,牛腿间必须纵向连接,先在平地上连接ϕ40cm钢管,钢管先进行如下处理:横向牛腿钢管长度为5.5m,且一端被加工成22.5°角的一个斜面。斜向牛腿支撑钢管长度为7.78m,一端被加工成22.5°角的一个斜面,另一端被加工成一个45°角的斜面。再对横向和斜向钢管做焊接。钢管的原材、焊条、焊接质量必须符合规范要求。

(5)牛腿支架在底面焊接成型后,再焊接在预埋墩柱的钢板上,钢板采用国标且厚度20mm,长宽为80cm×80cm的Q235钢材。钢板上的孔洞必须是机械加工形成的,严禁使用电焊自己加工。

钢管由吊车吊起,人工定位,牛腿与预埋钢板连接采用人工焊接而成,整个牛腿焊接形成过后。对牛腿系统进行检查是否达到设计要求,焊缝质量必须达到Ⅰ级焊缝,且经过仪器检测合格后进行下道二序。

(6)斜撑牛腿安装就位后,在牛腿的远端设置纵向双拼I40a工字钢,强度为Q235,砂筒和工字钢搭设见图6。

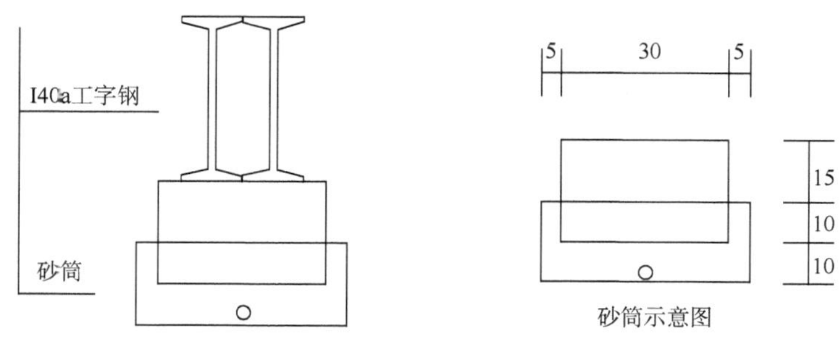

图6 砂筒和工字钢搭设示意图(尺寸单位:cm)

(7)安装贝雷梁,贝雷梁利用2台25t吊车起吊。贝雷梁长度30m,采用双排双拼组合,总重量约9t。贝雷梁安装完成后在工字钢上设置限位器,防止贝雷梁向外滑动。

(8)贝雷梁上设置纵向I16小工字钢,小工字钢长度4.5m,每隔0.3m设置一道。

(9)工字钢安装完成后搭设钢底模。

(10)为防止施工时倾倒,沿支架平台周边设置安全护栏,在周边搭设ϕ42×3.5mm的护栏钢管并在底面及周围挂设安全网。

(11)对支架系统进行验收。

6 质量控制要点

所有进场材料必须是经过检验合格且符合国家强制性标准的材料。

6.1 支架安装质量标准(表1)

支架安装质量标准　　表1

序　号	项　目	允许偏差(mm)
1	装配式构件支撑面的高程	+2,-5
2	模板相邻两板表面高低差	2
3	模板表面平整	5
4	预埋件中心位置	3
5	预留孔洞中心线位置	10
6	预留孔洞截面内部尺寸	+10,-0
7	支架纵轴线的平面位置	跨度的1/1000或30

6.2 支架施工质量控制

(1)支架应按施工图设计的要求进行安装。立杆应垂直,节点连接应可靠。

(2)支架在纵桥向和横桥向均应加强水平、斜向连接,增强整体稳定。高支架应设置足够的斜向连接、扣件或缆风索,横向稳定应有保证措施。

(3)应通过预压的方式,消除支架的非弹性变形并获取弹性变形参数,或者检验支架的安全性。预压荷载宜为支架需承受全部荷载的1.05~1.10倍,预压荷载的分布应模拟需承受的结构荷载及施工荷载。

(4)支架在安装完成后,应对其平面位置、顶部高程、节点连接及纵横向稳定性进行全面检查,符合要求后,方可进行下一道工序。

(5)设置的预拱度值,应包括结构本身需要的预拱度和施工需要的预拱度两部分。

(6)施工预拱度应考虑下列因数:模板、支架承受施工荷载引起的弹性变形;受载后由于杆件接头的挤压和卸落装置压缩而产生的非弹性变形。

(7)专用支架应按其产品的要求进行模板的卸落;自行设置的普通支架应在适当部位设置相应的木楔子、木马、砂筒、千斤顶等卸落模板的装置,并应根据结构形式、承受的荷载大小确定卸落量。

6.3 钢管切割质量控制

(1)管子切割前应移植原有标记,严禁使用钢印。

(2)碳素钢管、合金钢管宜采用机械方法切割。当采用氧—乙炔焰切割时,必须保证尺寸正确和表面平整。

(3)钢管宜用钢锯或机械方法切割。

(4)管子切口质量应符合下列规定。

(5)切口表面应平整,无裂纹、重皮、毛刺、凸凹、缩口、熔渣、氧化物、铁屑等。切口端面倾斜偏差Δ值不应大于管子外径的1%,且不得超过3mm。

6.4 钢管焊接质量控制

对材料的要求:

(1)焊接工程中所用的母材和焊接材料应具备出厂质量合格证书,或质量复验报告。

(2)焊接工程中应优先选用已列入国家标准或部颁标准的母材和焊接材料。

对施工单位的要求:

(1)现场必须有负责焊接工程的焊接技术人员、焊接检查人员、焊接检验人员及焊工。

(2)现场所用焊接设备必须具有参数稳定、调节灵活、满足焊接工艺要求和安全可靠的性能,如需要进行焊后热处理,必须具有热处理设施。

(3)必须根据检验要求提供检验设备,以检测焊缝质量。

(4)本工程钢管与预埋钢板焊接,钢管与钢管焊接的焊缝质量必须达到Ⅰ级焊缝。

(5)施工现场必须具有符合工艺要求的焊接材料贮存场所及烘干、去污设施,并建立严格的保管、烘干、清洗和发放制度。

(6)施工现场应有防风、防雨雪和防寒等设施。

6.5 贝雷梁安装、拆除质量控制

贝雷梁安装:

(1)帽梁底单片贝雷梁长33m、高1.5m,总重约3t。

(2)贝雷梁的主体结构有:桁架、梢子、保险插销、加强弦杆等四种构件。

(3)贝雷片进场时,应逐片、逐个杆件组织验收,对于扭曲变形的不予使用,插销连接不牢靠的予以调整加固或更换,贝雷片锈蚀应去除,严重锈蚀的不予使用,对于个别节点存有开裂、脱落的进行焊接加强。

(4)根据场地实际情况,贝雷片吊装场地选在铝厂专用线夹角地。

(5)每2组吊装一次,吊装前应将贝雷片各杆件连接完毕。

(6)支撑连接结构有斜撑、支撑架、抗风拉杆、横梁夹具、桁架螺栓、弦杆螺栓、斜撑螺栓、撑架螺栓等多种构件。

(7)吊装前应在两侧工字钢上放出每组贝雷梁的准确位置,人工辅助吊车准确就位。贝雷梁放置在横向分配梁上,采用U形扣与横向分配梁连接。

(8)各种杆件应严格按照说明书安装,并组织专人进行验收,并记录。

(9)每2组贝雷片最大总重6t,起吊高度22m,根据吊车性能表选用25t汽车吊。

(10)吊车就位于盖梁左右两侧对贝雷梁进行起吊。

贝雷梁拆除:

(1)施工现场必须有专门技术员及领工员统一指挥。

(2)施工队伍进场必须佩戴安全帽,身穿安全带及安全服。

(3)施工现场必须设置醒目的警示标志,采取警戒措施派专人负责。非工作人员不得随意进入施工现场。

(4)拆除时必须按顺序进行,禁止几个贝雷梁同时拆除,先拆除防护部分一侧的贝雷梁,待贝雷梁顺利调至指定场地后,接着拆除防护部分贝雷梁。待防护部分的贝雷梁拆完以后,拆除帽梁底部的工字钢,方法按照拆除防护部分的方法。

(5)施工队从事拆除工作时,应该站在专门搭设的脚手架上或其他稳固的结构部分上

操作。

(6)拆除过程中若出现倾斜、晃动及倒塌时,用支柱、支撑、绳索等临时加固。

(7)吊车驾驶员必须按照所给技术交底施工操作。

7 结语

因地基为卵石土,承载力偏差,且盖梁较高,故不考虑满堂支架法;因梁式支架与悬臂式支架钢管桩以上部分相同,故只需比较钢管桩及钢管桩一下的部分;两种方式所需工人数量基本相同,故不作比较。成本分析如表2所示。

成本分析表 表2

比较内容	梁式支架	悬臂式支架	比较结果
经济性比较	所需直径为40cm的钢管桩4根,每根25m,钢管桩单价为700元/吨,故需4×25×0.095×700=6650元; 因地基承载力弱,故需4根直径为1.5m的C30素混凝土桩基作为钢管桩的基础,每根桩基长10m,C30混凝土单价为330元/m³,冲击钻钻机每延米730元,故需4×10×3.14×0.75×0.75×330+730×40=52514.5元; 故梁式支架钢管桩及钢管桩以下的部分大概需要59164.5元	所需直径为40cm的钢管桩4根,每根15.7m,钢管桩单价为700元/t,故需4×15.7×0.095×700=4176.2元; 故悬臂式支架钢管桩及钢管桩以下的部分大概需要4176.2元	悬臂式支架比梁式支架少花费54988.3元
所需时间比较	10d	3d	悬臂式支架比梁式支架少花7d
技术难度比较	困难	简单	悬臂式支架比梁式支架钢管桩加工复杂、困难

采用悬臂式支架虽施工难度大,但所需费用及时间大大减少,有很大的推广性价值。

在坎坡坝大桥悬臂式盖梁施工中,按照上述施工方法,缩短了支架、模板安装周期和循环周期,加快了盖梁施工速度,取得了显著的经济效果,为高墩悬臂式盖梁的施工积累了经验。

参考文献

[1] 周水兴.路桥施工计算手册[M].北京:人民交通出版社,2001.

[2] 中华人民共和国国家标准.GB 50017—2017 钢结构设计标准[S].北京:中国建筑工业出版社,2017.

[3] 中华人民共和国行业标准.JTG F80/1—2017 公路工程质量检验评定标准[S].北京:人民交通出版社股份有限公司,2017.

钻孔灌注桩破桩头改进施工工艺在桥梁工程中的应用

贾少凯　王智平　刘成龙

（中交一公局海威工程建设有限公司，北京 101119）

摘　要：钻孔灌注桩施工完成后，施作桥梁下部结构之前，需要将桩基上部超灌的混凝土部分进行破除，传统的破桩头工艺为人工辅以小型机具凿除或在设计标高位置对桩头采用砂轮机进行环切，然后人工凿除超封桩头的保护层混凝土，将主筋从侧向剥离混凝土，再将桩头混凝土分块清理。传统破桩头的方法费时费力，且对操作人员的手腕等部位造成损害，本文结合雅康 C5 项目对岩大桥左幅 14#桩基破桩头施工实例，介绍了一种新型的桩基破桩头施工工艺。

关键词：钻孔灌注桩　破桩头　改进施工工艺　应用

1　引言

钻孔灌注桩灌注混凝土时，超灌高度宜为 1.0～1.1m，凿除浮浆后必须保证暴露的柱头混凝土强度等级达到设计等级。桩顶超灌部分或酥松混凝土的凿除，俗称破桩头，是钻孔灌注桩施工的最后一道工序，也是保证桩基与桥梁下部结构连接质量的关键工序。

本文以四川雅康高速公路 C5 合同段对岩大桥左幅 14 号桩基为例，采用桩基破桩头改进方法进行破桩头施工，经过实践，此方法提高了效率，减少了费用，并且提高了桩基与桥梁下部结构之间的连接质量，大大改进了原有的破桩头施工工艺。

2　工程概况

雅安至康定高速公路 C5 合同段，桩号范围为：K12+063.5～K17+862.55，地处雅安市雨城区对岩镇。本标段主要工程：路基工程挖方 175 万 m^3、填方 90 万 m^3；3 座桥梁（坎坡坝特大桥、对岩大桥、王家沟大桥）；1 座互通；2 条隧道。合同总价为 4.74 亿元。对岩大桥长 887m，双向 4 车道，限速 80km/h，其左幅 14 号桩基选择破桩头改进方法进行破桩头施工，此桩基参数为：直径 1.5m，长度 18.8m，主筋 24 根（28mm）。

3　传统的破桩头施工工艺介绍（图 1、图 2）

目前我国钻孔灌注桩传统的破桩头传统施工工艺为人工辅以小型机具凿除或在设计高

程位置对桩头采用砂轮机进行环切,然后人工凿除超封桩头的保护层混凝土,将主筋向外微弯剥离混凝土,再将桩头混凝土分块清理,其主要原理就是解除混凝土对桩基主筋及声测管的握裹力。

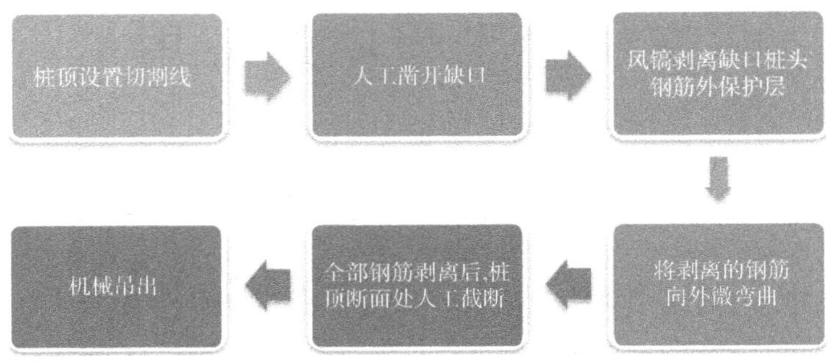

图1 传统的破桩头工艺流程图

图2 传统的破桩头施工实照

传统的破桩头施工工艺存在如下弊端:

(1)凿除桩头会对桩基钢筋造成弯折损伤,使其受力状态发生改变,将对桩基与桥梁下部结构的连接质量造成影响。

(2)桥梁下部结构以下部分的桩身钢筋保护层开裂或剥落,埋下主筋锈蚀的病害,难以查验和弥补。

(3)施工花费时间较长,所用人工较多,费时费力。

(4)空压机带动气锤的抖动对操作人员的手腕等身体其他部位造成损害,不符合健康工作理念。

4 改进后的破桩头施工工艺介绍(图3)

将桩基桩头钢筋加装保护套,起到钢筋与桩头混凝土隔离的作用,在破除桩头时,在桩基上标出设计高程线,用尖楔形的钢劈打入桩基设计高程平面,在设计高程的位置将桩基与桩头分开,再用机械将桩头提出,此改进施工工艺从源头上解除了混凝土对桩基主筋及声测管的握裹力。

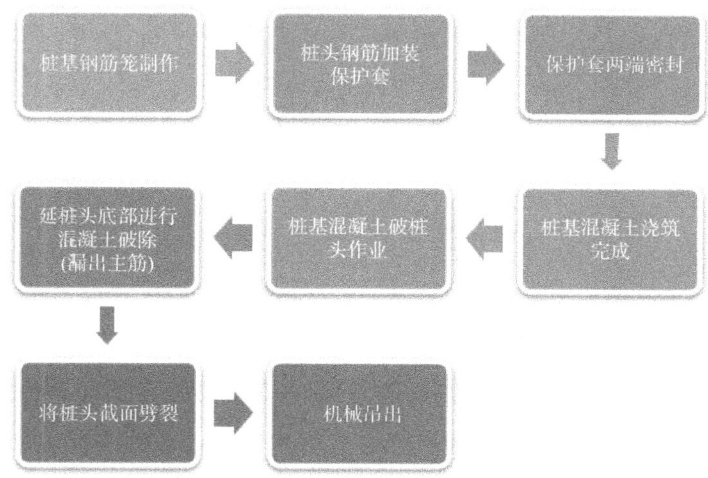

图 3　破桩头改进施工工艺流程图

雅康 C5 合同段对岩大桥左幅 14 号桩基采用破桩头改进施工工艺进行破桩头施工，效果良好，具体操作步骤如下。

4.1　桩基钢筋笼处理

桩基钢筋笼加工完成之后，需要对桩基钢筋笼桩头部分再次进行加工处理。加工方法为使用内径为 30mm，壁厚为 4mm，长度至少为 1.0m 的聚氯乙烯 pvc 管将桩头主筋包裹（图 4、图 5），使用内径为 60mm，壁厚为 4mm，长度至少为 1.0m 的聚氯乙烯 pvc 管将声测管进行包裹（图 6），并用聚氨酯泡沫填缝剂将 pvc 管的两端封闭（图 7），避免混凝土、泥浆等杂物进入。

图 4　聚氯乙烯 pvc 管将桩头主筋包裹

图 5　pvc 管包裹主筋、声测管的长度不小于 1.0m

图6 使用聚氨酯泡沫填缝剂将pvc管两端封闭

图7 将pvc管两端填充密实

4.2 桩头破除

在桩头上标出设计桩基设计高程线，在此截面上均匀布置8个打入点，利用空压机、风枪打孔，孔深一般为10cm左右，孔径一般2.5~3cm，打孔完毕后，将分割楔子放进孔中，然后用尖楔形钢劈继续打入（图8）。打入过程中注意对称打孔，将8个楔子都打入之后，再延桩头截面依次试探凿进，直至截面断裂为止。

4.3 桩头吊出

待混凝土桩头出现断裂后，用机械将桩头吊出（图9）。

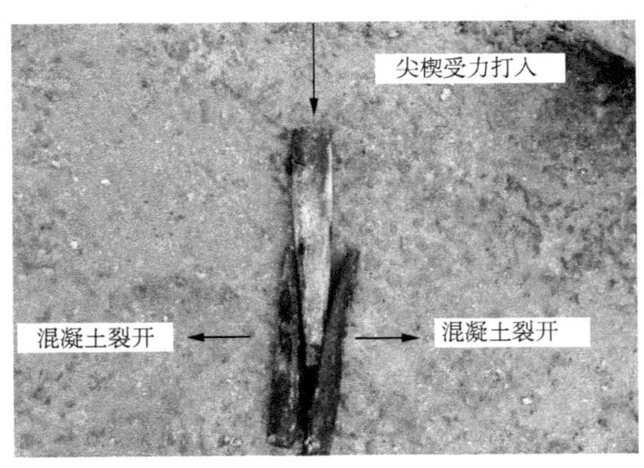

图8 尖楔形钢劈使用原理示意图

图9 机械将桩头吊出

5 破桩头传统施工工艺与改进后施工工艺的对比

5.1 经济对比

传统方法用人工、电费较多，新技术则增加了材料费。据不完全统计，破除一根直径1.5m桩基的桩头（1m长），传统施工工艺花费约502元，改进后的施工工艺花费约417.43元，改进后的破桩头施工工艺比传统破桩头施工工艺节省约 84.57 元/个，具体如表 1 所示。

经济效益对比表

表 1

成本分析	施工过程	传统破桩头施工工艺			改进后的破桩头施工工艺		
		数量	单价	金额（元）	数量	单价	金额（元）
人工成本	桩头钢筋笼加工（安装 PVC 管）	0d	100 元/d	0	0.5d	100 元/d	50
	桩头破除	2.0d	100 元/d	200	0.5d	200 元/d	50
机械成本	空压机	2 个台班	80 元/台班	160	0.25 个台班	80 元/台班	20
	砂轮机	0.3 个台班	30 元/台班	9	0.2 个台班	30 元/台班	6
	风枪	2 个台班	50 元/台班	100	0.2 个台班	50 元/台班	10
	吊车	0.2h	165 元/h	33	0.2h	165 元/h	33
材料成本	尖楔形钢劈	0 个	5 元/个	0	8 个	5 元/个	40
	pvc 套管（D=30mm）	0	6.88 元/m	0	26.4m	3.88 元/m	102.43
	pvc 套管（D=60mm）	0m	8.2 元/m	0	4m	6.5 元/m	26
	套管膨胀剂	0 个	80 元	0	1 个	80 元	80
总计		502 元			417.43 元		

注：①此表费用分析不包括基坑抽水、钢板桩租赁费等。

②一个台班为 8 个小时。

5.2 进度对比

由表 1 可以看出，改进后的破桩头施工工艺的效率约为传统破桩头施工工艺的 4 倍，施工效率大大提高。

5.3 质量方面

（1）使主筋平行，不弯折，并实现与需取除的混凝土间无黏结，整体向上垂直起吊脱离桩身，有效避免桩头处理过程中对钢筋的损伤，确保了桩基和桥梁下部结构之间的连接质量。

（2）桩头向上整体吊出，减少对桩身混凝土造成冲击或损伤。

5.4 安全环保职业健康方面

（1）传统破桩头施工工艺因操作人员长时间手握强烈震动的风枪，会对手腕等身体其他部位造成损害。

（2）因风枪产生的建筑噪声，会对人体听觉造成损伤。

（3）因风枪长时间对混凝土打击，产生粉尘对空气环境污染，也会对工人肺部持续伤害，严重者可导致尘肺等职业病。

（4）另外长时间使用空压机，尤其是在多雨地区，对安全用电隐患排查提出了更高的要求。

改进后的破桩头施工工艺可有效避免以上问题，保证施工人员的身体健康。

6 结语

改进后的破桩头施工工艺相比于传统的破桩头施工工艺，在经济、进度、质量、安全环保职业健康等方面得到了较大的提升，可在类似的工程中大范围推广使用。

参考文献

[1] 中华人民共和国行业标准.JTG F80/1—2017 公路工程质量检验评定标准 第一册 土建工程[S].北京:人民交通出版社股份有限公司,2017.

密集型塔基桩孔开挖控制爆破技术

徐国挺

(四川公路桥梁建设集团有限公司,成都 610041)

摘　要:针对泸定大渡河特大桥塔基桩孔布置密集的状况和开挖区基岩节理裂隙发育的特点,应用短进尺、锥形掏槽的减震光面爆破技术进行直径2.8m圆形桩孔的全断面掘进。尤其是在桩孔间净距仅为3.2m时,采用锥形掏槽逐孔毫秒延迟起爆技术,并通过在掏槽中心空孔内布设0.1~0.2kg的抛渣药包后于掏槽孔起爆,达到提高爆破效果、减弱爆破振动目的。在详细给出桩孔开挖控制爆破技术措施、爆破参数和施工方法的基础上,利用现场实测数据进行爆破效果、振动效应和围岩稳定等分析。工程实践表明:锥形掏槽逐孔毫秒延迟起爆技术能使邻近桩孔围岩的爆破振动强度得到有效控制,开挖爆破在邻近桩孔内产生的最大峰值振动速度小于10cm/s,满足围岩安全振动控制标准;爆破前后桩孔围岩波速的平均下降率3.74%,远小于技术规范规定的10%的声波下降率量化标准;桩孔单循环爆破进尺约1.2~1.3m,开挖壁面平整,基本没有超欠挖,保持了围岩的完整性和稳定性。

关键词:桩孔开挖　锥形掏槽　逐孔延迟起爆　光面爆破　振动速度　声波速度

随着挖孔灌注桩在高层建筑和桥梁基础、滑坡防治以及结构锚固工程中的广泛采用,如何高效、快速地成孔就成为各建设单位迫切需要解决的技术问题。由于石质桩孔的断面小($2\sim8m^2$),所采用的开挖方法在很大程度上决定着工程质量、施工进度和施工安全。近二十年来,在穿越岩层的桩孔开挖中已广泛采用爆破法施工,不仅取得了较好的工程效益和社会效益[1-4],而且在邻近重要建筑物、构筑物区域的桩孔开挖也采用了减震控制爆破技术[5-7]。然而,对于特大桥密集型桩基的桩孔开挖爆破,因桩孔深度大、桩间净距小,既要求开挖过程中保持桩孔围岩稳定,不允许桩孔周壁产生宏观裂缝,又必须保证桩孔不因相邻桩孔爆破而引起围岩和钢筋混凝土护壁的开裂。结合雅安—康定高速公路泸定大渡河特大桥(悬索桥)雅安岸塔基密集型嵌岩桩孔开挖,介绍有关的光面爆破与降振控制爆破技术与方法,给出相关爆破参数与技术措施,并通过现场爆破振动监测和爆破前后的围岩声波量测结果,分析所采用爆破方法的有效性和可靠性。

1　工程概况

大渡河特大桥主桥为1100m单跨悬索桥,全长1402m,引桥为3×30m及3×34m+3×34m连续梁桥。悬索桥两岸设置桩柱式墩台,主塔设计高度188m。雅安岸和康定岸主塔基础采用 50 根直径为 2.8m 挖孔灌注圆桩,桩基础按列式布置。其中雅安岸桩中距 6.0m,桩长 40~52m,嵌入中风化闪长岩内,图 1 示出了雅安岸主塔桩基平面布置形式。

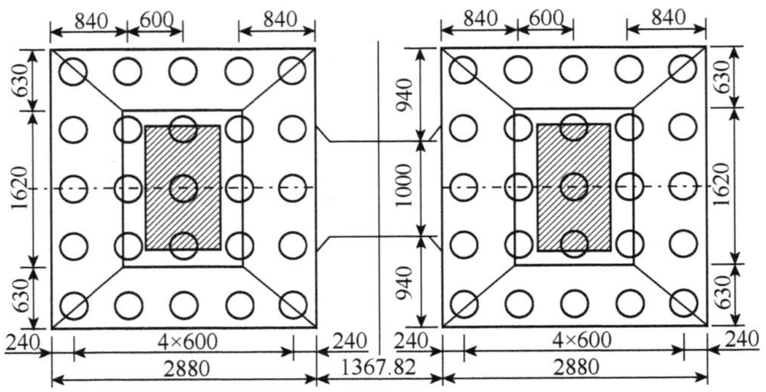

图 1 泸定大渡河特大桥雅安岸桩基平面布置方式(尺寸单位:cm)

桩基上部为花岗岩,其中强风化花岗岩质地较软,中风化花岗岩质地较硬,含风化卸荷裂隙,稳定性较差;桩基下部为闪长岩,其中强风化闪长岩质地较硬,稳定性不高,基桩嵌入中风化闪长岩内。桩基所在区域发育有 2~3 组节理裂隙,其上部卸荷张裂隙的充填物以粉土和砂为主,岩体较破碎~较完整,整体呈块碎镶嵌结构,岩石普氏系数 $f=2\sim6$,可爆性较好。

2 塔基桩孔控制爆破方案

综合分析塔基所处工程地质条件、桩孔几何尺寸及布置方式可知,桩孔开挖爆破的主要难点为:①桩孔围岩的稳定性较差,开挖爆破作用及其振动效应易造成桩孔周壁围岩塌落,尤其是开挖深度达 40~52m,桩孔开挖作业的安全风险高;②桩孔断面约 $6m^2$,作业空间狭小,在单自由面爆破条件下岩体的夹制作用很大,爆破振动效应较强,对桩孔围岩的稳定性影响大,须严格控制爆破振动效应;③桩孔布置很密集,在线路中心两侧边长 28.8m 的正方形区域内各布置了 25 根直径 2.8m 的桩基,桩孔间净距仅为 3.2m,开挖爆破振动对邻接的桩孔围岩及其钢筋混凝土护壁的扰动大。

针对塔基桩孔的爆破条件以及爆破质量和爆破振动的控制要求,需要使爆破主导方向尽可能指向桩孔中央,并采取一定的周壁保护措施。为此,在桩孔中央位置需首先形成一个具有足够体积的补偿空间,以利于桩孔的掘进爆破;而在桩孔的周边则应用光面爆破方法进行围岩保护。综上所述,为实现桩孔全断面掘进,本次爆破采用中央锥形掏槽、四周崩落、周边光面的同次分段毫秒延迟起爆的控制爆破技术,具体技术措施如下。

(1)将所有桩孔按照间隔的方式分 2 批次爆破开挖,第 1 批次开挖 20m 后才能开始第 2 批次的桩孔开挖,减弱相邻桩孔间爆破振动对新浇筑钢筋混凝土护壁的影响。

(2)常规桩孔开挖爆破的单循环进尺约为桩径的 0.6 倍,为减弱桩孔开挖爆破地震效应,本工程的单循环进尺选取为 1.2m,其值约为桩径的 0.45 倍。

(3)为减少爆破作用对桩孔围岩的损伤,避免造成桩孔周壁垮塌,采用锥形掏槽方式在桩孔中央布置 4 个锥形掏槽孔,并由内向外依次布置辅助孔和周边光爆孔;掏槽孔深度比辅助孔、周边孔超深 0.2m，其孔底间距 0.1～0.2m，掏槽角约 82°。

（4）为进一步降低爆破振动强度，在掏槽孔的中心布置 3 个空孔作为掏槽孔爆破的自由面和补偿空间，空孔深度比掏槽孔增加 10～15cm，并在 1 个中心空孔内放置 0.1～0.2kg 炸药（不堵塞），较掏槽孔延期 50ms 起爆，以便将掏槽孔爆破形成的岩块抛出掌子面，从而在桩孔中央位置形成辅助孔爆破的新自由面和体积补偿空间。

（5）为防止桩孔围岩受到明显的爆破损伤，周边光爆孔采用径向和轴向不耦合装药结构。

（6）掏槽孔、中心空孔、辅助孔和周边光爆孔之间依次采用毫秒延期起爆，各类炮孔的延迟时间不小于 50～100ms，避免各类炮孔爆破的地震波叠加。

3 控制爆破设计

根据现场施工条件，爆破施工的炮孔直径 $D=40$mm（钻头直径 38mm）。

3.1 爆破参数设计

（1）炮孔深度。按照 1.2m 单循环进尺和工程类比方法及现场开挖爆破试验结果，设计选取各类炮孔深度为：掏槽孔 1.6m，辅助孔和光爆孔 1.4m，中心空孔 1.8m。

（2）炸药单耗。桩孔开挖爆破效果受岩体重力影响较大，为保证爆破效果，便于人工清渣，炸药单耗应比等断面的隧洞掘进爆破稍大。根据岩体性质及其可爆性特点，初步选取炸药单耗 $q=1.8\sim2.2\text{kg/m}^3$。

（3）单循环爆破的炸药量。根据单循环进尺确定的岩体破碎体积，按式（1）计算。

$$Q=qsL\eta \tag{1}$$

式中：Q——单循环炸药量，kg；

L——炮孔深度，m；

η——炮孔利用率，一般取 0.85～0.95。

经计算得到单循环炸药耗 $Q=13.2\sim16.1$kg。

（4）平均单孔装药量和炮孔总数。单孔装药量由炮孔深度、装药系数和药卷质量及其长度按照式（2）计算。

$$Q_0=\alpha LG/h \tag{2}$$

式中：Q_0——单孔装药量，kg；

α——装药系数，按照爆破类型的不同（光面爆破除外），一般取0.30～0.7，炮孔深度小取小值，反之，取大值；

L——炮孔深度，m；

G——单个药卷质量，kg；

h——单个药卷长度，m。

由于炮孔深度较小，必须保证堵塞长度，取平均装药系数为 0.3 进行计算，得平均单孔装药量 $Q_0=0.42$kg，炮孔总数为 31～38 个。

（5）炮孔间距。每对掏槽孔孔口距为 0.5m，相邻辅助孔距为 0.6～0.8m，中心空孔间距 0.1～0.15m。

（6）周边孔距与最小抵抗线。光爆孔的孔距按 $a_{光}=(10\sim18)d$ 计算，选取为 0.4～0.5m。

最小抵抗线与周边孔间距相关,炮孔密集系数在 1.1~1.2 时的光爆效果较好。据此,选取最小抵抗线 0.5~0.6m。

(7)光爆孔线装药密度。根据桩孔开挖岩体多为中硬岩,且岩体较为破碎、孔深较小,结合同类工程经验,选取光爆孔的线装药密度 q_1=0.18~0.23kg/m。

(8)炮孔堵塞长度。除周边孔的堵塞长度约为 0.4m 外,其他炮孔堵塞长度不小于 0.7~0.8m。

3.2 爆破施工设计

(1)炮孔布置。根据塔基桩孔断面形状尺寸及炮孔均匀布置的原则,整个断面共布置 35 个炮孔,由里向外布置 1 圈掏槽孔、1 圈辅助孔和 1 圈周边光爆孔。4 个掏槽孔均匀布置在距桩孔中心 0.25m 的圆周上;桩孔中心布置有 3 个中心空孔,空孔间距 0.1m;辅助孔均匀的布置在距桩孔中心 0.85m 的圆周上;周边光爆孔均匀布设置在开挖边界上。钻孔时,掏槽孔向中心倾斜 8°,周边孔向外倾斜 5°,周边孔的底距开挖边界约 0.1m。图 2 示出了塔基桩孔爆破的炮孔平面布置图及其剖面图。

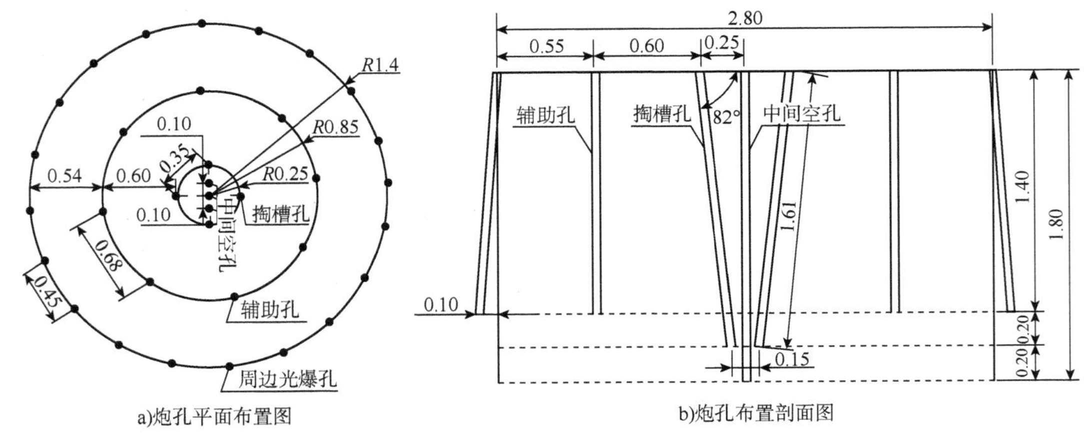

图 2 基桩开挖爆破炮孔布置图(尺寸单位:m)

(2)单孔装药量。各类型炮孔的数量及其装药量列于表 1 中。

塔基桩孔开挖爆破的装药参数 表 1

炮孔类型	孔深(m)	孔长(m)	孔数(个)	装药长度(m)	单孔药量(kg)	装药卷数(卷)	小计(kg)
中心空孔	1.8	1.80	3	0.2	0.2	1	0.2
掏槽孔	1.6	1.61	4	0.8	0.8	4	3.2
辅助孔	1.4	1.40	8	0.6	0.6	3	4.8
周边光爆孔	1.4	1.40	20	—	0.3	2	6.0
合计	—	—	35	—	—	—	14.2

单循环爆破设计进尺为 1.2m,爆破体积按 7.39m^{3}计,设计的平均炸药单耗为 1.92kg/m^3,与爆破参数设计计算值相符,说明炮孔布置合理。

(3)装药结构。施工采用 2 号岩石乳化炸药。掏槽孔辅助孔和空孔用 32mm 的药卷,采用连续装药结构。周边光爆孔采用径向不耦合和轴向不耦合装药结构，单孔装药量均匀分布在炮孔内。为改善爆破效果，中心空孔、掏槽孔、辅助孔均采用反向起爆方法引爆孔内炸药，起爆药包置于孔底。为确保装药质量和光爆效果，光面爆破孔的药卷绑扎在导爆索上装入孔内。各类炮孔装药结构见图3。

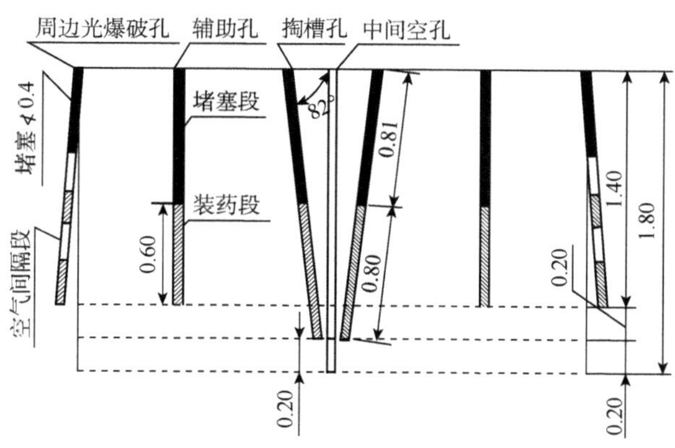

图3　炮孔装药结构示意图（尺寸单位：m）

（4）起爆网路。所有炮孔采用非电导爆管雷管起爆方法（周边孔的导爆索也用非电雷管起爆），簇并联连接方式。各炮孔之间采用孔内毫秒延迟起爆。为增强掏槽孔的爆破效果，4个掏槽孔同时起爆，而中心空孔的底部装药比掏槽孔延迟50ms起爆。各类炮孔的起爆顺序为掏槽孔、中心空孔、辅助孔、周边光爆孔，相应的起爆段别为1、5、7、9或1、3、5、7。所有周边孔用导爆索在孔外采用T形连接方式，形成双向传爆的导爆索起爆网路，在2~3个周边孔的炸药卷内各用1发同段雷管起爆。

需要说明的是，第2批次桩孔开挖爆破时，桩孔间净距只有4.1m，为减小其掏槽孔爆破地震效应对已开挖桩孔围岩和护壁的影响，掏槽孔分4段进行起爆，即掏槽孔用1、2、3、4段，中心空孔用7段，辅助孔用9段，周边孔用11段。

3.3　爆破振动验算与安全防护

按照《爆破安全规程》（GB 6722—2014）的相关规定，爆破振动安全检算采用萨道夫斯基公式估算爆破的振动强度

$$v=K(\sqrt[3]{Q}/R)^{\alpha} \tag{3}$$

式中：Q——同段起爆的最大装药量，kg；

R——爆破中心至被保护对象的距离，m；

K——爆破地震波衰减系数（与岩性有关）；

α——爆破地震波衰减指数（与岩性和地形条件有关）。

由于桥台基桩围岩为岩质较硬、岩体较破碎~较完整的中等风化闪长岩，按照相关规定和经验选取$K=180$，$\alpha=1.8$。

已有研究成果表明[8-11]，尽管掏槽孔的装药量不是最大，但由于其自由面条件最差，岩体爆破的夹制性最大，因而掏槽孔爆破的地震效应是所有爆破炮孔中最强烈的。因此，按照掏槽孔最大单段炸药量验算爆破振动强度。

当第 1 批次桩孔爆破时，掏槽孔最大单段装药量 $Q=3.2\text{kg}$，爆破中心与相邻桩孔壁距离 10.1m；当第 2 批次桩孔爆破时，掏槽孔最大单段装药量 $Q=0.8\text{kg}$，爆破中心与相邻桩孔壁距离 4.1m。计算得到相应的爆破地震波峰值振动速度分别为 5.63cm/s 和 12.42cm/s。

按照《爆破安全规程》中井巷爆破作业的振动安全允许标准的规定，对于中等稳固的围岩，一般应将爆破振动速度控制在 15~20cm/s 以内。由此可知，塔基桩孔开挖爆破产生的爆破地震波峰值振动速度不会对相邻桩孔周壁的围岩完整性、稳定性造成影响。

由于桩孔开挖的掏槽孔属于加强抛掷爆破。当桩孔开挖深度较小时，为防止爆破飞石飞出桩孔外造成安全危害，采用直径为 10mm 钢筋制作间距为 10~15cm 的钢筋网，罩住地表桩孔孔口，并在钢筋网上用土袋压实。

4 爆破效果及爆破对围岩影响的检测分析

4.1 爆破效果

由于中心空孔底部装药使掏槽孔爆破形成的岩块抛出掌子面，在桩孔开挖深度小于 20m 时，有爆破飞石击打在桩孔口处的防护钢筋网上，但未飞出孔口，保证了周边环境的安全。

爆破碎块多在 20cm 内，爆堆松散，便于爆渣清运，单循环爆破进尺达到 1.2~1.3m；爆破形成的桩孔壁面较为平整，无超欠挖，最大不平整度 5~10cm，图 4 为桩孔爆破前后的照片。

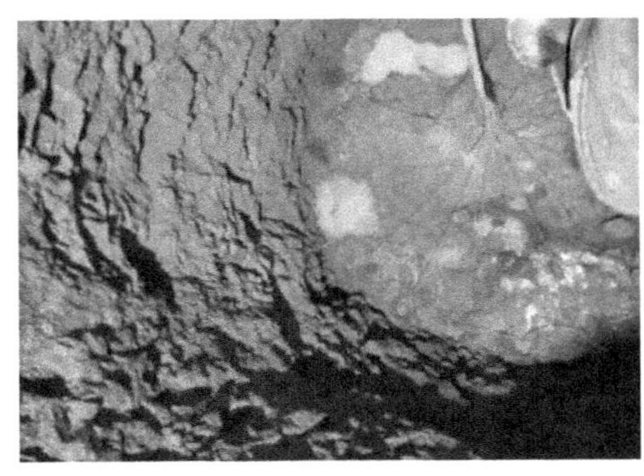

a)爆前照片

b)爆后照片

图 4 桩孔爆破前后的照片

4.2 爆破对桩孔围岩影响的检测分析

为了解桩孔开挖爆破对桩孔围岩的影响程度，明确爆破方案的可靠性，在桩孔开挖过程中分别进行爆破振动实时监测和爆破前后的围岩声波检测。爆破振动监测在与爆破桩孔相邻接的桩孔内进行，声波检测在爆破桩孔内进行。

(1)爆破振动的影响分析。爆破振动监测点布置在邻接桩孔的迎爆侧孔壁上(用膨胀螺栓和钢板固定)，并与爆破中心位于同一水平面上，共进行了 6 次爆破振动监测，图 5 给出了典型的桩孔爆破振动速度波形。从图中可看出，桩孔爆破地震波的有效持续时间较短，一般只有 200~300ms，而且掏槽孔爆破的振动速度最大。所有爆破振动的监测结果列于表 2 中，由表中数据可知，间隔桩孔爆破的振动效应较小，实测值与验算值相差小于 20%；第 2 批次桩孔爆破时，尽管桩孔间净距只有 4.1m，但由于采用掏槽孔逐孔起爆技术，其单段最大爆破药量仅 0.8kg，因而实际的振动强度并不大，且小于验算值。

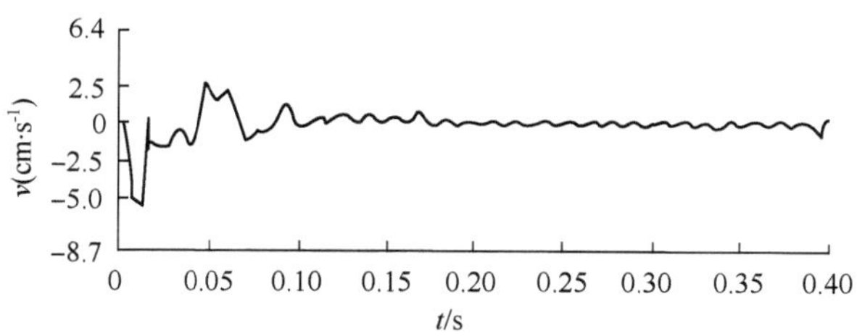

图 5　第 1 次桩孔爆破振动监测的测点径向振动速度波形

邻近桩孔的振动监测结果　　表 2

序号	爆源距(m)	开挖面深度(m)	竖向(cm·s^{-1})	径向(cm·s^{-1})	切向(cm·s^{-1})
1	10.1	5.1	1.14	5.79	3.71
2	10.1	6.4	1.36	6.29	2.23
3	10.1	7.5	1.21	6.77	2.94
4	4.1	8.9	4.99	9.43	5.30
5	4.1	11.4	2.49	8.62	4.52
6	4.1	14.2	2.45	9.71	5.14

对比各次开挖爆破在三个方向上的峰值振动速度发现，邻接桩孔围岩的振动强度以径向大、切向次之，竖向最小，这主要与监测点与爆破中心处于同一水平有关。监测到的最大峰值振速为 9.43cm/s，该值小于围岩振速不大于 15～20cm/s 的控制标准。因此，开挖爆破振动不会对邻近桩孔壁围岩的完整性和稳定性造成影响。

(2)爆破作用对围岩扰动的影响分析。在桩孔的爆破掌子面围岩处利用声波检测仪进行爆破前后的岩体纵波速度量测，通过爆破前后的波速降低率来分析爆破作用对围岩产生的扰动情况。为了使声波检测结果准确可靠，在同一次爆破前后共进行了 6 个检测点的声波测量，表 3 给出了爆破前后的声波检测数据及其分析结果。

桩孔爆破前后的声波检测结果　　表 3

测点号	爆前波速 c_p(cm·s^{-1})	爆后波速 c_{p2}(cm·s^{-1})	波速差 $c_{p1}-c_{p2}$(cm·s^{-1})	波速降低率(%)
1	1984	2045	-61	-3.07
2	2123	1945	178	8.38
3	2102	2143	-41	-1.95
4	2186	1987	199	9.10
5	2093	2138	-45	-2.15
6	2169	1906	263	12.12

从表 3 可知，与桩孔开挖爆破前的围岩声波速度相比，爆破后相同测点的岩体声波速度并不是完全呈现下降的趋势，总体上爆破前后岩体声波速度基本都在 2000m/s 上下波动。

桩孔开挖爆破后各测点处的波速下降率基本上均小于 10%，仅测点 6 的波速下降率为 12.12%。由于开挖桩孔断面积较小，为不失一般性，并考虑声波测量误差的影响，岩体声波的变化率可取测点1~6的平均下降率作为判定爆破对所需保留岩体完整性的影响指标。将表3中测点的声波速度下降率进行算术平均后得到围岩波速的平均下降率3.74%。远小于《水工建筑物岩石基础开挖工程技术规范》(SL 47—94)中规定的声波下降率量化标准(10%),据此可得出桩孔开挖爆破对围岩(基)的完整性、连续不会造成明显影响的结论。

综上所述,爆破振动监测与爆破前后的声波检测结果证实,桩孔开挖爆破作用及其地震效应不会对桩孔周壁围岩的完整性和稳定性产生明显影响,提出的控制爆破技术可应用于密集型塔基桩孔的开挖施工,且具有较强的实用性和可靠性。

5 结论

(1)短进尺、锥形掏槽的减震光面爆破技术可应用于密集型基桩孔的一次成型开挖施工,既能形成平整的开挖壁面,又能使邻近桩孔围岩的爆破振动强度得到有效控制,确保相邻桩孔的围岩稳定,达到施工安全要求。

(2)采用锥形掏槽逐孔毫秒延迟起爆技术能达到设计要求的单循环进尺,通过在掏槽中心空孔内布设0.1~0.2kg的抛渣药包后于掏槽孔起爆,可保证掏槽深度,改善后续炮孔爆破的自由面条件,增大了岩体碎胀的补偿空间,有利于获得较好的爆破效果。

(3)在节理裂隙发育的岩体中采用光面爆破既能减少超欠挖,获得较平整的开挖壁面,又能避免爆破作用对围岩的过大扰动,保证围岩的连续性和稳定性。

(4)与桩孔开挖爆破前的围岩声波速度相比,爆破后相同测点的岩体声波速度并不是完全呈现下降的趋势,桩孔开挖爆破后各测点处的波速下降率基本上均小于10%,且围岩波速的平均下降率3.74%,远小于技术规范规定的10%的声波下降率量化标准。

参考文献

[1] 齐景狱.隧道现代爆破技术[M].北京:中国铁道出版社,1995.

[2] 李同果.隧道光面爆破施工技术[J].铁道建筑技术,2007(S1):90-95.

[3] 中华人民共和国行业标准.JTG D70—2004 公路隧道设计规范[S].北京:人民交通出版社,2004.

[4] 中华人民共和国行业标准.GB 6722—2003 爆破安全规程[S].北京:中国标准出版社,2003.

[5] 吴立,闫天俊,周传波.凿岩爆破工程[M].武汉:中国地质大学出版社,2005.

[6] 张应力.工程爆破实用技术[M].北京:冶金工业出版社,2005.

[7] 刘拓.公路隧道爆破对邻近引水隧洞振动影响的分析与实测研究[J].隧道建设,2014(12):1126-1130.

[8] 邹德臣,王海亮,王春慧,等.基于HHT分析的浅埋隧道爆破振动控制研究[J].隧道建设,2014,34(8):760-764.

[9] 周少颖,汪海波,宗琦.直眼掏槽爆破中大直径中空孔作用机理研究[J].煤矿爆破,2014(1):23-25.

[10] 王军涛,王海亮,杨庆.城市硬岩隧道减振爆破直眼掏槽技术应用及实践[J].隧道建设,2014,34(6):564-568.

[11] 邹成路,申玉生,靳宗振.软弱破碎围岩大断面隧道台阶法施工几何参数优化分析[J].公路工程,2013(2):27-35.

利用磷渣制备低温升抗裂大体积混凝土的研究与应用

徐国挺

（四川公路桥梁建设集团有限公司，四川成都 610071）

摘　要：研究了磷渣和水泥分散增强组分的掺量对大体积混凝土工作性、力学性能、水化放热及体积稳定性的影响规律，并利用磷渣作为矿物掺和料，掺加减缩缓凝型减水剂和水泥分散增强组分，制备出胶凝材料用量 410kg/m^3，其中磷渣粉掺量 40%，绝热温升≤35℃，28d 干燥收缩率≤300×10^{-6}，自收缩率≤200×10^{-6}的 C40 低温升抗裂大体积混凝土，应用于雅康高速大渡河特大桥主塔承台施工，在取消冷却水管情况下承台大体积混凝土未产生温度裂缝，降低了工程造价，提高了混凝土耐久性。

关键词：桥梁工程　悬索桥　混凝土　大体积混凝土　磷渣　裂缝

1　引言

雅康高速公路大渡河特大桥主桥为跨径 1100m 悬索桥，主塔高 188m，承台采用棱台型，其中雅安岸承台底面尺寸 28.8m×28.8m，顶面尺寸为 16.2m（纵）×12.0m（横），承台总高9.0m，混凝土总用量 14953.7m^3；康定岸承台底面尺寸为 32.8m×32.8m，顶面尺寸为 16.2m（纵）×12.0m（横），承台总高 9.0m，混凝土总用量 18652.5m^3，设计采用 C40 大体积混凝土，并以混凝土 28d 抗压强度作为评定标准。桥址地处川藏高原，昼夜温差大，风速高，对大体积混凝土的抗裂性能要求高。目前，大体积混凝土普遍通过掺加粉煤灰和高炉矿渣粉等矿物掺合料，减少水泥用量，并且布置冷却水管，通冷却水，加强保温等措施，减少内外温差，避免温度应力造成大体积混凝土开裂，提高混凝土力学性能和耐久性能。

然而，四川雅安地区粉煤灰、高炉矿渣粉及河砂匮乏，外运成本较高，而雅安地区有大量磷渣，若能采用磷渣作为矿物掺和料，利用其含少量 P_2O_5缓凝作用，降低混凝土胶凝浆体水化放热速率和水化放热量，并掺加减缩缓凝型减水剂和分散增强组分，利用分散增强组分充分分散水泥颗粒，提高水泥水化程度和胶结性能，降低水泥和胶凝材料总用量，降低混凝土绝热温升，并利用减缩缓凝型减水剂降低混凝土收缩，从而制备出低温升抗裂大体积混凝土，实现在取消冷却水管情况下承台大体积混凝土不产生温度开裂，并高效资源化利用工业废渣，降低工程造价，提高桥梁的服役寿命，取得显著的经济和社会效益。

2 原材料与试验方法

2.1 原材料

(1)水泥:西南兆山 P.O42.5 水泥,主要技术性能指标如表 1、表 2 所示。

水泥化学成分(%) 表 1

材料	SiO_2	Al_2O_3	Fe_2O_3	CaO	MgO	K_2O	Na_2O	TiO_2	SO_3	损失率
水泥	20.94	4.15	2.96	62.64	3.10	0.48	0.10	0.25	2.04	2.44

水泥主要性能指标(%) 表 2

细度(0.08 筛余)(%)	凝结时间(min)		抗折强度(MPa)		抗压强度(MPa)		安定性
	初凝	终凝	3d	7d	3d	7d	
2.7	133	277	5.6	7.8	27.7	50.6	合格

(2)磷渣:四川雅安石棉德乐集团生产,比表面积 $400m^2/kg$,需水量比 93%,7d 活性指数为 75%,28d 活性指数为 87%,磷渣主要化学组成如表 3 所示。

磷渣主要化学组成(%) 表 3

材料	SiO_2	CaO	Fe_2O_3	Al_2O_3	P_2O_5	F^-	损失率
磷渣	40.10	45.54	1.15	0.48	0.30	0.05	0.16

(3)粉煤灰:Ⅱ级粉煤灰,细度为 9.7%(0.045mm 筛余),需水量比为 102%,7d 活性指数为 78%,28d 活性指数为 89%,其主要化学组成如表 4 所示。

粉煤灰主要化学组成(%) 表 4

材料	SiO_2	CaO	Fe_2O_3	Al_2O_3	Na_2O	K_2O	MgO	损失率
粉煤灰	51.10	3.40	6.45	29.27	0.35	1.50	0.61	0.16

(4)细集料:机制砂,表观密度 $2658kg/m^3$,细度模数 $M_x=3.16$,石粉含量 4.4%,亚甲蓝值 1.0g/kg。

(5)粗集料:5~16mm,10~31.5mm 两级配碎石,压碎值 8.9%。

(6)外加剂:减缩缓凝型减水剂由江苏苏博特新材料股份有限公司生产,PCA-1 聚羧酸高性能减缩型减水剂(缓凝型),固含量 30%,减水率 27%;水泥分散增强组分:江苏苏博特新材料股份有限公司为本工程开发带有醇胺基团的小分子表面活性物质。

(7)水:自来水。

2.2 试验方法

混凝土拌合物工作性试验按照《普通混凝土拌合物性能试验方法标准》(GB/T 50080—2002)进行;混凝土的搅拌、成型、养护及力学性能试验按照《普通混凝土力学性能试验方法标准》(GB/T 50081—2002)执行;水化热试验采用 TAMAir 型水化微量热仪;混凝土收缩测试按照《普通混凝土长期性能和耐久性能试验方法标准》(GB/T 50082—2009)中的非接触式法进行,试件尺寸为 100mm×100mm×515mm。

3 低温升高抗裂大体积混凝土配合比设计

3.1 磷渣掺量对混凝土性能影响

基于密实骨架堆积原理，确定 C40 基准混凝土配合比（表 5 中 C40-0）。将磷渣按照不同掺量（10%，20%，30%，40%，50%）等量取代水泥，研究磷渣掺量对混凝土性能的影响，并与 20%和 40%掺量粉煤灰混凝土进行对比，具体配合比如表 5 所示。

混凝土配合比　　表 5

编号	水泥	磷渣	粉煤灰	砂	石	水减水剂(%)	
C40-0	420	0	—	767	1082	145	3.32
C40-1	378	42	—	782	1081	145	3.32
C40-2	336	84	—	782	1081	145	3.32
C40-2F	336	—	84	782	1081	145	3.32
C40-3	294	126	—	782	1081	145	3.32
C40-4	252	178	—	782	1081	145	3.32
C40-4F	252	—	178	782	1081	145	3.32
C40-5	215	215	—	782	1081	145	3.32

（1）磷渣掺量对混凝土工作性和力学性能影响由表 6 分析可知，随着磷渣掺量增加，混凝土的坍落度和扩展度增加，混凝土工作性提高，初凝、终凝时间显著延长；与同等掺量下的粉煤灰混凝土相比，磷渣混凝土工作性优异，初凝、终凝时间较长。随着磷渣掺量增加，磷渣混凝土的早期（3d，7d）抗压强度和劈裂抗拉强度显著降低，降低幅度较同掺量粉煤灰混凝土大；28d 抗压强度和劈裂抗拉强度降低幅度减小，而 90d 强度接近或者高于基准混凝土。

混凝土工作性和力学性能　　表 6

编号	工作性				抗压强度(MPa)			劈裂抗拉强度(MPa)			
	坍落度(mm)	扩展度(mm)	初凝(h)	终凝(h)	7d	28d	90d	3d	7d	28d	90d
C40-0	190	510	14.1	18.2	43.9	55.6	60.6	2.3	3.2	3.9	5.0
C40-1	195	515	17.1	22.6	41.7	54.8	61.1	2.0	3.0	3.6	5.2
C40-2	210	530	21.5	25.5	38.4	52.1	62.4	1.8	2.9	3.5	5.4
C40-2F	180	450	20.8	24.7	41.4	56.6	61.2	2.1	3.1	3.8	5.5
C40-3	210	530	22.2	26.9	35.9	49.5	59.8	1.6	2.8	3.3	5.0
C40-4	215	540	24.5	29.3	32.2	48.2	59.2	1.2	2.6	3.2	4.8
C40-4F	130	410	22.3	27.5	38.7	52.8	60.6	2.0	3.0	3.4	5.1
C40-5	215	550	25.7	30.4	30.8	45.2	58.2	1.1	2.3	3.0	4.6

（2）磷渣掺量对混凝土胶凝浆体水化放热影响由图 1 分析得出，磷渣可明显降低胶凝浆体的水化放热速率和水化放热量，磷渣掺量为 40%时，3d 水化放热量可降低 20%，水化放热峰推迟 4h。

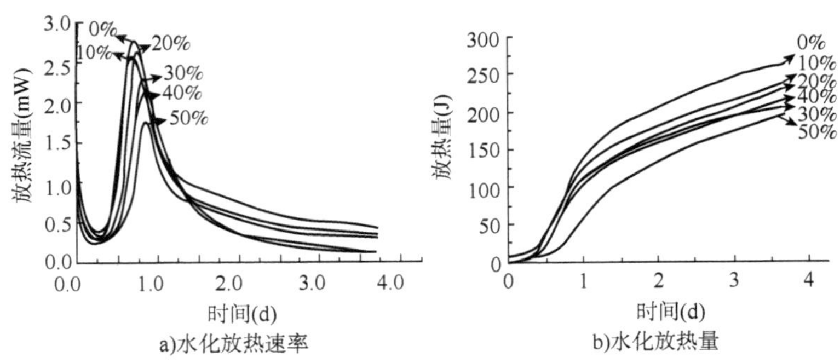

图 1 磷渣掺量对胶凝浆体水化放热影响

3.2 水泥分散增强组分对混凝土性能影响

研究表明,混凝土中有10%~20%的水泥在拌合中由于无法分散而不能参与水化,仅作为微集料起填充作用,无法发挥水泥胶结性能的作用。水泥分散增强组分为一种带有酰胺基团的小分子表面活性物质,掺入混凝土中,能通过改变水泥颗粒的固—液表面张力、分子之间的静电斥力,提高水泥颗粒之间的空间位阻效应,使原来相互黏结的水泥颗粒充分分散,促进水泥颗粒水化,充分激发每个单位水泥组分的胶结作用,以提高混凝土强度。

在保证水胶比与砂率不变的基础上,对密实骨架堆积法设计的混凝土减少20kg/m^{3}水泥,同时通过引入一定量(0,0.4%,0.6%,1.0%)水泥分散增强组分,试验时水泥分散增强组分等量取代部分拌和用水,试验配合比如表7所示。

混凝土配合比 表7

编号	水泥	磷渣	砂	石	水	减水剂(%)	水泥分散增强组分(%)
C40-6	232	178	782	1081	140	3.32	0
C40-7	232	178	782	1081	140	3.32	0.4
C40-8	232	178	782	1081	140	3.32	0.6
C40-9	232	178	782	1081	140	3.32	1.0

3.2.1 水泥分散增强组分对混凝土工作性和力学性能影响

由表8分析可得,水泥分散增强组分作为一种小分子的表面活性物质,自身带有的醇胺基团与水泥颗粒接触,覆盖在颗粒表面,醇胺基团与混凝土中的拌和水接触,使原本水泥颗粒表面形成水膜的张力改变,释放出拌和水,改善混凝土的工作性;同时水泥分散增强组分吸附于水泥颗粒表面,使水泥颗粒之间带有相同电荷,相互之间产生静电排斥作用,提高了水泥颗粒之间的空间位阻效应,充分分散水泥颗粒,促进水泥水化,提高了水泥颗粒之间的胶结作用,当分散增强组分掺量为0.6%时,3,7d抗压强度可提高15%以上,28d抗压强度提高5%以上,3,7,28d劈裂抗压强度均提高45%以上,在C40大体积混凝土的水胶比、砂率以及强度等级相同时,其单方水泥和胶凝材料用量均降低5%以上;但当掺量过多时(>0.6%),自身带有的醇胺基团会使混凝土的含气量增大,使其强度下降。

混凝土工作性和力学性能　　表8

编号	水泥分散增强组分	工作性		抗压强度(MPa)				劈裂抗拉强度(MPa)			
		坍落度(mm)	扩展度(mm)	3d	7d	28d	90d	3d	7d	28d	90d
C40-6	0	190	520	18.6	32.7	47.5	57.6	1.1	2.4	3.0	4.6
C40-7	0.40%	200	530	21.2	34.9	48.1	58.5	1.5	2.7	3.8	4.9
C40-8	0.60%	220	550	24.5	37.3	50.3	59.2	2.1	3.5	4.5	5.1
C40-9	1.00%	230	570	19.8	35.2	48.5	56.8	1.6	2.7	3.9	4.6

3.2.2　分散增强组分对混凝土胶凝浆体水化程度影响

通过测定各龄期胶凝浆体中的化学结合水含量,定量分析分散增强组分对混凝土胶凝浆体水化程度的影响规律,具体结果如表9所示。

混凝土胶凝浆体各龄期水化程度　　表9

编　　号	3d	7d	28d	90d
C40-6	3.73	8.02	14.01	37.41
C40-7	4.02	8.55	14.61	39.03
C40-8	4.63	9.17	15.42	41.14
C40-9	4.25	9.01	14.88	40.35

由表9分析可得,掺入分散增强组分后,利用其强大的静电斥力和空间位阻效应,增加水泥颗粒间的分散程度,使包裹于水泥颗粒间的部分自由水释放出来,增大胶凝浆体中的相对水胶比,促进未水化水泥颗粒的水化,提高胶凝浆体整体的水化程度,化学结合水含量增大,其中当分散增强组分掺量为0.6%时,3d,7d,28d水化程度分别提高24%,14%,10%。但是当分散增强组分掺量>0.6%之后,化学结合水含量随其掺量的提高而减小,这可能是由于0.6%掺量已经接近其对水泥颗粒分散能力的临界点,再提高掺量后,对水泥颗粒的分散程度改善不明显,对胶凝浆体的水化程度促进作用难以再有大幅提升。这与2.2.1节中分散增强组分对磷渣混凝土工作性与力学性能的影响规律相吻合。

3.2.3　分散增强组分对混凝土胶凝浆体微结构影响

通过SEM测试手段,研究不同龄期磷渣混凝土的微观形貌特征,试验结果如图2所示,其中图a),b),c),d)分别为不同分散增强组分掺量(见表8)胶凝浆体28d龄期SEM图。从图2可以看出,分散增强组分掺量增加促进了水泥和磷渣的水化,提高了胶凝浆体水化程度,也使得水化产物C—S—H凝胶的致密性更高,孔隙率明显降低。

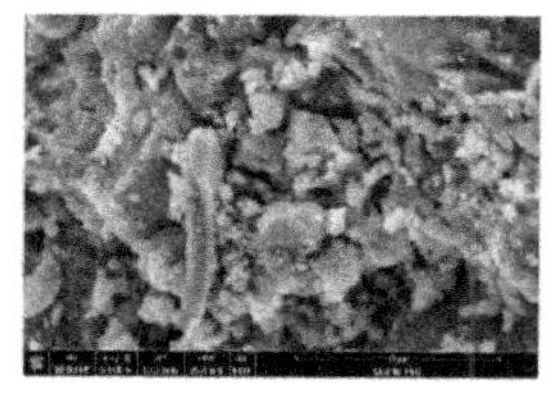
a)0

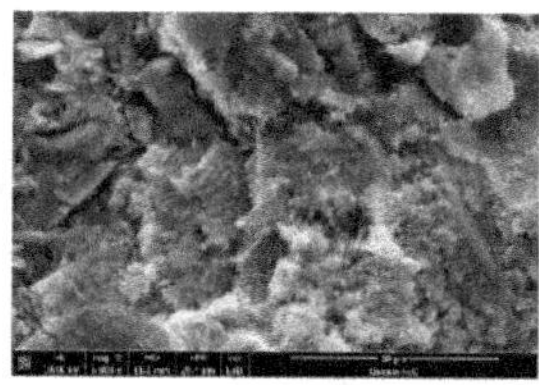
b)0.4%

c)0.6%

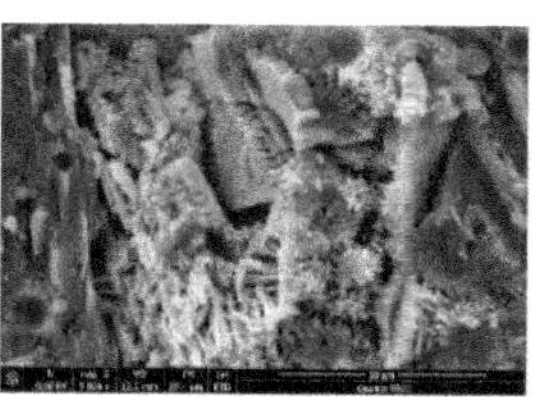
d)1.0%

图2　不同分散增强组分掺量的混凝土28d龄期SEM图

综合以上磷渣掺量与细度、超分散组分掺量对磷渣混凝土工作性、力学性能、水化进程及微结构的影响规律,得出 C40 承台大体积混凝土配合比、工作性、力学性能及体积稳定性分别如表 10、表 11 和图 3 所示。

C40 承台大体积混凝土配合比　　表 10

水泥	磷渣	砂	石	水	减水剂(%)	水泥分散增强组分(%)
238	172	782	1081	140	3.32	0.6

混凝土工作性和力学性能　　表 11

工作性				抗压强度(MPa)				劈裂抗拉强度(MPa)			
坍落度(mm)	扩展度(mm)	初凝(h)	终凝(h)	3d	7d	28d	90d	3d	7d	28d	90d
220	550	27.0	31.0	24.5	37.3	50.3	59.2	2.1	3.5	4.5	5.1

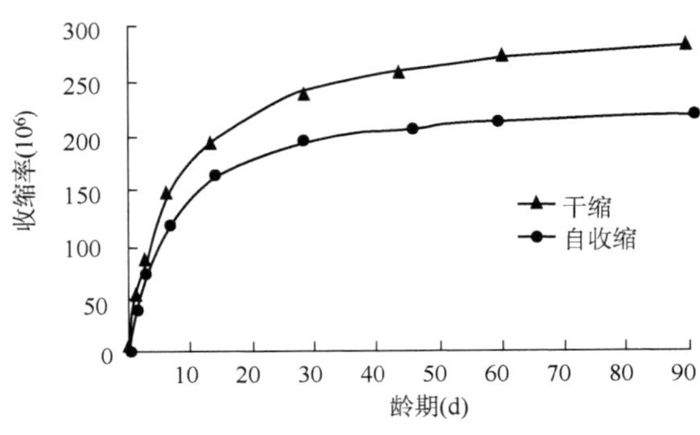

图 3　混凝土体积稳定性

4　工程应用

雅康高速公路大渡河特大桥承台采用棱台型,承台总高 9.0m,分 4 层浇筑,每次浇筑高度为 2.25m,其中康定岸左幅承台第 1 层和第 2 层浇筑均布置 2 层冷却水管,水管水平管间距为 1.0m,垂直管间距为 0.85m,距离混凝土表面/侧面为 0.7~1.0m;左幅第 3,4 层和右幅承台各层均取消冷却水管,浇筑完成后,在混凝土初凝前表面喷水雾保湿,凝结后立即凿毛处理,清理干净后蓄水 20cm 养护,C40 磷渣混凝土配合比及性能如表 10、表 11 和图 3 所示,温控监测结果如表 12 所示。

C40 磷渣低温升抗裂混凝土温控监测结果　　表 12

浇筑层次		入模温度(℃)	内部最高温度(℃)	最大内表温差(℃)	温峰出现时间(h)
左幅	第 1 层	25.0	53.3	16.9	92
	第 2 层	26.2	54.8	16.2	90
	第 3 层	24.3	58.4	20.3	82
	第 4 层	25.13	59.2	20.0	80

续上表

浇筑层次		入模温度(℃)	内部最高温度(℃)	最大内表温差(℃)	温峰出现时间(h)
右幅	第1层	24.5	57.9	19.9	85
	第2层	25.2	58.5	19.1	84
	第3层	26.6	59.2	20.1	83
	第4层	26.2	59.8	19.8	85

温控监测结果表明:磷渣可明显降低混凝土水化绝热温升,推迟水化温峰出现时间。与左幅第1层和第2层通冷却水相比,取消冷却水情况下,承台大体积混凝土内部最高温度增加4~5℃,内外最大温差增加2~3℃,温峰出现时间提前6~7h,但承台各层混凝土内部最高温度均<60℃,内外温差<21℃,满足《大体积混凝土施工规范》(GB 50496—2009)要求。实际工程应用表明,在取消冷却水情况下,C40承台大体积混凝土未出现温度裂缝,缩短了施工工期,降低了工程造价。

5 结语

(1)随着磷渣掺量增加,混凝土胶凝浆体水化放热速率和水化放热量降低,工作性提高,混凝土早期(3d,7d)抗压强度显著降低,其降低幅度较相同掺量Ⅱ级粉煤灰混凝土大,而后期(28d,90d)抗压强度增长幅度大于Ⅱ级粉煤灰,接近基准混凝土。

(2)水泥分散增强组分通过提高水泥颗粒分散程度,促进水泥水化,增强水泥颗粒间的胶结力,从而提高混凝土的力学性能。当分散增强组分掺量为0.6%时,C40混凝土胶凝浆体的各龄期(3d,7d,28d,90d)水化程度均提高10%以上。在C40大体积混凝土的水胶比、砂率以及强度等级相同时,其单方水泥和胶凝材料用量均降低5%以上。

(3)采用磷渣作为矿物掺和料,并掺加分散增强组分和减缩缓凝型减水剂,设计制备出绝热温升≤35℃、28d自收缩率≤200×10^{-6}的C40低温升抗裂大体积混凝土,实现了在取消冷却水管情况下承台大体积混凝土未出现温度裂缝。

参考文献

[1] 高小建,巴恒静,杨英姿.矿物掺和料对混凝土早期开裂的影响[J].建筑科学与工程学报,2006(4):19-23.

[2] 江昔平,王社良,段述信,等.超大体积混凝土温度裂缝产生机理分析与抗裂控制新对策[J].混凝土,2007(12):98-102.

[3] 吴景晖,董维佳.我国西部水电开发与磷渣的利用[J].粉煤灰,2006(4):44-45,48.

[4] 王培铭,丰曙霞,刘贤萍.水泥水化程度研究方法及其进展[J].建筑材料学报,2005(6):646-652.

[5] RICHARDSONIG.Tobermorite/jermite and tobermorite/calciumh ydroxidebased models for the structure of C-S-H: applicability to hardened pastes of tricalcium silicate, β-dicalcium silicate, Portland cement, and blends of Portland cement with blast-furnace slag, metakaolin, or silica fume[J]. Cem. Concr. Res, 2004, 39(9): 1733-1777.

索道桥施工节能环保技术在山区峡谷地带的应用

王永刚　李冬绒

（中交一公局汶马高速C15合同段项目部）

摘　要：随着我国经济的快速发展和国家对基础设施建设的不断加大，生态环境面临重大考验。如何在工程建设领域发现并积极推广先进节能环保技术与创新成果，是我们需要深思的问题。本文结合汶马高速狮子坪索道桥施工，从方案比选、创新技术的应用、过程中材料的回收利用等方面介绍了索道桥施工节能环保技术在山区峡谷地带的应用，为同类工程施工提供借鉴。

关键词：索道桥　山区峡谷　节能环保　钢丝绳锚索　滑轮挂钩　松紧调节器

1　引言

狮子坪索道桥位于于四川省阿坝州理县境内，所处地理位置特殊，地质条件异常复杂。汶马高速15标项目（图1）位于四川省阿坝州理县境内，主线工程主要为狮子坪隧道2号通风横洞及狮子坪隧道，由于主体工程位于狮子坪水库对岸，沿线地形陡峭，道路不通，在主线工程开工之前，必须先修建进场便道，该便道承担进场材料运输及出渣任务，是进出施工现场的唯一通道，也是项目关键控制性工程。

图1　项目位置示意图

2 索道桥方案的选择

2.1 方案比选

结合现场实际情况,要达到水库对岸我们有三个方案可供选择:

2.1.1 G317 国道绕行

绕行路线主要是利用现有 G317 国道,从狮子坪水库上游较狭窄处跨越杂谷脑河,在对岸展线到达主线施工区域,预计便道修筑长度为 10.5km,按四级公路标准修建。属于传统施工,安全系数高,山体会遍布水泥混凝土,对环境影响较大,造价也极高,约 5300.4 万元;

2.1.2 贝雷梁桥

采用贝雷梁方案,长度约为 360m,按照每跨 12m 计算,共计 30 跨,需在狮子坪水库中施工混凝土桩基和墩柱。施工安全,但水中遍布墩柱,对环境影响极大,造价也高,约 2213.18 万元。

2.1.3 索道桥

采用索道桥造价约 1555 万元,对山体和水资源扰动小,但是目前国内还没有类似规范可供参考,施工难度较大。

2.2 选择依据

2.2.1 环境保护区

米亚罗风景区山体不允许扰动。项目所处位置为四川省米亚罗风景区,旅游资源丰富,且受汶川地震及狮子坪水库库岸再造影响,生态极为脆弱。

2.2.2 水源保护区

狮子坪水库水资源不能遭到破坏。狮子坪水库作为当地居民主要生活用水来源,根据当地政府及环保部门的有关规定,施工过程中要有效保护饮用水源,严禁对其进行破坏。

2.2.3 生态保护区

尽量减少对当地林地、耕地的占用。当地林地大多属于国家级林区,而且耕地极为有限,当地政府要求建设过程中要有效保护生态环境和人民的生活环境。

2.2.4 狭窄型峡谷

深沟险壑,难以跨越。悬崖为屏、断岩为界,日积月累的自然侵蚀刻画出道道深沟窄壑,施工难度之高难以想象。

综合上述情况,在此种地形条件下,唯有索道桥方案符合节能环保、绿色施工、经济节约的原则。

3 节能环保技术的应用

3.1 钢丝绳锚索张拉反力架的应用

索道桥锚碇系统采用纤维钢丝绳锚索,其具有抗拉强度高、柔韧性好、安装方便等特点。

项目技术人员根据现场施工需要,研究以往钢丝绳锚索张拉设备,自行设计并加工了新型反力架(图 2),用于钢丝绳锚索的抗拔力试验。

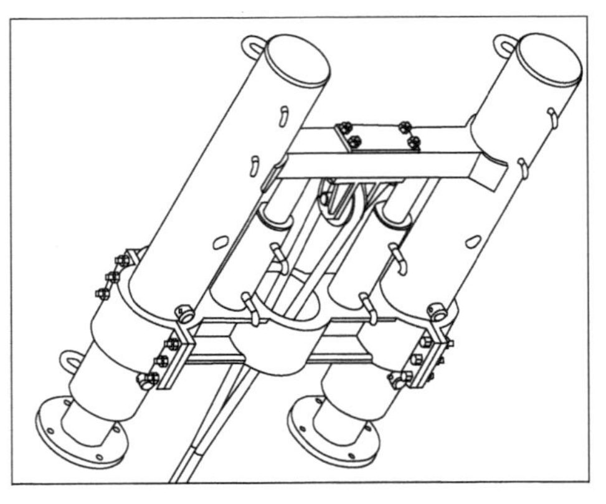

图 2　新型钢丝绳锚索张拉反力架

此类反力架较一般反力架增加了导向反力柱、固定横梁、承重滑轮等结构，具有结构简单、张拉速度快、千斤顶同步、自动化程度高、安全可靠等特点，保证了钢丝绳锚索张拉的工程质量，提高了张拉效率，节约了施工工期，在锚索张拉试验中得到了很好的应用，效果显著。

图 3　牵引滑轮挂钩装置工作原理图

3.2　滑轮挂钩运输装置的应用

在索道桥钢丝绳主索运输安装的过程中，传统方法是在其上游或者下游架设简易猫道，其成本高，运输效率低，安全风险高；本项目采用自行设计并加工的滑轮挂钩运输装置，运用“小绳拉大绳”的原理，不仅制作简单，成本低廉，经济适用，而且大大提高了主索的运输安装效率，降低了施工成本，加快了施工进度，达到了节能增效的目的。牵引滑轮挂钩装置工作原理见图 3，滑轮挂钩示意图见图 4。

a)滑轮挂钩三维图

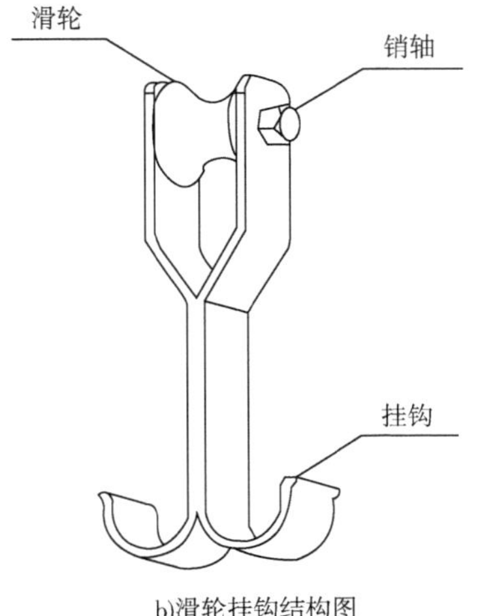

b)滑轮挂钩结构图

图 4　滑轮挂钩示意图

3.3 松紧调节器的应用

在钢丝绳主索矢(垂)度调节的过程中,通过采用了松紧调节器装置(图5),不仅解决了传统调节工具效率低下的问题,而且使桥面每根主索的矢(垂)度偏差控制在设计范围内,使桥面的最大横坡比和纵坡比得到了有效控制,保证了桥面的安全通行。

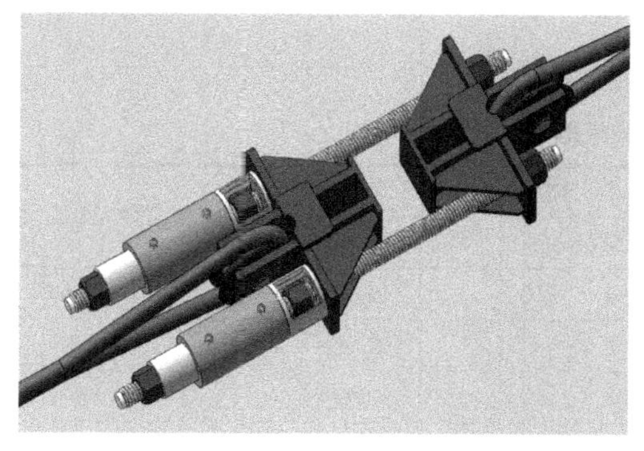

a)三维实物图

b)工作过程

图5 松紧调节器装置

4 效益分析

4.1 节能与经济效益

4.1.1 方案比选

通过三种方案的综合对比,索道桥方案较贝雷梁方案累计可节约658.18万元。由于交通行业土建工程万元产值标准煤系数经验值为100.18kg,则累计节约标准煤=100.18×658.18=65.94t;减少CO_2排放=65.94×2.4567=161.99t(2.4567为标煤CO_2排放系数推荐值)。

4.1.2 索道桥材料回收利用

索道桥施工过程中,材料利用率较高,后续索道桥拆除后主索钢丝绳、桥面木板、花纹钢板均可再次回收使用,预计累计可节约435万元,则累计节约标准煤=100.18×435=43.58t;减少CO_2排放=43.58×2.4567=107.06t。(2.4567为标煤CO_2排放系数推荐值)

4.1.3 发明钢丝绳预应力锚索张拉的反力架

在索道桥预应力锚索拉拔试验中,通过使用钢丝绳预应力锚索张拉的反力架,相比传统的普通液压千斤顶顶推装置,无论从技术、经济还是安全性能方面都优势比较显著,具有同步控制、自动化程度高,安全可靠等特点,可广泛应用于索道桥预应力锚索的抗拉拔试验。最终节约成本6.045万元;节约用电3100度,折算成标准煤=3100×0.330=1023kg;减少CO_2排放=3100×10.523=3262.1kg(0.330为电力折标煤系数;10.523为火力发电CO_2排放系数)。

4.1.4 采用自行设计加工的滑轮挂钩运输装置

在大跨度索道桥钢索运输的过程中,利用传统的猫道架设安装运输方法,工作效率较低,通过使用自行设计加工的滑轮挂钩运输装置,大大提高了运输效率,节省主索运输安装工期30d,实现了节能增效。最终节约成本65.0万元;节约用电5775度,折算成标准煤=5775×

0.330 = 1905.8kg；减少 CO_2 排放 = 5775×1.0523 = 6077kg。

4.1.5 采用自行设计加工的滑轮挂钩运输装置

传统调节工具需要人工实施，松紧调节器的应用通过千斤顶张拉，实现了机械化替代人工，提高效率，而且能精确控制桥面主索的矢（垂）度偏差，保证了完工后桥面的安全通行，累计节约 15.764 万元。

4.1.6 综合分析（表 1）

效益综合分析表 表 1

序号	项 目	节能降碳效果		经济效益（万元）
		节约标准煤（tce）	减少 CO_2 排放（t）	
1	方案比选	65.94	161.99	658.18
2	索道桥材料回收利用	43.58	107.06	435.00
3	钢丝绳预应力锚索张拉	1.023	3.26	6.045
4	钢丝绳主索运输安装	1.91	6.08	65.0
5	钢丝绳主索矢（垂）度调节器	—	278.39	15.746
6	合计	112.453	281.55	1179.971

4.2 节能环保综合效益分析

4.2.1 环保

（1）工程施工作业面小，大大减少了对土地资源的消耗量。

（2）在桥台开挖过程中，克服重重困难，最大限度的在设计线范围内作业，尽最大可能减少对库区、山体的扰动和对林木的破坏，保护原有生态。

（3）施工中对大部分材料进行了二次回收利用，实现了材料的高效使用，减少了对自然资源的消耗总量。

（4）施工产生废弃物少，且处理后基本可以实现零排放。

（5）施工中加大对污水的处理，水资源分级利用率高，防止了对水库水源的污染，最大限度地保护了生态环境。

4.2.2 节能

通过前期方案比选，索道桥方案施工工期短，施工中积极采用行业内大力推广使用的“四新”技术和节能环保技术，施工工艺简便，大大减少了对能源的依赖性和消耗量。

5 结语

5.1 索道桥自身优势

通过“索道桥施工节能技术”在汶马高速 15 标项目的应用，得出以下结论，具有重要的推广价值。

索道桥主要适用于：峡谷地带，河床高程与两岸道路高差较大，一侧道路畅通，一侧道路不通的地形条件下，施工工期短、主线急于进场开工，且单跨在 400m 以下，单车荷载 60T 左右，使用寿命周期 10 年以下的临时便桥工程。在上述地质地形条件下具有明显的技术、经济、节能环保优势。

5.2 节能环保行业优势

随着我国经济的快速发展和国家对基础设施建设的不断加大，生态环境面临重大考验。索道桥节能环保施工技术的成功应用仅仅是工程领域节能环保施工的缩影。作为高新技术企业，我们必须积极响应国家号召，成立技术创新应用团队，在工程建设前期大力推广使用绿色环保施工技术，优先采用低耗能、零排放施工工艺，同时还成立安全环保督察小组，加大对施工过程中环境保护的督查和治理。

其实，在工程建设领域，无论是前期施工方案的必选、优化，还是过程中“四新”技术的推广使用，都能够产生巨大的技术、经济、节能效益，因此在行业内发现并积极推广先进节能环保技术与创新成果潜力巨大，更能够贯彻落实“绿水青山就是金山银山”的理念，让我们的下一代能“望得见山、看得见水、记得住乡愁”。

5.3 问题讨论

由于索道桥需在特殊地形条件下使用，因此目前暂未能大规模建设，但施工过程中所提及的“四新”技术应用，节能环保、绿色施工理念，完全可以应用到工程建设领域的方方面面，在一定程度上可以提供借鉴。

参 考 文 献

[1] 黄邵金，刘陌生.现代索道桥[M].北京：人民交通出版社，2004.

[2] 董彪.浅谈索道桥施工技术[J].建筑建材装饰，2014，(7)：71-72.

[3] 王长城，王洪松.关于临时索道桥在公路工程中的实例应用[J].研究与探讨，2014，(12)：442，444.

陡坡地区现浇箱梁支架施工技术

罗永林　李　超　张家龙

（中交一公局海威工程建设有限公司，北京 101119）

摘　要：随着我国交通事业的快速发展，山区公路日益增多，山区复杂的地形为公路施工带来了不少的难题，而现浇箱梁中的排架搭设及基础处理便是受到陡坡地形的严重影响。本文以雅康 C16 项目磨子沟大桥为例，通过对现浇箱梁支架设计、施工工艺的分析，结合现场实际施工经验，探讨陡坡地区现浇箱梁支架施工方案，确保支架的施工安全。并通过方案实施情况，为类似工程提供一些参考。

关键词：陡坡　现浇箱梁　支架

1　工程概况

磨子沟大桥是四川省雅安至康定的双向四车道高速公路桥梁，桥梁位于小马厂隧道和喇嘛寺隧道间，跨越山坡上一道冲沟。本桥左线采用跨径组合为：2×38m+3×30m+3×30m，上部采用预应力混凝土现浇箱梁及预应力混凝土简支 T 梁，下部采用柱式台，塔式墩，桩基础。右线采用跨径组合为：3×38m+3×38m+1×38m，上部采用预应力混凝土简支 T 梁，下部采用柱式台，塔式墩，桩基础。桥址区磨子沟底，场地地形陡峭，自然坡度一般为 40°～45°，局部陡坡达 70°。桥址区地层主要由新生界第四系全新统崩坡积层（Q4c+dl）、泥石流堆积层（Q4sef）和元古界康定群咱里组花岗岩（γ024），现浇箱梁位于崩塌堆积体之上，该堆积体下部延伸到沟底，其下部在遭受泥石流冲刷作用下，坡脚易被掏空，引起滑塌。磨子沟大桥左线第一联为四箱室现浇箱梁，混凝土强度为 C50，该联现浇箱梁横跨磨子沟右岸陡坡。

2　施工控制难点

现浇箱梁钢筋混凝土结构属整体施工。支架作为现浇箱梁施工的支撑方式，要求保证足够的强度、刚度和稳定性，但由于结构受力分析困难，一般以满堂支架形式搭设在处理好的地基上出现。现场实际地形陡峭，支架搭设困难，且现浇箱梁属于重点控制性工程，若未对支架进行安全验算、预压，易在混凝土浇筑过程中发生架体坍塌事故。临时墩钢管立柱垂直度偏差过大，易在混凝土浇筑过程中发生架体坍塌事故。

3 施工方案的制定

3.1 施工方案的选择

方案一：采用满布式碗口支架，支架基础采用C15混凝土硬化，支架顶部纵横向布置方木，模板均采用竹胶板。混凝土采用商混凝土，泵送入模。

方案二：采用条形基础，基础底部施作钢花桩，支架采用钢管立柱，支架顶部采用工字钢布置纵横梁，梁顶采用贝雷梁、碗口支架与方木作为支撑。

方案比选：磨子沟大桥左线1、2跨位于深沟壑堆积体上部，若采用方案一，基底处理困难，且施工安全难以得到保证。方案二采用钢花桩基础承载上部荷载，适用现场实际陡坡堆积体地形，与条形基础结合，基础承载力满足现场施工要求，施工进度快，安全系数高、工艺难度较小。且贝雷梁利用原系梁施工用贝雷梁，节约了施工成本。综上所述，我分部拟选用方案二。

3.2 具体施工方案

(1)现浇箱梁支架由临时墩+贝雷片+碗扣式支架组成。

(2)临时钢管柱式墩，基础采用钢花桩基础。

(3)碗扣式支架位于贝雷片上方。

(4)贝雷片连续钢梁顶部横向分配梁采用I25b工字钢，纵向采用10cm×10cm方木，方木搭设顶部采用碗扣式支架。

(5)现浇箱梁使用1.2cm竹胶板作为模板原材，底板铺设完成后，进行支架预压，消除支架非弹性变量。

(6)拆架时待纵向预应力束全部张拉完成且管道压浆的强度均达到设计强度的80%以上时方可进行，落架按照全孔多点、对称、级慢、均匀的原则，从跨中支点拆卸。

3.3 方案实施

3.3.1 基础施工

支架基础采用钢花桩，施工中采用无缝钢管，ϕ108mm，壁厚6mm，钢管出厂长度6~8m。施工中采用焊接，钢管总长根据测量编号及数控确定；管壁钻注浆眼呈梅花形布置，注浆眼沿轴线间距为20~40cm，孔眼直径ϕ6~10mm。基础施工具体施工步骤(图1)如下：

(1)用全站仪对基础放样，测定钢花桩基础位置、高程。

(2)钻机钻孔：钻孔采用机械钻进成孔，成孔直径ϕ148mm，施工中应保证无水钻进，中心间距0.5×0.75m，钢花管长15m。

(3)钢花管入孔：利用钻机吊起钢花管入孔，吊装时钢管要匀速下放，避免损坏封眼胶带。

(4)制备水泥浆液：压力灌浆材料M30水泥浆，采用制浆机进行浆液制备，浆液水灰比为0.6~0.8，浆液应搅拌均匀，随搅随用，须在浆液达到初凝前用完。

(5)绑设压浆管：压浆管采用高压缠丝橡胶压浆管，压浆管的抗压应大于3MPa。压浆接头应保持密闭，不漏浆、泄浆，绑设牢固，不脱落。

(6)压浆：采用压浆泵进行压浆，开始用清水或稀浆走孔，压浆结束时用浓浆封孔，控制灌浆压力在0.2~0.5MPa左右，出现压力急剧上升或压浆管剧烈抖动应立即停止压浆，并迅速打开回浆阀门，避免漏浆、爆管。根据现场地质情况，在一定注浆压力下，其浆液扩散有效范围为 0.25m。

(7)条形基础:条形基础采用 C30 钢筋混凝土基础,条形基础尺寸为 2m×25.85m,配筋纵向及架立钢筋螺纹 d = 12mm 间距 15cm,箍筋螺纹 d = 12mm 间距 15cm。条形基础距顶面 25cm 处增设 20cm×20cmD8 钢筋网片。钢筋网片搭设长度不小于 25cm。

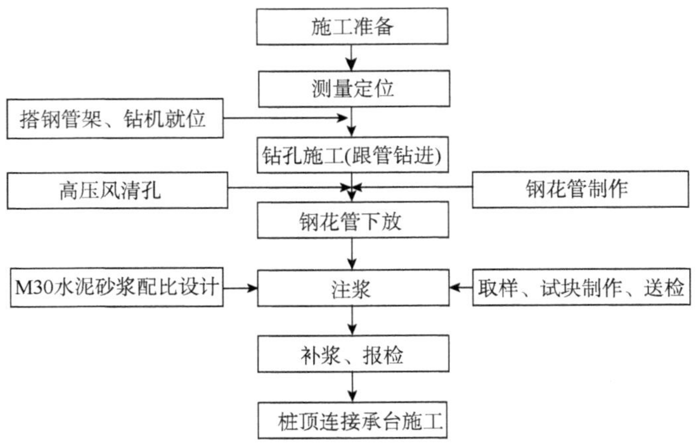

图 1 基础施工流程图

3.3.2 钢管柱施工

(1)钢管柱设计:

立柱采用 ϕ800mm×12mm 钢管,纵向布置间距 10.41m+12m+10.41m,横向间距 4.3m;钢管立柱最大竖向荷载计算得知为 N = 1969.4kN,平联最大间距 10m,钢管立柱的自由长度按照 22.96m 计算。

ϕ800mm×12mm 钢管截面特性:

$A = 29707\text{mm}^2, i = 279\text{mm}, l = 22960\text{mm}$

立柱承载力计算:

$\lambda = \frac{l}{i} = \frac{22960}{279} = 82.4$,查表可得 $\varphi = 0.672$(内插计算)

稳定性验算:

$$\frac{N}{\varphi A} = \frac{1969.4 \times 10^3}{0.672 \times 29707} = 98.7\text{MPa} \leqslant f = 215\text{MPa}$$

钢立柱承载力满足要求。

(2)钢管柱运输至现场后根据需要的长度进行气割处理,处理要求将钢管柱接头处 30mm 内的铁锈、氧化铁皮、油污、水分清除干净,并显露出钢材的金属光泽,若需要接长焊接时采用手工焊,按焊接工艺要求,焊接应控制走向顺序、焊接电流、焊缝尺寸。接头处加劲板必须保证焊缝密贴;每一焊道熔敷金属的深度或熔敷的最大宽度不应超过焊道表面的宽度,同一焊缝应连续施焊一次完成。

(3)使用 25t 汽车吊吊装钢管柱,使钢管柱中心与基础预埋钢板中心对齐,沿钢管柱底角将钢管柱与预埋钢板焊接,同时将加劲板与基础中的预埋钢板和钢管柱焊接,焊接应满足规范要求。钢管柱有限元模型见图 2,钢管柱施工照片见图 3。

图2　钢管柱有限元模型

图3　钢管柱施工照片

3.3.3　支架搭设施工

1）主梁施工

上部纵向主梁由标准贝雷片组成桁架式钢梁，每组采用双排单层加强结构。横桥向设置10组贝雷桁架结构形式，每组贝雷桁架间距215cm。安装时先在桥下将贝雷片用90cm定型花窗连接，纵向拼装至9m、12m长后，使用25t汽车吊或塔吊将拼装好的贝雷桁架吊至测量放样确定出的主梁位置，全部主梁安装就位后，用∠7.5×5mm角钢“门”焊接在下横梁上来固定主梁。

2）横向分配梁施工

分配梁采用I12分配梁，纵向间距跨中为90cm，其他为60cm。

3）纵向分配梁施工

纵向分配梁采用I10型钢，间距0.6m。

4）碗扣式支架施工（图4）

立杆采用碗扣式支架，纵向间距为60cm、90cm，横向间距30cm、60cm。底部横向铺设10cm×10cm方木，纵向铺设I10型钢。

图4　支架搭设施工照片

3.3.4 预压处理

1)预压目的

为验证支架的稳定性、刚度及强度;消除支架非弹性变形,确保梁体不因支架沉降而产生开裂,需采用支架预压措施。

2)支架预压荷载及范围

支架预压荷载按该部分箱梁自重(不包括翼板部分重量)的120%计算,预压荷载在支架沉降稳定后拆除。支架预压范围为底板及腹板正下方部分支架,翼板部分支架由于承重小,因此可不作考虑。

3)预压材料及加载总重

采用与浇筑顺序相同的顺序进行预压。先底板、后腹板。预压采用分级均匀加载,按三级进行,即80%、100%和120%的加载总重,每级加载后均静载3h后分别测设支架和地基的沉降量,做好记录。为加快施工进度,现场用水袋进行预压(图5),预压荷载全联一次性加载,并观测其变形和沉降,待连续3d72h内累计沉降小于1.5mm,方可立模浇筑箱梁混凝土。预压观测:观测位置设在每跨的 $L/2$、$L/4$ 级处,每组分左、中、右三个点。在点位处固定观测杆,以便于沉降观测。用水准仪进行沉降观测,布设好观测杆后,加载前测定出其杆顶高程。通过设置预拱度,使梁体的外形尺寸和高程符合设计要求。卸载的同时继续观测。卸载完成后记录好观测值。根据观测记录,调整出预压沉降结果,调整碗扣支架顶托的高程来控制箱梁底板及悬臂起拱高度。

图5 水袋预压施工照片

3.3.5 沉降观测

沉降观测是一道重要的程序,支架预压的结果要通过沉降观测得出。

(1)仪器配备和人员安排:NIVO2.M全站仪、DS3水准仪各一台;3m以上钢尺,线锤。

(2)测点布置:每浇筑段支架要设三个观测断面,即浇筑段端头、支点附近三个断面。每个断面设3个测点,即底板两侧、梁中心处。

(3)观测阶段观测分成五个阶段:预压加载前;60%荷载;80%荷载;120%荷载;卸载后。

每个观测阶段要观测2次。加载完成后,测量观测至沉降不明显趋于稳定,经监理工程师同意后可卸载,卸载后继续观测一天。

(4)观测成果:沉降观测数据要如实填写在沉降观测记录表上。计算出支架弹性压缩量及基础沉降量,支架的弹性压缩结果用于支架预高设置(底模预高),绘制加载—支架沉降曲线。

(5)沉降观测应注意事项:

①沉降观测仪器为专用精密仪器,专职测量人员负责。

②测站点要固定。

③不能随意更换测量人员,防止出现人为误差。

④专人负责对测点位置保护。

⑤如实填写观测数据,绘制弹性和非弹性变形曲线。如出现意外数据,应分析原因,不得弄虚作假。

⑥观察过程中如发现基础沉降明显、基础开裂、局部位置支架变形过大现象,应立即停止加载并卸载,及时查找原因,采取补救措施。

3.3.6 支架拆除

底模及支架应在结构建立预应力后方可拆除。拆除时应从跨中向两侧对称缓慢进行,不得骤然卸落。

4 实施效果

磨子沟大桥现浇箱梁施工(图6)是我部的重点工程也是难点工程。由于地形特殊、环境恶劣,工程施工难度较大,我部前期策划中就尤其重视。特别针对支架基础施工、支架搭设、支架预压以及现浇梁浇筑更是慎之又慎。为了保证工程质量、安全、工期,项目反复研究、严格比对、大胆创新,综合多种施工方法和施工工艺,最终圆满完成了此项施工任务。施工过程不仅无安全事故,施工质量更是得到有效控制,并提前完成了计划任务。

图6 现浇箱梁施工照片

5 结语

磨子沟大桥现浇箱梁施工经过项目领导和技术人员反复踏勘现场,征求施工队伍的意见,并查阅相关资料,集思广益,最终确定了一套切实可行的施工方案。经过实践验证,我部对磨子沟大桥现浇箱梁支架的施工方法具有技术可行性、经济合理性以及安全可靠性。实践是检验真理的唯一标准,正是因为我部的不断创新、实践、改善和总结提高,最终才能顺利地完成此项重难点工程,并为以后类似的工程积累了经验和数据。

参考文献

[1] 中华人民共和国行业标准.JTG/TF50—2011 公路桥涵施工技术规范[S].北京:人民交通出版社,2011.

对岩枢纽互通A匝道现浇箱梁支架设计研究

皇甫海军　张卫强　贾少凯

(中交一公局海威工程建设有限公司,北京 101119)

摘　要:A匝道为小半径现浇箱梁,扭矩大、纵横坡大且横坡连续变化,支架设计的结构、施工的水平直接决定了现浇箱梁施工的质量和安全。本文通过对结构稳定、便于梁底线形调整、适合山区复杂地形的梁式+满堂式叠合支架的设计施工进行研究总结,为同行业同类型桥梁的施工提供参考依据。

关键词:小半径　现浇箱梁　复杂地形　叠合支架　梁底线型

1　引言

自从1984年我国开始建设高速公路以来,我国的高速公路行业在国家大力支持下蓬勃发展,主要的高速公路网已建成,现在在完善支网。支网主要布置在偏僻山区和不发达地区。在山区高速公路设计中,桥梁高度超过20m的桥梁比比皆是,甚至高度超过百米的也屡见不鲜。在陡峭的山岭口施工连续现浇箱梁,由于受地形限制,困难很大,而要修建小半径曲线多跨连续现浇箱梁,则更增大了难度系数。山区小半径曲线高墩柱连续现浇箱梁施工难点在于:①支架体系的选择与布置;②支架体系基础的地基处理;③支架体系的安装与拆除;④混凝土浇筑;⑤预应力筋的安装与张拉;⑥梁体在空间中的线形和外观质量。

目前,现浇梁支架有两种形式可以选择:满堂支架和梁式支架。满堂支架法施工适用于无通航或通行要求的桥跨,墩高在15m以内,地质条件较好的地区施工;其最大的优点是不需要大型吊装设备,其缺点是施工用的支架消耗量大、地基处理成本偏高、工期长,对山区桥梁及高墩有很大的局限性。梁式支架适应于场地条件复杂的大跨度桥梁施工,支架结构传力明确,支架的强度、刚度及稳定性好,可节约支架成本和施工工期,确保桥梁成型后的结构性能,其缺点是安拆需大型吊装设备,施工复杂。

由于小半径匝道桥现浇箱梁的纵、横坡度均较大,不论选择何种支架形式,如何消除由于现浇箱梁横坡产生的水平推力,保证支架的稳定性都是重中之重。同时,由于小半径匝道桥底面横坡连续变化,采用何种支架保证底面线形,满足外观质量要求亦是必须考虑的重点。所以在整个小半径匝道桥现浇箱梁施工过程中,结合现场地形,考虑如何消除由于桥梁纵、横坡产生的分力及如何满足桥梁底面线形是支架设计的重点和难点。

经过雅康C5项目技术人员的认真思考、调研及邀请专家进行技术指导,结合已有的支架结构形式,提出了一种结构稳定、便于梁底线形调整、适合山区复杂地形的支架结构形式,即下部采用结构稳定性好的梁式支架,上部采用易于梁底线型调整的盘扣或碗扣满堂式支架的叠合支架。

2 工程背景

2.1 工程概况

雅康高速公路 C5 合同段对岩互通枢纽立交位于雅安市雨城区对岩镇坎坡村，与 G108 国道、雅西高速公路交叉。整个立交由坎坡坝特大桥、对岩大桥及 8 条匝道桥梁构成，其中 A、B 匝道与 E、F 匝道平曲线半径分别为 50m 和 115m；墩柱最高达 31m。本次以 A 匝道现浇箱梁支架施工为依托进行介绍。

A 匝道桥全长 150m，平曲线半径 50m，桩号 AK0+143.057～AK0+335.057，上部结构采用 4×25m+2×25m+22m+20m 预应力混凝土连续梁，其中 1～5 号墩为第 1 联，5～9 号墩为第 2 联。下部构造采用双柱式钢筋混凝土桥墩和盖梁，桩基均采用钻孔灌注桩，第 3 跨跨越 108 国道，第 4、5 跨处于濆江河中。其中 1 号墩高度 3m、2 号墩高度 5m、3 号墩高度 9m、4 号墩高度 10m、5 号墩高度 19m、6 号墩高度 21m、7 号墩高度 18m、8 号墩高度 19m、9 号墩高度 17m。

2.2 现场调查分析

对岩互通桥区属浅切侵蚀构造单斜低山地貌。对岩河自南西至北东在场地内穿越而过，河流冲击形成大面积侵蚀阶地覆盖于基岩之上，桥位大部处于河流阶地上，仅 C、D、H 等匝道局部地段需开挖山体（图 1）。

图 1 对岩互通区小桩号范围内原地貌实照

现场水文条件：根据雅安市雨城区水文站对濆江河水多年来的水位观测，可知濆江河水在冬季水位最低，水面大约高出河床 0.8m 左右。夏季丰水期，水面大约高出河床 4.0m 左右。因此施工需要考虑到突发河水情况。

3 支架设计

3.1 设计理由

由于本合同段匝道桥平曲线半径小，纵、横坡大，且横坡连续变化，同时，桥址所处地貌呈阶梯变化，且横跨濆江河、G108 国道、雅西高速公路；因此现浇梁支架设计既要从受力角度考虑安全性，又要从美学角度考虑梁底线形控制方法，还要考虑施工期水流冲刷、漂流物撞击、车辆通行及工期、成本等综合因素。综合以上各方面因素，最终决定采用梁式+满堂式叠合支架（图 2、图 3）的结构形式。该种支架结构形式由于梁式支架特有的稳定性，可以很好地抵抗由纵、横坡产生的水平分力，由于满堂支架升降调点位密集，可以很好地进行线形控制，同时，通过降低上部满堂支架的搭设高度，加强与墩柱的限位连接，可以很好地解决满堂支架抵抗水平力差的问题。

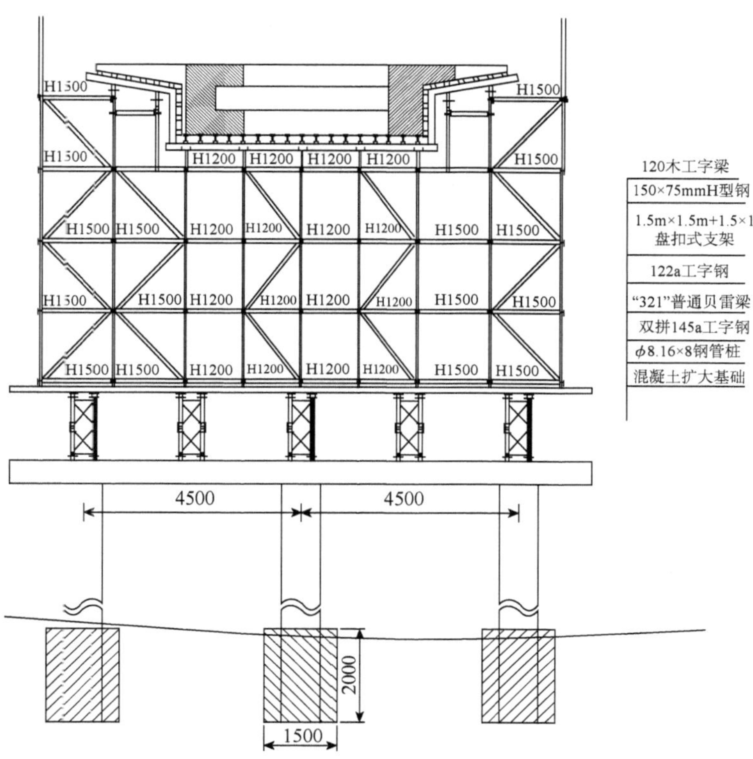

图 2　叠合支架标准横断面示意图（尺寸单位：mm）

图 3　支架搭设现场实照

3.2 受力分析

由于选择支架结构形式时充分考虑了通过结构的特有性能抵抗由纵、横坡产生的水平分力，故受力计算时不予考虑水平分力。

竖向荷载受力分析时既需考虑现浇梁混凝土、现浇梁钢筋、模板、满堂支架、贝雷梁、型钢等恒载，又需考虑施工过程中施工人员、施工料具堆放、运输荷载等活荷载。根据《路桥施工技术手册》，恒荷载分项系数取 1.2，活荷载分项系数取 1.4。

图 4　现浇梁支架设计施工方案专家评审会

计算时，模板、主次龙骨及 I22a 分配梁按照 3 跨连续梁进行计算，满堂架立杆、钢管按照压杆稳定理论进行计算，贝雷梁及 HN450 型钢出于安全考虑，按照简支梁进行计算。根据计算结果选择立杆纵横向间距及步距，贝雷梁组数、钢管柱根数及剪刀撑位置；根据现场地基承载力报告，确定钢管柱基础尺寸。现浇梁支架设计成果经过专家评审通过，见图 4。

3.3 高程计算方法

本课题高程计算以软件计算为准，辅以手工计算进行校核，从而保证高程计算结果准确、可用。软件采用“轻松工程测量系统软件”，计算方法如下：

第一步，查阅图纸，找出图纸中已经给出的各段平曲线起始点桩号、坐标；竖曲线变坡点里程、半径；超高变化点范围、坡度；以及其余图纸中给出的相关参数，如超宽、断链等。

第二步，打开软件，新建项目。

第三步，打开软件选择参数栏，根据图纸中给出的已有数据输入到软件相应界面中，保存。

第四步，根据需要，输入相应条件（坐标或者里程与偏距），导出所求点高程。

手工计算方法如下：

首先，待求点的桩号确定方法为：将该点与所在段落平曲线圆心连接成直线，该直线与设计线的交叉点的桩号即为待求点桩号。

其次，根据《路线纵断面图》直线及平曲线一栏确定待求点是否落于缓和曲线段内，进而确定该点横坡是直接由图纸取得，还是需要通过计算得到。落于缓和曲线段外的待求点可以由对应《桥墩参数表》直接得到该点横坡；落于缓和曲线之上的待求点横坡计算方法为：根据《路线纵断面图》直线及平曲线一栏确定缓和曲线起终点桩号，根据对应《桥墩参数表》确定缓和曲线起终处横坡，然后由线型内插法确定缓和曲线上待求点横坡。

最后，根据纵坡，求得待求点里程桩号处设计线上的高程，再根据求得的横坡乘以偏距求得待求点高程。见图 5。

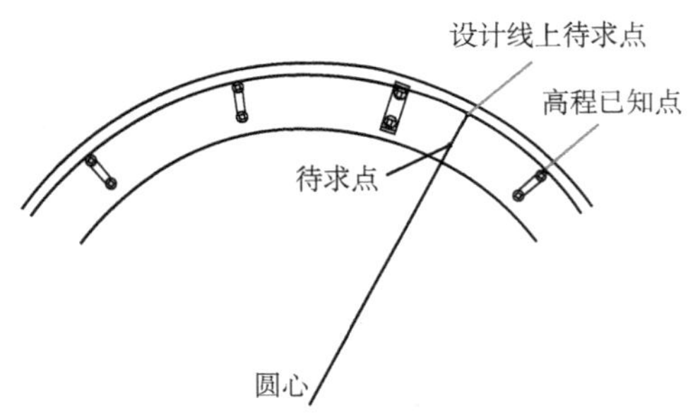

图 5　手工计算高程点过程示意图

4 支架施工

4.1 基础施工

测量人员根据设计图纸放样出条形扩大基础的位置,进行筑岛后反开挖,挖至基岩后用破碎锤开槽,保证基础嵌入基岩50cm以上。

开挖后清除基地松散杂物,埋设锚固钢筋,锚固钢筋长1.6m,用风镐钻孔,灌浆植筋,保证钢筋入岩80cm,外露80cm。浇筑垫层、支立模板,浇筑基础混凝土。在浇筑基础混凝土过程中,预埋$\phi32$螺栓,预埋长度≥50cm。($\phi32$螺栓与钢管柱底2cm厚1.0×1.0m钢板四角连接,见图6)

4.2 钢管柱施工

由支架搭设所需最低高度结合搭设范围内高程最低点处反算出钢管柱顶面高程,计算出钢管长度,用吊车配合人工提前在地面上将钢管柱按照设计长度拼接,柱顶焊接1块2cm厚1m×1m的钢板,四周增焊4块加劲板。然后用吊车起吊与基础顶面埋设的钢板焊接,确保焊缝饱满,符合I级焊缝质量标准,并且用铅锤控制钢管桩竖直度,钢管柱与钢板四周加设劲板(图7)。

图6 钢管立柱与基础连接实照

图7 钢管柱安装完成实照

钢管柱定位方法为:由于钢管中心点是作为已知点放样于基础钢板之上,因此可以利用圆规在钢板上画出钢管圆周,安装时只需将钢管切合于所画圆周线上即可。

4.3 贝雷梁安装

贝雷梁安装之前,使用吊车安装12m长的双拼HN450型钢,与钢管柱焊接固定。贝雷梁提前在施工场地组装完成,用1台25t汽车吊起吊,贝雷梁必须按照设计方案中指定的位置布设,并设置贝雷梁限位器,贝雷梁安装完成后,在贝雷梁顶按满堂架纵向设计间距架设I22a小工字钢,小工字钢与贝雷梁之间用U形卡固定。见图8。

4.4 满堂架搭设(图9)

盘扣式支架搭设工艺流程:放线定位→按定位放置可调底座→在可调底座上放置标准基座→在标准基座上安装扫地横杠→在标准基座上安装扫地斜杆→用水平尺校正水平和垂直→用钢卷尺校正立杆对角线保证架体方正→安装二步及以上立杆和横杆→安装斜杆→直

至封顶安装端横杆和斜杆→安装可调顶托和基础梁→检查验收。

图8 贝雷梁U形卡限位连接实照

图9 盘扣支架搭设施工实照

5 现浇梁底面线形控制过程

5.1 主龙骨处高程初步调整

在主龙骨安装之前，由测量组人员采用全站仪对顶托高程进行测量放样，过程中需注意由于小半径匝道桥底面为扭转面，故不可仅仅只是对矩形块的四角进行测量放样（满堂式支架搭设时按照矩形块分块搭设），需对横向每排顶托的两侧顶托进行放样测量。测量放样方式为1名工人通过测量员指挥（测量员将水准仪驾立在盖梁或墩顶系梁上），升降顶托，使顶托初步达到设计高程，然后通过拉线，调整每排中间顶托高程（图10、图11）。

图10 工人配合高程初步调整实照

图11 测量人员对高程进行初步放样

5.2 预压前控制点布设与高程测量

高程调整到位之后，安装主龙骨，按设计间距铺设方木，安装竹胶板，测量组按高程控制点进行放样，然后由工人与技术员配合对高程进行预压前的最后调整，调整方式以控制点高程为准，辅以顶托高程进行调整见图12、图13。

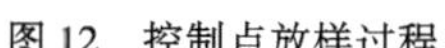

图 12 控制点放样过程

图 13 底模高程终调

5.3 预压

预压的目的是消除支架及地基的非弹性变形,得到支架的弹性变形值作为施工预留拱度的依据,确保梁体不因支架沉降而产生开裂。

预压方案为砂袋堆载预压,采用标准 1.0m×1.0m×1.0m 吨袋装砂石进行堆载,底板、翼板部分堆载两层,腹板部分堆载三层,满足预压荷载重量要求。为保证等效预压,在底板两边各铺设两道宽 50cm 的木板,使的加载面积增大。

采用分级均匀加载,按三级进行,即 50%、80%和 110%的加载总重,每级加载后均静载 3h 后分别测量支架和地基的沉降量,做好记录。加载全部完成后,等到支架及地基沉降稳定后,方可进行卸载。卸载应分级进行,即 110%、80%、50%、0,每级卸载后均静载一个小时后分别测量支架和地基的恢复量,做好记录,为了更好地控制线形,预压沉降观测点按高程控制点进行布置。

5.4 底模高程终调

根据预压记录表,计算出各控制点支架弹性变形量,以此作为该控制点的预拱度值。由工人通过调节顶托伸长量,进行预拱度设置,控制底面线形。

6 施工质量控制

所有进场材料必须是经过检验合格且符合国家强制性标准的材料。

6.1 支架安装质量标准(表 1)

支架安装质量标准　　表 1

序　号	项　目	允许偏差(mm)
1	装配式构件支撑面的高程	+2,-5
2	模板相邻两板表面高低差	2
3	模板表面平整	5
4	预埋件中心位置	3
5	预留孔洞中心线位置	10
6	预留孔洞截面内部尺寸	+10,-0
7	支架纵轴线的平面位置	跨度的 1/1000 或 30

6.2 支架施工质量控制

(1)支架应按施工图设计的要求进行安装。立杆应垂直,节点连接应可靠。

(2)支架在纵桥向和横桥向均应加强水平、斜向连接,增强整体稳定。

(3)高支架应设置足够的斜向连接、扣件或缆风索,横向稳定应有保证措施。

(4)应通过预压的方式,消除支架的非弹性变形并获取弹性变形参数,检验支架的安全性。预压荷载宜为支架需承受全部荷载的1.05~1.10倍,预压荷载的分布应模拟需承受的结构荷载及施工荷载。

(5)支架在安装完成后,应对其平面位置、顶部高程、节点连接及纵横向稳定性进行全面检查,符合要求后,方可进行下一道工序。

6.3 贝雷梁安装质量控制

(1)贝雷梁的主体结构有:桁架、梢子、保险插销、加强弦杆等四种构件。

(2)贝雷片进场时,应逐片、逐个杆件组织验收,对于扭曲变形的不予使用,插销连接不牢靠的予以调整加固或更换,贝雷片锈蚀应去除,严重锈蚀的不予使用,对于个别节点存有开裂、脱落的进行焊接加强。

(3)根据场地实际情况,贝雷片吊装场地选在河道内等尽量不影响施工、通行的场地上。

(4)每2排1组吊装一次,吊装前应将贝雷片各杆件连接完毕。

(5)支撑连接结构有斜撑、支撑架、抗风拉杆、横梁夹具、桁架螺栓、弦杆螺栓、斜撑螺栓、撑架螺栓等多种构件。

(6)吊装前应在两侧工字钢上放出每组贝雷梁的准确位置,人工辅助吊车准确就位。贝雷梁放置在横向分配梁上,采用U形扣与横向分配梁连接。

(7)各种杆件应严格按照说明书安装,并组织专人进行验收,并记录。

(8)吊车起吊贝雷梁时,必须有起重工现场指挥起吊。

7 安全技术保证措施

(1)在施工中,始终贯彻“安全第一、预防为主、综合治理”的安全生产工作方针,认真执行主管部门有关建筑施工企业安全生产管理的各项规定。

(2)强化安全生产管理,通过组织落实、责任到人、定期检查、认真整改。

(3)吊装施工前必须调度、驾驶员、现场技术员联合确认吊装重量是否满足起吊要求,严禁盲目起吊。

(4)在组织施工中,保证有施工作业就必须有相应管理人员现场值班,不空岗、不失控。

(5)现场设一名专职安全检查员负责全方位、全过程安全生产监督检查工作。

(6)建立并执行安全生产技术交底制度。要求各工序开工前有书面安全技术交底,安全技术交底有针对性,并有交底人与被交底人签字。

8 结语

表2为A匝道现浇梁支架施工主要机具、材料费用投入表。

A 匝道现浇梁支架投入表 表 2

设备/材料名称	25t 吊车	挖机(日立 270)	基础 C20 混凝土	钢材	支架
单价	3 万元/月	3.2 万元/月	280 元/t	3200 元/t	26 元/m^3
日期/数量	30d	5d	468.5m^3	320t	12678m^3
费用(元)	30000	32000	131180	307200(考虑 30%损耗)	329628
合计(万元)	83.00				

在对岩互通小半径匝道桥现浇箱梁支架搭设施工中,采用梁式+满堂式叠合支架的结构形式,有效地抵抗了由于大纵坡、大横坡产生的水平分力,满足了通行、通车要求,适应了现场复杂的地形条件,同时,提高了箱梁底板高程控制精度,很好地展现了由于横坡连续变化产生扭曲面,线形流畅、美观、大方。该种支架结构形式在施工中取得的成功,对今后类似小半径匝道桥现浇箱梁施工具有借鉴意义。

参 考 文 献

[1] 周水兴.路桥施工计算手册[M],北京:人民交通出版社,2001.
[2] 中华人民共和国国家标准.GB 50017—2017 钢结构设计标准[S].北京:中国建筑工业出版社,2017.
[3] 中华人民共和国行业标准.JGJ 231—2010 建筑施工承插型盘扣式钢管支架安全技术规程[S].北京:中国建筑工业出版社,2010.

跨既有高速公路现浇连续梁施工交通安全组织

周良春

(四川交投建设工程股份有限公司,成都 610041)

摘　要:遂西高速公路双江枢纽互通主线左右幅大桥和C匝道大桥上跨绵遂高速公路,由于绵遂高速公路为G93成渝环线的绵阳至遂宁段,双江枢纽互通紧邻绵遂高速公路和成南高速公路(G42沪蓉高速公路成都至南充段)的吉祥枢纽互通,车流量较大,交通复杂,给双江枢纽互通主线左右幅大桥和C匝道大桥现浇连续梁施工带来了诸多困难。重点介绍上跨现浇连续梁施工时门洞搭设、拆除期间与交管部门共同组织协调交通安全组织和维护措施等。

关键词:跨既有高速公路　连续梁　交通安全

1　工程概况

遂西高速公路设双江枢纽互通与绵遂高速公路实现交通转换,主线左右幅大桥和C匝道大桥上跨绵遂高速公路,上跨设计均为现浇连续梁。主线左幅大桥跨径布置形式为(33+58+33)m,净空高度为9.653m,与绵遂高速公路交角为42°;主线右幅大桥跨径布置形式为(40+67+36.5)m,净空高度为9.407m,与绵遂高速公路交角为40°;C匝道大桥跨径布置形式为(33+58+33)m,净空高度为20.905m,与绵遂高速公路交角为38°。三个上跨平面距离分别为2.0m和36.0m,上跨绵遂高速公路总长度为183.0m,采用挂篮施工。

为了确保挂篮施工期间绵遂高速公路行车安全和交通通畅,防止施工时坠落物对过往车辆造成伤害,在绵遂高速公路上搭设2个长门洞,供单向单车通行。

交通组织原则:跨既有高速公路现浇连续梁门洞搭设及拆除时,该侧道路禁止车辆通行,在搭设、拆除期间左右幅共需4次分别对施工路段进行交通管制和改道疏通。每次必须在规定的时间内完成相关作业,确保绵遂高速公路交通畅通。

本文结合工程实例,阐述跨既有高速公路现浇连续梁门洞通道施工期间的交通安全组织和维护措施。

2　交通安全组织

2.1　施工概述

交通安全组织的实施需要得到业主和绵遂高速公路管理公司的交管、执法部门等的大力支持与协助,提前向业主、绵遂高速公路管理公司、监理和交管部门上报专项交通导行方案,得到批准后实施。

施工期间为了最大限度地减少对绵遂高速公路交通的影响,积极与绵遂高速公路管理公司沟通,避开节假日车流量高峰期,并制定突发事故应急交通疏散线路和方案。

门洞施工分3分阶段:第一阶段门洞搭设施工;第二阶段现浇连续梁施工维护;第三阶段门洞拆除及交通恢复。

2.2 交通组织方式

根据现场施工需要,先搭设左幅门洞,全封闭绵阳至遂宁方向交通,右幅遂宁至绵阳实行双向单车道通行。待左幅门洞搭设完毕具备双向单车通行后,再封闭搭设右幅门洞。左右幅门洞搭设完毕后施工期间,恢复交通,但门洞下方实行单向单车通行。交通组织采用交通标识、标牌、标线防护引导,改道为主要措施。如遇特殊情况,一侧车道封闭,另一侧车道事故不能满足双向单车通行,则启动分流预案保证交通畅通。

需要封闭路段交通进行管制或者全封闭施工时,应提前一周在当地的主要报纸、广播、电台或电视等新闻媒体上发布公告。施工期间需要在当地交通广播电台上反复播放路况信息。

2.3 交通组织施工

根据《公路养护技术规范》(JTG H10—2009)要求,门洞施工时作业交通控制区分为警告区、上游过渡区、缓冲区、作业区、下游过渡区和终止区。

警告区最小长度取1600m,此区段内限速60km/h。警告区内每隔一定距离应设置有关标识,第一个标识和第二个标识的间距不得超过300m,最后一个标识与上游过渡区的第一个标识间距不得小于150m,其余各标识间距应控制在200m以内。警告区内应设置限速标识牌、前方施工标识牌和前方车道变化标识牌等,同时,在警告区入口设置"限高5m"的交通标识和限高门架。

过渡区距现场1000m处开始,逐渐封闭超车道,使车辆进入变道区,车速降至40km/h。此区段通过在路面上摆放指示标志和隔离墩,将路面逐渐由原两车道过渡到一车道,将车辆引入规定的缓冲区通行。出口处设置500m的过渡区,逐渐将加宽车道封闭,引导车辆进入原有行驶车道。终止区最小长度取值30m。导行路段内要求各种导行设施齐全,标识标志明显,标线准确。

中央分隔带设置变道口,开口长度不小于60m,并在变道口设置太阳能指示灯。

2.4 安全组织措施

为保证施工期间人员、门洞及通行车辆驾驶员的安全,采取以下措施:

(1)在绵遂高速公路进行改道施工期间,提前向绵遂高速公路管理公司相关部门申请,由绵遂高速公路管理公司相关部门进行统一指挥和安排。

(2)设置锥形桶和水码引导线改道,并设置专人维护,发现锥形桶和水码被车辆撞坏或其他情况损坏时,必须及时更换或维修,保证其使用功能。材料堆放、机械设备停放严禁占用其他道路,应按照规定分类堆放,设置标识牌。

(3)在门洞前1.0m顺道路方向设置长3.0m,宽0.5m,高1.0m的混凝土防撞墩,并在防撞墩前放置砂袋。在门洞外设置水码引导车辆行驶,门洞内设引导标线。

(4)门洞搭设完毕后,在防撞墩、门架条形基础上刷黄黑斜条反光漆,反光漆斜条倾斜角度45°,每道宽15cm。钢管柱上刷红白反光漆。门洞进出口设轮廓指示闪烁霓虹灯,24h开启,警示通行车辆。

(5)门洞顶上在防落木板的边沿安装1.0m高的栏杆,栏杆由$\phi30$钢管焊接在分配梁上,钢管间距1.5m,并在钢管间安装密眼安全网,防止施工物品掉落到门洞顶上反弹到下方的高速公路上造成交通事故。

(6)为了防止门洞顶汇集的雨水流到绵遂高速公路上造成交通事故,门洞顶板应设置横坡,将门洞顶的雨水引至高速公路边沟。

(7)交通协管员、安全员及文明施工人员应穿戴统一的反光背心上岗指挥、疏导交通。

(8)对涉及该区域范围的所有施工人员进行交通法规、维护道路交通秩序的交底教育。施工过程中设置专职安全员负责安全监督,施工产生的废弃物应及时清理。

(9)由绵遂高速公路管理公司、交警、路政执法和项目部共同成立安全保障小组,在监督施工安全的同时,确保社会车辆的畅通。

2.5 应急交通疏导方案

1)门架搭设期间改道出现交通事故

门架搭设期间,门架搭设方向道路为全封闭,另一侧道路实行双向单车道通行。如改道出现交通事故,势必影响双向车辆通行,一方面值班人员及时通知高速交警,同时上报高速公路管理中心,配合交警进行疏导交通。如交通事故较大,不能在短时间内撤离现场,则应立即停止门架搭设,清除封闭道路上的物品,临时疏导交通。如门架搭设不能终止,则在绵遂高速公路小桩号方向紧邻的红江收费站劝导车辆绕行国道G108,在绵遂高速公路大桩号方向的吉祥互通劝导车辆绕行成南高速公路。

2)施工期间出现交通事故

左右幅门洞搭设完毕后施工期间,双向均恢复正常交通,但门洞下方实行单向单车通行。如一侧车道出现交通事故,不能在短时间内撤离现场,则按照门架搭设期间交通疏导方案,对事故车道进行全封闭,另一侧车道实行双向单车道通行。

3 结语

遂西高速公路双江枢纽互通主线左右幅大桥和C匝道大桥上跨既有绵遂高速公路,在不中断交通的条件下进行施工,施工期间的安全和交通组织问题尤为关键,根据本方案达到预期目标,圆满完成了交通疏导和安全组织,确保施工顺利完成和车辆通行。

通过遂西高速公路双江枢纽互通主线左右幅大桥和C匝道大桥上跨既有绵遂高速公路的施工,可以为类似工程提供参考的施工案例。

参考文献

[1] 中华人民共和国行业标准.JTGH10—2009 公路养护技术规范[S].北京:人民交通出版社,2009.
[2] 中华人民共和国行业标准.GB 5768—2009 道路交通标志和标线[S].北京:中国标准出版社,2009.
[3] 中华人民共和国行业标准.GA 182—1998 道路作业交通安全标志[S].北京:中国标准出版社,1998.
[4] 中华人民共和国行业标准.JTG/T F50—2011 公路桥涵施工技术规范[S].北京:人民交通出版社,2011.

· 隧道工程篇 ·

藏区高速公路隧道勘察中物探工作的重要意义

——以雅康高速二郎山隧道为例

赵 虎[1] 钟邱平[1] 程 强[1] 王 军[2]

(1. 四川省交通运输厅公路规划勘察设计研究院,成都 610041;
2. 四川公路工程咨询监理公司,成都 610000)

摘 要:雅康高速二郎山隧道为雅康高速控制性工程,是川藏高原地区里程最长、埋深最大的特长深埋高速公路隧道,隧道沿线穿越原始森林,岩性、构造极其复杂,调绘及钻探难度极大。通过对隧道贯通物探资料进行分析,从其电性特征得出岩性、构造、含水情况等重要地质信息,在综合工程地质勘察中起到了重要作用。

关键词:二郎山 特长隧道 高原 物探 勘察

1 引言

雅康高速公路是我国首条进藏高速公路,具有重要的政治、军事意义,对带动沿线经济发展至关重要,二郎山隧道位于四川盆地与青藏高原过渡的西南缘,穿越雅安市天全县境内青衣江和甘孜地区泸定县境内大渡河间的二郎山,为雅康高速重要控制性工程,隧道长度约13.4km,隧道进口高程约1476.45m,出口高程约1570.21m,最大埋深约1600m,二郎山隧道位于四川盆地与青藏高原过渡的西南缘,穿越雅安市天全县境内青衣江和甘孜地区泸定县境内大渡河间的二郎山,为雅康高速重要控制性工程,隧道长度约13.4km,隧道进口高程约1476.45m,出口高程约1570.21m,最高海拔超过3000m,最大埋深约1600m。为雅康高速重要控制性工程。2017年9月26日雅康高速二郎山隧道实现双线贯通,二郎山隧道建成通车后,大大改善了进入甘孜藏区的交通条件,其海拔高度比国道318线老二郎山隧道降低约700m,不再受冬季结冰带来的困扰与安全隐患。自古以来就有“二郎山高万丈”的说法,隧址区地形陡峻,气候条件恶劣,冰雪、浓雾不断,崩塌、泥石流时常发生,沿线断裂构造极其发育,仅区域性断裂就有新沟断裂、保凰断裂、二郎山断裂中的东支,中支及西支、赶羊沟断裂和泸定断裂东支等,断层附近地层产状紊乱,岩体较为破碎,地表及浅部风化节理裂隙发育较多。隧道穿越地层复杂,根据区域及调绘资料主要有以下地层(表1)。

二郎山隧道的顺利贯通,综合勘察工作起到了至关重要的作用,而由于隧道穿越地区交通不便、悬崖林立、大部分为无人区,人迹罕至,加上植被茂密,地质调绘工作开展极其困难且对隐伏构造难以有效识别，特别是对构造在地下延伸情况及可能对隧道造成影响难以判断，同时受地形限制，大型钻机难以搬到洞身位置，多处深孔钻探工作难以开展，在此情况下，对隧道实施贯通物探工作并尽可能地得到有效地质信息尤为重要，尤其是对隐伏构造等不良地质的宏观判识需要对物探资料的认真分析。该隧道通过物探成果的有效利用以及地调工作的宏观把控，结合少量钻孔形成的地质成果有效地指导了隧道设计及施工，为类似工程积累了可靠的勘察模式。

隧址区主要地层表 表1

地层系统			代号	主要岩性
界	系	群		
元古界	震旦系		Zaα	安山岩
			Zaλ	流纹岩
			γk2	钾长花岗岩
			γM2	混合花岗岩
			δ2	闪长岩
			δo2	石英闪长岩
古生界	奥陶系	宝塔组	O2b	石灰岩夹泥质灰岩
	志留系	马溪组	S1l	页岩
		罗惹坪组	S2l	泥岩、粉砂岩
		纱帽组	2s	页岩夹泥质粉砂岩和砂岩
	泥盆系	平驿铺组	D1p	石英砂岩夹粉砂岩及泥岩
		甘溪组	D2g	粉砂质泥岩、石英砂岩夹灰岩、泥灰岩
		养马坝组	D2y	生物屑灰岩夹块夹粉砂岩、粉砂质泥岩

2 物探工作方法及成果

2.1 物探方法选择及特点

由于二郎山隧道具有埋深大、海拔高、地形陡等特点，需要选用一种设备轻便、探测深度大且能有效识别隧道岩体特征的物探方法，大地电磁测深法是近30年发展迅速的一种新型物探方法，该方法通过对天然电磁场的研究，利用麦克斯韦方程进行变换得到地下岩性电性结构，通过对各种频率电磁场强度的观测得到不同频率对应深度的电性参数，从而达到对地下岩体进行地质解释的目的。该方法可以在克服地形影响的情况下达到较大勘探深度，在石油、深部构造、矿产勘查等领域应用效果良好，加上以V8、EH4为代表的仪器设备较为轻便，近年来在长大隧道勘探中也效果显著。

本次物探工作选用加拿大凤凰公司研发的 V8 多功能大地电磁仪系统进行数据采集，该设备工作方法较轻便灵活，适用于山区等复杂地面条件下测量，探头频率较低，满足本隧道勘探深度，且支持人工场源张量测量，对二维构造识别准确，适用于本隧道物探工作。

2.2 数据采集

原始数据采集的质量好坏对于整个物探工作至关重要，要得到准确的原始数据需要科学谨慎的采集方法，为了得到可靠的原始数据，严格按照规范操作的同时，还应该注意以下问题：

(1)使用专用不极化电极，尽可能保证每个测点均有良好的接地条件；

(2)当用噪声干扰，增加采集时的叠加次数，改善数据质量；

(3)为了减小风的干扰，磁探头应埋在土中，电道和磁道的连接线尽量平铺于地上；

(4)附近存在电线干扰时，尽量让磁探头远离干扰源，离电线过近时，可以适当对测点进行平移。

2.3 数据处理及反演方法

大地电磁测深法的资料处理可以分两步进行，首先对原始资料进行预处理，然后通过专业软件进行后续处理。

预处理就是将采集的数据进行时频转换，得到测深曲线。一般来说，为了提高处理精度，要对每个测点的时间序列数据进行二次处理，然后通过多种信号处理方法，压制干扰、突出有效信号，达到提高解释成果信噪比的目的。

对预处理后的数据采用 MTSoft 2D 软件进行进一步处理，通过飞点去除、剔除噪声后进行近场校正、地形校正及静态校正等一系列步骤，最后对数据进行一维及二维反演成像，得出物探解释成果图，再结合已知地质资料，进行综合地质解释，得到有用的地质信息。

2.4 物探测线布置及成果

为了取得整个隧道的完整物探资料，测线沿隧道中线进行贯通布设，测点点距以 30m 为主，在构造发育段落适当对测点进行加密，除了地形极其陡峭，人员无法攀爬区域外，得到了较为完整的隧道大地电磁资料。

对采集的原始资料按相关步骤进行处理后进行反演，取得以下成果(图 1、图 2)：

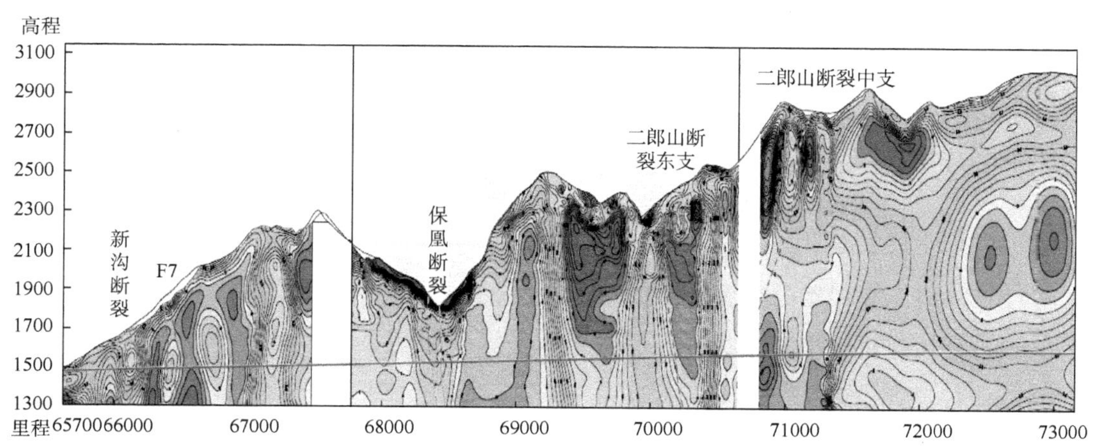

图 1 二郎山隧道物探剖面 FK65+620~FK73+100 段电阻率分布剖面图

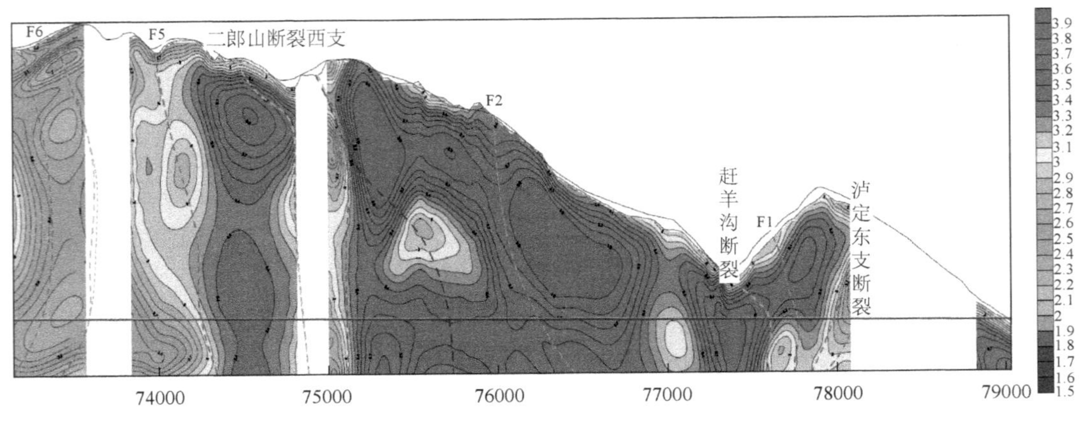

图 2　二郎山隧道物探剖面 FK73+100~FK79+020 段电阻率分布剖面图

3　物探成果应用

通过对物探成果资料的分析,根据不同岩体及构造的地球物理特征,可以提取出隧道穿越区地层岩性、构造、赋水性等有用的地质信息,结合已知地质资料可以分析出断层破碎带、赋水带、岩性破碎区等不良地质规模及范围,在地质勘察中能起到重要作用。

3.1　隧址区地球物理特征

在本次物探工作开展的同时,对隧道洞身穿越区域的岩石进行了直流电测深测试,得到代表性岩石的电性参数,结合收集到该区域前期工作取得的地球物理参数进行综合资料,可以得出二郎山隧道各地层的电阻率参数表(表 2)。根据表 2 可知,砂页岩与火成岩以及灰岩之间,以及相同地层内完整程度不同、赋水性有差异时均存在较大的电性差异,因而可以根据表内电阻率进行不同地层岩性划分,并可以推测出断层破碎带及赋水带的位置及规模。具体测试结果见表 2。

工区电阻率参数表　　表 2

地层及特性		反演电阻率 ρ_s(Ω · m)
砂页岩	极破碎、极软弱或富水岩体	≤100
	破碎、软弱或含水岩体	100~200
	较破碎岩体	200~600
	较完整岩体	600~1000
火成岩和可溶岩	极破碎、极软弱、富水或岩溶强烈发育岩体	≤630(火成岩) ≤250(可溶岩)
	破碎、软弱、含水或岩溶中等发育岩体	630~1580(火成岩) 250~400(可溶岩)
	较破碎或岩溶弱发育岩体	1580~3160
	较完整岩体	≥3160
断层破碎带		100~600(压扭型)、250~3160(压型)

3.2　在隧道围岩级别划分中的应用

根据隧址区岩体地球物理特征，以反演电阻率等值线断面图为基础资料，结合电阻率值、电阻率梯度变化值、低阻异常形态及岩性分布特征，可以将隧道断面大致分为五个类别的区域（表3）和断层破碎带。

根据视电阻率判别岩性岩体规则表

表3

类别	岩性特征	视电阻率 ρ_s(Ω·m)	类别划分
砂页岩	极破碎、极软弱、富水岩体	≤20	Ⅴ
	破碎、软弱、含水岩体	20~100	Ⅳ
	较破碎、较软弱或含水岩体	100~250	Ⅲ
	较完整岩体	≥250，视电阻率梯度值不高	Ⅱ
火成岩和可溶岩	极破碎、岩溶强烈发育、富水岩体	≤630（火成岩） ≤250（可溶岩）	Ⅴ
	破碎、岩溶中等发育、含水岩体	630~1580（火成岩） 250~400（可溶岩）	Ⅳ
	较破碎、岩溶弱发育岩体	1580~3160	Ⅲ
	较完整岩体	≥3160且视电阻率梯度值不高	Ⅱ

通过与已有地质资料进行对比分析，物探划分异常类别与围岩级别等级基本对应，根据表3中的划分原则，可以对隧道围岩进行划分，其中隧道洞身FK65+780~+890、FK66+745~+775、FK66+105~+190、FK66+397~+480、FK67+165~+207、FK68+332~+513、FK69+540~+747、FK70+190~+382、FK71+000~+104、FK73+310~+570、FK75+000~+108、FK77+988~FK78+080、FK78+902~+987等13段（图1、图2）推测为Ⅴ类围岩，岩体极破碎、极软弱，可能对隧道工程产生较为严重的不利影响，为隧道设计施工中的最不利段落。

3.3　在断层识别中的应用

通过对物探剖面分析，共有11处横向梯度变化大，且具有带状贯通特点的物探低阻异常带（图1、图2），结合地质调绘及区域地质资料，异常带分别对应新沟断裂、F7断层、保皇断裂、二郎山断裂东支、F6、F5断层、F2断层、赶羊沟断裂、F1断层及泸定东支断裂。物探成果验证了原有地调成果，且对断裂的走向和规模有了更为客观、清晰的认识，根据物探异常可以推断出主要断层的位置、宽度、倾向、赋水程度及其影响范围，现对各断层分析如下：

（1）新沟断裂：在隧道洞身FK66+105~+190处，宽度约85m，电阻率特征显示为自上而下的带状低阻，电阻率范围值在50Ω·m至1000Ω·m之间，倾向进口，地表及洞身附近位置电阻率较低，推测断层带内岩体较为破碎，含水性好。

（2）F7断层：洞身FK66+397~FK66+480段电阻率呈自上而下的带状低阻反应，为F7断层的电性反应，带内电阻率值为200~1500Ω·m，根据电性特征判断，断层宽度约83m，倾向进口，推测带内岩体较为破碎。

（3）保皇断裂：洞身FK68+375~FK68+445段电阻率呈自上而下的带状低阻畸变，为保皇断裂的电性反映，带内电阻率与周围围岩有明显差异，推测宽度约70m，带内岩体破碎。

（4）二郎山断裂东支：根据电性特征反应，FK70+190～FK70+382，为二郎山断裂东支，带内围岩电阻率极低，洞身位置ρ_s<200Ω·m，推测洞身位置岩体完整性极差，较为赋水。

（5）F6断层：洞身FK73+310～+570位置电阻率横向变化大，为高电阻率背景值中的低阻带，推测为F6断层，电阻率值为50～1000Ω·m，根据物探反应特征，断层影响宽度约260m，倾向进口，岩体较为破碎，含水性好。

（6）F5断层：在洞身FK74+250附近电阻率横向变化剧烈，但洞身附近电阻率值大于2000Ω·m，推测该断层赋水性差，对洞身影响较小。

（7）二郎山断裂西支：洞身FK75+000～+108段，电性特征表现为低阻异常带，为二郎山断裂西支，电阻率值小于1000Ω·m，倾向近直立，影响宽度约108m，岩体较为破碎，含水性好。

（8）F2、F1断层、赶羊沟断裂：赶羊沟断裂和F1断裂之间为一相对低阻带，但带内电阻率值较高，反映出该破碎带不含水，仅岩体破碎；F2断层为一相对低阻带，范围较窄，不含水。

（9）泸定东支断裂：根据电性特征反应，洞身位置FK77+988～FK78+080，为泸定东支断裂，倾向进口，带内围岩电阻率较低，ρ_s<1000Ω·m，岩体完整性差，含水性较好。

对以上11条断层或构造破碎带统计情况见表4，结合调绘及区域地质资料，可在平面图上对断层位置进行标注（图3）。

二郎山隧道线路断层或构造破碎带统计表 表4

编号	名　　称	洞身位置	视宽度(m)	简单描述
1	新沟断裂	FK66+105～FK66+190	85	低阻带状异常，电阻率为50～1000Ω·m，岩体比较破碎，并可能含水
2	F7	FK66+397～FK66+480	83	电阻率偏低且梯度变化大，ρ_s=200～1500Ω·m，岩体比较破碎
3	保皇断裂	FK68+375～FK68+445	70	电阻率偏低且呈条带状、梯度变化大，ρ_s<1500Ω·m，岩体较破碎
4	二郎山断裂东支	FK70+190～FK70+382	182	电阻率极低，洞身位置ρ_s<200Ω·m，岩体破碎含水，工程地质情况差
5	F6	FK73+310～FK73+570	260	高阻背景中低阻带状异常，电阻率为50～1000Ω·m，岩体比较破碎，断层较宽，影响范围较大
6	F5	FK74+FK74250附近	范围小	高阻背景中低阻带状异常，洞身处电阻率大于200Ω·m，推测对洞身影响较小
7	F4	FK75+000～FK75+108	108	低阻带状异常，电阻率为50～1000Ω·m，岩体比较破碎，并可能含水
8	F2断层、赶羊沟断裂、F1断层	FK76+240、FK77+585、FK77+770	范围小	赶羊沟断裂和F1断裂之间为一相对低阻带，但带内电阻率值较高，反映出该破碎带不含水，仅岩体破碎；F2断层为一相对低阻带，范围较窄，不含水
9	泸定东支断裂	FK77+988～FK78+080	98	电阻率极低，洞身位置ρ_s<1000Ω·m，岩体破碎含水，工程地质情况差

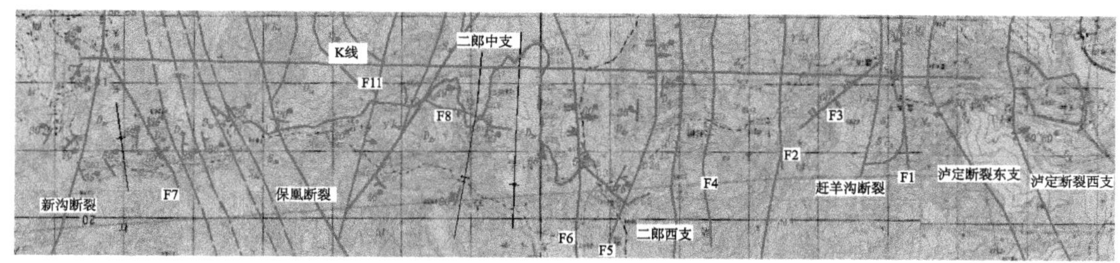

图3　二郎山隧道断层分布平面图

3.4　在背向斜构造解释中的应用

FK71+489~FK72+255段之间存在一自上而下的低阻带，该处位于地质推测的背斜构造核部位置，物探推测为受岩性和构造共同作用形成的极软弱带，节理裂隙发育，赋水性好；为了证实该推测，在FK71+350~FK72+400段左侧100m处设置了一条平行于线路的短测线，施测结果显示该低阻带依然存在，说明该处确实存在一软弱破碎带，也表明了物探资料对构造判断行之有效。

3.5　判断含水带的应用

隧道穿越地层岩性主要以灰岩和火成岩为主，部分地段为砂页岩和泥岩等软岩，根据地下水电阻率特征，含水岩体的电阻率较不含水岩体会显著下降，可根据电阻率对含水带进行初步划分，但由于方法限制，并不能对地下水类型进行判别。根据电阻率特征反应，隧址区主要赋水区域为部分断层破碎带及背斜核部区域，此外，洞身FK67+730、FK69+500、FK71+900附近也较为赋水。

3.6　钻探及开挖验证

根据物探解释成果，地质人员重点对物探推测断层、构造及含水区域等异常位置进行地面补充地调工作，物探推测异常带均与断层有较好的对应，证实可物探结果的可靠性，且根据物探资料可对不良地质的形态、规模有了更直观的认识，背斜核部位置也与地质调查成果一致，影响范围也与物探推测结果基本吻合。隧道目前已经全线贯通，对于物探解释的异常均有验证，只有局部细节存在差异，物探资料在隧道施工开挖中起到了重要作用。

4　结语

(1)二郎山隧道地形起伏大、断裂构造多、岩性多样，为公路勘察中地质情况极为复杂的典型深埋特长隧道，通过贯通物探成果可以得出隧道岩性、构造、富水情况等地质信息，结合区域地质及现场地质调绘资料可以进行围岩级别的划分，并经后期勘察工作及开挖验证与实际情况基本吻合，说明物探成果的应用在藏区深埋长大隧道勘察中具有重要意义。

(2)大地电磁测深法采用矢量测量方式和全息数据采集，突出了浅部的地电信息，具有较高的定量解释精度，二郎山隧道对高频大地电磁结果的施工验证表明，大地电磁方法可以应用于藏区复杂的深埋隧道工程的勘察，解决了复杂地形条件下深埋隧道的工程勘察难题。

(3)由于单一采用大地电磁测深法方法时，反演成果具有多解性，且实际工作中电阻率受影响因素较多,物探解释是应紧密结合地质,去伪存真,才能使物探成果更接近真实地质情况。

参考文献

[1] 陈乐寿.大地电磁测深——探测地球深部电性和物质状态的一种有效手段[J].自然杂志,2009,31(1):39-46.

[2] 陈伟军,洪万华,郝情情,等.大功率激电法和连续电导率测深在赤峰-朝阳金矿化集中区快速找矿评价中的应用[J].地质与勘探,2016,52(1):152-157

[3] 郭晓东,陈孝强,王治华.EH4 连续电导率测量在宝兴厂矿区的应用[J].地质与勘探,2009,45(1):52-58

[4] 赵虎,王玲辉,李瑞,等.大地电磁测深法在高原特长隧道勘查中应用研究.地球物理学进展,2014,29(5):2472-2478.

[5] 化希瑞,汤井田,朱正国,等.EH-4 系统的数据二次处理技术及应用[J].地球物理学展,2008,23(4):1261-1268.

[6] 曹辉,何兰芳,何展翔,等.高频电磁测深在地下热水勘探中的应用[J],Applied Geophysics,3(4)P248-254.

[7] 王辉,叶高峰,魏文博,等.大地电磁测深中大地电场的高精度采集技术[J].地球物理学进展.2013 Vol.28(3):1199-1207.

[8] 赵虎,王玲辉,李瑞.综合电法在深埋长隧道勘查中的应用研究[J].勘察科学技术,2008,2:61-64.

[9] Louis Cagniard.1953.Basic Theory of the Magne-totelluric Method of Geophysical prospecting[J].Geophysics,18(3):605-635.

[10] K. Vozoff. 1972. The magnetotelluric method in the exploration of sedimentary basins, Geophysics, 37(1):98-141.

[11] 董树文,李廷栋,陈宣华,等.我国深部探测技术与实验研究进展综述[J].地球物理学报,2012,55(12):3884-3901.

[12] 李墩柱,黄清华,陈小斌.误差对大地电磁测深反演的影响[J].地球物理学报,2009,52(1):268-274.

[13] 杨生,鲍光淑.MT 法中静态效应及阻抗张量静态校正法[J].中南工业大学学报,2002,33(1):8-13.

[14] 叶涛,陈小斌,严良俊.大地电磁资料精细处理和二维反演解释技术研究(三)——构建二维反演初始模型的印模法[J].地球物理学报,2013,56(10):3596-3606.

[15] 张亮国,徐义贤,王云安.高密度电法在沪蓉高速公路勘察中的应用[J].岩土工程技术,2004,18(4):187-190.

公路隧道穿越浅埋偏压大范围松散堆积体进洞施工技术

宋志荣

(中铁十二局集团第三工程有限公司,太原 030024)

摘　要:二郎山隧道全长约13.4km,是雅安至康定高速公路全线控制性工程,在大范围松散堆积体下进行浅埋、偏压隧道进洞施工。本文结合二郎山隧道工程实例,介绍了隧道进洞施工过程中遇到的问题及其处理方法,提出了在浅埋偏压、大范围松散堆积体条件下,对隧道洞顶原地表堆积体采用自进式锚杆加固,隧道轮廓线采用超前大管棚注浆加固,对大范围堆积体坡脚增设C20混凝土挡墙反压护脚,同时在位于堆积体范围内的洞身增设钢管桩基础等技术措施,既可确保洞口边仰坡稳定,又可保证隧道施工安全。

关键词:浅埋偏压　大范围堆积体　隧道进洞　施工技术

1　工程概况

二郎山隧道是雅安至康定高速公路重大控制性工程,隧道全长约13.4km,采用分离式双向四车道高速公路标准设计,隧道右洞洞口段位于崩坡积体中上部,崩坡积体呈三角形,下部宽约232m,高约130m,由多期不同崩坡积物质组成(见图1)。崩坡积体位于河流左侧的冲洪积台阶上,崩积物质已堆积至河边。崩坡积体的堆积物有条带状混合岩、闪长岩块石,结构松散,同时还存在架空现象。在河流侵蚀下崩塌物会产生表浅滑溜,岸坡后退。此外,隧道洞口段40m洞顶覆盖层最大厚度为26m(见图2),考虑到崩坡积体堆积物极为松散,进洞难度极大,为保证明洞及暗洞结构稳定,故需考虑安全、稳妥的进洞方案[1]。

图1　堆积体、隧道洞口及河道相对位置图

图2　洞口段40m最大埋深示意图

2 进洞方案选择

由于该隧道洞口位于二郎山高陡岩下方，陡岩坡度超过80°，纵向高差达数百米，坡面受地震及长期风化剥蚀影响，岩面破碎、孤石耸立。因此在隧道进洞施工前，应采用被动防护网对隧道洞顶以上部位进行防护，防止洞顶危石坠落，造成安全事故的发生，见图3。

图3 隧道洞顶安全防护网

2.1 进洞方案1

隧道在松散大范围堆积体上进洞，首先考虑对洞口范围及仰坡刷方减载，降低进洞过程中边仰坡滑塌风险，随后按照设计图纸施作边仰坡防护，通过超前大管棚预加固隧道开挖周边松散体，达到安全进洞的目的[2]。

2.2 进洞方案2

充分利用受力平衡原理及围岩量测数据指导进洞，符合对围岩及山体少扰动的新奥法原理。首先沿岩土分界面自上而下开挖洞口边仰坡，按照设计图纸要求范围进行边仰坡锚喷网防护，然后砌筑洞顶截水沟，随后施工套拱，作为管棚施工的导向墙。管棚施工过程中，隧道洞顶交叉施工$\phi32$自进式锚杆，加固区域面积240m^2；同时洞口左侧山体坡脚处增加C20混凝土仰斜式挡墙，施作完毕后对洞身采用三台阶法开挖，达到3~4m后施作仰拱及填充，同时预留钢管桩孔位，进入洞身20m后对位于堆积体范围内的隧道基础进行钢管桩加固，施工中通过围岩量测指导施工。

经过对两种方案的比较，决定采用方案2作为大范围浅埋堆积体隧道进洞方案。方案1施工时大范围堆积体刷方减载工作量大，耗时长；同时生态破坏严重，违背川西北脆弱生态保护原则以及刷方后产生的高仰坡不利于进洞施工，与“零进洞”原则相悖。方案2则成功解决了公路隧道穿越浅埋偏压大范围松散堆积体进洞施工技术的难题，保证了安全，提前了工期，节约了成本，保护了生态环境[3,4]。

3 进洞方案的实施

3.1 进洞施工工艺流程(图4)

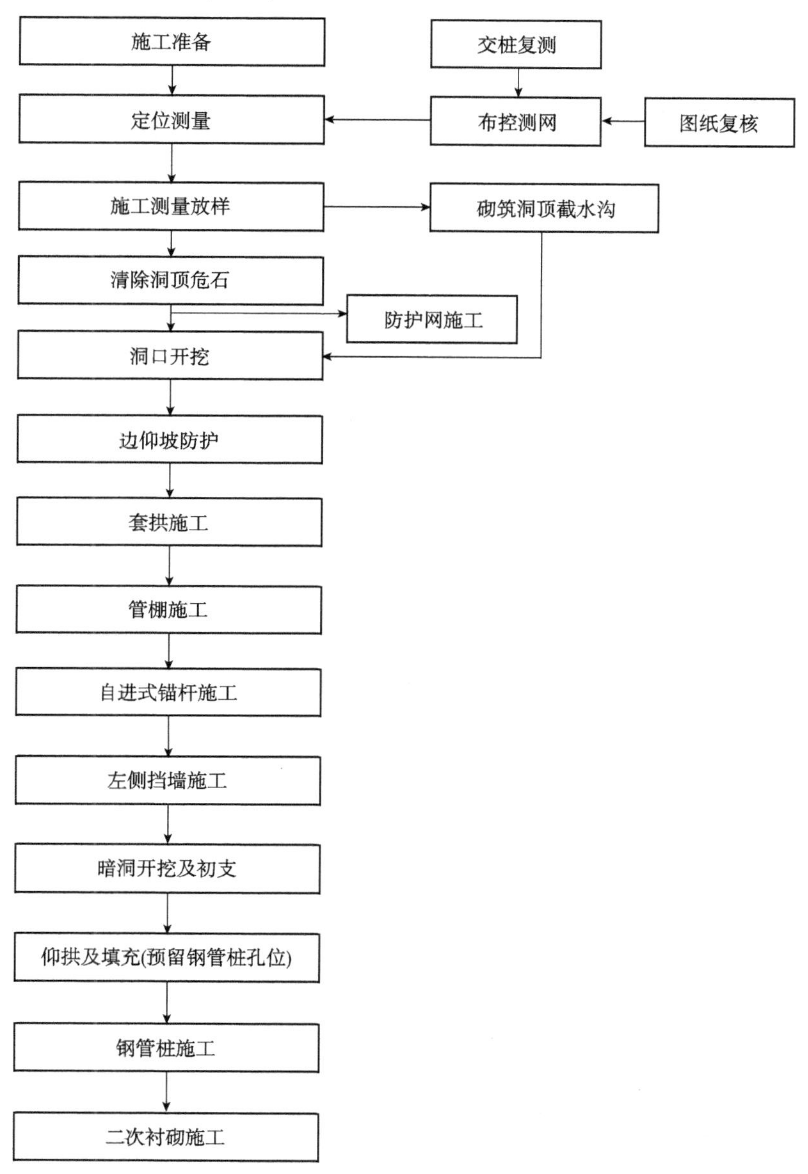

图4 进洞施工工艺流程图

3.2 施工控制要点

3.2.1 高仰坡自进式锚杆施工

隧道洞顶原地表12m×20m范围内施工ϕ32自进式锚杆,共233根;同时对坡面堆积体进行注浆加固。

1）施工准备

平整施工场地，搭设脚手架，将各种风管和水管接好，保持各种管路畅通，各种设备试机无故障，备好各种料具。

2）钻孔

空压机启动后，开启风枪，根据坡面情况，调整钻进角度，在钻杆上套上纤尾套，将锚杆与纤尾套连接牢固，并在第一节锚杆的前端套上钻头。当一节锚杆钻进后，在前一节锚杆的尾部套上带有人工涂抹润滑剂的连接套后再连接好后一节锚杆，直到每根锚杆钻到需要长度。

锚杆纵横向间距 1.5m，每根长 10m，加固区域面积 $240m^2$。

3）注浆

通过快速注浆接头将锚杆尾端与注浆泵相连，启动灰浆搅拌机，将水泥和其他外加剂材料按配合比配制好，输入到搅拌机中加水搅拌。搅拌均匀后，输入压浆泵，压浆时要保持压浆高压管顺直。压浆量根据压浆泵压力的大小或根据灰浆搅拌机的消耗速度确定。自进式锚杆钻头上留有注浆孔，保证浆液将锚杆外壁与钻孔孔壁之间的间隙注满。压浆完毕后，立即安装止浆塞，再进行锚固，将垫板套在锚杆外露部分，与地表密贴，在垫板外上好球形螺母[5]。

3.2.2 管棚施工

为加固、稳定隧道开挖轮廓外围岩，在隧道开挖断面拱部 150°范围内施作 40m 长 $\phi108\times6mm$ 超前大管棚。

1）大管棚设计参数（表 1）

大管棚设计参数表 表 1

导管规格	管距	倾角	注浆材料	设置范围	长度
热轧无缝钢管外径 108mm，壁厚 6mm	环向间距 40cm	外插角 1°～2°，可根据实际情况作调整	M20 水泥浆	拱部 150°范围	40m

2）施作管棚套拱

（1）紧贴山体在开挖轮廓线以外拱部 180°范围内架设 4 榀 I18 工字钢，拱架间距 50cm，纵向用 $\phi22$ 钢筋连接，间距 100cm。拱架接至隧底，底部用槽钢支垫，并安设定位钢筋，利于拱架的稳定。

（2）套拱内安设管棚孔口管，孔口管作为管棚的导向管，共计 47 根。它安设的平面位置、倾角、外插角的准确度直接影响管棚的施工质量。用全站仪以坐标法在工字钢架上定出其平面位置；用水准尺配合坡度板设定孔口管的倾角；用前后差距法设定孔口管的外插角。孔口管应牢固焊接在工字钢上，防止浇筑混凝土时产生位移。

（3）安装套拱模板，模板采用 5cm 厚木板加宝丽板（保证混凝土面光滑），$\phi12$ 拉筋外加蝴蝶卡加固模板，侧面用工字钢及钢管支撑，保证模板稳定性；内模涂抹脱模剂并浇筑 C25 套拱混凝土，混凝土浇筑过程中，用插入式振动棒振捣密实。

3)大管棚施工[6]

(1)大管棚布置图(见图5)。

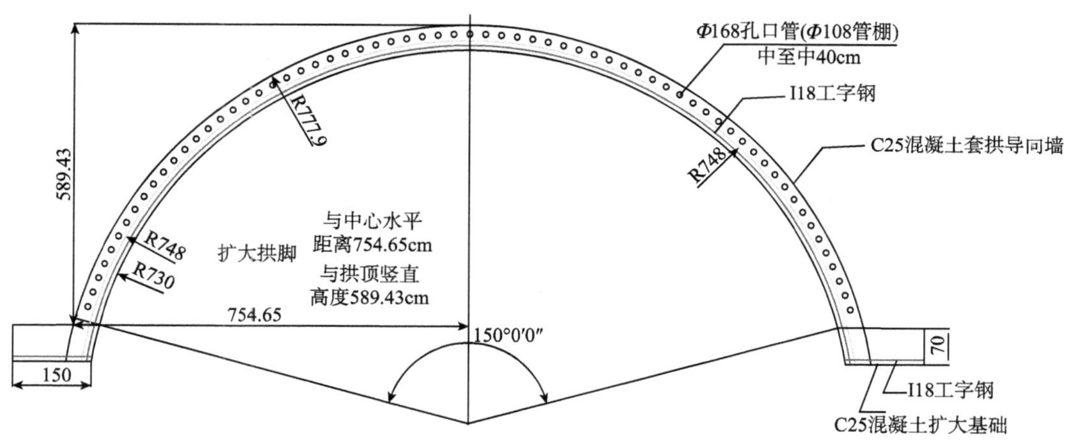

图5　大管棚布置图(尺寸单位:cm)

(2)操作要点

①填筑钻孔平台安装钻机:钻机平台采用洞碴回填至导向墙底部,钻孔由2台钻机由低孔位向高孔位进行;低孔位钻孔完毕,加高平台后施钻高孔位。

②钻机开钻时,应低速低压,待成孔10m后可根据地质情况逐渐调整钻速及风压。钻进过程中经常用测斜仪测定其位置,并根据钻机钻进的状态判断成孔质量,及时处理钻进过程中出现的事故。

③认真做好钻进过程的原始记录,及时对孔口岩屑进行地质判断、描述,作为洞身开挖时的地质预测预报参考资料,从而指导洞身开挖。

④清孔验孔:用地质岩芯钻杆配合钻头进行反复扫孔,清除浮渣,确保孔径、孔深符合要求,防止堵孔。用高压风从孔底向孔口清理钻渣。

⑤安装管棚钢管:棚管顶进采用装载机和管棚机钻进相结合的工艺,即先钻大于棚管直径的引导孔,然后用装载机在人工配合下顶进钢管。钢管两段之间采用V型对焊,接长钢管应满足受力要求,相邻钢管的接头应前后错开。同一横断面内的接头数不大于50%,相邻钢管接头至少错开1m。

⑥安装管棚钢筋笼:管棚钢筋笼严格按照设计要求尺寸制作,主筋4根ϕ16钢筋,每根长40m;箍筋ϕ6.5,每根长度0.25m,间距0.2m,箍筋与主筋焊接牢固。

⑦管棚注浆:注浆时先灌注单号孔,加压注浆,初压0.5~1.0MPa,终压2MPa,持压15min后停止注浆,确保浆液扩散至双号孔管棚外壁;再灌注双号孔,只需要注满管棚钢管即可。注浆结束后及时清除管内浆液,并用水泥砂浆紧密充填,增强管棚的刚度和强度。

通过超前大管棚施作,在隧道开挖轮廓周边形成了稳定的承载拱,增强了开挖面周围岩体的自稳能力,达到限制地层松弛变形的目的。大管棚施工见图6。

3.3　反压混凝土挡墙施工

由于隧道洞口处有大面积松散堆积体且堆积体底部架空严重,多处出现不规则裂缝,施工时,洞口堆积体有侧向滑移、塌落的风险。因此,在洞口左侧坡脚处设置40m长仰斜式混凝土挡墙，墙高 9m，墙身及基础均采用 C20 混凝土，见图 7。

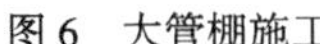
图 6　大管棚施工

图 7　洞口左侧反压混凝土挡墙

1）施工准备及放样

挡土墙施工前首先做好地表排水和安全生产的准备工作。先将墙后地表的虚方全部清除，同时对挡土墙的横断面重新放样，若发现实地墙趾地面线与设计横断面有较大出入，及时反馈设计部门处理。

2）基坑开挖

挡墙基坑开挖深度 1.0m，基础的各部分尺寸、形状以及埋置深度，均按照设计要求进行施工。基坑跳槽开挖，每次开挖 10m 长，及时浇筑基础 C20 混凝土，以防山体失稳。

3）现浇墙身混凝土

墙身模板采用 30cm×150cm 钢模板，架设支架加固模板，每次浇筑高度 1.5m。浇筑过程中，安排专人随时察看模板支撑，加固拧紧蝴蝶卡螺丝。当混凝土下落高度大于 2.0m 时，为防止混凝土离析，通过串筒、溜槽浇筑混凝土，在串筒出料筒下面，混凝土堆积高度不超过 1.0m。

3.4　进洞施工

高仰坡自进式锚杆、大管棚及反压混凝土挡墙施作完毕后，方可进行进洞施工。进洞施工采用“三台阶七步开挖法”施工，严格按照“短开挖、强支护、快封闭、勤量测”的施工原则。过程中加强监控量测，及时进行信息反馈以指导施工，及时采取补强措施，使隧道施工处于安全状态[7]。见图 8。

图 8　三台阶进洞施工

3.5 钢管桩施工

隧道洞口段处于堆积体范围,基底地质为极为松散的崩坡积块石土,承载力极差。为确保隧道结构施工及运营阶段无沉降,消除质量病害隐患,因此,对洞口段基底采用 ϕ70 钢管桩注浆加固,同时在洞口段布设好围岩量测点,加强围岩监控,6~8h 量测一次,并及时分析,根据围岩量测,采取相应措施[8]。

洞身钢管桩在隧道仰拱及填充混凝土施工时预埋 PVC 管,预留钢管桩施工孔位。孔位全幅布置,纵横向间距 1.0m,梅花状布置。待填充混凝土达到设计强度后,施工钢管桩,单根长度 10m,压注水泥浆,水灰比 0.8,见图 9、图 10。

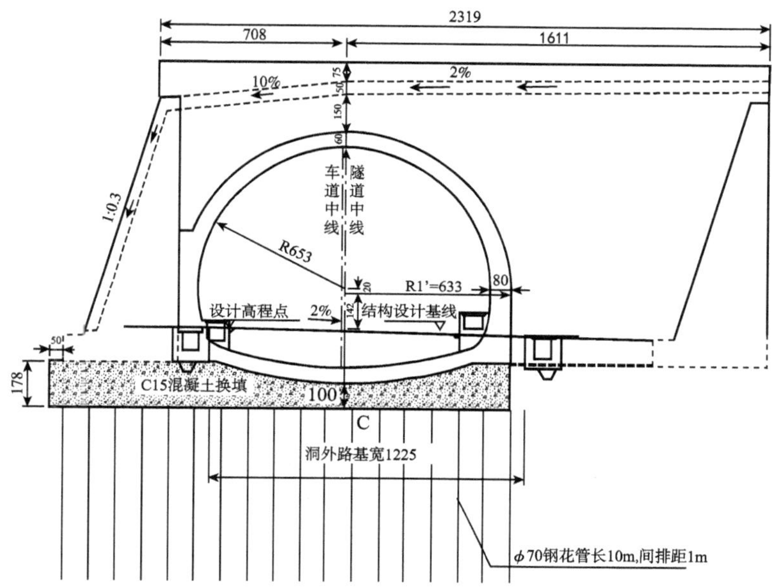

图 9 洞身钢管桩布置示意图

图 10 钢管桩施工

4 注意事项

(1)在施工中,按照要求加工拱架,并按要求规范安装,控制好间距和垂直度;
(2)加强围岩量测工作,并根据围岩量测数据,及时分析、反馈,指导施工;
(3)衬砌台车在施工仰拱及填充前要拼装完成;
(4)采用三台阶开挖,马口错开开挖,每个台阶长度不得超过5m[9],
(5)及时施工仰拱填充及衬砌混凝土,并控制衬砌和仰拱的长度,使其及时封闭成环;
(6)采用机械开挖人工配合,减少对围岩的扰动。

5 结语

二郎山隧道穿越浅埋偏压大范围松散堆积体进洞技术的形成,减少了崩积体的扰动,避免了因施工原因导致崩坡积体滑落,有效地保护了原有地形地貌,从2012年9月10日开始施工到2012年11月15日实现安全、优质、高效的进洞,保护了环境,对其他特殊条件下的进洞方案也具有指导和借鉴意义[10]。

参考文献

[1] 李建军.陡峭地形条件山岭隧道免刷坡绿色洞口修建技术[J].现代隧道技术.2013(04):158-163.
[2] 孙韶峰.古迹坪隧道进口浅埋黄土层进洞施工技术[J].现代隧道技术.2012(04):83-88.
[3] 季军.深覆土输水隧洞与进洞井接头防水设计与施工技术[J].现代隧道技术.2011(04):126-130.
[4] 徐强.礼嘉车站大断面小净距隧道进洞施工技术[J].现代隧道技术.2011(06):146-150.
[5] 姜同虎,霍三胜,叶飞,等.浅埋软弱破碎围岩隧道进洞施工技术研究[J].现代隧道技术,2011(03):117-122.
[6] 刘玉清,蒋俊峰,邵大鹏,等.新寨隧道进口浅埋偏压隧道施工技术[J].现代隧道技术.2011.48(2):87-93.
[7] 王雪霁,尹冬梅.严重偏压地形下隧道半明半暗进洞技术探讨[J].隧道建设,2010(03):246-250.
[8] 马烨.偏压隧道半明半暗进洞施工技术[J].隧道建设,2009(02):199-201.
[9] 刘会.偏压浅埋隧道洞口施工技术[J].现代隧道技术.2008.45(4):44-47.
[10] 陈小勇,陈绪文,刘旸,等.浅埋偏压隧道进洞施工技术[J].现代隧道技术.2009.46(3):89-92.

非煤系地层瓦斯隧道瓦斯涌(突)出机理、防治措施及瓦斯隧道施工管理几点思考

何 成 江登洪

(四川汶马高速公路有限责任公司,成都 610041)

摘 要:汶马高速鹧鸪山隧道、米亚罗3号隧道、王家寨1号隧道三座非煤系地层瓦斯隧道在施工过程中瓦斯涌(突)出具有突发性和随机性,为保障隧道施工安全,迫切需要分析总结非煤系地层瓦斯来源、涌(突)出特点和规律,制定相应的防治措施,另外对目前瓦斯隧道施工管理现状提出几点思考。

关键词:汶马高速 非煤系地层 瓦斯隧道 瓦斯涌(突)出机理 瓦斯涌(突)出防治措施

1 引言

我国隧道工程数量和建设规模越来越大,遇到的施工地质条件也愈加复杂,出现瓦斯隧道数量也越来越多,发生瓦斯灾害的频率也在增加,据不完全统计,四川省发生过瓦斯灾害的瓦斯隧道比例超过30%。如表1所示。

四川省已经施工建成瓦斯隧道瓦斯灾害情况统计 表1

序号	隧道名称	岩性构造	瓦斯灾害	灾害原因	灾害损失
1	马鞍山隧道	煤系地层	瓦斯燃烧	瓦斯积聚遇高温明火	—
2	龙眼睛隧道	煤系地层	2次爆炸	坍方引起瓦斯异常积聚并遇高温明火	死亡4人,伤66人
3	董家山隧道	煤系地层	多次燃烧、1次爆炸	坍方引起瓦斯异常积聚并遇电路短路火花	死亡44人,11人受伤
4	龙溪隧道	煤系地层	多次燃烧	瓦斯积聚遇高温明火	7人受伤
5	五洛路1号隧道	煤系地层	1次爆炸	节假日停工瓦斯积聚遇检修车辆火花	7人死亡,19人受伤

续上表

序号	隧道名称	岩性构造	瓦斯灾害	灾害原因	灾害损失
6	炮台山隧道	断裂带	1次燃烧、2次爆炸	照明灯泡爆裂和汽车引发	死亡13人
7	成德南高速龙泉山隧道	煤系地层	瓦斯燃烧	瓦斯积聚遇高温明火	—
8	大巴山隧道	煤系地层	—	—	—
9	红岩湾隧道	煤系地层	—	—	—
10	金竹山隧道	煤系地层	—	—	—
11	叙岭关隧道	煤系地层	—	—	—
12	观斗山隧道	煤系地层	—	—	—
13	天坪寨隧道	煤系地层	—	—	—
14	银江隧道	煤系地层	—	—	—
15	秋家山隧道	煤系地层	—	—	—
16	煤炭箐隧道	煤系地层	—	—	—
17	华蓥山隧道	煤系地层	—	—	—
18	铜锣山隧道	煤系地层	—	—	—
19	汶马高速鹧鸪山隧道	背斜、贯通裂隙	岩与瓦斯突出	揭露高压瓦斯气囊	—
20	汶马高速米亚罗3号隧道	逆断层封闭构造带	突发性突石突水和瓦斯突出	复合动力成因	6人死亡
21	成简快速路龙泉山1、2号隧道	浅层天然气地层	瓦斯燃烧	瓦斯积聚遇高温明火	—
22	雅泸高速勒布果喇吉隧道	断裂带	—	—	—
23	邛芦路镇西山隧道	煤系地层	—	—	—
24	叙古高速汪家岩隧道	煤系地层	—	—	—
25	成安渝高速龙泉山1号、2号、3号、4号隧道	浅层天然气地层	—	—	—
26	宜叙高速都良隧道	煤系地层	—	—	—
27	兰渝铁路图山寺隧道	油气地层	—	—	—
28	兰渝铁路轩盘岭隧道	煤系地层	—	—	—

续上表

序号	隧道名称	岩性构造	瓦斯灾害	灾害原因	灾害损失
29	兰渝铁路肖家梁隧道	煤系地层	—	—	—
30	成巴高速云顶山1号隧道	浅层天然气地层	—	—	—

通过煤系地层的瓦斯隧道，煤层的位置相对固定，我们可通过相关勘测手段预测其对隧道施工的危害程度，采取针对性较强的工程施工措施和防治措施。非煤系地层区域瓦斯分布存在不均匀性，瓦斯涌(突)出具有突发性、偶然性、随机性的特点，使得这种类型瓦斯灾害危害性更大，预防更为困难，因此研究非煤系地层瓦斯隧道瓦斯涌(突)出机理并制定防治措施具有非常重要的实际意义。本文结合汶马高速公路鹧鸪山隧道、米亚罗3号隧道、王家寨1号隧道这三座非煤系地层瓦斯隧道在施工过程瓦斯涌(突)出情况，分析总结川西北区域非煤系地层瓦斯隧道瓦斯涌(突)出机理，提出相应防治措施。

2 汶马高速非煤系地层瓦斯隧道瓦斯涌(突)出机理

汶马高速公路是典型的第二阶梯(四川盆地)向第一阶梯(青藏高原)的过渡段，沿线地形地貌、水文地质条件极其复杂。公路沿线穿越了龙门山断裂带、米亚罗断裂、松岗断裂；所穿越的地层主要是泥盆系月里寨群组、危关群组，三叠系杂谷脑组、侏倭组、新都桥组等几套非煤系地层；所穿越的主要岩性有千枚岩、炭质千枚岩、含炭千枚岩、板岩、炭质板岩、变质砂岩等。岩性多样、破碎、裂隙发育，深大断裂断层发育较密集，地勘工作难度极大，全线隧道32座，隧道总长96.6km，原设计均为无瓦斯隧道。

在施工过程中，C2合同段鹧鸪山隧道(长8766m)、C18合同段米亚罗3号隧道(长4338m)、C20合同段王家寨1号隧道(长3755m)先后涌(突)出高浓度瓦斯，经专业机构鉴定为高瓦斯隧道，约占全线隧道总数量的10%，突显了非煤系地层瓦斯分布的不均匀性，涌(突)出的随机性、偶然性和突发性，增添了隧道施工安全隐患风险和施工的难度。高瓦斯隧道分布情况见图1。

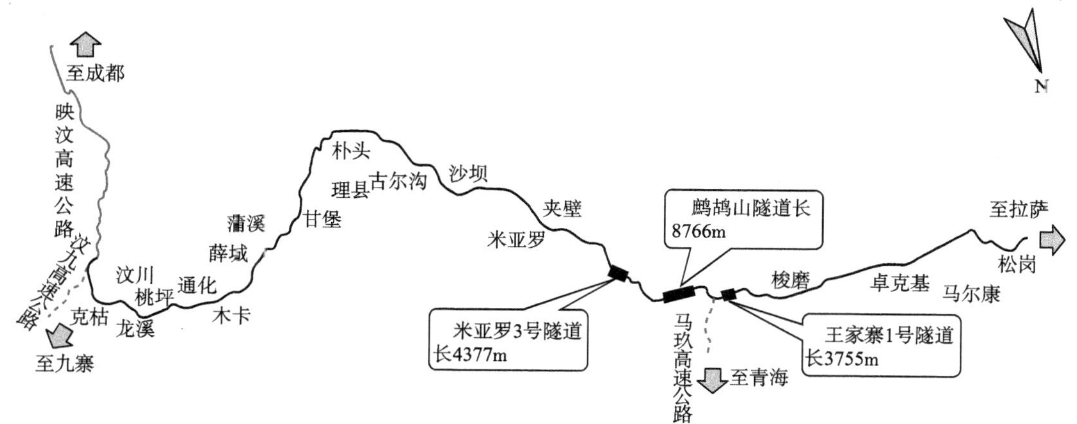

图1　汶马高速公路三座高瓦斯隧道分布示意图

2.1 瓦斯来源分析

该区域涌(突)出气体成分是以 CH_4、H_2S、CO_2 等为主要表现形式,瓦斯来源具有综合性,既有有机来源,也有无机来源。

(1)岩层具备生烃能力。这三座隧道穿越杂谷脑组(T_{2z})、侏倭组(T_{3zh})和新都桥组(T_{3x}),存在炭质千枚岩、炭质板岩等含炭质地层,从瓦斯生成条件分析,地层本身具备生烃能力,这是瓦斯的有机来源。

(2)具备与岩浆火山活动相关的瓦斯无机来源特征。在川西北高原区域发现瓦斯的地方,附近几乎都出露花岗斑岩,如靠近米亚罗断层的大沟、小沟均存在花岗斑岩。随着该区域岩浆火山活动,深部 C—O—H 流体物质不断向浅部释放,无机成因烃类气体也利用着深大断裂由深部向上运移并富集于局部区域。

(3)区域地质构造强烈。这三座隧道是相邻的,前后跨距 33.92km,这个工程区域位于北西向鲜水河断裂带和北东向龙门山断裂带所围限的川青断块的小金弧形构造带之西翼近顶端的次级构造族郎帚状构造带上,区域控制性主干断裂为 NE 向龙门山断裂带,小金—较场弧形构造带(西翼)构成了区域次一级断裂构造格架,断裂构造由一系列倒转复背斜、复向斜组成。区域内米亚罗断裂走向顺褶皱构造线方向呈北西~南东向展布,属压扭性逆断层,对米亚罗 3 号隧道影响较大;鹧鸪山隧道受米亚罗断裂影响并穿越钻金楼倒转背斜;王家寨 1 号隧道通过罗斗寨复式背斜。这三座隧道所受的区域构造应力强烈,破碎带宽 40~100m,贯通裂隙发育,在压力差的作用下,瓦斯气体(无论无机成因气还是有机成因气)通过断裂、贯通裂隙等封闭性构造通道运移并富集于储气带(如褶皱轴部)或瓦斯气囊,造成瓦斯分布不均匀和局部聚积大量承前压瓦斯。见图 2。

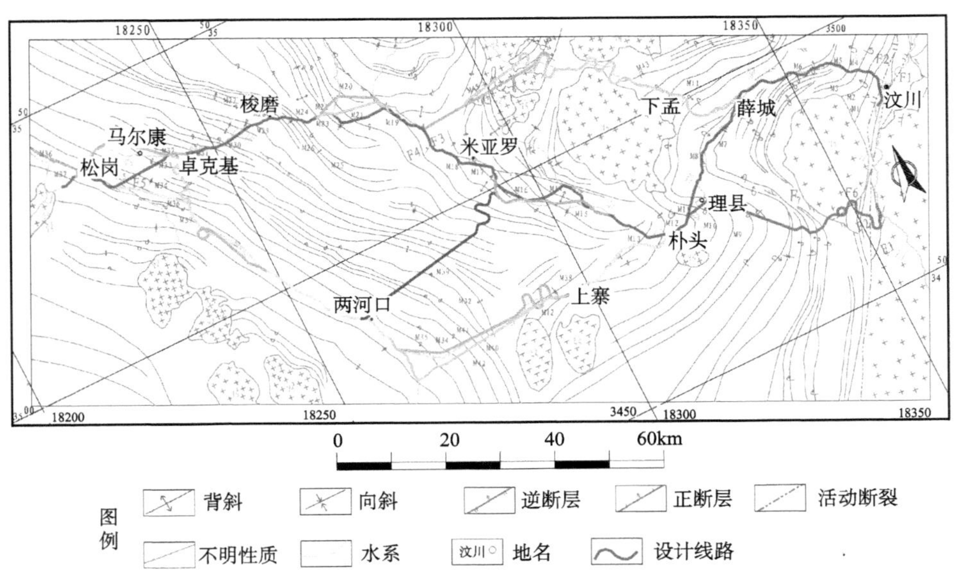

图 2 汶马高速公路工程区域地质构造

2.2 瓦斯等有害气体赋存规律

地应力影响瓦斯压力和储存。隧道埋藏越深,地应力就越大,瓦斯含量及瓦斯压力就越大;此三座瓦斯隧道埋深约200~1200m,高地应力造成瓦斯压力较大。

瓦斯赋存受地质构造影响较大。断裂构造对瓦斯赋存具有重要影响:一方面,断裂构造影响了瓦斯在岩层中运移,对瓦斯产生积聚或释放作用;另一方面,断层附近伴生和派生构造发育,导致瓦斯分布不均,局部产生应力集中和高压瓦斯。如米亚罗逆断层,属封闭性构造,能形成良好的贮存瓦斯条件。瓦斯在非煤系地层中的赋存状态见图3。

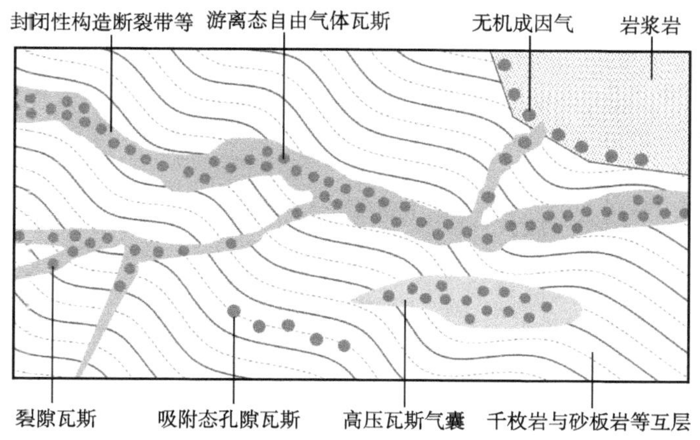

图3 瓦斯在非煤系地层中的赋存状态示意图

2.3 非煤系地层瓦斯隧道瓦斯涌(突)出特点

(1)普通涌出(图4):隧道开挖后,出现了临空面,有利于瓦斯释放,储存在岩体中的瓦斯顺节理和裂隙向隧道内运移,不间断地在临空面上缓慢、均匀的涌出。围岩暴露的时间越长,瓦斯涌出量越大,其特点是涌出时间长、速度缓慢均匀,这是瓦斯隧道瓦斯主要涌出形式。

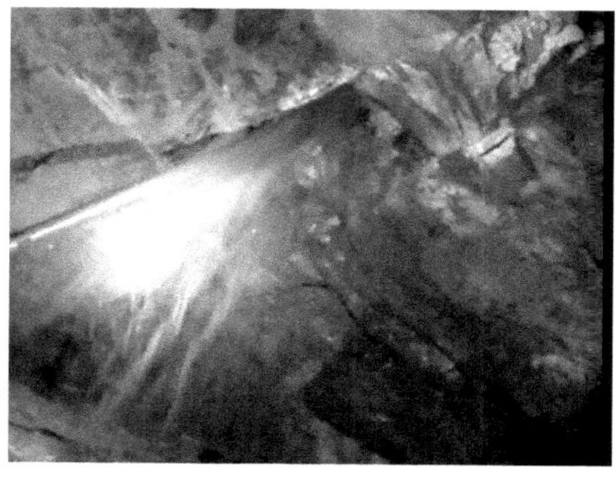

图4 鹧鸪山隧道瓦斯涌出与喷出

(2)喷出:大量的瓦斯在一定动力作用下,从岩体裂缝中喷出。汶马高速非煤系地层瓦斯喷出的时间一般较短,几小时到几天,单点喷出量每昼夜十几立方米至几千立方米,喷出时伴有嘶嘶声,多数同时伴随水柱喷出。米亚罗3号隧道、鹧鸪山隧道瓦斯喷出情况如表2所示。

米亚罗3号隧道、鹧鸪山隧道瓦斯喷出情况统计 表2

序号	时　间	里　程	瓦斯异常喷突出	掌子面地质情况
1	2015年10月1日	鹧鸪山隧道ZK186+600	喷出一股高压瓦斯气体，掀起碎石块将挖掘机前玻璃击碎，喷气口位置形成了一个约$2m^3$的喷腔，瓦斯喷出约$1500m^3$	以板岩和千枚岩互层为主，局部含白色的石英条带，岩体节理、裂隙发育，层间结合程度较差，主要表现为薄～中厚层状
2	2016年11月23日	鹧鸪山隧道ZK185+416.4	瓦斯喷孔，约$500m^3$	以薄层板岩为主，夹变质砂岩、千枚岩、炭质千枚岩，含石英岩，节理、裂隙发育
3	2016年12月23日	鹧鸪山隧道ZK185+303.5	瓦斯喷孔，约$400m^3$	以薄层板岩为主，夹变质砂岩、千枚岩、炭质千枚岩，节理、裂隙发育
4	2016年10月9日	鹧鸪山隧道K185+624.8	瓦斯喷孔，约$600m^3$	板岩、变质砂岩、千枚岩、炭质千枚岩、石英岩，节理、裂隙发育
5	2017年4月3日	鹧鸪山隧道K185+110.2	瓦斯喷孔，约$400m^3$	以板岩、少量变质砂岩夹千枚岩组成，围岩较破碎，节理、裂隙发育
6	2017年8月12日	米亚罗3号隧道YK162+665	YK162+686～YK162+705段有瓦斯喷孔现象，约$400m^3$	以薄片状板岩夹千枚岩为主，以薄层结构为主，局部碎裂结构，节理、裂隙较发育
7	2017年10月19日	米亚罗3号隧道ZK162+911	瓦斯喷孔，约$800m^3$	板岩夹炭质千枚岩、少量变质砂岩，薄层结构为主，节理、裂隙较发育
8	2017年10月25日	米亚罗3号隧道ZK162+928	补打15个瓦斯排放孔，继续有喷孔、喷水现象，约$1800m^3$	板岩夹炭质千枚岩、少量变质砂岩，薄层结构为主，节理、裂隙较发育
9	2018年5月18日	米亚罗3号隧道ZK163+358.5	瓦斯喷孔，约$500m^3$	薄层板岩夹炭质千枚岩岩体结构类型以薄层结构为主，部分碎裂结构，节理发育
10	2018年7月29日	米亚罗3号隧道2#车行横洞	瓦斯喷孔，约$1200m^3$	炭质千枚岩与砂板岩韵律互层，薄层结构为主，节理、裂隙发育，受断层影响较大

(3)岩与瓦斯突出：当隧道遭遇断裂带和裂隙等构造带高压瓦斯或高压瓦斯气囊，隧道开挖后，局部完整性相对较好的板岩等隔气层受到破坏，在很短时间内，储存于断裂带和裂隙等构造带附近岩层中的裂隙瓦斯或囊状瓦斯的膨胀能集中释放，推动破碎的岩块由岩体内突然向隧道空间大量喷出，还出现很强的动力冲击波和响声，这种涌出形式称为岩与瓦斯突出，岩石突出量从几十立方米到几千立方米，瓦斯突出量几万立方米至几十万立方米。另外，高地

应力或高压水封堵并同时突出也是岩和瓦斯突出的一个主要内因,封闭式(无缓慢释放条件)和快速推进,是岩和瓦斯突出的一个主要外因。

岩与瓦斯突出是非煤系地层瓦斯隧道施工最严重的地质灾害之一。其在展现形式主要有:岩体与超量、高压瓦斯在很短时间内(几秒钟~几分钟)突然大量喷出,并伴随巨大声响和强大的冲击波,巨大的冲击力量将破坏临空面隧道支护,推翻各种生产设备,破坏通风设施。突出几十立方米到几千立方米的碎岩物质塞满隧道,淹没施工人员和设备,同时超量涌出的瓦斯也可使人窒息,甚至可能发生瓦斯爆炸事故。

鹧鸪山隧道岩与瓦斯突出灾害:鹧鸪山隧道存在炭质千枚岩和炭质板岩,同样具有生烃能力。K186+600~K186+585 段埋深约 700m,围岩以板岩和千枚岩互层为主,局部含白色的石英条带,该段落区域附近受米亚罗扭性封闭逆断层影响较大,又位于钻金楼背斜轴部附近,岩体节理、裂隙发育,层间结合程度较差,主要表现为薄~中厚层状。通过超前钻孔探测,该段出现裂隙带,有瓦斯涌出。2015 年 10 月 6 日掌子面开挖后,作为隔气层的板岩结构稳定性被破坏,背后局部富集的瓦斯气囊中大量承压瓦斯短时间内迅速倾出,推动破碎岩体抛出,发生岩与瓦斯突出(图 5),突出碎岩约 700m^3,部分破碎体抛出距离超过 20m,隧道主洞内瓦斯浓度急剧升高超过 4.5%,瓦斯涌出量约 3 万 m^3,无人员伤亡。

图 5　鹧鸪山隧道 K186+593 岩与瓦斯突出前后对比图片

米亚罗 3 号隧道突发性突石突水和瓦斯突出灾害:米亚罗 3 号隧道 2 号车通长 31.3m,于 2018 年 7 月 28 日由左洞向右洞方向施工完成,施工过程无异常。2018 年 8 月 8 日从 2 号车通向未开挖右洞主洞挑顶时发生了水、岩及瓦斯异常涌出,在 24h 内陆续涌出水量约 1.6 万 m^3,渣体约 2000m^3,瓦斯约 2 万 m^3。由于瓦斯检测监控准确可靠,及时撤离人员,未造成人员伤亡,异常涌出情况见图 6。停工观测,根据监测水量和压力等衰减数据显示无突出风险后,经四方会商,对淤渣进行部分清理,小导管注浆固结渣体封闭,再实施周边大管棚注浆,在掌子面打设 5 根超前探孔用于排水、排气(未有压力瓦斯或水喷出),之后处于停工观察状态,期间还采用了地质雷达法未能明确探测到空腔大小和位置。

2018 年 9 月 15 日 15 时 24 分米亚罗 3 号隧道 2 号车通突发瓦斯、岩、地下水突出灾害事故,造成施工单位 3 名巡查管理人员、1 名人工、2 名驾驶员遇难,损失惨重,突出情况见图 7。此次突发性地质灾害突水约 3.6 万 m^3,瓦斯突出约 10.1 万 m^3,破碎岩体突出约 6500m^3,岩体几乎将 2 号车通充满并掩埋左线约 135m 长主洞,掩埋高度 0~4.7m。

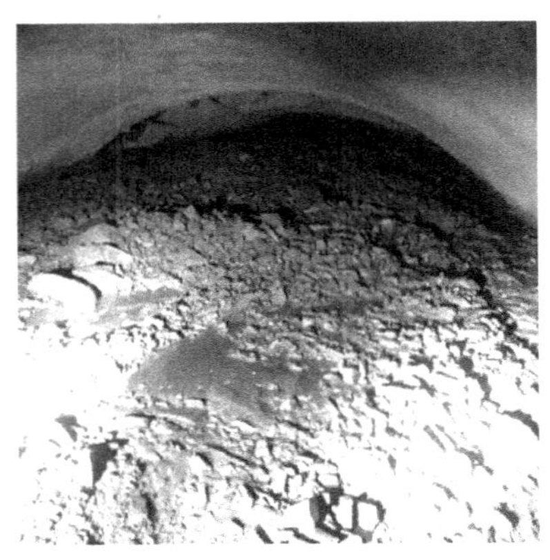

图6　2018年8月8日米亚罗3号隧道2号车行通道瓦斯与涌水地质灾害

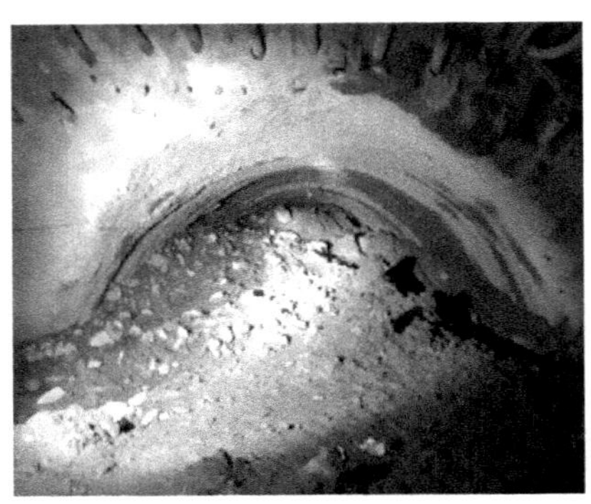

图7　2018年9月15日米亚罗3号隧道2号车行通道突水、突石、瓦斯突出地质灾害

瓦斯异常涌出和突出原因分析：根据瓦斯超前钻孔探测显示，米亚罗3号隧道2号车通掌子面为薄层状千枚岩与板岩互层，岩层走向与开挖方向几乎垂直相交，8月8日掌子面开挖破坏了完整性较好的板岩、千枚岩等隔水、隔气层，使前方被封闭的地下水、瓦斯等得到释放，呈现异常涌出。之后封闭掌子面、注浆停工观察，虽然未能探测到空腔，但在渣体远处的前方或上方必然存在较大空腔（见图8），空腔上部或侧边破碎的千枚岩、板岩持续垮塌形成新的

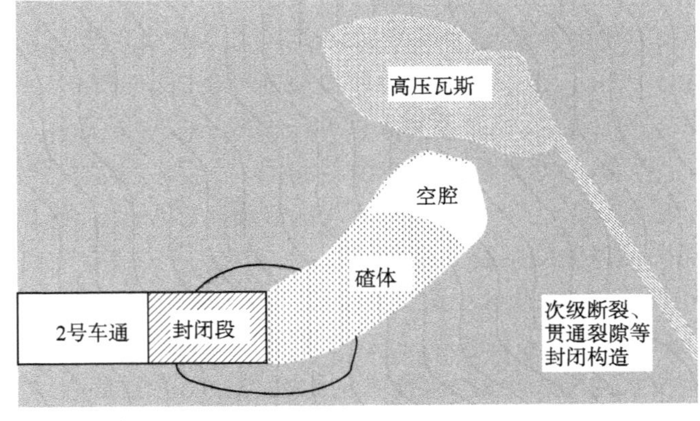

图8　“9·15”突出事故瓦斯突出分析示意图

渣体物源，也造成空腔位置不断向外部移动，直到与米亚罗 3 号大断裂次级封闭构造带断层、裂隙等贯通，储存在断层和裂隙构造带中的高压瓦斯瞬间膨胀能集中释放，和局部集中的高地应力、贯通发育裂隙中的承压地下水共同作用，推动着破碎的渣体由岩体内突然向隧道空间大量喷突，酿成复合成因类型的突发性较大突石突水及瓦斯突出灾害事故。

3 汶马高速非煤系地层瓦斯隧道管理及瓦斯涌(突)出防治措施

3.1 非煤系地层瓦斯隧道管理

相关工作可参考非煤系地层瓦斯隧道管理流程图(见图 9)。

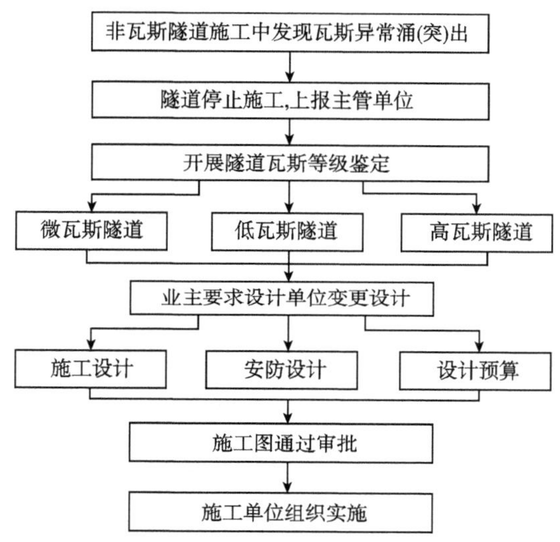

图 9 非煤系地层瓦斯隧道管理流程图

非煤系地层瓦斯隧道瓦斯分布存在随机性，在勘察设计阶段，地勘工作困难，准确分析评价瓦斯类别难度大，一般很难将其划定为瓦斯隧道，也就未设置相关防治措施，从而建设单位在招标文件中未针对性提出满足瓦斯隧道施工管理和监理的人员、设备相关要求。待施工单位进场施工发现瓦斯后，若施工方经验不足，极易引发瓦斯灾害事故。此时应停止该隧道一切作业面施工，积极开展非煤系地层瓦斯隧道等级鉴定。对于瓦斯隧道瓦斯防治措施，分为主动防治措施与被动防治措施两个大的方面。

3.2 非煤系地层瓦斯隧道瓦斯主动防治措施

瓦斯主动防治措施主要是指在隧道掌子面未开挖，瓦斯尚未被揭露涌(突)出之前，主动采取相关预防性措施，比如采用瓦斯隧道超前预测预报技术，探明掌子面未开挖前方的区域地质构造、围岩完整性、流体(瓦斯或水等)赋存、压力、流量、衰减系数等状况，若有必要主动采取抽、排等措施对瓦斯等进行预处理，对开挖爆破进行严格要求等瓦斯主动防治措施。

1)瓦斯隧道超前预测预报技术

瓦斯隧道超前预测预报是预防瓦斯涌(突)出的重要手段，坚持"以地质法为基础，以物探法为主要手段，采用长短结合预报模式"原则选择具体预测预报方法，对于瓦斯隧道，推荐地质法选择地质素描法和瓦斯超前钻孔探测;物探法选择 HSP 声波反射法或地质雷达。

(1)地质素描法。

聘请有地质专业经验的人员在开挖后通过对围岩类别、岩性的判断,围岩风化程度、节理裂隙、产状,地下水等工程地质及水文地质情况进行观察和测定后,绘制剖面、平面地质素描图,并结合其他预测预报资料来判断前方地质情况,以指导施工。

(2)HSP 声波反射法。

属于弹性波法,采取大锤敲击木桩,人工激发信号,预报范围 100m 左右,能较好预测岩层、岩性、破碎程度、风化情况及岩层稳定性,配合地质素描法,效果较好。

(3)地质雷达。

采用高效地质雷达探测仪,发出高频电磁脉冲波,探测范围 20~40m 内,是一种非破坏型的探测技术,分辨率高,可现场直接提供实时剖面记录图,图像清晰直观,对掌子面前方地层变化、断裂带特别是含水带、破碎带有较高的识别能力。需强调的是,地质雷达存在激发电火花问题,故瓦斯隧道在控制好通道内瓦斯浓度和做好防爆措施的条件下方可采用地质雷达。

(4)瓦斯超前钻孔探测。

瓦斯超前钻孔探测能直接较为有效探明作业面前方瓦斯赋存压力 P、流量 Q、衰减系数 q、涌(突)出等情况并做出直观预测,这是其他预测预报方法不能比拟的,非煤系地层瓦斯隧道瓦斯分布的不均匀性和随机性,更是要求瓦斯超前钻孔探测贯穿隧道施工全过程,无论瓦斯工区还是非瓦斯工区,都必须坚持瓦斯超前钻孔探测。凡是瓦斯隧道,无论瓦斯等级大小,可采用多种方式相互验证,但必须采用瓦斯超前钻孔探测进行最终确定。

瓦斯超前钻孔探测作用:探明前方岩体破碎程度及范围、岩体裂隙及发育情况、岩体空洞范围及大小;探明前方地下水赋存、压力等情况;探明前方岩体瓦斯赋存压力 P、流量 Q、衰减系数 q 等情况,做出瓦斯涌(突)出预测;可作为地下水、瓦斯提前排放通道等,能有效控制隧道瓦斯和水异常涌出,有效预防瓦斯事故和透水事故的发生,可以使施工中的安全措施做到有的放矢,可以极大地提高瓦斯隧道开挖效率,节约不必要的灾害防治费用,真正做到“先探后掘”,确保安全高效施工。

瓦斯超前钻孔探测资质要求:瓦斯超前钻孔探测要求远高于普通超前钻孔探测,一是钻探设备必须采用防爆型液压钻机;二是钻探人员必须经过瓦斯专业培训,能正确处理钻进过程中遇到的各种突发情况如瓦斯喷涌出、瓦斯浓度急剧升高、因动力瓦斯引起的非正常卡钻、顶钻等情况;三是熟练运用相关仪器等进行瓦斯相关参数测定;四是在工作面与钻机人员、设备之间需设置挡防装置,预防钻孔过程中瓦斯喷涌出附带伤害;五是钻探人员配备隔离式自救器进行钻探作业,预防钻探过程瓦斯突出时,自行实施防范自救。由于瓦斯超前钻孔探测与钻孔内瓦斯测试专业性强,有必要选择有相关评价资质的单位对隧道瓦斯进行全过程的监测、指导,同时对瓦斯施工工区等级进行确认。

推荐瓦斯超前钻孔布设见图 10,共布置 5 个瓦斯超前钻孔。其中上台阶布设 4 个,下台阶布设 1 个。每个钻孔深度为 60~80m,其中孔 1 为斜向下倾斜,孔 2、孔 3 钻孔为左右外斜钻孔,孔 4 为斜向上倾斜,4 个钻孔(控制范围)末端超出隧道开挖轮廓线 20m,孔 5 为斜向下倾斜,非煤系地层瓦斯隧道前后两循环钻孔搭接长度(钻孔超前距离)20m 为宜。每一个超前钻孔施工完成后对前方围岩的瓦斯压力 P、钻孔瓦斯涌出量 Q、钻孔瓦斯涌出衰减系数 q、瓦斯气体组分和含量进行测定，并计算在隧道开挖过程中瓦斯涌出量，根据瓦斯涌出量核定施工工区的瓦斯等级，同时预测施工前方可能出现异常瓦斯涌出情况的可能性。

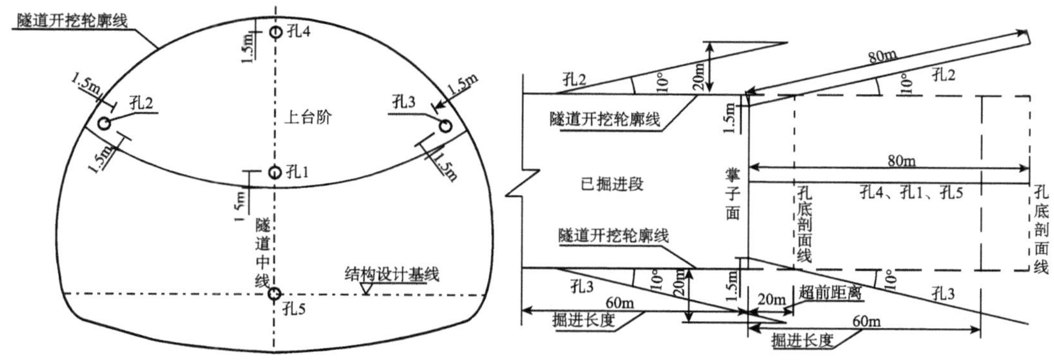

图 10　瓦斯超前钻孔布设横断面和纵断面图

瓦斯隧道开挖前必须坚持瓦斯超前钻孔探测，为正常施工或瓦斯预处理提供保障，流程见图 11。

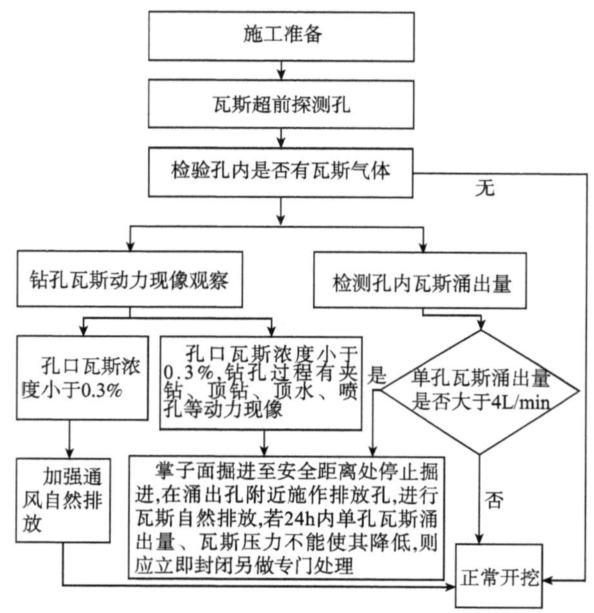

图 11　利用瓦斯超前钻孔探测对瓦斯进行预处理流程图

2）瓦斯隧道钻爆作业防治措施

若采用钻爆法开挖，必须严格审批钻爆设计，认真检查爆破效果，不断提高爆破水平。必须编制瓦斯隧道钻爆作业安全技术措施；开挖前采用超前注浆导管（锚杆）注浆，加固岩体堵塞岩体裂隙，减少或阻止瓦斯外溢；钻爆开挖坚持“多打眼、少装药、短进尺，快喷锚、强支护、勤检测、加强通风”的原则；宜采用正台阶法开挖，拱部开挖一次成形，开挖后及时喷混凝土封闭围岩减少瓦斯溢出；钻爆开挖时应采用光面爆破、严格喷混凝土平整度施工质量，以减少岩面和喷混凝土表面坑洼不平造成局部瓦斯积聚。

(1)瓦斯隧道钻孔作业要求。采用湿式作业:钻孔作业要做到先开水后开风,以密闭粉尘,避免产生火花,卡钻时应用扳手松动拔出,不可敲打。

(2)瓦斯隧道钻孔装药作业要求:瓦斯地段必须采用正向连续装药,严禁反向装药,雷管以外不得装药卷。

(3)瓦斯隧道爆破网络和连线要求:必须采用串联连接方式,线路所有连接头应相互扭紧,明线部分应包裹绝缘层并悬空。母线应随用随挂,严禁将其固定,母线的长度必须大于规定的爆破安全距离。必须采用绝缘母线单回路爆破。一个开挖工作面不得同时使用两台及以上起爆器。

(4)瓦斯隧道起爆要求:必须采用电力起爆,使用五段电雷管,电雷管要完全插入药卷内,瞬发雷管和毫秒延时雷管不得在同一网络使用。起爆母线要用铜芯绝缘线,严禁用裸线和铝线芯代替,母线要采用单回路。

(5)瓦斯隧道爆破管理:严格执行"一炮三检制",装药、放炮前及放炮后对瓦斯进行严格的监测,对瓦斯浓度进行严格的控制,确保起爆作业安全。爆破前后的瓦斯监测采用"双保险"监测措施,即建立遥控自动化监测系统与人工现场监测相结合的方式,严格控制瓦斯浓度。

(6)严禁装药爆破的情况:一是掌子面的控顶距离不符合作业规程的规定或者初期支护有变形破坏。二是炮眼内发现异状,温度骤高骤低,有显著瓦斯涌出、透老空等情况。三是掌子面风量供给不足,瓦斯超限。

3.3 非煤系地层瓦斯隧道瓦斯被动防治措施

瓦斯被动防治措施主要是指在瓦斯已经被揭露,瓦斯已经涌入开挖掌子面空间时,我们采取一系列措施来防止瓦斯积聚,控制火源等,全力避免发生瓦斯灾害。

1)强化隧道施工支护管理

隧道初期支护严格按照施工规范进行施作,在软弱围岩中掘进时,爆破后必须及时喷锚支护,封闭瓦斯;瓦斯隧道使用冷粘连接防水板材,杜绝热焊连接而产生火花;确保二次衬砌施作质量,不得低于设计抗渗等级要求。

2)严格执行瓦斯检测与监测监控管理

瓦斯检测要求贯穿瓦斯隧道施工全过程,无论瓦斯工区还是非瓦斯工区,都必须进行瓦斯检测。做好在钻眼、装药、放炮前及放炮后四个环节上及隧道施工中氧、电焊等动火作业时瓦斯巡回检测工作;对瓦斯易积聚区域做好瓦斯巡回检测工作;瓦斯超前钻孔作业和开挖作业面瓦检员须全天候跟班作业。对隧道内瓦斯浓度限值及超限处理措施严格按相关规范和要求执行,如表3所示。

非煤系地层瓦斯隧道瓦斯浓度限值及超限处理措施 表3

序号	瓦斯工区	地　点	限值(%)	超限处理措施
1	微瓦斯工区	任意处	0.3	查明原因,加强通风监测
2	低瓦斯工区	任意处	0.5	超限处20m范围内立即停工,查明原因,加强通风监测

续上表

序号	瓦斯工区	地　　点	限值(%)	超限处理措施
3	高瓦斯工区 突出瓦斯工区	局部瓦斯积聚(体积大于 $0.5m^3$)	1.0	超限处附近 20m 停工,断电、撤人,进行处理,加强通风
4		开挖工作面风流中	1.0	停止电钻钻孔,超限处停工,撤人,切断电源,查明原因,加强通风等
5		回风巷或工作面回风流中	1.0	停工、撤人、处理
6		放炮地点附近 20m 风流中	1.0	严禁装药放炮
7		局扇及电气开关 10m 范围内	0.5	停机、通风、处理
8		电动机及开关附近 20m 范围内	1.0	停止运转、撤出人员,切断电源,进行处理

3)瓦斯隧道施工通风管理

非煤系地层瓦斯隧道必须编制通风专项设计方案。通风是保证瓦斯隧道施工安全生产的重要环节,是被动防护瓦斯灾害的重要举措,必须进行严谨的风量计量,选用合理的通风设备,执行严格通风管理,防止瓦斯积聚,为工人劳动和设备正常运转创造良好的工作环境,以保证安全生产。

(1)瓦斯隧道通风需风量计算:隧道施工通风需风量按爆破排烟、瓦斯涌出量、二氧化碳涌出量、洞内同时工作的最多人数和稀释洞内使用内燃机废气分别计算,并按允许最小风速进行验算,选取其中的最大值,另外汶马高速隧道工程位于高海拔地区,按各类方法计算需风量要进行空气密度校正,校正公式为 $K_\rho=\rho_z/\rho_0$,其中 K_ρ 为空气密度校正系数;ρ_z 为海拔高度为 z 处空气密度(kg/m^3);ρ_0 为海拔高度为 0 处空气密度(取 $1.20kg/m^3$)。瓦斯隧道通风需风量计算公式参见表 4。

隧道施工通风需风量 Q 计算公式比较　　表 4

爆破排烟	瓦斯涌出量	二氧化碳涌出量	洞内同时工作最多人数	稀释洞内使用内燃机废气
$\frac{7.8}{t}\sqrt[3]{\frac{A\cdot(S\cdot L_0)^2}{K_\rho}}$	$\frac{q}{(C_a-C_0)\cdot K_\rho}\cdot K$	$\frac{q}{(C_a-C_0)\cdot K_\rho}\cdot K$	$\frac{4N}{K_\rho}$	$4.5\sum_{i=1}^{n}N_i\cdot\eta_i$
t:爆破后通风时间,min; S:最大开挖断面积,m^2; A:一次爆破炸药用量,kg; L_0:炮烟抛掷长度,m; K_ρ:空气密度校正系数	q:掌子面瓦斯涌出量,m^3/min; C_a:掌子面允许瓦斯浓度%; C_0:送入掌子面风流中的瓦斯浓度,一般为0; K:瓦斯涌出不均衡系数,可取 1.5~2.0; K_ρ:空气密度校正系数	q:掌子面二氧化碳涌出量,m^3/min; C_a:掌子面允许二氧化碳浓度%; C_0:送入掌子面风流中的二氧化碳浓度,一般为0; K:二氧化碳涌出不均衡系数,可取 1.5~2.0; K_ρ:空气密度校正系数	4:高原地区每人每分钟供风标准,$m^3/(min\cdot 人)$; N:洞内同时工作的最多人数; K_ρ:空气密度校正系数	4.5:高原地区单位功率需风量,$m^3/(min\cdot kW)$; N_i:第 i 台柴油机械设备功率,kW; η_i:第 i 台柴油机械设备综合效率系数

(2)瓦斯隧道施工通风设备要求:压人式通风机必须装设在洞外或洞内新鲜风流中,避免污风循环。瓦斯工区的通风机应设两路电源,并应装设风电闭锁装置,自动切换电源开关,当一路电源停止供电时,另一路应在15min内及时切换接通,保证风机正常运转。瓦斯工区,必须有一套同等性能的备用通风机,并经常保持良好的使用状态。瓦斯隧道的主扇风机与瓦斯突出隧道掘进工作面附近的局部通风机,均应实行专用变压器、专用开关、专用线路供电、风电闭锁、瓦斯电闭锁装置。瓦斯隧道应采用抗静电、阻燃的风管。风管口到开挖工作面的距离应小于5m,风管百米漏风率不应大于2%,隧道主风机距洞口20m布设。

(3)瓦斯隧道通风管理专项措施:瓦斯隧道施工建立通风瓦斯安全生产管理机构,明确各级职责,完善管理制度,加强安全教育、班训,严格监督及违章处罚,增强安全生产意识。设立专门瓦斯隧道通风班组,负责按照经批准的通风方案进行通风系统的安装、使用、维修、维护工作。保证隧道24h连续不间断通风,风量、风压必须满足设计要求,不得随意停风。执行交接班制度,必须由交接双方签字认可,对上一班存在的问题、隐患、需注意事项、仪器设备状态等必须交接清楚,交接班记录由工区主任每天定时予以审核签字。实行停风报批制度,因通风系统检修及其他原因需要主要通风机停止运转,必须提前提出申请,逐级上报,根据停风时间长短由相关负责人审批后方可实施。加强信息沟通制度,瓦检班组、通风班组、施工作业班组应及时沟通相关信息,确保生产安全、有序进行。

(4)防止瓦斯积聚加强通风的主要措施:必须采用机械通风,避免自然通风,确保通风系统稳定。通风机的安装和使用都必须符合规程要求,并经常检查、严禁带病运转。高瓦斯隧道的通风装置应有两套独立的通风机和各自独立的电动机,所有掘进工作面的局部扇风机都应装设三专(专用变压器、专用开关、专用线路)、二闭锁(风电、瓦电)设施,保证局部扇风机可靠运转。瓦斯含量较低时,可考虑一套通风机,两台电动机,其中一台备用。凡备用电动机和配套扇风机必须达到在10min内能正常启动的标准要求。必须正确确定隧道所需风量和风速,合理分配风量,禁止无风和微风作业。禁止扩展通风,使用阻燃抗静电风筒,禁止使用化纤风筒。局部通风机安装位置必须符合要求,禁止拉循环风。临时停工的瓦斯隧道不准停风,否则必须切断电源,设置栅栏,揭示警标,禁止人员入内。加强通风管理,建立通风瓦斯调度制度,禁止违章指挥、违章作业。

4)瓦斯隧道施工防火防爆设备设施要求

微瓦斯工区和低微瓦斯工区段,在瓦斯预测预报工作、瓦斯浓度严格控制下,钻爆设备、施工电气设备采用防爆型式,机械设备可采用非防爆设备;高瓦斯工区段和突出瓦斯工区段所有电气设备与作业机械均采用矿用防爆设备。安装后的机电设备,必须经过外观、防爆性能、操作性能的检查,合格后方可投入使用。

3.4 非煤系地层瓦斯隧道岩与瓦斯突出防突措施

规范要求有突出危险的瓦斯隧道施工时必须采取包括突出危险性预测,防治突出技术措施,防治突出措施效果检验,安全防护措施的综合措施,简称"四位一体"防突措施,非煤系地层由于煤层不显,防突措施有所差异。

1)突出危险性预测

非煤系地层可借鉴采用煤系地层综合指标法和钻屑瓦斯解吸指标法来预测掌子面的突出危险性,也可运用突出征兆和测定瓦斯压力来指导预测,特别注意断层破碎带、裂隙发育带、褶皱构造及其炭质千枚岩集中带。

(1)大多数岩与瓦斯突出在突出之前都有预兆,有的预兆显现的时间较长,容易被人直接感觉到,现场作业人员若能熟悉和掌握,并及时发布警报,采取相应的技术安全措施,对于减少突出危害,保障人身安全都有非常重要意义。有声征兆:岩体发生震动或冲击,并伴有响声;围岩变形发出劈裂声、鞭炮声;初期支护出现裂缝,发现断裂声,支架被压断,发出折断声。无声征兆:掌子面压力增大,岩层垮落、局部隆起、掉渣、喷出,钻孔卡钻,装药顶炮;地压力活动激烈,工作面瓦斯涌出量增大或忽大忽小或呈喷出状,温度下降,空气变冷;在掌子面感到头昏,发冷。

(2)测定岩层瓦斯压力,瓦斯压力是瓦斯涌出和突出的动力,也是瓦斯含量多少的标志,准确测定瓦斯压力对瓦斯隧道工程有效而合理地制定防治瓦斯的措施,预测预报岩与瓦斯突出危险性,合理制定防突措施等均具有十分重要的意义,具体实施时先从掌子面向岩层施工孔径为 50~75mm 的钻孔,孔中放测压管,将钻孔密封后,用压力表直接测定。测压封孔方法分为填料法和封孔器法,要求打孔地点岩石应致密且岩柱长度不下于 5m,封孔长度不小于 5m 且封孔密实,确保测定结果准确。若测定岩层瓦斯压力大于 0.74MPa 且瓦斯涌出量大时,应按有岩与瓦斯突出危险工区进行管理。

2)防治突出技术措施

当掌子面预测结果为具有突出危险性时,必须采取排放钻孔、抽放瓦斯、水力冲孔、超前松动爆破、金属骨架或其他经试验和实践证明有效的防突措施。

(1)在防突措施实施过程中,专职瓦检人员经常检查瓦斯,发现瓦斯大量增加或其他异状时,必须停止掘进,撤出人员,进行处理。

(2)优先采用打排放钻孔排放瓦斯措施进行消突,钻孔直径一般为 75~120mm,工作面距瓦斯裂隙或高压瓦斯气囊法线距离的最小值为 3m,钻孔控制的范围达到掌子面轮廓线外至少 5m。

(3)若瓦斯涌出量较大,达到抽放条件(瓦斯涌出量大于 $3m^3/min$)时,需设置抽放系统,并编制专门的抽放设计,抽放瓦斯工作面距瓦斯裂隙或高压瓦斯气囊法线距离的最小值为 3m。抽放瓦斯到允许程度可结合打排放钻孔排放瓦斯措施加快消突。

(4)经效果检验无突出危险后,在采取安全防护措施后采用远距离爆破揭露前方围岩,爆破时必须请救护队参加以备防患。

3)防治岩与瓦斯突出措施效果检验

采取防治突出的技术措施后,开检验钻孔数不得少于 5 个,分别位于掌子面的上部、中部、下部和两侧,如果检验结果的各项指标都在突出危险临界值以下,且未发现其他异常情况,则判定为措施有效,否则,判定为措施无效。

4)岩与瓦斯突出安全防护措施

(1)远距离放炮:爆破地点必须设在隧道外或安全洞室内,远距离爆破时,回风系统必须停电撤人,指派专人负责,并做好警戒,严禁人员进入。进入掌子面检查时间要在放炮后 30min 以后。相关区域工作的所有人员,在放炮前必须撤离至指定地点,确保放炮时该区域内无人。

(2)设置避难所:若有突出危险的瓦斯隧道施工距离超过 500m 后,可将车(人)行通道设置成临时避难所，避难所设置向外开启的隔离门，隔离门设置标准按照反向风门标准安设，避难所内设置供给空气的设施，配备足够数量的隔离式自救器。

(3)佩戴隔离式自救器：有突出危险的瓦斯隧道施工的管理人员和操作人员每人都应佩戴完好的隔离式自救器进入施工场所进行作业。

4 关于瓦斯隧道施工管理的几点思考

4.1 建议开展对非煤系地层瓦斯隧道瓦斯灾害综合技术研究

米亚罗3号隧道2号车通突发性突石突水和瓦斯突出灾害具有极其罕见的特殊性：一是发生在非煤系地层；二是发生在已经涌出瓦斯和地下水泄压之后在同一位置再次发生较大突出地质灾害；三是多种动力复合成因的突出地质灾害，这已远远超出我们现有的工程施工技术认知，建议立项开展非煤系地层瓦斯隧道安全施工综合技术研究，对非煤系地层瓦斯来源及分布情况、富集区的形成机理、预测分析和预报方法进行充分研究，以提高对非煤系地层瓦斯灾害的认识和防治。

4.2 强化勘察设计工作

(1)对穿越煤系地层和具有生烃能力的岩层区域的地质勘察，建议邀请相关专业地质勘探单位实施，真实勘察出瓦斯赋存区域及赋存状况等。

(2)由于瓦斯预防与治理设计专业性较强，公路设计院受专业特点的限制，建议抛弃设计行业的壁垒，走出交通运输行业设计院所，寻求专业性更强更好的相关设计院、科研所等，采用联合设计或者委托设计，确保勘察设计质量，避免或减少施工过程中的变更，更重要的是杜绝重特大瓦斯灾害事故的发生，确保隧道施工安全。

4.3 瓦斯隧道施工招标与施工现场管理存在的缺陷

瓦斯隧道招标文件中一般仅对投标方有施工过瓦斯隧道的施工业绩进行了要求，问题在于：

(1)施工业绩仅仅只能是说明该单位在某年某月在某项目施工过瓦斯隧道，由于施工单位施工人员流动性很大，不能确保是施工瓦斯隧道的建设管理及施工人员前来本项目参与瓦斯隧道的施工。

(2)由于瓦斯隧道的施工对管理及施工人员、专业安全防护技能要求较高，不是短时间能培训出来，从而导致似懂非懂的施工管理人员较多，潜在的违章违规施工、盲目施工，潜在的安全隐患频发，抱着侥幸的心理去组织开展施工，最终必然发生安全事故。

4.4 瓦斯隧道非正常施工条件下相关施工费用如何处理

一般瓦斯隧道预算定额规定是按照合理的施工组织和正常的施工条件编制的，但非正常施工条件下的施工费用如何处理。举例来说，汶马高速这三座瓦斯隧道海拔约2800~3200m，位于高原高寒地区，冬季1、2月份异常寒冷，最低气温可达到-30℃，生产和生活用水冰冻，材料运输也存在困难，不得以进入冬休期。在冬休期内，一旦停止隧道通风，则掌子面围岩以及掌子面至二衬之间初期支护段落瓦斯可能会涌出积聚，导致瓦斯浓度增高超限等，节后复工极易造成瓦斯灾害安全事故。为确保瓦斯隧道施工安全，最佳防治措施是在冬休期持续保持隧道通风，这属于非正常施工条件，其相关通风等费用出处不明朗。

4.5 瓦斯隧道发生瓦斯灾害事故救援现存问题

(1)缺乏具有针对性的《瓦斯隧道瓦斯灾害应急救援规程》及相关救援方案措施。

(2)设计上一般未考虑瓦斯灾害的应急救援设计,也无预算,招投标文件中也无相应费用,一旦发生瓦斯灾害,将会出现实施救援由业主或施工单位谁来组织实施,费用又如何计算等问题。

(3)当瓦斯隧道发生瓦斯燃烧、异常涌(突)出、爆炸等重大灾难事故时,如何做好第一时间的应急抢险救援工作。

(4)如果参照《煤矿安全救护条例》、《煤矿安全规程》等,需要建立或委托相应的专业"矿山救护队"等,则成本又高,又无设计、无预算,业主、施工单位难以实施,如果发生灾害事故,业主、施工单位又要承担相应的责任。

5 结语

(1)不同地区非煤系地层瓦斯隧道瓦斯来源有所不同,或是岩层本身在区域地质构造应力作用下具备生烃、运移、富集能力,或是通过长大贯通型裂隙搬运远方煤系地层瓦斯或搬运深部无机成因气等,但非煤系地层瓦斯隧道瓦斯赋存规律和瓦斯涌(突)出特点是相通的,我们可以分析总结,并提出针对性防治措施。同时注意瓦斯隧道可能导致涌(突)出的位置有断层破碎带、裂隙发育带、褶皱构造及其炭质岩层集中带,也有高压水封堵形成的高压瓦斯,突出时伴随突水。

(2)非煤系地层无瓦斯隧道在施工过程中变更为瓦斯隧道,不能盲目施工,建立瓦斯安全生产管理机构,明确各级职责,完善管理制度,加强安全教育、班训,在明确完善瓦斯相关设计、方案、机械设备改装、人员瓦斯安全培训,建立出入洞检身登记制度,严禁烟火入洞等工作后,方能严格按照瓦斯隧道安全防护专项设计和规范要求施工。

(3)非煤系地层无瓦斯隧道在无明确详细地勘测量或邻近已完洞室工程参考的情况下,一旦施工过程中发现瓦斯,由于瓦斯分布的不均匀性和瓦斯涌(突)出的突发性、偶然性、随机性,从目前开挖掌子面至隧道结束都应是瓦斯工区,而不应有明确的瓦斯工区和非瓦斯工区界定,从而必须坚持瓦斯检测和瓦斯超前钻孔探测贯穿整过施工过程。

(4)瓦斯隧道可采用多种超前预测预报方式相互验证,但必须采用瓦斯超前钻孔探测进行最终确定。瓦斯超前钻孔探测作为一般超前钻孔探测的"升级版",是预防瓦斯涌(突)出的必要手段,需慎重选择有资质、有责任心的单位进行施作,确保瓦斯涌(突)出防治效果。另一方面,瓦斯超前钻孔一般只能探测前方围岩、构造、气体、地下水等相关情况,根据需要可增加向开挖轮廓线外不同方向钻探,获得更为准确相关参数,为瓦斯等防治提供依据。

(5)加强瓦斯隧道参建人员瓦斯安全培训,多聘用有丰富经验的瓦斯操作人员,在瓦斯突出数据预报漏报的情况下,能根据瓦斯喷突出有声和无声征兆,提前预警撤离人员设备,避免岩与瓦斯突出灾害对人员、机械设备造成损伤。

本文通过对汶马高速三座非煤系地层瓦斯隧道施工过程中出现的瓦斯涌(突)出机理分析,并采取了针对性的防治措施。汶马高速三座瓦斯隧道施工至今,既有鹧鸪山隧道和王家寨1号隧道安全胜利贯通的成功经验,也有米亚罗3号隧道突发性瓦斯灾害事故的惨重损失,这些都值得我们建设者认真分析,不断提高认识,总结经验,也希望对全国其他地区非煤系地层瓦斯隧道建设提供一定的参考。

参考文献

[1] 四川省地方标准.DB51/T2243—2016 公路瓦斯隧道技术规程[S].四川:西南交通大学出版社,2016.

[2] 中华人民共和国行业标准.JTG F60—2009 公路隧道施工技术规范[S].北京:人民交通出版社出版,2009.

[3] 中华人民共和国行业标准.JTGF 90—2015 公路工程施工安全技术规范[S].北京:人民交通出版社,2009.

[4] 四川省交通运输厅公路规划勘查设计研究院.公路瓦斯隧道设计与施工技术指南[M].北京:人民交通出版社出版,2011.

[5] 国家安全生产监督管理总局.煤矿安全规程[M].北京:煤炭工业出版社,2011.

[6] 中华人民共和国行业标准.AO 1027—2006 煤矿瓦斯抽放规范[S].北京:中国标准出版社,2006.

[7] 中华人民共和国行业标准.AO 1029—2007 煤矿安全监控系统及检测仪器使用管理规范[S].北京:中国标准出版社,2007.

[8] 中华人民共和国行业标准.GA 991—2012 爆破作业项目管理要求[S].北京:中国标准出版社,2012.

山岭隧道光面爆破与安全起爆施工技术

舒文军

(中铁十二局集团第三工程有限公司,太原 030024)

摘　要:二郎山隧道全长约 13.4km;是雅安至康定高速公路全线控制性工程,其设计Ⅱ、Ⅲ、Ⅳ级围岩长度之和占隧道总长度的 80%。本文结合二郎山隧道工程实例,介绍了隧道全断面开挖光面爆破技术与安全起爆方法。提出了周边眼采用不耦合空气间隔装药、导爆索传爆,起爆采用激发针连接塑料导爆管的非电起爆技术。该技术的采用,可有效避免开挖轮廓受节理裂隙影响产生的掉块、减小补炮概率,提高爆破作业安全系数,颇具类似工程借鉴。

关键词:隧道　光面爆破　不耦合空气间隔装药　导爆索传爆　非电起爆

1　工程概况

二郎山隧道全长 13.4km,是雅安至康定高速公路重大控制性工程之一,其设计Ⅱ、Ⅲ、Ⅳ级围岩长度之和占隧道总长度的 80%。隧道按照新奥法原理设计,采用三心圆曲墙式复合衬砌。隧址区主要地层有:震旦系火山岩,三叠系、泥盆系、志留系、奥陶系的沉积岩以及火成侵入岩中的花岗岩和石英闪长岩等。

由于山岭隧道地质条件是随着开挖而不断变化的,其中主要是围岩节理裂隙的变化对爆破效果的影响较大。受爆轰波的影响极易造成围岩沿节理裂隙和岩层走向产生局部塌落或顺层溜帮,从而造成开挖轮廓不圆顺,导致隧道超挖严重;同时,由于节理裂隙的存在,毫秒延时爆破时存在发生盲炮的可能,给施工安全带来极大隐患。为确保爆破后的开挖轮廓圆顺,保证施工安全,故需考虑合理的爆破方案[1,2]。

2　技术方案

二郎山隧道光面爆破与安全起爆技术较常规爆破相比,爆破在掏槽形式、炮眼布置、炮眼数量与深度、起爆顺序与时间间隔等设计与常规爆破相同,根本不同的是周边眼装药将常规集中装药调整为不耦合空气间隔装药[3,4],同时周边眼起爆将常规毫秒非电雷管起爆调整为导爆索起爆[5],以提高光面爆破效果,同时将传统电雷管起爆变为塑料导爆管非电起爆技术[6,7],可有效避免洞内杂散电流等影响爆破作业安全的隐患。

2.1　主要目的

周边眼不耦合空气间隔装药较集中装药可有效减小爆轰冲击波对围岩的损伤,缩小围

岩爆炸粉碎区,降低围岩沿节理裂隙等软弱面松弛、掉块等因素造成的开挖轮廓不圆顺现象[8];

导爆索较常规毫秒延时雷管传爆速度快,延时误差小,可有效避免周边眼起爆时不同步易造成的爆破效果不理想;同时减小盲炮出现的概率。

2.2 爆破设计

2.2.1 周边眼及掘进眼间距[9,10]

①周边眼间距控制在45~50cm之间;②外层掘进眼间距控制在1.0~1.1m之间;③周边眼与外层掘进眼排间距控制在65~75cm之间。见图1。

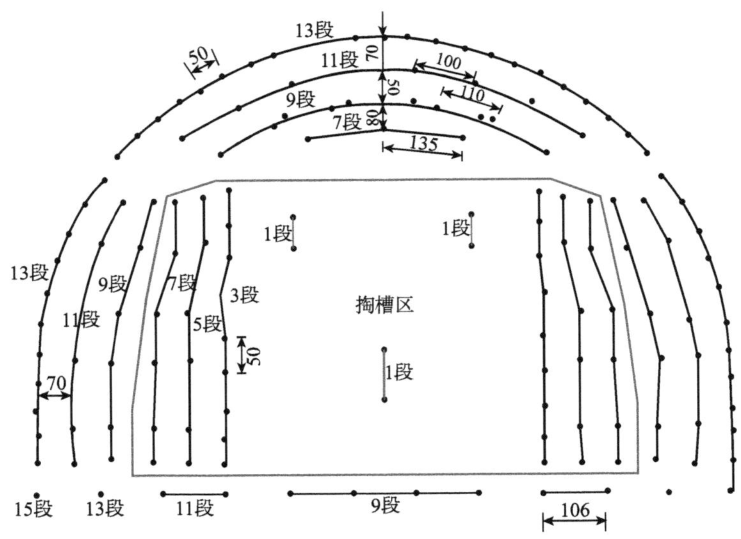

图1 全断面光面爆破炮眼平面布置图(尺寸单位:cm)

2.2.2 炮眼起钻点位置选择[8]

由于围岩节理裂隙的发育,周边眼起钻时,炮眼应尽可能避开节理裂隙等结构面,从而减小沿节理裂隙等软弱面松弛、掉块的可能;当炮眼均匀布置且与结构面重合时,应适当缩小周边眼炮眼间距。见图2。

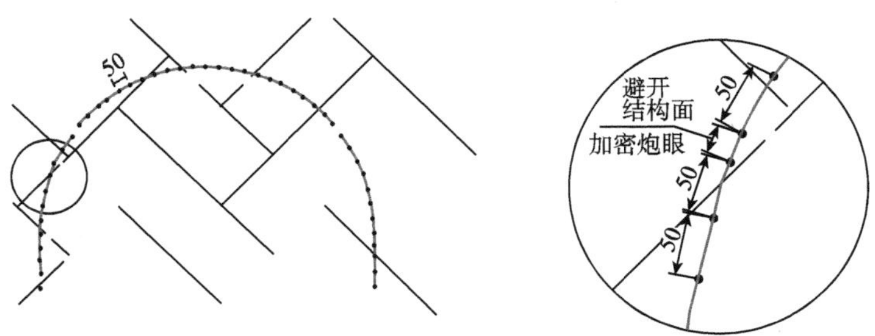

图2 节理裂隙发育,周边眼调整示意图(尺寸单位:cm)

2.2.3 施钻方向

①周边眼起钻时,钻杆尾部(受风枪风包影响)与隧道轴线保持10cm距离(4m长钻杆),保证眼底在开挖轮廓外10cm;②掘进眼施钻方向与隧道轴线平行;③掏槽及辅助眼依据断面

大小,通过钻眼角度调整逐步与隧道轴线平行,并最终保证掘进眼与隧道轴线平行。见图3、图4。

塑料导爆管非电起爆是从爆破安全角度进行的调整。

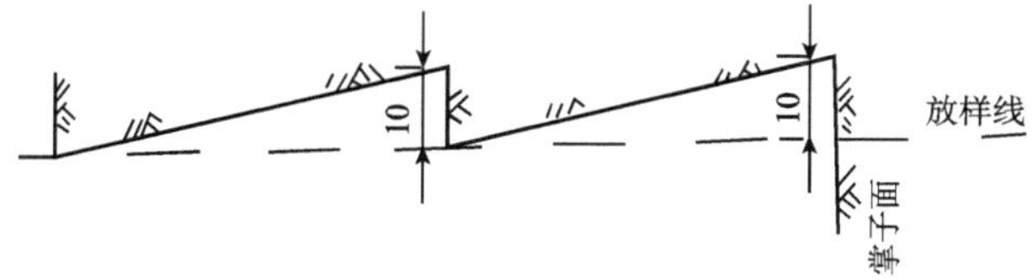

图3 周边眼起钻点位置与角度示意图(尺寸单位:cm)

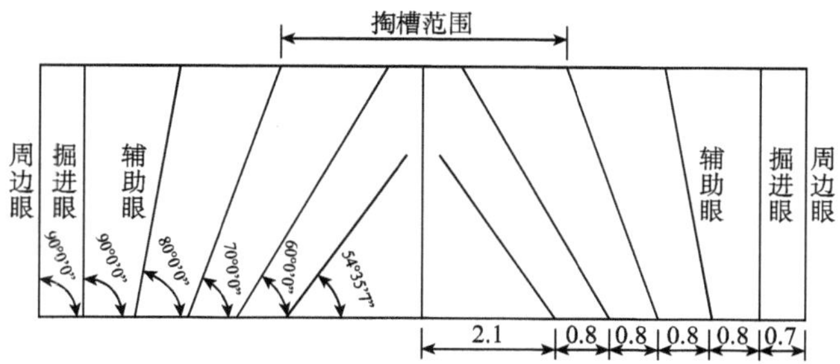

图4 全断面光面爆破炮眼角度布置示意图(尺寸单位:cm)

2.2.4 装药结构[11]

1)周边眼装药结构

周边眼采用空气间隔装药,导爆索传爆。以4m深周边眼为例,眼底装2/3节ϕ32药卷(2#岩石乳化炸药),这里导爆索从2/3药卷尾部反绕出炮眼。然后按间距50cm均匀布置7节1/3药卷。最后用节炮泥封堵炮眼口。见图5、图6。

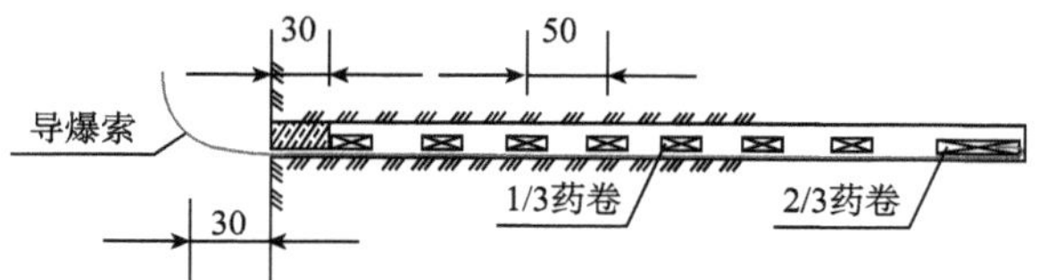

图5 光面爆破周边眼装药结构图(尺寸单位:cm)

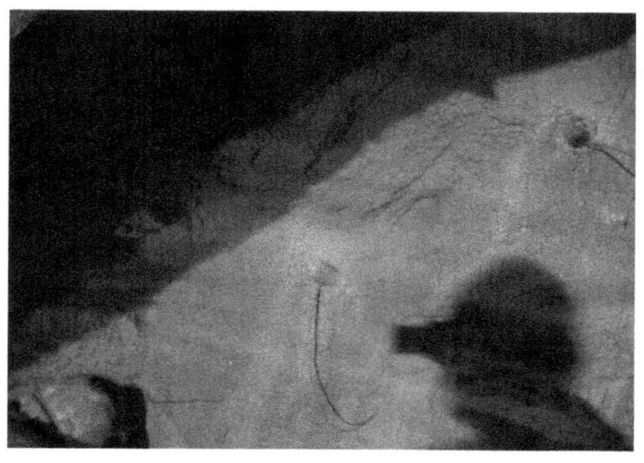

图6 导爆索预留接头

2）掏槽眼、辅助眼装药结构

掏槽眼、辅助眼均按连续装药结构装药。眼底先装1节 $\phi 32$ 药卷（2号岩石乳化炸药），这里非电雷管从该节药卷尾部反绕出炮眼，然后连续装入药卷。最后用炮泥封堵炮眼口。见图7。

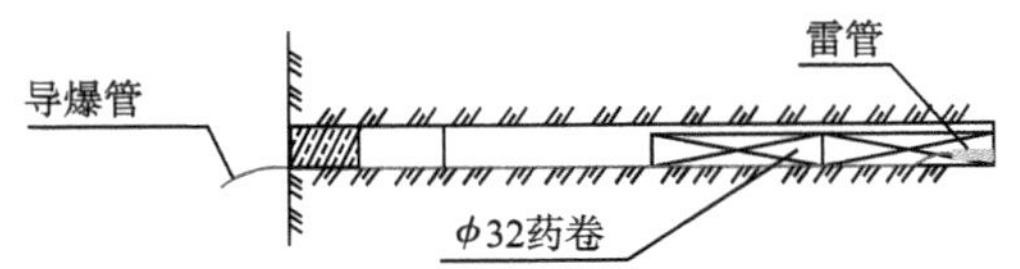

图7　光面爆破掏槽眼、辅助眼连续装药结构图（尺寸单位：cm）

2.2.5　周边眼连线方式[12]

①将一根导爆索（支线）插入一根2/3药卷，然后反向将药卷连同导爆索放入眼底，炮眼口外预留30cm，割断。每个周边眼（除两侧底眼外）均按此施作；②然后分别从两侧底眼开始用一根导爆索（主线）将支线的露头连接起来，露头与主线搭接10cm，缠绕胶带3层，每个导爆索（支线）的露头方向朝向上部（拱顶方向即传爆方向）；③两根主线连至拱顶后，用2发13段非电毫秒雷管引出，并与起爆网络连接。见图8、图9。

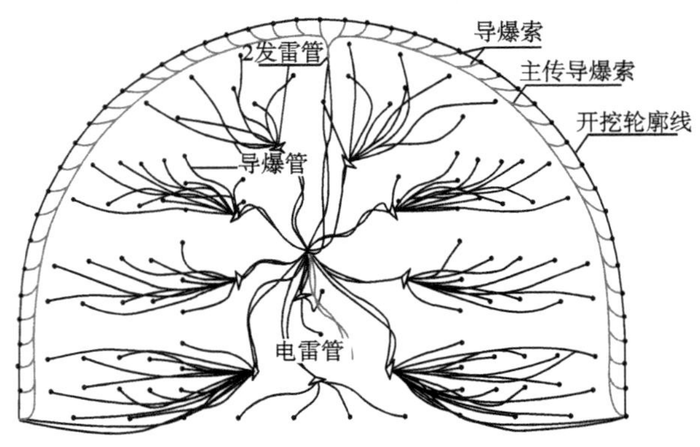

图8　全断面爆破网络图

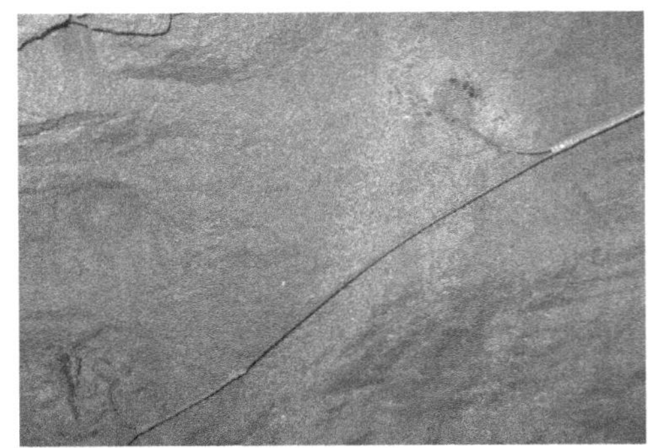

图9　导爆索预留接头与主传导爆索连接

2.2.6　起爆方式[6,7]

电爆因受各种电与杂散电流的影响，如处理不当，极易出现早爆。所以，二郎山隧道采用塑料导爆管非电起爆技术。连线方式：①毫秒普通非电雷管连接炸药（周边眼与导爆索连接）；②导爆管与毫秒普通非电雷管连接（连接处有塑料四通接头）；③激发针与导爆管连接；④起爆电线与激发针连接；⑤起爆电线连接起爆器。见图10、图11。

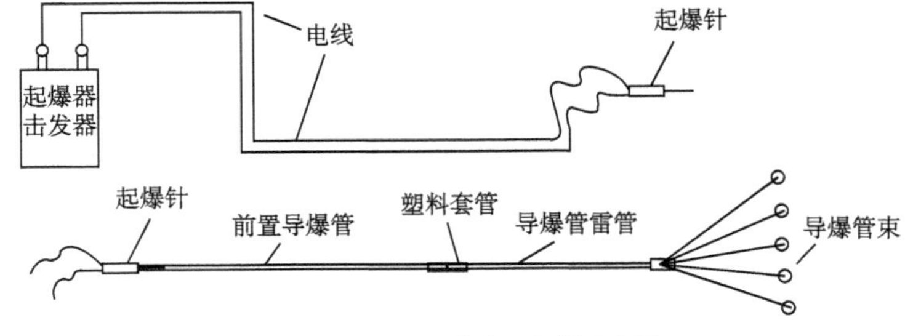

图10　塑料导爆管非电起爆示意图

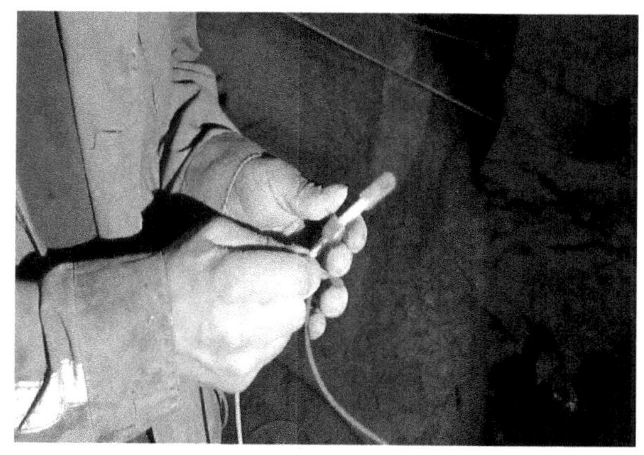

图 11　导爆管与非电雷管导爆管接头连接(塑料套管)

3　操作要点

(1)周边眼与掘进眼应平行于隧道轴线。

(2)周边眼起钻位置应尽可能避开围岩节理裂隙。

(3)周边眼每个导爆索(支线)的露头方向朝向上部(拱顶方向即传爆方向),且应用与主传导爆索用胶带缠绕紧密。

(4)用塑料套管连接两根导爆管时,两根导爆管的端面应切成垂直面。

4　注意事项

(1)施工前应对导爆管进行外观检查,用于连接用的导爆管不允许有破损、拉细、进水、管内杂质、断药、塑化不良、封口不严。导爆管不允许打结,不能对折,要防止管壁破损。

(2)导爆管网路应严格按设计进行连接。

(3)只有所有人员、设备撤离爆破危险区,具备安全起爆条件,才能在主起爆导爆管上连接激发针及起爆器。

5　结语

二郎山隧道光面爆破(图 12)技术的形成,提高了节理裂隙发育围岩情况下的爆破效果,减小了超欠挖,爆破轮廓线圆顺,炮眼残留率达到 95%以上;同时安全系数大大提高,主要表现为:抗冲击;抗静电和杂散电流;不怕明火,有效避免了因洞内杂散电流等影响爆破作业安全的隐患,增加了爆破作业安全可靠性。

图 12　光面爆破效果图

参考文献

[1] 李铜庆.隧道钻爆法开挖的超欠挖控制[J].山西建筑,2008(30):324-326.

[2] 郝文广.水平岩层特长隧道的爆破参数优化与超欠挖控制[J].铁道建筑技术,2013(4):13-17.

[3] 陈震,史秀志,胡海燕,等.径向不耦合条件下导爆索起爆性能的研究[J].爆破,2013(1):104-109.

[4] 王和平.不耦合装药爆破开挖隧道的作用机理[J].铁道建筑,2007(9):25-26.

[5] 梅群,沈兆武,周听清.超低能导爆索传爆原理及应用的研究[J].中国工程科学,2005(6):69-72.

[6] 范坚,何家发.非电起爆技术的应用实践[J].煤矿爆破,1997(3):39-39.

[7] 黄宝明.塑料导爆管非电起爆系统新技术的使用[J].广西水利水电,1994(1):5-9.

[8] 邢承忠.陕京三线永定河隧道爆破振动检测与控制研究[J].铁道建筑技术,2013(8):42-44.

[9] 郭跃.光面爆破及预裂爆破装药量的理论计算与分析[J].铁道标准设计,2009(S1):111-112.

[10] 顾义磊,李晓红.隧道光面爆破合理爆破参数的确定[J].重庆大学学报:自然版,2005(3):97.

[11] 宗琦,陆鹏举,罗强.光面爆破空气垫层装药轴向不耦合系数理论研究[J].岩石力学与工程学报:2005(6):1047-1051.

[12] 张敢生,何晓光,导爆索与导爆管传爆结点可靠性的检测、分析与评价[J].爆破:2004(4):94-95.

水对千枚岩和板岩的软化影响试验分析

何　成[1]　陈海清[2]　汪俊波[2]　孟陆波[2]

(1. 四川汶马高速公路有限责任公司,成都 610041;2. 成都理工大学
地质灾害防治与地质环境保护国家重点实验室,成都 610059)

摘　要:地下水一直是影响隧道工程安全的一个重要因素。本文以千枚岩和板岩为研究对象,通过单轴压缩试验,研究了水对千枚岩和板岩软化性的影响,研究结果表明:饱水对千枚岩和板岩强度及变形将产生一定程度的影响,水会降低千枚岩和板岩的承载能力和抗变形能力。千枚岩抗压强度对水的敏感度更大,而千枚岩和板岩的变形能力对水的敏感程度大致相同,同时水也会使得千枚岩和板岩的体积扩容更加显著。在汶马高速米亚罗3#隧道支护设计时应充分考虑水对隧道围岩产生的软化作用而引发的灾害。

关键词:单轴压缩　软化性　强度　变形

1　引言

进入21世纪以来,我国隧道工程建设得到迅猛发展。无论是已建成的隧道还是正在建设中的隧道,地下水问题一直是影响隧道工程安全的一个重要因素,因此,研究地下水对隧道围岩的影响显得至关重要。

地下水对隧道围岩的影响问题,一直是学者们研究的重点和热点。陈钢林、熊德国、周翠英等[1-3]通过试验研究了岩石饱水后的力学特性,发现饱水后岩石的强度和变形参数都有一定程度的降低;邓高岭、王自龙[4,5]通过单轴压缩试验阐述了地下水对隧道围岩的弱化机理;闫小波、Jaeger J. C. [6,7]研究了粉砂岩和泥岩在饱水前后各向异性力学特征;随着科学技术的不断发展,学者们对这方面的研究方法也在不断革新,研究也更加深入,尤明庆[8]等通过巴西劈裂试验研究了干燥和饱水状态下岩石的抗拉强度;冯佳瑞[9]等利用声发射研究了煌斑岩在干燥和饱水状态下的声发射特征;刘秀敏[10]等通过蠕变试验研究了石膏岩在天然和饱水状态下的蠕变特征。

查阅相关文献可知,目前水对岩石力学特性的研究主要针对沉积岩,而水对变质岩的力学性质影响研究较少,故本文选取以千枚岩为代表的变质软岩和以板岩为代表的变质硬岩作为研究对象,分析水对变质岩力学特性的影响。

2　试验方法

2.1　试件制备

岩样取自汶马高速米亚罗3号隧道,根据《水利水电工程岩石试验规程》(SL 264—2001),

将岩样加工成直径50mm,高100mm的圆柱体试样,见图1,试样高度、直径允许偏差为±0.3mm,试样两端面的不平整度允许偏差为±0.05mm,端面应垂直于试样轴线,允许偏差为±0.25°。

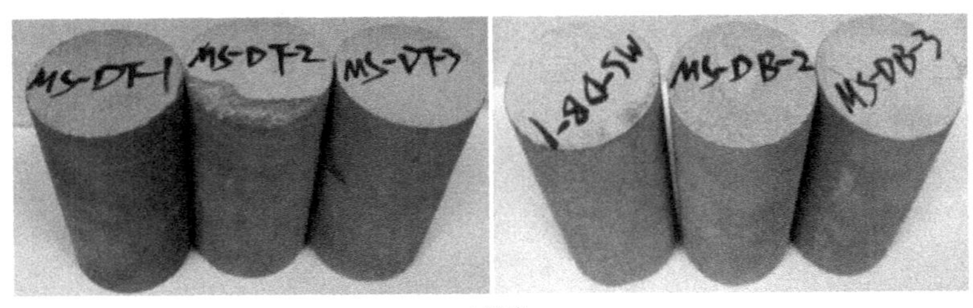

a)板岩

b)千枚岩

图1　加工后的岩样

2.2　试验方法

将需饱水的试样放入盆中,每隔2h加一次水,加水4次后使试样全部淹没,然后静置48h,制成饱水试样。

利用成都理工大学地质灾害防治与地质环境保护国家重点实验室MTS815电液伺服刚性试验机(见图2)对制备好的试样进行单轴压缩试验;试验加载方式采用位移控制,速率为0.1mm/min。

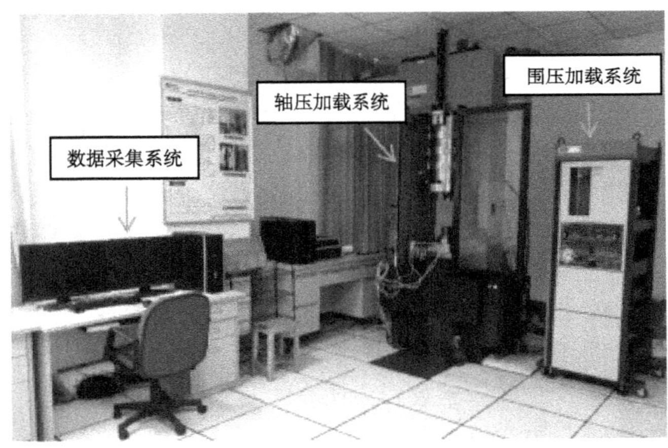

图2　MTS815电液伺服刚性试验机

3　试验结果分析

图3为天然和饱水状态下变质岩单轴压缩应力—应变曲线,表1为天然与饱水状态下变

质岩试验结果。从图 3 和表 1 中可以看出,饱水对变质岩的单轴抗压强度有明显的软化作用。千枚岩属于变质软岩,单轴抗压强度较低,天然状态下,千枚岩单轴抗压强度为 13.31~21.65MPa,平均抗压强度为 16.5MPa,饱水后,千枚岩单轴抗压强度为 7.25~9.56MPa,平均抗压强度为 8.64MPa,单轴抗压强度软化系数为 0.52;板岩属于变质硬岩,单轴抗压强度较高,天然状态下,板岩单轴抗压强度为 61.65~72.3MPa,平均抗压强度为 66.98MPa,饱水后,板岩单轴抗压强度为 39.36~52.2MPa,平均抗压强度为 44.79MPa,单轴抗压强度软化系数为 0.67。

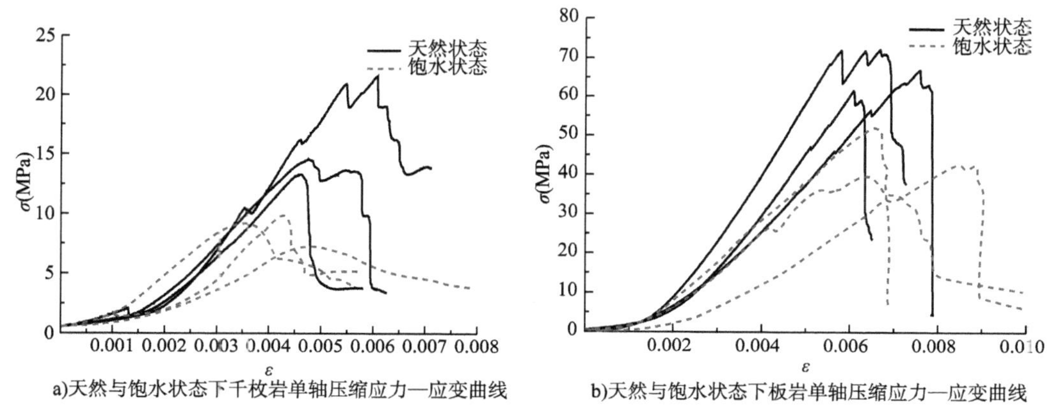

a)天然与饱水状态下千枚岩单轴压缩应力—应变曲线

b)天然与饱水状态下板岩单轴压缩应力—应变曲线

图 3 天然与饱水状态下变质岩单轴压缩应力—应变曲线

天然与饱水状态下变质岩物理力学参数 表 1

岩性	含水状态	编号	密度 ρ (g·cm^3)	单轴抗压强度 σ (MPa)	弹性模量 E (GPa)	泊松比 μ
千枚岩	天然	MP-DT-1	2.61	13.31	2.16	0.26
		MP-DT-2	2.60	14.55	2.43	0.27
		MP-DT-3	2.61	21.65	2.85	0.26
	饱水	MP-DB-1	2.64	9.56	1.58	0.34
		MP-DB-2	2.63	7.25	1.21	0.33
		MP-DB-3	2.61	9.11	2.32	0.34
板岩	天然	MS-DT-1	2.71	67.00	7.19	0.21
		MS-DT-2	2.70	72.30	9.55	0.19
		MS-DT-3	2.70	61.65	7.57	0.21
	饱水	MS-DB-1	2.72	42.80	4.01	0.27
		MS-DB-2	2.70	39.36	5.61	0.27
		MS-DB-3	2.73	52.20	6.88	0.26

饱水除对变质岩的抗压强度产生影响外,对变质岩的变形参数也会产生不同程度的影响。定义岩石饱水后变形参数平均值与天然状态下变形参数平均值之比为岩石劣化系数,劣化系数越大,表示饱水对岩石变形影响越小,劣化系数越小,表示饱水对岩石变形影响越大。

计算得出变质岩的劣化系数如表2所示，为便于比较，将千枚岩和板岩的软化系数也列于表中。

变质岩软化系数及变形参数劣化系数结果　　表2

岩　性	η_C	η_E	η_μ
千枚岩	0.52	0.69	1.28
板岩	0.67	0.68	1.31

注：η_C 为变质岩软化系数，η_E 为变质岩弹性模量劣化系数；η_μ 为变质岩弹性模量劣化系数。

从表2中可以看出，千枚岩的软化系数较板岩小，表明千枚岩抗压强度对水的敏感度更大，而千枚岩和板岩的变形参数劣化系数大致相同，表明水对千枚岩和板岩变形程度的影响大致一样。泊松比劣化系数大于1，表明饱水后千枚岩和板岩的横向变形较竖向变形更为敏感，扩容现象更加明显。

4　结语

(1)千枚岩和板岩的软化系数分别为0.52和0.67，千枚岩抗压强度对水的敏感度更大；

(2)千枚岩和板岩变形参数劣化系数相近，弹性模量劣化系数约为0.69，泊松比劣化系数约为1.3，千枚岩和板岩的变形能力对水的敏感程度大致相同，同时泊松比劣化系数大于1，说明水能使变质岩的体积扩容更加显著；

(3)水是影响汶马高速米亚罗3号隧道变形破坏的重要因素之一，在隧道支护设计时应充分考虑水对隧道围岩产生的危害作用。

参考文献

[1] 陈钢林，周仁德.水对受力岩石变形破坏宏观力学效应的实验研究[J].地球物理学报，1991，34(3)：335-342.

[2] 熊德国，赵忠明，苏承东，等.饱水对煤系地层岩石力学性质影响的试验研究[J].岩石力学与工程学报，2011，30(5)：998-1006.

[3] 周翠英，邓毅梅，谭祥韶，等.饱水软岩力学性质软化的试验研究与应用[J].岩石力学与工程学报，2005，24(1)：33-38.

[4] 邓高岭.礼让隧道石膏质围岩软化机理及模型研究[D].重庆：重庆大学，2015.

[5] 王自龙.地下水对隧道围岩的弱化机理分析研究[J].中国水运，2018，18(5)：211-212.

[6] 闫小波，熊良宵，杨林德，等.饱和前后软岩各向异性力学特征的对比试验[J].福州大学学报(自然科学版)，2009，37(2)：272-276.

[7] Jaeger J.C.Shear Failure of Anisotropic Rocks[J].Geological Magazine，1960，97(1)：65-72.

[8] 尤明庆，陈向雷，苏承东.干燥及饱水岩石圆盘和圆环的巴西劈裂强度[J].岩石力学与工程学报，2011，30(3)：464-472.

[9] 冯佳瑞，冯国瑞，郭军.基于煌斑岩遇水软化的声发射特性研究[J].煤炭技术，2015，34(8)：6-8.

[10] 刘秀敏，蒋玄苇，陈从新，等.天然与饱水状态下石膏岩蠕变试验研究[J].岩土力学，2017，38(增刊1)：277-283.

浅谈负地形下隧道塌方处理方法

李　超　罗永林　张家龙

(中交一公局集团有限公司海威工程建设有限公司,北京 101119)

摘　要:雅康高速公路泸定至康定段的喇嘛寺隧道位于泸定县沙湾乡境内,隧道右线全长4863m,最大埋深为790m;左线全长4855m,最大埋深为798m。隧址区域主要为斜长花岗岩,花岗闪长岩。右线在K107+730~K107+740里程段发生塌方,该段为Ⅲ级围岩,本文对负地形下塌方的成因进行了综合分析和探讨,提出了个人的观点和认识。同时希望今后对类似塌方处理时有所借鉴,以便提供资料,做好相应的处理方案。

关键词:隧道　斜长花岗岩　负地形　塌方

1　工程概况

雅康高速公路位于四川西部雅安到康定的一条在建高速公路,也是国家高速网规划中展望线雅安过拉萨市至新疆叶城高速公路的一段,路线起于雅安市对岩镇,接已建的成雅高速,经天全县、泸定县,止于康定县菜园子。路线全长约133km,采用双向4车道高速公路标准建设,全程设计速度80km/h,路基宽24.5m,全线桥梁、隧道众多,桥隧比高达82%,项目计划2018年建成通车。

喇嘛寺隧址位于泸定县沙湾乡境内,距泸定县城约9km,位于大渡河右岸,距现G318约4.5km,距油房村乡村道路约1.5km。喇嘛寺隧道左线起于ZK106+865,止于ZK111+720,全长4855m,最大埋深为798m。右线起于K106+865,止于K111+728,全长4863m,最大埋深为790m。

2　负地形简介

负地形(Topography)是相对低于邻区或新构造下沉地区的地形。洼地、盆地都是负地形。负地形是沉积物堆积的有利条件,也是冲刷微弱的场所。煤、石油、铝土、铁、泥炭、盐类和锰结核等沉积矿床多形成在盆地、凹地、平原和洋盆等负地形中。见图1、图2。

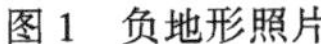
图1 负地形照片

图2 负地形照片

3 隧道塌方原因

负地形段断层或破碎带,两种岩性变化接触带破碎带,两者能引起地层变化破碎,也能不引起破碎,这就是雅康线地区地层复杂之处,喇嘛寺隧道 K107+730~K107+740 坍塌发生在负地形段断层位置,该地段极易引起围岩破碎,接触处缝隙裂隙会发育些,地表水、裂隙水会流入软化围岩,使岩体水化腐蚀,围岩水化成强风化至全风化,从而岩体破碎。

喇嘛寺隧道 K107+730~K107+740 在 2016 年 12 月 24 日发生塌方,该段位于,负地形地下,见图 3。塌方掌子面显示塌方体为强风化至全风化花岗闪长岩,灰白色,黄色,裂隙面为褐色,全风化岩石为砂或泥质,塌方体产状 50°∠65°,塌方体沿掌子面偏左向右侧垮塌,使左侧掌子面拱顶和左壁垮落,顶部形成空腔,高达 10m 左右,见图 4。掌子面右侧为中风化花岗闪长岩,岩体较完整,该掌子面塌方时为Ⅲ级围岩,施工队看围岩变得稍差,立了 5 拼拱支护,塌方发生在立拱后喷浆时,工人听到响声和掉块,赶快跑离现场,幸无人员伤亡,见图 5、图 6。

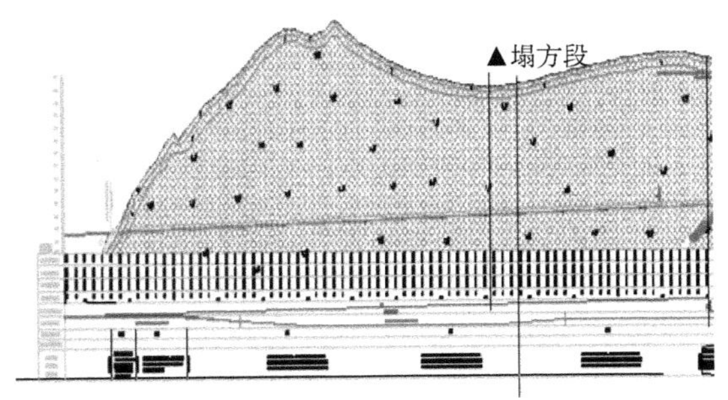

图3 K107+730 破碎段对应负地形图

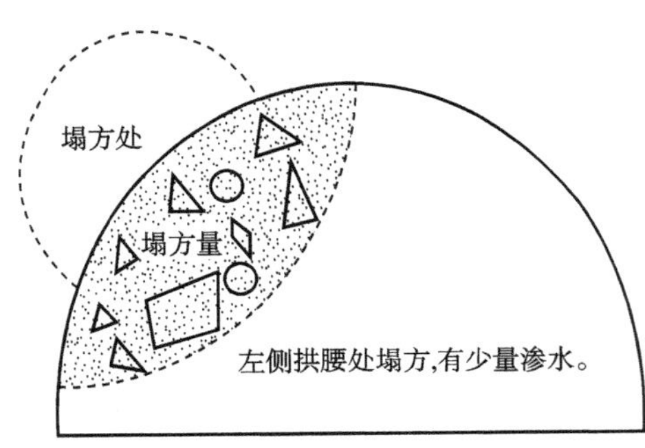

图4 喇嘛寺隧道 K107+730 掌子面围岩塌方体图

图5　喇嘛寺隧道K107+730掌子面围岩塌方照片

图6　喇嘛寺隧道K107+730掌子面围岩塌方照片

4　隧道塌方处置方法

根据地质雷达探测结果，并结合掌子面地质情况分析，制定以下解决措施：

(1)掌子面暂停施工，喇嘛寺隧道右线K107+724～K107+730用I20拱架进行临时支撑，拱架间距1m，K107+704～K107+724段增设三排监控量测点加强量测，如监控量测数据反映出该段稳定，则将临时支撑拆除，如监控数据变化较大再另行处理，在K107+704位置布置警戒线，待K107+724～K107+730段拱架施工完成后布设监控量测点，加强观测；

(2)对塌腔内部进行初喷封闭，在K107+730向掌子面侧进行渣土反压，对所回填渣土进行固化处理，在拱部和喷浆面上施作ϕ42注浆小导管注浆固结，小导管长4.5m，间距100×100cm，梅花形布置；

(3)塌腔段(10m)支护参数以Ⅴ级深埋为基础，拱架间距调整60cm，超前小导管纵向间距调整为120cm；

(4)严格按照三台阶开挖方式进行开挖，严格控制开挖进尺，逐榀开挖，开挖一榀立即支护一榀，并在初支面左侧，拱脚至拱顶位置预埋3根注浆管，同时预留1根排气管；

(5)待K107+730～K107+740段初支施做完成后对拱顶塌腔采用C20泵送回填，回填高度为拱顶以上2m，再往回填混凝土上面吹砂，厚度1.5m。

5　安全防护措施

(1)施工过程中埋设监控量测点，监控量测点钢筋采用ϕ22的螺纹钢，螺纹钢打入围岩50cm，端头焊接一块3cm×3cm厚3mm的钢板，上面贴反光贴，并加强监控围岩变形量。

(2)安排专业人员值班观测掌子面附近围岩的情况，如有突变(开裂、掉块)，所有人员立即离开。

(3)在K107+704的位置布设警戒线，对机械班组级施工人员进行安全交底。

(4)泵送混凝土时一次50cm(考虑混凝土的自重)，间隔6个小时再进行一下次泵送，中下导严禁对称开挖，每次开挖榀数不超过2榀。

(5)严格采用门禁系统，登记好进出洞人员，现场技术人员应进行跟班作业，做好记录及影像资料;加强监督检查,严格控制,保证每一工序的施工质量,对于上道工序不能达到技术标准、质量要求的,严禁进行下道工序的施工,防止安全事故的发生。

6 结语

本文通过对雅康线施工现场的观察与探索,以工程遇到的真实问题和现场发生的地质现象,揭示了雅康线花岗岩地区,探讨负地形地下围岩塌方的特征,喇嘛寺隧道塌方段前面掌子面围岩是Ⅲ级,渐变性岩体少,到临界点突然塌方,这一特征给施工带来了困难。

同时施工队应注重地勘报告对围岩级别较低地段及超前预报提出的危险地段,重视这些地段的施工工艺及现场观察,做到早期预防,以消除安全隐患,确保人员和设备安全。

参 考 文 献

[1] 中华人民共和国行业标准. JTG F60—2009 公路隧道施工技术规范[S].北京:人民交通出版社,2009.

特长隧道斜井反井法综合施工技术

舒文军

(中铁十二局集团第三工程有限公司,太原 030024)

摘　要:二郎山隧道全长约 13.4km;是雅安至康定高速公路全线控制性工程,隧道采用三区段送排式通风方案,其中康定端通风斜井:送风斜井(1716m/+10.56%),排风斜井(1734m/+11.09%)。原设计斜井采用倒坡施工,通过方案优化,斜井采用反井法施工方案。本文结合二郎山隧道康定端斜井工程实例,介绍了斜井反井法施工过程开挖爆破、通风降尘、车辆行驶安全、二衬施工的关键施工技术。该技术的采用,不仅保障了斜井施工进度与安全,同时节约了便道修建、临建施工及抽水费用,还极大地保护了二郎山脆弱的生态环境,为类似工程施工提供了新思路。

关键词:斜井　反井法　水幕降尘　避险车道　自行式台车

1　工程概况

二郎山隧道全长约 13.4km;是雅安至康定高速公路全线控制性工程,隧道采用三区段送排式通风方案,分段长度为(3641+5320+4445)m,康定端通风斜井:送风斜井(1716m/+10.56%),排风斜井(1734m/+11.09%),见图 1、图 2。

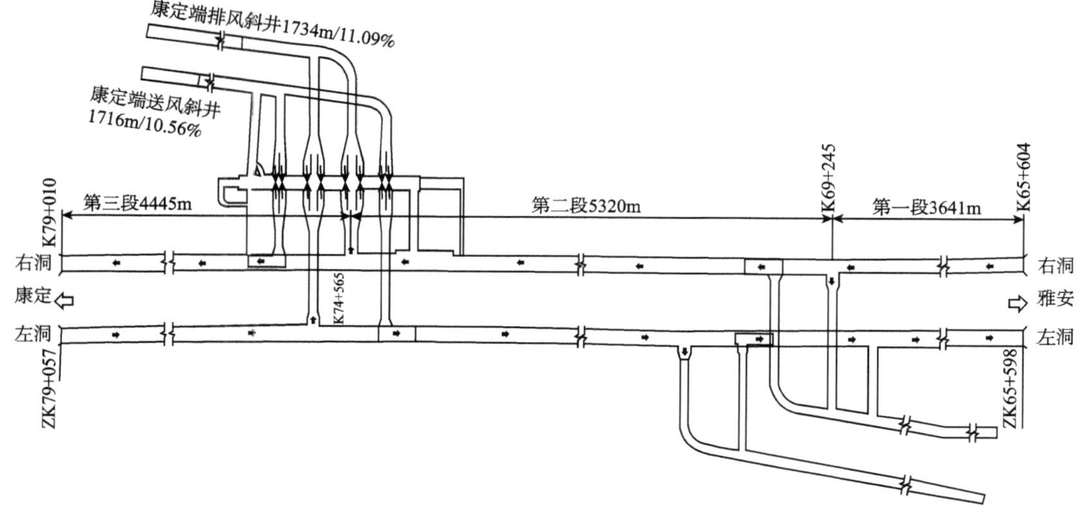

图 1　二郎山隧道及斜井平面布置图

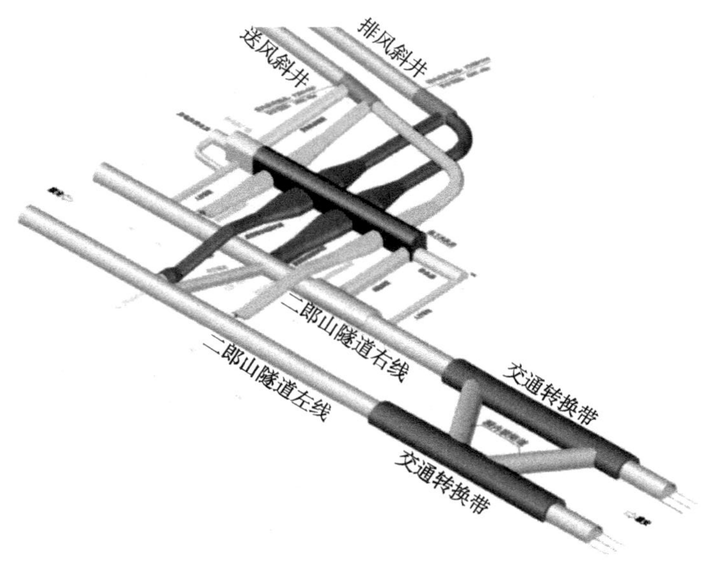

图 2　康定端地下风机房及斜井三维效果图

康定端斜井洞口位于二郎山西支断裂西坡,隧址区属构造剥蚀高中山区,地面切割强烈,山势陡峻,地形条件极其复杂。地表植被多以灌木、草丛为主,植被覆盖率 60%~70%,生态环境极其脆弱,见图 3、图 4。

图 3　地面切割强烈,山势陡峻

图 4　山势陡峻,植被稀少

隧址区主要地层有:震旦系火山岩,三叠系、泥盆系、志留系、奥陶系的沉积岩以及火成侵入岩中的花岗岩和石英闪长岩等。地下水分为松散岩类孔隙水、碎屑岩裂隙孔隙水和基岩裂隙水三大类,斜井穿越一系列断裂,主要有 F2、F4,导致岩体破碎,电阻率低,富含地下水,在开挖穿越断裂破碎带及其影响带时,存在涌突水以及碎屑物涌出的可能。

原设计斜井施工时需修建约 3.8km 便道,斜井施工采用倒坡施工,为特长二郎山隧道施工增加工作面,缩短工期,同时提前辅助二郎山隧道施工通风。

受地形地貌影响,斜井便道施工极其困难,综合工期、经济、环保等因素,故采用了从二郎山隧道主洞反向施工斜井的反井法施工方案。

2 总体施工方案

二郎山隧道康定端斜井采用反井法施工技术[1],依据斜井及地下风机房总平面图及各联络通道的纵断面图,充分考虑车辆行驶的方便度及爬坡坡度选择合理的施工通道[2]。

首先施工主洞,当主洞施工至斜井交叉口时,通过交叉口施工至地下风机房,并完成整个地下风机房开挖及支护,再依据提前选择的施工通道向斜井施工。施工过程依据先保障斜井施工行车、通风及其他辅助巷道的顺序,依次完成整个地下通风系统的施工,见图5。

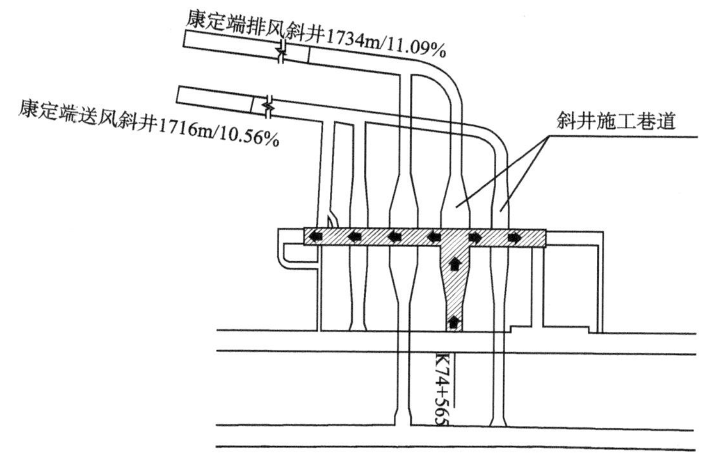

图5 交叉口及地下风机房施工顺序示意图

3 关键施工技术[3,4]

3.1 洞身开挖

洞身开挖采用人工钻爆法,钻孔台架需依据施工断面自行制作。

3.1.1 爆破设计[5]

送、排风斜井最大坡度为11.09%,既坡度角度为6°19′42″,其钻爆方法与水平隧道基本相同。为避免爆破滚石及便于装碴,重点对抛掷距离、大块率进行爆破控制。掏槽眼采用小直径中空直眼掏槽以减小抛掷距离,同时适当减小扩槽眼间距以减少大块率,见图6。

3.1.2 开挖台架

自制多功能简易钻孔台架,台架骨架采用方钢,方钢内通道可作为高压水、高压风管道。为避免台车溜滑,台车底部不再安置轮胎,采用通长工字钢作为台车底座,底座两端翘起,便于装载机拖曳行走。台车设计时应充分考虑车辆通行高度及宽度,见图7。

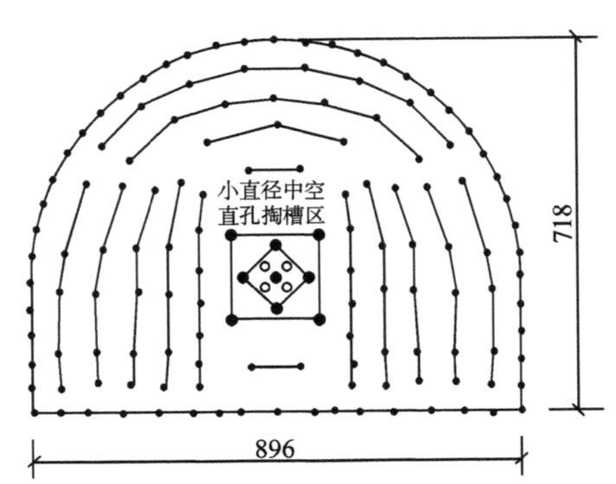

图 6　全断面光面爆破炮眼及直眼掏槽平面示意图

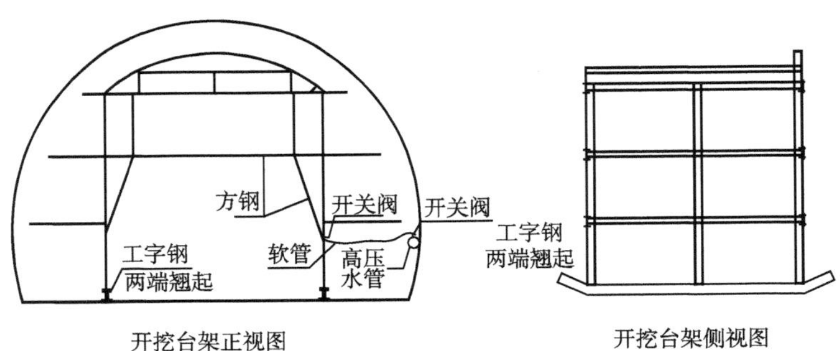

图 7　多功能简易钻孔台架示意图

3.2　通风降尘

由于反井施工,热空气上浮,爆破后的灰尘及污风积聚在掌子面,难以排出。因此,斜井通风采用压入式+增设射流风机+水幕降尘的综合通风技术[6,7]。

3.2.1　通风方案

斜井施工通风,结合主线隧道巷道式通风,通过与二郎山隧道右线连通的交叉口作为进风通道,在该交叉口设置两台 220kW 轴流风机,将新鲜风分布供应到两条通风斜井的掌子面。污风则通过上跨二郎山隧道右线的联络风道排至二郎山隧道左线,同时,在该联络通道内设置一台 37kW 射流风机,加快污风排出,与主线隧道形成完善的巷道式通风系统,其他横洞均封闭。随着斜井掘进长度的增加,每隔 400m 增加一台射流风机,以加快污风排出,见图 8。

3.2.2　水幕降尘[8]

隧道水幕降尘系统,由高压射流式水炮装置、移动式水幕支架和固定式环向水幕组成。水幕降尘是利用湿式除尘的除尘机理,湿式除尘是利用水与含尘气体充分接触,通过水滴和颗粒的惯性碰撞或者利用水和粉尘的充分混合等作用捕集颗粒或使颗粒增大,将尘粒洗涤下来而使气体净化的方法。该除尘方式的效率高,除尘装置结构及制造工艺简单,造价低,占用空间小,操作维修方便。二郎山特长隧道在开挖爆破、出渣过程中采用机械通风的同时,在开挖台车上(距掌子面 55m 左右)设置第一道水幕,即高压射流式水炮装置,在基层端头(距掌子面 80m 左右)设置第二道水幕,即移动式水幕支架,在已施工完成的二衬段落,每间隔 200m 设置一道固定式环向水幕装置,见图 9~图 14。

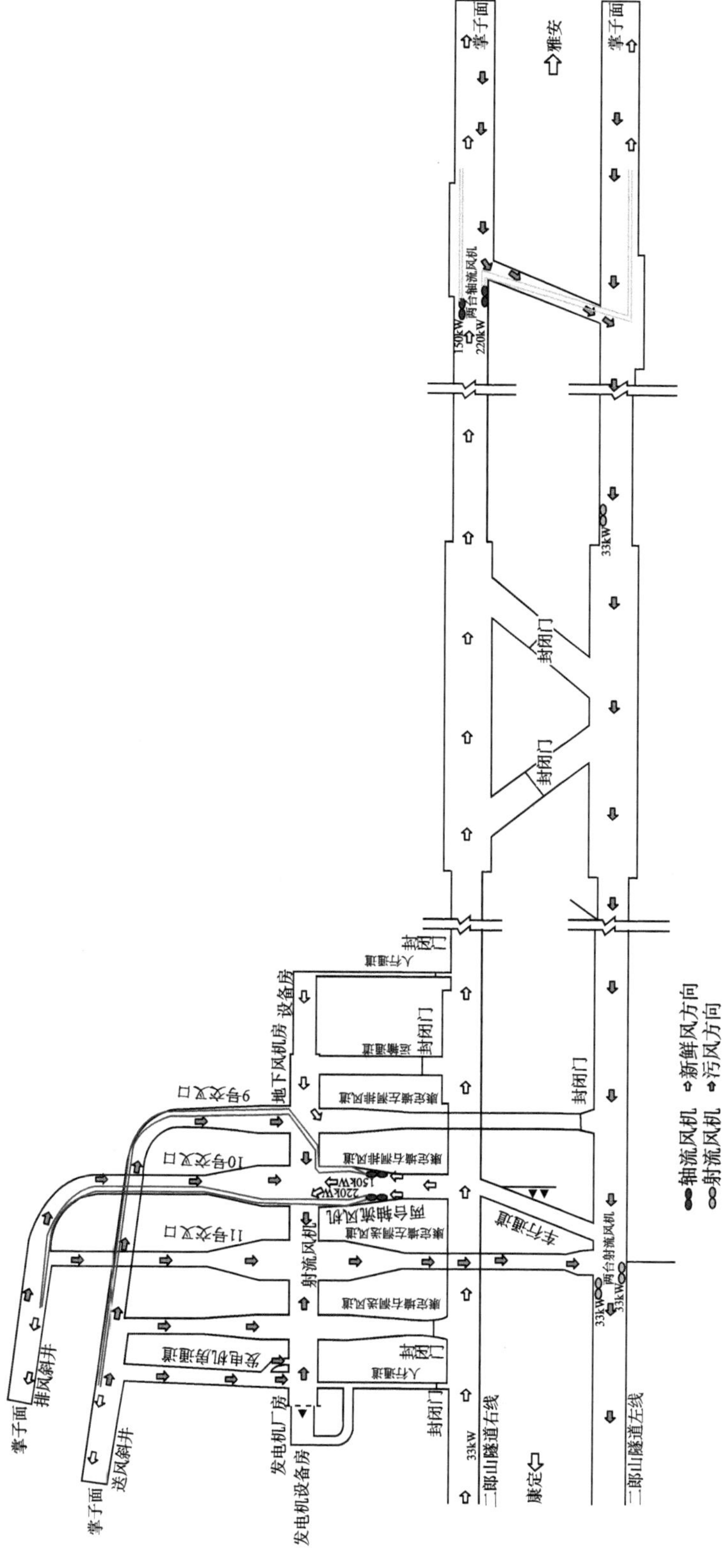

图8 混合巷道式通风系统平面布置图

图9 高压射流式水炮装置

图10 水雾效果

图11 移动式水幕喷射装置

图12 移动式水幕支架细部构造

图13 水幕降尘点

图14 固定式环向水幕喷射装置

3.3 出碴

采用无轨运输方式,配备性能良好的全新自卸汽车,车辆自带断气刹,同时每台车辆加装水箱及轮毂淋水装置,以降低车辆下坡连续制动时的轮毂温度。

因斜井洞身宽度限制,出渣车辆等机械无法调头,在洞身侧壁上每间隔150m设置一处车辆调头兼人员避险车洞,尺寸:5m(宽)×2m(深)×3.5m(高),用于挖掘机、装载机、车辆调头及人员紧急避险,提高机械工作效率。二衬施工至避险车洞位置时,需在防水层施工完成后用同等级混凝土对避险车洞进行回填施工[9],见图15。

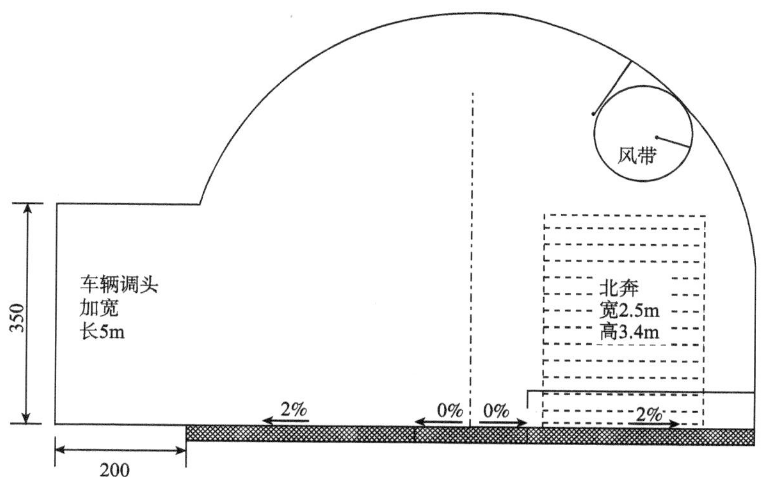

图 15 车辆调头及应急避险洞示意图(尺寸单位:cm)

为车辆长距离大坡度下坡刹车系统故障做好应急方案,在距离斜井底部 200m 开始,间距 700m 设置紧急避险车道,避险车道设置于下坡方向右幅基层上,见图 16~图 19。

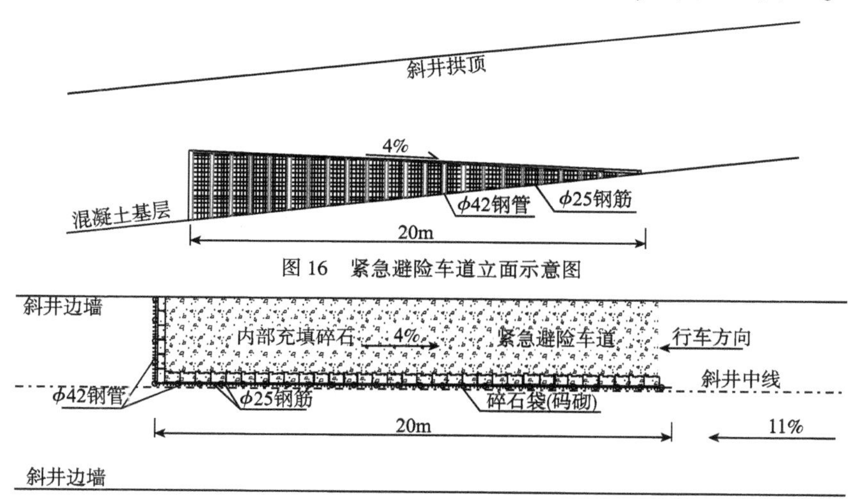

图 16 紧急避险车道立面示意图

图 17 紧急避险车道平面示意图

图 18 紧急避险车道正面图

图 19 紧急避险车道背面图

3.4 二衬施工[10]

二衬施工采用9m长自行式整体衬砌台车，台车前后安装四台大功率驱动系统，同时自带刹车装置，不借助机械推顶即可行走[11,12]，见图20。

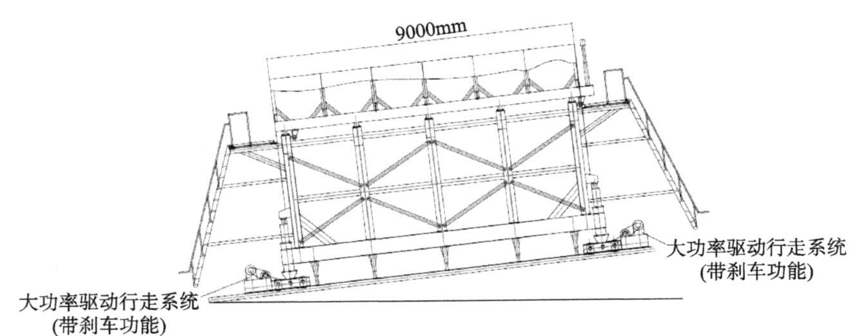

图20 斜井自行式四轮驱动衬砌台车图

行走系统验算：台车自重70t，行走速度取8m/min，爬坡坡度6°19′42″。

电机验算：$U_{动}=0.05$，$U_{静}=0.2$

重力分力：$70\times\sin6.33°=7.72$t

压力：$70\times\cos6.33°=69.57$t

动摩擦力：$F_{动}=0.05\times69.57=3.48$t

静摩擦力：$F_{静}=0.2\times69.57=13.91$t

重力分力+动摩擦力：7.72+3.48=11.2t<静摩擦力=13.91t

$V=8\text{m/min}=0.13333333\text{m/s}$

$K=F_V=11.2\times9.8\times0.13333333=14.63$kW

所以，配置两台7.5kW的自带刹车装置的行走电机即可。

为确保台车行走的绝对安全，加大安全系数，提前做好应急保障，现场配置4台7.5kW带刹车系统的行走电机，其中两台为备用电机。

台车就位后，在二衬台车钢轮与钢轨间设置四个自制夹片式轨道限位装置，同时在基层表面钻孔预埋钢筋固定轨道，防止二者发生相对滑移造成安全事故，见图21。

图21 夹片式轨道限位装置

4 注意事项

(1)斜井施工通道的选择应充分考虑车辆爬坡能力,一般不宜超过15%。

(2)地下通风各巷道开挖顺序应充分考虑施工安全,特别是大断面地下风机房开挖前应确保有其他巷道作为应急逃生通道。

(3)斜井开挖时钻眼角度应与隧道坡度保持水平,避免超欠挖。

(4)做好监控量测及超前地质预报工作。

(5)做好洞内空气质量检测工作,保证作业人员职业健康。

(6)运渣车辆做好班前检查,加强日常保养,定期更换刹车系统易损件。

(7)衬砌台车驱动系统定期维修保养,台车移动过程安全人员全程旁站,发现隐患及时消除,台车就位后及时安装夹片式轨道限位器。

5 结语

二郎山特长隧道康定端斜井采用反井法施工,节约了便道修建、临建施工及倒坡施工抽水费用,极大地保护了自然生态环境,取得了良好的社会及经济效益。斜井施工中平均日进尺达到6.3m/d,二衬能够保证紧跟掌子面施工,确保了施工安全,为类似工程施工提供了新思路。

参考文献

[1] 宋志荣.二郎山特长深埋隧道通风斜井反井法施工技术[J].现代隧道技术,2017(02):202-206.

[2] 谭青山.隧道斜井施工组织与安全要点[J].湖南交通科技,2005(04):133-135+146.

[3] 刘全贵,扬善胜,李峰宁.单线铁路隧道机械化配套快速施工组织技术研究[J].中国科技信息,2014(11):195-197

[4] 李海飞,李鹏飞.高原单线双洞隧道斜井快速施工技术[J].铁道建筑技术,2015(08):37-42.

[5] 汪旭光.爆破设计与施工[M].北京:冶金工业出版社,2012:348-350.

[6] 罗占夫.特长隧道射流通风与多作业面条件下通风技术[D].同济大学,2007

[7] 王平安.高原长隧道独头多巷道通风技术[J].铁道建筑技术,2015(09):50-53+67.

[8] 周刚,程卫民,聂文,等.高压喷雾射流雾化及水雾捕尘机理的拓展理论分析[J].重庆大学学报,2012年03期:121-126.

[9] 李良.单线铁路隧道无轨运输机械化配套施工研究[J].四川建筑,2016(02):225-230.

[10] 阮翔.特长公路隧道通风斜井开挖和衬砌施工的关键技术[J].铁道建筑,2015(11):43-46.

[11] 徐宏伟.钢模台车在斜井衬砌施工中的应用[J].武汉勘察设计,2011(04):43-45.

[12] 易香保,章征东,熊小麟.全断面整体式台车在斜井衬砌施工中的应用[J].江西煤炭科技,2005(01):20-21.

新旧隧道斜交贯通交叉口安全施工及防护技术

舒文军

（中铁十二局集团第三工程有限公司，太原 030024）

摘　要：文章结合四湾隧道工程实例，介绍了新建隧道与既有隧道线位由分开到逐步重合段安全施工技术及安全防护措施。提出了既有隧道施做混凝土隔墙，新建隧道贯通时短进尺全断面开挖的施工技术，同时在工人作业平台辅以安全防护棚架，以全面保障施工安全的综合技术措施。该技术及措施的采用，可有效确保既有隧道结构安全，同时确保了新建隧道施工安全及进度，颇具类似工程借鉴。

关键词：新旧隧道　线位重合　混凝土隔墙　全断面开挖　防护棚架

1　工程概况

新建四湾隧道是雅康高速公路连接泸定县城的连接线工程中的重要组成部分，隧道全长1608.78m。其中全部新建915m，扩建原四湾隧道565.78m，利用原四湾隧道128m。新建四湾隧道在进洞915m处贯通，随隧道线位逐步与既有隧道重合（见图1）。

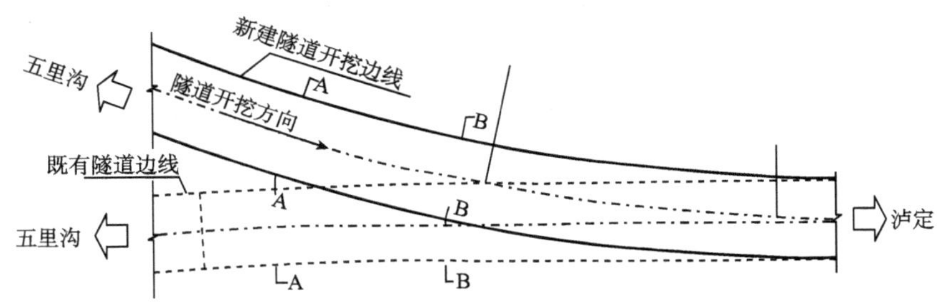

图1　扩挖改建段交叉口平面图

隧址主要地层有：花岗岩、闪长岩、第四系全新统人工填土、崩坡积层。其中新旧隧道扩挖改建段为中风化闪长岩、花岗岩洞身段挤压破碎带较发育，镶嵌碎裂结构。

由于该隧道施工时新旧隧道贯通前属于小净距隧道开挖，贯通时又类似连拱隧道开挖，给施工安全带来极大隐患，为确保施工安全，保证工程质量，选择合理的技术方案尤为重要[1-4]。

2 技术方案的选择

2.1 结构安全方面考虑

考虑小净距隧道开挖时爆破震动对既有隧道结构的影响，以及连拱隧道施工时中隔墙对结构稳定的作用，决定采用在新隧道开挖至距既有隧道3m时，在既有隧道中提前施做混凝土隔墙的方案，首先保证新隧道施工时新旧隧道的结构安全[5,6]。

2.2 隧道开挖方案的选择

方案1：采用台阶法开挖，由于上导坑超前，与既有隧道提前贯通，拱架支护时拱脚虽可以提前落底，但由于作业时下部台阶未与既有隧道贯通，人员操作时在狭小空间作业，不仅施工难度大，且安全风险极高；同时，由于下部台阶开挖时需进行再次爆破作业，对已完的初期支护多次扰动，亦存在安全、质量风险。

方案2：结合施工地质情况，采用全断面开挖施工，即可解决作业安全风险，又可解决施工困难。综合比较分析，决定采用管超前+短进尺+快成环的全断面法开挖[7]。

2.3 施工安全保障

由于新旧隧道贯通后，隧道临空面类似呈M形，受节理裂隙及应力集中影响，极易发生冒顶，造成安全事故，为保证作业安全，结合各作业工序安全风险等级，现场初支工序作业时在作业台车上制作液压安全防护棚架系统，该系统对拱架的安装提供了便利，同时保证了初支作业时的人员安全[8]。

3 施工方案的实施

3.1 隔墙施工

混凝土隔墙采用C20混凝土，隔墙基础宽3m，墙背按1∶0.3坡比放坡，隔墙基础以及邻近既有隧道处设置$\phi25$药卷锚杆，锚杆长1.5m，伸入隔墙混凝土0.5m，纵横间距1m，交错布设(见图2)。

3.1.1 测量放线

施工前，首先复测新建隧道与既有隧道相互关系，确保线位无误后，在既有隧道中，依据新建隧道曲线要素放出混凝土隔墙施工起止点，并每5m放出新建隧道开挖边线。

3.1.2 打设锚杆

依据新建隧道开挖边线，确定混凝土隔墙施工范围，在隔墙基础以及邻近既有隧道范围设置$\phi25$药卷锚杆，锚杆长1.5m，1m×1m交错布设，外露0.5m，与混凝土隔墙连接。

3.1.3 隔墙混凝土施工

隔墙混凝土施工前，对隔墙基础进行冲洗，清除杂物、垃圾。立模时墙背设1∶0.3坡度，混凝土采用泵送入模。由于新旧隧道线位逐步重合，隔墙混凝土施工按小净距段、贯通段、重合段三部分施工，各剖面图见图2。

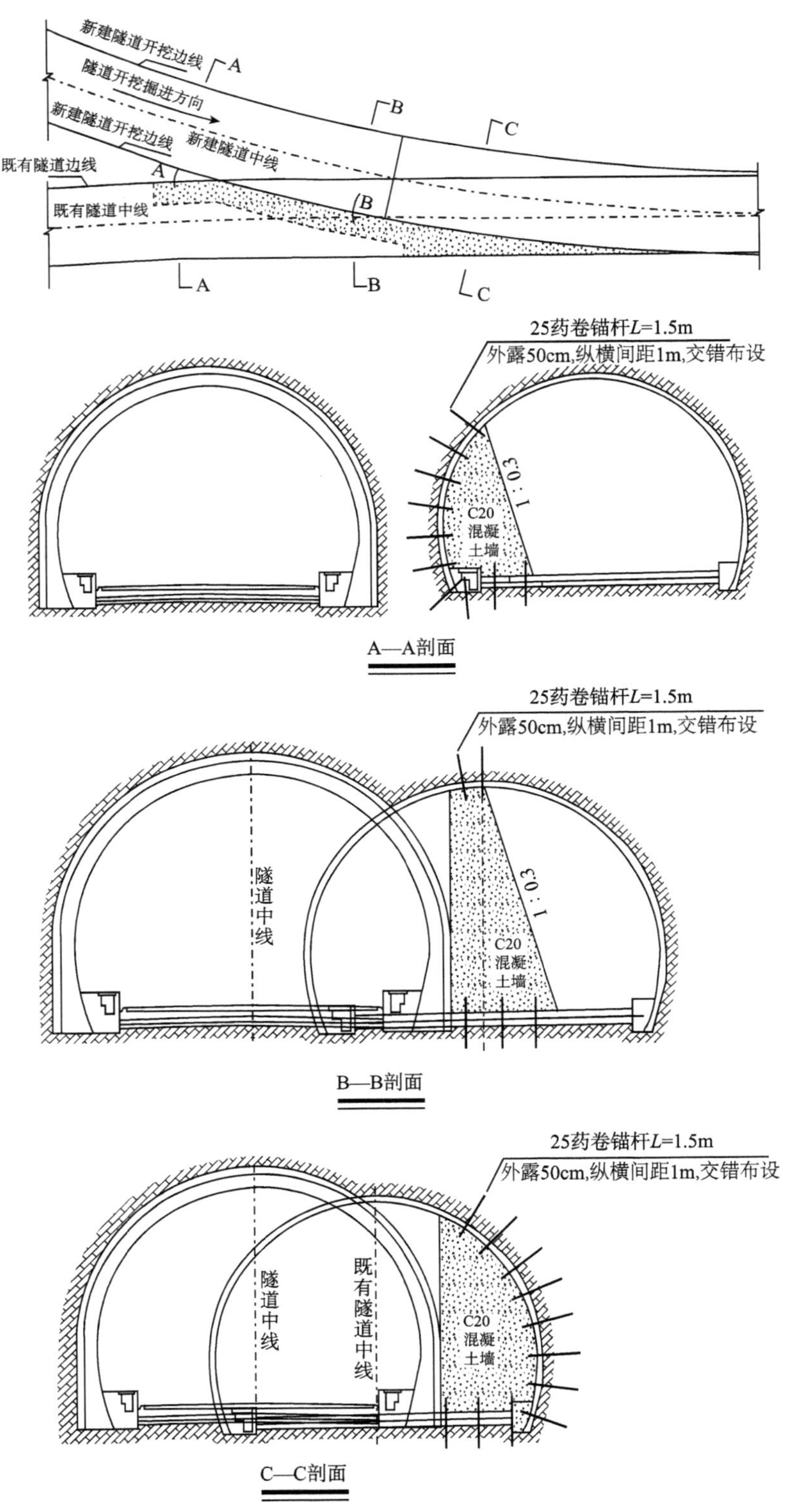

图2　混凝土隔墙施工平面示意图

3.2 隧道开挖

新旧隧道扩挖改建段围岩为中风化闪长岩、花岗岩洞身段挤压破碎带较发育，镶嵌碎裂结构。现场采用全断面开挖，短进尺，每循环进尺控制在 1.5m，采用超前支护+系统支护的支护体系。

3.2.1 超前支护

采用 ϕ42 小导管作为超前支护，小导管外插角 5°~10°，拱部 120°范围布设，搭接长度不小于 1m。

3.2.2 炮眼布设[9-12]

1）小净距段炮眼布置（见图 3）

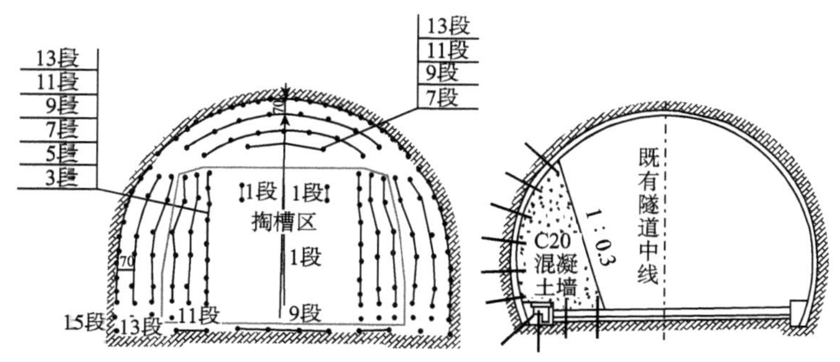

图 3 小净距段全断面光面爆破炮眼平面布置示意图

采用全断面光面爆破：①周边眼间距控制在 45~50cm 之间；②层掘进眼间距控制在 1.0~1.1m 之间；③周边眼与外层掘进眼排间距控制在 65~75cm 之间；④掏槽眼采用楔形掏槽。

2）贯通段炮眼布置（见图 4）

充分利用新旧隧道贯通后形成的临空面，将掏槽眼调整为分层炮眼布置形式，掘进眼及周边眼参照全断面光面爆破形式布置。

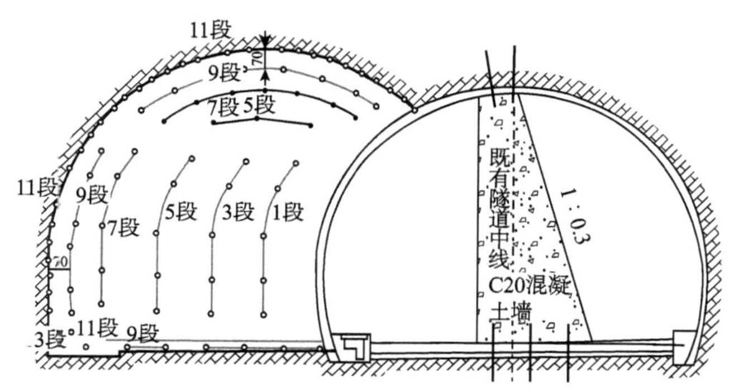

图 4 贯通段光面爆破炮眼平面布置示意图

3.2.3 初期支护

采用系统锚杆+型钢拱架+喷射混凝土的联合支护体系，系统锚杆采用 ϕ22 药卷锚杆，长度 3m，型钢拱架采用 I16 工字钢，拱架间距 80cm/榀，与既有隧道贯通侧系统锚杆打入混凝土隔墙。拱架与混凝土隔墙间的空隙采用 C20 喷混凝土回填密实（见图 5）。

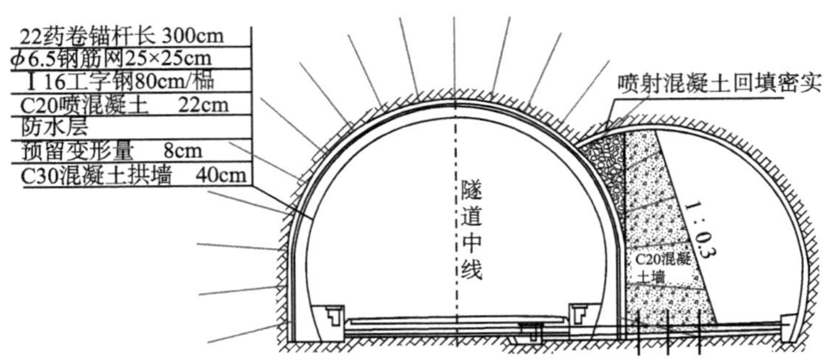

图 5 贯通段初期支护示意图

3.3 液压防护棚架的制作、使用

利用施工现场常用材料制作开挖台车防护棚架,棚架可升降、可收拢,不与作业相干扰,该系统对拱架的安装提供了便利,同时保障初期支护作业期间人员安全。

3.3.1 防护棚架的制作

隧道开挖台车主要包含 3 个系统:拱架防护系统、走行系统、液压升降系统[8]。见图 6。

(1)利用工字钢制作拱架防护系统,将工字钢制作成初支轮廓形状。

(2)利用方钢制作走形轨道,并制作走形机构与工字钢拱架连接。

(3)利用油缸及液压站制作液压顶升系统,并将液压升降系统与走形轨道连接。

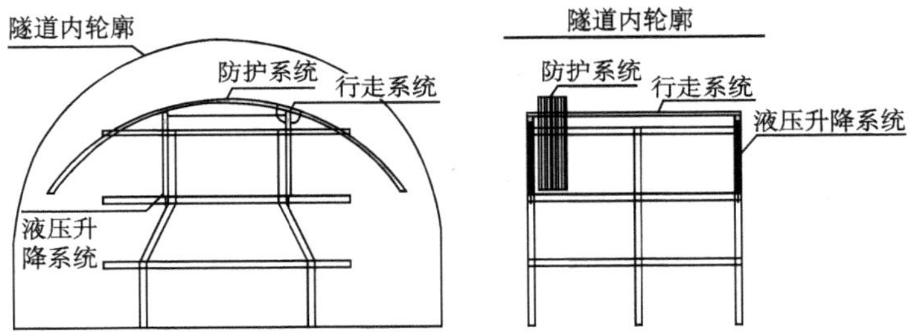

图 6 防护棚架收拢时示意图

3.3.2 防护棚架的使用

(1)支护作业时,首先将防护系统适当展开。

(2)将初期支护用的拱架(拱部弧形部分)在已完成初期支护段拼装完成,并放置于走形系统上。

(3)利用走形轨道将防护系统及初期支护用的拱架均布移动至开挖轮廓面下。

(4)利用液压系统将整个防护棚架抬升,直至紧贴开挖轮廓面。

(5)作业人员在棚架下方安装拱架、施做初期支护系统。

(6)台车移动或不需要棚架防护时,可将棚架收拢,降低后放置于台车端部。

4 注意事项

(1)施工前应复测新建隧道与既有隧道相互关系,确保线位无误。

(2)混凝土隔墙施工时顶部混凝土应与既有隧道密贴,如混凝土灌注不饱满,应提前采用灌浆或喷射混凝土回填密实。

(3)开挖打眼时严格控制开挖进尺,减小装药量,确保交叉口段施工时结构安全。

(4)出碴过程以及支护作业时,应加强机械及人工排险,清除松动岩体,确保作业安全。

(5)及时施做二次衬砌。

5 结语

新旧隧道斜交贯通交叉口安全施工及安全防护技术的形成,确保了施工过程中既有隧道的结构安全、降低了作业安全风险,同时安全、快速地完成了新建隧道的施工任务,对其他类似条件下隧道施工提供了指导和借鉴意义。

参考文献

[1] 靳晓光,刘伟,秦峰,等.高速公路小净距隧道施工方法探讨[J].铁道工程学报,2004(2):63-68.

[2] 李雷明.隧道小净距穿越地下引水洞施工技术与实践[J].铁道建筑技术,2013(7):56-60.

[3] 杜菊红,黄宏伟,熊玉朝.小净距隧道净距研究及施工技术应用[J].地下空间与工程学报,2007(3):488-493.

[4] 谭忠盛,杨小林,王梦恕.复线隧道施工爆破对既有隧道的影响分析[J].岩石力学与工程学报,2003,22(2):281-285.

[5] 陈贵红,李玉文,赵玉光.连拱隧道中墙受力研究[J].中国铁道科学,2005(1):20-24.

[6] 申玉生,赵玉光.高速公路双连拱隧道的中墙力学特性分析[J].地下空间与工程学报,2005(2):200-204.

[7] 周亚宇.大别山隧道围岩破碎带全断面开挖施工方案研究[J].隧道建设,2006(4):54-57.

[8] 刘友平.自制两用衬砌模板台车[J].铁道建筑技术,1999(5):13-14.

[9] 赵东平,王明年.小净距交叉隧道爆破振动响应研究[J].岩土工程学报,2007(1):116-119.

[10] 史雅语,刘慧.招宝山超小净距隧道开挖爆破技术[J].工程爆破,1997(4):31-36.

[11] 吴从师,丁祖德,叶勇.大跨公路连拱隧道安全控制爆破研究[J].长沙交通学院学报,2008(1):12-18.

[12] 郝文广.水平岩层特长隧道的爆破参数优化与超欠挖控制[J].铁道建筑技术,2013(4):13-17.

浅谈特长隧道沥青混凝土铺装的难点及控制

朱绍奇

(四川交投建设工程股份有限公司,成都 610041)

1 引言

随着我国高速公路的迅猛发展,高速公路建设已逐渐由山区转向高原地区,为尽量缩短路线里程,常会设计较多隧道,且尤以特长隧道(L>3000m)为主。但是山区和高原地形、地质、气候等条件极其复杂多变,隧道群和长大下坡众多,对沥青层和水泥混凝土抗剪性能、高温稳定性提出较高要求。

2 理由

2.1 沥青路面与水泥混凝土路面性能比较

高速公路中隧道铺装采用的路面类型主要有沥青混凝土路面和水泥混凝土路面,沥青路面与水泥混凝土路面性能比较上,有较大优势:

(1)行车舒适性:沥青混凝土路面无接缝,行车平稳,舒适性较好,行车振动及噪声低。

(2)平整性好。

(3)反光能力:路面的反光能力稍弱、与路面标线反差大,行车界限清晰。

(4)路面抗滑及安全性能:采用 SMA 能明显增强路面抗滑性能,增加隧道内行车安全性。

(5)施工环境:温度高、烟雾多、能见度低,但加入温拌剂后施工环境有所改善。

(6)能及时开放交通,养护维修方便。

2.2 隧道规范对隧道内路面结构有关规定

(1)《公路隧道设计规范》(JTG D70/2—2004)中第 15.3.1 条规定:“各级公路隧道可采用水泥混凝土路面。有条件时,可采用沥青混合料上面层与水泥混凝土下面层组成的复合式路面”。

(2)《公路隧道设计细则》(JTG/T D70—2010)中第 19.3.2 条规定:“当设计速度大于80km/h 时,宜采用沥青混合料上面层与水泥混凝土下面层组成的复合式路面。宜消减沥青路面在隧道着火情况下参与燃烧并释放浓烟,对营运安全和救援工作的不利影响,其面层应采用加入阻燃剂的复合改性沥青”。

为提高高速公路的行驶舒适性和安全性,隧道相关规范倾向于采用沥青混合料上面层与水泥混凝土下面层组成的复合式路面结构。

(3)新颁《公路水泥混凝土路面施工技术细则》(JTG/T F30—2014)中规定“高速公路隧

道内水泥混凝土路面摩擦系数 SFC 应不小于 55”,《公路养护技术规范》(JTG H10—2009)要求高速公路的横向力系数 SFC 低于 40(即路面抗滑性能指数 SRI 评定等价为“良”以下)时,应采取措施提高路表面的抗滑能力。

(4)省内营运高速公路隧道水泥混凝土路面抗滑性能分析。

四川省交通运输厅组织有关单位对省内已经通车营运的雅西、乐白、映汶等高速公路部分长、特长隧道洞内水泥混凝土路面调查,路面摩擦系数普遍偏低,甚至低于 30,远低于《公路水泥混凝土路面施工技术细则》(JTG/T F30—2014)中规定的不小于 55,抗滑能力不足,交通事故频发,反观目前采用复合式路面的隧道,摩擦系数均维持在较高水平,基本没发生由于抗滑能力不足导致的安全事故,而且行车舒适性较好。主要原因如下:

①隧道内水泥混凝土路面施工时采用了纵向或横向刻槽,虽然宏观构造较好,但未刻槽部分(刻槽之间)细观纹理较差,用手触摸非常光滑(在灯光照射下有反光现象)导致路面抗滑能力不足。

②营运期间洞内粉尘、油污附着在水泥混凝土路面,导致路面抗滑能力不足,加之粉尘影响驾驶员道视效果,致使洞内交通事故频发。

③位于长下坡段内,由于行车速度较快,重载货车为降低轮毂的温度,不停对轮毂润水降温,抗滑刻槽位置积水,导致隧道路面抗滑能力降低。

(5)国内外隧道火灾分析。

从国内外已经发生的隧道火灾分析,车辆碰撞的交通事故或汽车故障自燃是导致隧道发生火灾的最主要原因,沥青路面燃烧释放的最大释热率均不超过火灾规模的 2.5%,其对隧道火灾过程中温度、烟气的影响是很有限的。而且隧道火灾相对于由于抗滑能力不足导致安全事故来讲属于小概率事件。

(6)特长隧道采用沥青混凝土路面案例。

国内外已有很多特长隧道采用沥青混凝土路面,如瑞士的圣哥达隧道于 1980 年建成通车,全长 16.9km;意大利的勃朗峰隧道于 2002 年建成通车,全场 11.6km;上海长江隧道于 2009 年建成通车,全长 8.9km;重庆方斗山隧道于 2009 年建成通车,全长 7.8km;二郎山特长隧道于 2017 年底建成通车,全长 13.4km 等,目前这些隧道运营良好。

3 高速公路特长隧道沥青路面施工主要难点

(1)有毒有害气体:特长隧道内空间狭小、通风不良,加上作业现场沥青混合料散发的气体和烟雾,以及运输车辆、后勤保障车辆、摊铺机、压路机等各类机械设备排放的尾气不易散发,聚集在狭小的作业空间内,施工人员一旦超量吸入体内,将引起中毒事故。

(2)噪声危害:由于施工工艺的需要,现场各种机械设备同事作业,施工人员长时间处长这种发动机噪声和碾压过程中产生的噪声中作业,将超过人体痛觉临界承受能力。

(3)高温:沥青混凝土路面铺筑,其混合料温度较高,加上空间狭小通风不良、散热效果差,摊铺现场温度较高,容易导致作业人员中暑,影响施工作业安全和人体健康。

(4)能见度低:施工过程中的沥青混合料散发的热气和各种机械设备、车辆排放的废气,使本就黑暗无光的隧道内能见度更低、极易造成事故。

(5)机械设备工作效率降低:沥青混凝土路面铺筑,施工现场温度较高,机械设备加上通风不良、散热效果差,将严重降低机械设备的工作效率。

4 施工应对措施

4.1 安全及管理保障措施

(1)做好项目部的安全管理工作,建立健全安全生产管理体系,明确各级安全管理人员的工作职责,制定特长隧道内施工安全规章制度。

(2)根据隧道施工特点,完善各种机驾岗位安全技术操作规程。在施工前做好从业人员的安全、技术教育工作。

(3)对机械设备应在作业前进行必要的维修保养与检测,使技术状况符合行业规定,以保证设备正常使用。合理配备备用机械设备。在隧道内发生故障的,或已"开锅"的机械设备,应及时拖移至隧道外维修或降温,提高施工效率;

(4)施工作业人员必须经体检合格后才能上岗,必须穿戴耐高温皮鞋及工作服,佩戴防毒口罩、护目镜和耳塞,完工后还应组织专项体检;

(5)为应急洞内作业人员因氧气稀薄和有毒气体造成呼吸困难,一是项目部将配备氧气瓶以备急用;二是与当地医院协调,在隧道外配备相应的医务人员和救护车,应对作业人员引发窒息、晕迷等突发性事故。

(6)隧道内作业严禁吸烟用火,洞内作业每 120min 换班一次,轮流作业,轮流休息。现场指挥员与作业人员在施工作业前要确定好手势指挥信号,同时每人配备一部对讲机,避免误指挥和误操作。

(7)安排专人进行施工现场交通指挥,搞好隧道口交通管制。禁止非施工车辆和无关人员进入作业区域,排除和减少其他干扰因素。现场开水、淡盐水和保健(清凉)饮料必须供应充足,满足饮用和降温需要。

(8)加强预防火灾宣传,提高员工防患意识。如发生火警、火灾应立即报警和组织扑救,把事故消灭在萌芽之中。加强各种灭火器材的管理,根据各种灭火器材的特性,按部位配置并及时换药,做到全面有效。

(9)摊铺机、压路机不得在洞内加油,避免燃油泄漏。隧道内沥青混凝土摊铺作业期间,施工人员严禁吸烟及产生明火。洞内不得存放易燃、易爆物品,施工材料堆放合理、安全。运输车辆洞内行驶速度不得超过 20km/h,避免造成过大扬尘,影响驾驶员可视距离及可视清晰度。洞内行驶过程中,密切注意周围环境及人员动向,如遇紧急情况,低速慢行,随时作好停车准备。

(10)车辆在同方向行驶时,两台车辆距离不得小于 50m。运输车辆进出洞口需设置醒目标志,严禁非工程车辆进入施工区域。

4.2 通风保障措施

(1)施工工艺采取顺风向摊铺的方式,以减少碾压作业场所的沥青废气量和烟雾,增加能见度,清新空气,保证施工人员作业健康。

(2)合理选择适用、经济的射流风机,通风方式选择在摊铺机前方设置射流风机,风机风向同自然风风向,同时配备轻载货汽车,用于风机的装载运输,便于通风设备与摊铺进度及时跟进,能够达到洞内有良好的施工环境,保证作业人员人身安全。

(3)同时组织专门的通风工班管理通风设备的操作、运输等,建立健全管理制度,加强通风的日常管理,勤检查、常维护,保证风机正常运转。

4.3 照明保障措施

照明设施选择为配备移动式照明车3台,分别置于摊铺区及碾压区,可照明长度控制在150m左右,配合摊铺机灯光及运输车辆灯光,洞内照明效果基本达到施工要求。除此外应做如下要求:

(1)现场管理人员,施工作业人员必须正确佩戴安全帽及反光背心,保证醒目、安全。

(2)洞内设置具有反光效果的警示标志、标牌,对运输车辆起到良好的诱导、指示作用。

5 结语

随着山区特长隧道修建技术的持续发展,会有越来越多的隧道采用沥青路面。特长隧道沥青路面施工前,施工单位应优化施工组织设计,做出相应的应对措施,更好地保证沥青混凝土施工质量。

参 考 文 献

[1] 中华人民共和国行业标准.JTG D70—2004 公路隧道设计规范[S].北京:人民交通出版,2004.

[2] 中华人民共和国行业标准.JTG/TF 30—2014 公路水泥混凝土路面施工技术细则[S].北京:人民交通出版社,2014.

[3] 中华人民共和国行业标准.JTG/T F60—2009 公路隧道施工技术细则[S].北京:人民交通出版社,2009.

[4] 中华人民共和国行业标准.JTG F40—2004 公路沥青路面施工技术规范[S].北京:人民交通出版社,2005.

[5] 王明年.高速公路隧道及随道群防灾救援技术[M].北京:人民交通出版社,2010.

[6] 杨永敏,吴树东,周士杰.公路隧道工程施工安全技术与风险控制[M].北京:中国铁道出版社,2010.

川西高原公路隧道综合技术研究与实践

郑金龙[1]　李玉文[2]　蔚艳庆[1]　杨　枫[1]

(1. 四川省交通运输厅公路规划勘察设计研究院 成都 610041;
2. 四川交通职业技术学院 成都 611130)

摘　要:川西高速公路隧道具有数量多、规模大、分布广等鲜明特点,海拔跨度大、气象地形地质复杂导致工程造价高、建设难度大,同时低交通量、高运营费用的矛盾突出。通过20多年的技术攻关和建设实践,四川在高海拔隧道结构抗防冻、施工通风与制氧供氧等关键技术研究取得突破性的研究成果,并在雀儿山、巴朗山等高海拔隧道成功应用,可为今后藏区公路隧道建设提供重要参考与借鉴。

关键词:高海拔　隧道　结构抗防冻　隧道供氧

1　引言

随着国家公路网项目建设的推进,公路建设的重点从东部平原向西部高原转移,由于特殊的地理、地形、地质环境,这些隧道具有分散、数量多、规模大的特点,加上高原地区气压低、含氧量低、气温低,导致建设环境恶劣、生活条件艰苦,主要体现为隧道结构冻害、路面结冰、人员高原反应严重、机械效率低、有效施工期短,给高海拔公路隧道的建设与运营管理提出了巨大的挑战。

2　川西高原高海拔隧道的现状与特点

2.1　川西高原高海拔隧道现状

根据我国的地形特征,高海拔隧道主要集中在青海、西藏、云南、四川等省份,据2015年底不完全统计全国海拔高度在2500m以上的公路隧道(在建和建成)约224km/90座,其中青海72km/32座、西藏19km/7座、云南15km/5座、四川118km/46座,四川高海拔隧道的规模和数量均占一半以上。

随着G317、G318改扩建以及藏区高速公路的修建,川西高原在建和建成的典型高海拔隧道如下表,隧道海拔高度从1000m(南华隧道)→2200m(二郎山隧道)→4400m(雀儿山隧道),隧道规模从570m(花岩子隧道)→8800m(汶马高速鹧鸪山隧道),几乎涵盖了所有隧道类型情况。川西高原高海拔隧道具有如下特点:

(1)建设难度大。体现为“极其复杂的地形、极其复杂的地质、极其复杂的气候、极其复杂脆弱的生态条件和极其复杂的工程建设”五个方面,在建设中需要克服高原缺氧和隧道结构抗防冻等问题。

(2)隧道数量多、规模大、分布广。目前建成和在建高海拔隧道超过100座,有4座长度在6km以上,主要分布在G317和G318两条进藏通道上。随着藏区高速的启动,隧道规模和数量将会大幅增加。

(3)隧道所处道路等级低。目前建成和在建的高海拔隧道主要分布在国省干道上,以二级和三级的低等级公路为主。

(4)低交通量与高建设费用矛盾突出。川西高海拔地区山高谷深,隧道占路线的比例极高,且运营期交通量较低,带来建设和运营费用高的难题。

(5)运营管理难度大。川西高海拔隧道多位于偏远高山区、人烟稀少,运营管理条件艰苦,隧道管养难度大。

川西高原高海拔典型隧道统计情况如表1所示。

川西高原高海拔典型隧道统计表(2500m以上)　　表1

序号	隧道名称	长度/m	海拔高度/m	公路等级	所在路线	备注
1	雀儿山隧道	7079	4380	二级	G317	通车
2	剪子弯山隧道	2258	4190	三级	G318	通车
3	理塘隧道	2780	4150	三级		通车
4	高尔寺隧道	5682	3950	三级		通车
5	巴朗山隧道	7940	3850	二级	S303	通车
6	德达隧道	659	3576	三级	G318	通车
7	花岩子隧道	570	3515	三级	S303	通车
8	列衣隧道	2107	3490	三级	G318	通车
9	日尔郎山隧道	1625	3477	三级	G213	通车
10	雪山梁隧道	7966	3380	二级	川黄公路	通车
11	鹧鸪山隧道	4424	3320	二级	G317	通车
12	鹧鸪山隧道	8766	3200	高速	汶马高速	在建

2.2 川西高原高海拔隧道工程特点

(1)偏远的地理环境。多数隧道位于甘孜、阿坝、凉山等偏远山区,水泥、钢材等建材运输距离在500km以上,沿线道路易发泥石流、塌方等自然灾害,道路时有中断,给材料运输带来较大困难。隧道建设及运营成本高、难度大。

(2)复杂的地质条件。受青藏高原隆起影响,构造发育,断层、褶皱密布。地震烈度高,一般均在Ⅶ度及以上。隧道建设难度大、造价高。

(3)恶劣的气象条件。海拔高、含氧量低导致人工机械效率,有效作业时间短,冬季及早晚施工需要增加辅助措施,海拔超过3500m的隧道往往需要冬季停工,冬休期通常在3~4个月。隧道造价高、工期长。

(4)脆弱的生态条件。海拔高、气温低、早晚温差大,隧址区植被差,耕植土层薄,需要增加植被保防措施,以维护生态环境。

3 川西高原隧道开展的科研及成果

3.1 已开展的科研项目(表2)

鉴于川西高原地区复杂的地质条件、气象条件和隧道建设的特殊性,针对高海拔隧道勘察设计、施工及运营面临的季节性冻害和缺氧两大技术难题,设立了如下科研课题进行研究,最终将形成"川西高原公路隧道设计与施工技术指南",用于指导四川高海拔隧道建设与运营管理。

在高海拔隧道方面已开展科研项目统计表　　表2

项 目 名 称	项目来源	研究状况	备注
高海拔地区复杂地质条件下公路隧道设计与施工技术研究	交通运输部	已完成	
巴朗山单洞对向行车超特长隧道通风与防灾救援技术研究	交通厅	已完成	
高寒区超特长公路隧道冻害防治技术深化研究与应用	交通厅	已完成	
巴朗山高海拔寒区隧道冬季施工关键技术	交通厅	已完成	
巴朗山高海拔寒区隧道施工供氧关键技术研究	交通厅	已完成	
雀儿山隧道建设与运营关键技术	交通厅	已完成	
川西高原低交通量隧道安全与节能关键技术研究	交通厅	在研	
高原公路隧道洞内环境控制标准与控制技术的研究	交通厅	在研	
川西高原公路隧道设计与施工技术指南	交通厅	在编	
寒区公路隧道设计标准	标准化协会	在编	参与

3.2 需要科研解决的关键技术

(1)高海拔隧道结构冻害问题。地下水、温度变化以及衬砌材料的不密实是隧道冻害发生的必要条件。凡是漏水的寒区隧道几乎100%发生冻害,防排水措施失效是隧道结构冻害的原因之一。隧道冻害问题一直是寒区隧道工程亟待解决的技术难题,严重影响着隧道的正常使用寿命和运营安全。

(2)高海拔隧道通风技术问题。在高海拔地区修建长大公路隧道,隧道通风是保证隧道施工及营运安全的重要手段,但隧道的海拔高度已超过规范海拔高度修正系数的取值范围,需对海拔高度修正系数进行修订、补充,并在施工通风和运营通风中进行应用验证。

(3)高海拔隧道施工技术问题。由于高海拔地区的低气压、低氧份、严寒以及由此引起的其他不良地质病害,不仅对施工人员生命、身体安全以及工作效率带来极大的不良影响,同样对隧道的施工工艺、施工机械性能均产生较大的影响,使人机效率大大降低。高海拔严寒地区特长公路隧道的快速、安全施工是高海拔隧道修建的又一技术难题。

(4)高海拔隧道运营技术问题。高海拔隧道具有隧道长、交通量较小、气候恶劣,造成隧道运营防灾救援困难、费用高、运营管理难度大,为建设"安全、环保、节能"的川西高原隧道,需要开展安全与节能技术研究。

3.3 取得的主要研究成果

1)高海拔隧道综合抗防冻技术研究成果

结合前期课题研究,通过隧道洞内外气温地温变化及分布规律的研究、隧道围岩冻胀条件及冻胀机理研究、隧道防冻衬砌及支护结构研究,从对冻胀是否容忍的角度,提出防冻技术和抗冻技术两类工程措施,综合称为抗防冻技术,见图1。

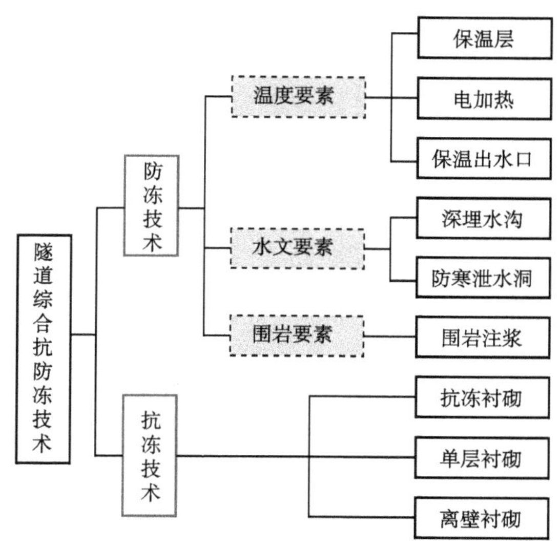

图1　隧道综合抗防冻技术措施总览

温度、水文和围岩条件隧道冻害产生的基本三要素,抗防冻技术措施的采用需要根据隧址区具体的温度环境、水文和围岩条件综合分析确定。针对温度要素的措施主要有设置保温层、采用电加热和设置保温出水口等,水文要素的措施主要有采用深埋排水沟和防寒泄水洞,围岩要素的措施主要有围岩注浆。抗冻技术主要是对可容忍的冻胀,依赖结构抗力抵抗冻胀力,主要措施有抗冻衬砌、单层衬砌和离壁衬砌等。

目前,该项技术已在高海拔隧道中得到广泛应用。

2)海拔高度修正系数测试研究成果

科研组在2002年、2005年分别选取了汽油车和柴油车三次对海拔高度修正系数进行测试,测试海拔高度从400m至5050m,取得数千组实测数据,经分析处理得到如下成果。

(1)考虑CO海拔高度系数测试结果:

①实测的考虑CO海拔高度系数与海拔高度呈现线性关系。

②实测值比规范值小。

③以雀儿山隧道4380m为例,实测值为2.05、规范值为3.21,实测值比规范值低36%。

④通过实测,雀儿山隧道考虑CO的海拔高度系数建议取值在2.0~2.2间。

(2)考虑烟雾海拔高度系数测试结果:

①实测的烟雾海拔高度系数与海拔高度呈现线性关系。

②实测值比规范值大。

③以雀儿山隧道4380m为例,规范值为2.19、实测值为2.65,实测值比规范值高21%。

④通过实测,雀儿山隧道考虑烟雾的海拔高度系数建议取值在2.5~2.8间。

以上成果已运用于高海拔隧道施工通风及运营通风中。

3)高海拔隧道施工技术研究成果

依托雀儿山、巴朗山等隧道建设开展的科研课题,取出以下主要研究成果。

(1)施工人员保证措施。考虑高原缺氧、人工效率低下因素,提出人员身体素质、施工人员配备要求,提出定期医疗卫生检查、定期轮换计划等保障措施。

(2)施工机械的保证措施。从隧道作业环境的含氧量低、气温低考虑,提出设备配套、维护保养要求,以保证工程的顺利进行和施工的连续性。

(3)隧道施工制氧供氧措施。以雀儿山隧道为依托,制定了隧道制氧供氧系统,即 PSA—O_2 制氧系统、坑道掌子面弥散式供氧系统、办公区和宿舍区供氧系统、单人吸氧充氧系统以及 PSA 车载供氧系统。

4)高海拔隧道运营技术研究成果

从隧道运营节能和新能源利用两方面解决众多高海拔隧道“用得起”难题,主要包括:

(1)隧道照明节能新技术。结合洞口减光、太阳能和光导纤维技术开发集成化的公路隧道节能照明新技术,形成集成化、标准化配置,照明节能方式广泛推广高海拔隧道。

(2)基于交通流特性的节能通风技术。建立公路隧道通风效果的量化评价指标体系,开发基于公路隧道交通流特性的通风控制算法、软件和成套系统,在保证公路隧道内空气环境的前提下,实现高海拔隧道通风优化节能。

(3)清洁能源利用技术。利用藏区太阳能、风能和地热能极度丰富的特点,研究太阳能电池、太阳能热水器、风力发电和地源热泵等相关技术的标准化应用方法,指导藏区公路隧道附属设施的标准化节能设计与利用开发。

(4)被动发光设施节能技术。研究被动发光设施(反光标线、轮廓标)的安全、节能极限参数,指导低等级公路隧道的运营安全与节能。

4 高海拔隧道成套技术应用

通过大量技术攻关及工程实践应用,川西高原高海拔隧道在勘察设计、施工及运营方面总结提炼了成套关键技术。

4.1 高海拔隧道勘察设计技术

1)隧道勘察技术

鉴于高海拔隧道气候条件、地理位置的特殊性,除开展必要的地质勘察外,还需要进行气象专项勘察和水文专项勘察,为高海拔隧道抗防冻设计、隧址方案选择及运营管理提供基础资料。

(1)气象专项勘察。在广泛搜集区域气象资料基础上,还应在隧址区设置气象观测站(观测期至少 1 年),实测隧址区气温、含氧量、风向、风力、降水、辐射强度等多项气象因素,并分析得出各气象因素的平均值和极限值。

(2)水文专项勘察。需要查明隧址区冻结深度、地下水水位线,特别是洞口覆盖层最大冻结深度,地下水水位线与隧道的关系。

2)隧道总体设计

鉴于高海拔气象特点及其重要性,高海拔隧道总体设计包括隧道高程选择、隧道平面设计、隧道纵断面设计和隧道、横断面设计。

(1)隧道高程选择。高海拔长大隧道往往是控制性工程,隧址和轴线的论证和比选极其重要,需要结合隧道及引线的平纵指标、气象、地质、运营安全和投资等多因素进行综合论证比选。

(2)隧道平面设计。根据地质、地形、路线走向、通风等因素确定隧道的平曲线线形,高海拔隧道除满足常规选线原则外,隧道洞口段线形尽量与风向垂直,避免加剧洞口风吹雪现象,减少因隧道洞口路面冻结会造成路面打滑,危及行车安全。

(3)隧道纵断面设计。高海拔隧道洞口段纵坡不宜过小,提高排水效率有利于减少地下水冻结,隧道洞口段纵坡尽可能大于 1%,同时隧道洞口标高需要提高 2~3m,以利于河口段深埋水沟地下水排放和洞口保温出水口的设置。

(4)隧道横断面设计。隧道横断面除考虑道路技术标准外,隧道净空应适当加大,以满足二次衬砌内侧敷设保温层的净空要求,保温层厚度一般在 5~10cm。

3)隧道综合抗防冻技术

通过 G317 鹧鸪山隧道、雀儿山隧道等高海拔隧道开展了综合抗防冻技术研究,初步形成了保温、排水、注浆的防冻技术及依赖衬砌结构抗力的抗冻技术,提出了隧道保温设防的确定方法和冻胀压力的理论分析方法。通过鹧鸪山隧道 10 年的运营应用实践表明,这些技术措施和理论是实用而有效的。表 3 列举了几座不同海拔高度的抗防冻措施。

四川省典型隧道抗防冻措施 表 3

海拔高度(m)		<2500	2500~3000	3000~3500	>3500
隧道名称		二郎山隧道	黄草坪 1 号隧道	雪山梁隧道	雀儿山隧道
隧道长度(m)		4180	1221	7966	7079
隧道海拔高度(m)		2200	2670	3380	4373
所在路段		G318	G318	川黄公路	G317
洞口结构措施	钢筋混凝土	⊙	✓	✓	✓
	保温层	×	⊙	✓	✓
	深埋水沟	×	×	⊙	✓
	围岩注浆	×	×	×	✓
洞口防雪棚		×	×	×	✓
洞口路面地暖		×	×	×	⊙

注:采用为✓;选用为⊙;不采用为×。

4.2 高海拔隧道施工技术

高海拔地区施工由于高原缺氧导致施工人员、机械设备效率降低,同时加上冬季气温低施工更为困难,加上隧道工程特点(工期长、环境封闭),高海拔隧道施工技术主要体现在人员保障、设备保障和冬季施工措施等方面。

(1)人员保障措施。高海拔地区施工人员劳动能力大幅下降,在海拔 3000m 处下降 30%,在海拔 4000m 处下降 40%,提出隧道施工多用机械少用人力,缩短作业时间,采用“四班倒"或"六班倒",体力劳动者根据体检情况实行轮换制度,项目管理人员尽量选择年纪较轻者。

(2)设备保障措施。设备保障是高海拔隧道施工的关键,首先需要选取与高原气压、气温相适应的设备与仪器,同时需要考虑设备与仪器效率降低,易损坏、维修困难、维修周期长等因素,尽可能有富余备份设备,以满足工程要求。为减少隧道内空气污染,优先选取电动、液压设备,仪器选择需要根据气压进行标定,并考虑温度的适用范围。

(3)医疗保障措施。针对高海拔隧道特殊的自然环境,考虑轮换休养等因素,劳动力用工计划按所需劳动力系数配置。配足技术管理、科技攻关、医疗保障等人员,建立医疗中心并作好从预防高原反应、医疗卫生及防疫工作。

(4)冬季施工保障措施。高海拔地区含氧低、气温低,每年 10 月至次年 4 月为冬季,根据在建几座隧道的建设情况,冬季施工期间充分利用了当地的自然资源(如雀儿山隧道利用温泉地热、巴朗山隧道利用太阳能等),以保证冬季施工的顺利实施。

(5)施工通风技术应用。高海拔隧道施工烟雾污染更为严重,结合海拔修正系数研究成果,通过雀儿山、巴朗山隧道的现场施工通风研究,采用三阶段通风方式有效地解决了高海拔特长隧道通风难题,保证洞内通风环境和工程顺利进行。在第三阶段(隧道独头施工超过 2000m)采用双通道巷道式通风,一处是利用洞口 1000m 处横通道,第二处是利用靠近掌子面处横通道,运用射流通风技术形成两道主风流。

(6)隧道制氧供氧技术。依托雀儿山隧道研究与实践,制定了隧道制氧供氧系统,包括 PSA—O_2 制氧系统、掌子面弥散式供氧系统、办公区和宿舍区供氧系统、单人吸氧充氧系统以及 PSA 车载供氧系统,雀儿山隧道制氧供氧方案见图 2。

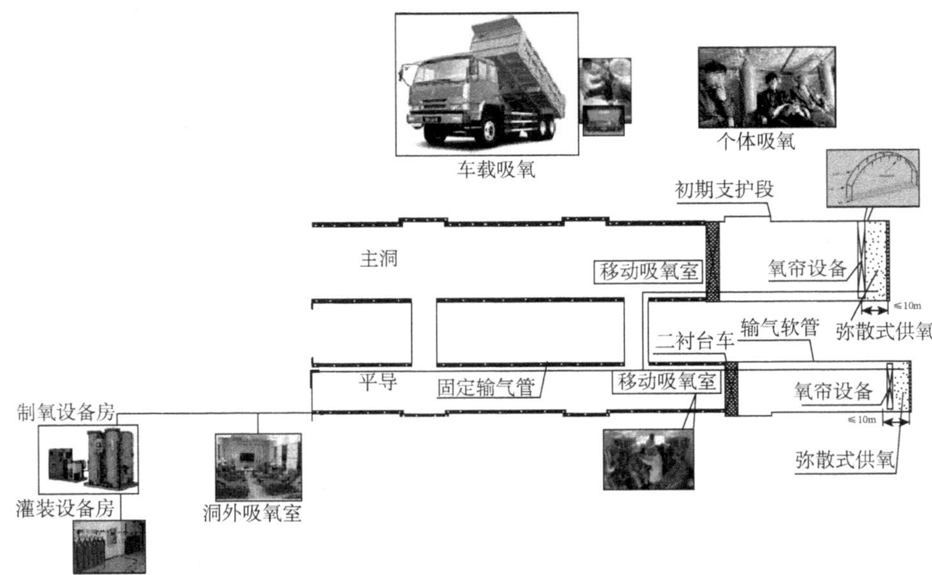

图 2　隧道制氧供氧方案布置图

4.3　高海拔隧道运营管理技术

高原隧道多位于偏远高山区,人烟稀少,条件艰苦,隧道管养难度极大。目前已建成和在建的高海拔隧道广泛分布在国省道上，主要以二级和三级的低等级公路隧道为主。总体具有范围广、工程规模大、交通量小、条件艰苦的特点，隧道运营管理应综合考虑安全与节能，需要建立隧道救援体系以保证隧道运营安全，同时也需要结合交通量和气象特点，合理运用通风照明指标和充分利用自然资源，降低隧道运营成本。

1）高海拔隧道救援体系设计

（1）总体思路：

高海拔隧道救援体系提出采取点、线、网综合统筹考虑，高速公路、地方资源共建共享，达到防灾救援联动控制策略。

点：重点隧道作为安全控制重要工点，建立较为完善的防灾救援措施，减少灾害事故率。

线：一条公路设立控制中心，根据各重点控制点的控制级别、路程距离设立联网监控，达到统一调动、联合救援。

网：根据区域范围内公路交通、社会资源配备情况，整合各方资源，达到资源共享共用。

（2）运营安全设计：

由于高海拔隧道具有严寒缺氧的特点，设计阶段结合救援通道设置，优化了车行横通道及人行横通道，使得火灾工况下行车组织更合理、人员逃生更便捷。优化了救援平导设计、车行横通道设计和人行横通道设计，提出采用运营期间远程监控方式，体现“以人为本”的建设理念。

2）高海拔隧道通风照明标准

高原隧道多位于偏远高山区，人烟稀少，运营期交通量较低，需结合实际情况，合理利用通风与照明指标，节约能源。

（1）通风标准研究与合理运用。依托《高原公路隧道洞内环境标准与控制技术研究》，针对高海拔地区公路隧道运营环境控制标准进行深入研究，保证公路隧道司乘人员的安全健康。

（2）照明标准研究与运用。在保证安全的前提下，研究加强被动发光设施（反光标线、轮廓标）等的安全节能极限参数，指导低等级公路隧道照明设计，依托《川西高原低交通量隧道安全与节能关键技术研究》对低等级公路隧道照明标准进行深入研究，达到运营安全和节能的目的。

3）清洁能源综合利用

（1）自然风利用。依托巴朗山等隧道，在隧道洞口两端建立气象站进行为期 1 年的气象观测，获取关键气象要素，研究得出隧道洞内自然风的大小和方向，提出了隧道利用自然风节能通风的实施性方案，即在隧道前段采用自然风通风、后续段落利用多条横通道形成通风网络，从而实现利用自然风节能通风，经测算在巴朗山隧道可实现节能 10%左右。

（2）运营通风优化。依托巴朗山隧道科研和海拔高度系数实测成果，综合考虑通风能耗与通风控制，创造性提出利用 3 条横通道分段供风通风方式，该通风方式比原设计平导压入式通风节能 20%左右。

（3）其他能源利用。充分利用川西高海拔地区太阳能、风能和地热能储备丰富的特点，研究太阳能电池、太阳能热水器、风力发电和地源热泵等相关技术的应用方法，指导高海拔地区公路隧道附属设施的标准化节能设计与应用。

5 结语

四川经过20年川西高原高海拔隧道工程建设与科研研究,总结提炼了高海拔隧道勘察设计、施工与运营成套技术,在海拔系数测试研究、自然风的利用等方面取得了创新性成果,并在隧道节能和环保技术方面做了很多有益的尝试,可为类似高海拔隧道建设提供重要参考与借鉴。

参考文献

[1] 中华人民共和国行业标准 . JTG D70—2004 公路隧道设计规范[S].北京:人民交通出版社,2004.

[2] 中华人民共和国行业标准 . JTJ 026. 1—1999 公路隧道通风照明设计规范[S].北京:人民交通出版社,1999.

[3] 西部交通科技项目.高海拔地区复杂地质条件下公路隧道设计与施工关键技术研究[R].四川省交通运输厅公路规划勘察设计研究院,2011.

[4] 四川省交通运输厅科技项目.巴朗山单洞对向行车超特长隧道通风与防灾救援技术研究[R].四川省交通运输厅公路规划勘察设计研究院,2015.

朴鸭脚隧道软弱围岩超欠挖控制施工技术

李龙硇[1]　马海涛[2]　侯鸿基[2]

（1. 四川汶马高速公路有限责任公司，成都 610041；2. 中铁七局集团第三工程有限公司，西安 710032）

摘　要：为了降低软岩围岩隧道钻爆法施工超欠挖耗费，提高隧道一次性开挖合格率，基于汶川-马尔康高速公路朴鸭脚隧道施工爆破出现的超欠挖问题，结合朴鸭脚隧道开挖方法，分别进行了Ⅳ、Ⅴ级围岩上、下台阶钻爆设计研究，从炮眼布置、装药结构及起爆方式、测量放样等方面提出了具体措施，此方法有效控制了朴鸭脚隧道软弱围岩的超欠挖问题，能为类似工程提供一定的借鉴作用。

关键词：隧道　软弱围岩　控制爆破

在隧道施工中，软弱围岩隧洞的施工质量不仅影响着隧洞的稳定性，还会影响隧道施工安全和工程进度[1,2]。而其中超欠挖在所难免，由于软弱岩层具有岩面结合程度较差、黏结力弱等特点，在开挖中更易造成超欠挖[3]。在以往相关研究中，刘书广[4]对爆破所产生的应力波在已开挖洞段围岩中的传播规律及其对围岩稳定性的影响进行了研究；邓显平[5]分析了隧道钻爆法开挖中超、欠挖产生的原因，提出了隧道超欠挖控制的三条主要途径；高朋飞[6]根据软弱围岩的特点，分析了隧道爆破掘进对软弱围岩稳定性的影响。综上所述，以往研究大多集中在施工爆破对软岩的影响方面，关于施工控制技术研究甚少。

本文依托汶马高速朴鸭脚隧道工程，针对其中软弱破碎围岩段爆破出现的超欠挖问题，提出了一系列控制措施，并取得了较为理想的爆破效果。

1　工程概况

四川省汶川至马尔康高速公路项目起于汶川县城以南凤坪坝、接映汶高速公路，经朴头、古尔沟、沙坝、夹壁至米亚罗、鹧鸪山、梭磨、止于卓克基。路线全长 173km，隧道 88859m/30 座，桥隧总比例约 86.5%；在施工过程中根据工程实际情况采取了一系列隧道软岩或破碎围岩爆破超欠挖控制措施，有效地控制了超欠挖，本文以朴鸭脚隧道为例，介绍本隧道软岩或破碎围岩爆破超欠挖控制技术。

朴鸭脚隧道起讫里程为 K217+055～K218+600 处，全长 1555m，隧道最大埋深 345m。设计行车速度为 80km/h，隧道净高 5m，为分离独立式双洞隧道，建筑界限净宽 10.25m，该隧道围岩分为Ⅳ、Ⅴ级围岩,其中Ⅴ级围岩占隧道总长的85%,Ⅳ级围岩占隧道总长的15%。Ⅴ级围岩采用上下台阶并预留核心土施工,Ⅳ级围岩采用上下台阶开挖。

2 隧道控制爆破设计

2.1 隧道开挖方法

由于朴鸭脚隧道地下水丰富,且Ⅳ、Ⅴ级围岩极不稳定,开挖后由于应力重分布的影响,极易发生坍塌,所以在开挖过程中需要以机械或人工为主要开挖手段,并配合进行局部弱爆,开挖过程采用台阶开挖技术,Ⅴ级围岩采用上下台阶并预留核心土施工,Ⅳ级围岩采用上下台阶开挖,开挖后及时封闭进行支护。Ⅴ级围岩上台阶每循环进尺控制在1.5m以内,Ⅳ级围岩台阶每循环进尺控制在2.0m以内,Ⅳ、Ⅴ级围岩下台阶每循环进尺控制在2.0m以内。由于朴鸭脚隧道需要穿越富水破碎围岩段,开挖过程会经常出现滴水、涌水现象,极大地影响了围岩的稳定性,因此,开挖方式以长台阶为主,必要时采取超前排水措施及超前预支护措施,保证开挖施工过程的安全。

2.2 围岩开挖钻爆设计

2.2.1 Ⅳ级上台阶爆破设计

(1)炮眼直径:42mm。

(2)炮眼深度L:取循环进尺为2m。

(3)炮眼数目N:爆破选用乳化炸药,非电毫秒雷管起爆,炮眼数量计算式为:

$$N=\frac{qs}{ar} \tag{1}$$

式中:q——单位炸药消耗量,取0.79kg/m^3;

s——开挖面积,取65.0m^2;

a——炮眼填装系数,取0.8;

r——每米炮眼长度装药量,参数取值如表1所示,取0.62kg/m。

每米炮眼长度装药量 表1

炸药名称	炸药有效密度	每米炮眼装药量(kg)
乳化炸药	0.95~1.05	0.5~0.8

因此,得炮眼数量N=103个。

Ⅳ级围岩的上台阶爆破设计图见图1。

(4)炸药总使用量为:

$$Q=qsI \tag{2}$$

式中:q——单位炸药消耗量。取0.79kg/m^3;

s——开挖台阶,取65.0m^2;

I——每循环进尺,取2.0m。

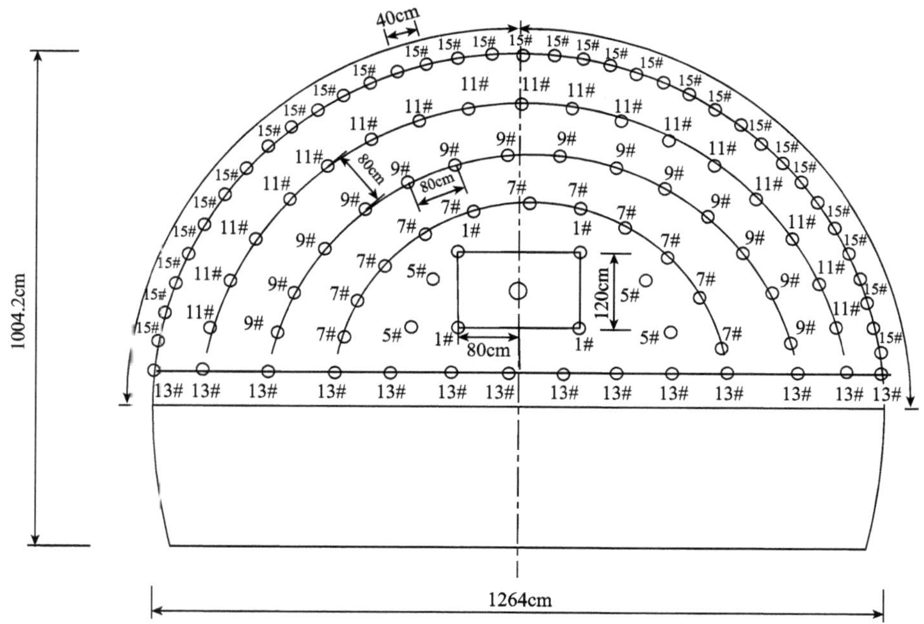

图 1　Ⅳ级围岩上台阶爆破设计图

则总使用炸药 $Q = 102.70\text{kg}$,实际使用量为 103.25kg。

Ⅳ级围岩的上台阶爆破设计参数表如表 2 所示。

Ⅳ级围岩上台阶爆破设计参数表　　表 2

序号	眼别	段数	眼深(m)	眼数(个)	单孔装药量(kg)	各段总耗量(kg)
1	掏槽眼	1	2.4	4	1.5	6.0
2	扩槽眼	5	2.2	4	1.25	5.0
3	辅助眼	7	2	11	1.0	11.0
4	辅助眼	9	2	14	1.0	14.0
5	辅助眼	11	2	17	1.0	17.0
6	周边眼	15	2	39	0.75	29.25
7	地板眼	13	2	14	1.5	21.0
合计				103		103.25

注:Ⅳ级围岩上台阶土石方每延米为 65m^3,进尺按 2.0m 计算,平均单耗量为 0.79kg/m^3。

2.2.2　Ⅴ级上台阶爆破设计

Ⅴ级上台阶的爆破参数为:循环进尺取 1.5m;单位炸药消耗量取 0.65kg/m^3;开挖面积取 66.0m^2;炮眼填装系数取 0.75;每米炮眼长度装药量取 0.66kg/m。

因此,得炮眼数量 $N = 86$ 个。

Ⅴ级围岩的上台阶爆破设计图见图 2。

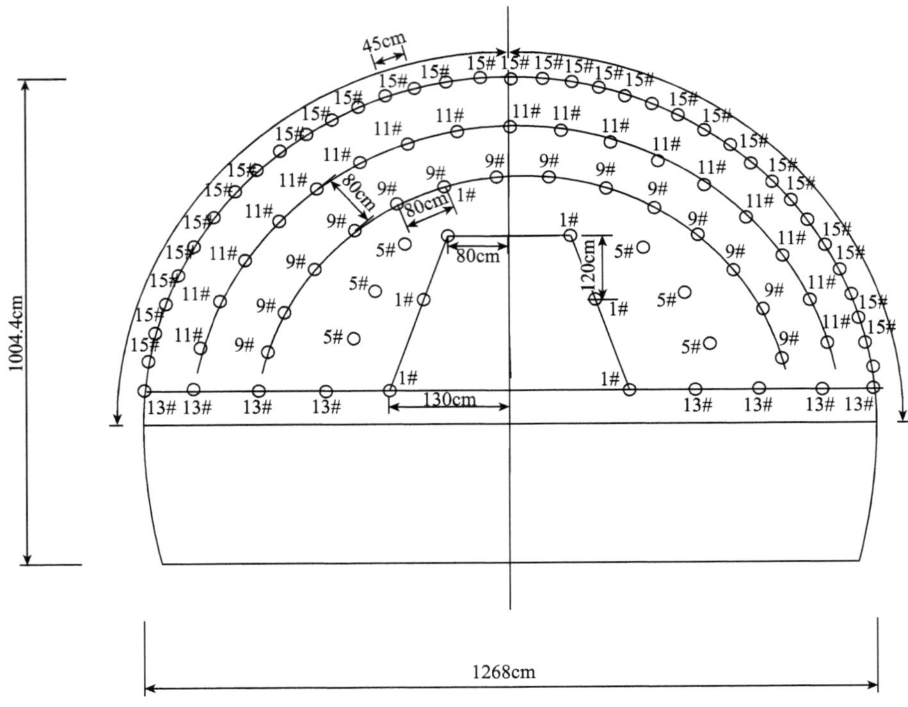

图2　V级围岩上台阶爆破设计示意图

总使用炸药 $Q=64.35\text{kg}$,实际使用量为 64.50kg。V级围岩的上台阶爆破设计参数表如表3所示。

V级围岩上台阶爆破设计参数表　　　　表3

序号	眼别	段数	眼深(m)	眼数(个)	单孔装药量(kg)	各段总耗量(kg)
1	掏槽眼	1	1.6	6	1.25	7.5
2	扩槽眼	5	1.5	6	1.0	6.0
3	辅助眼	9	1.5	14	1.0	14.0
4	辅助眼	11	1.5	17	1.0	17.0
5	周边眼	15	1.5	35	0.75	12.0
6	地板眼	13	1.5	8	1.0	8.0
合计				86		64.5

注:V级围岩上台阶土石方每延米为 66m^3,进尺按1.5m计算,平均单耗量 0.65kg/m^3。

2.2.3　Ⅳ、V级下台阶爆破设计

隧道下台阶的爆破参数为:循环进尺取2.0m;单位炸药消耗量取 0.77kg/m^3;开挖面积取 36.0m^2;炮眼填装系数取0.8;每米炮眼长度装药量取0.69kg/m。

因此,得炮眼数量 $N=50$ 个。

下台阶爆破设计图见图3。

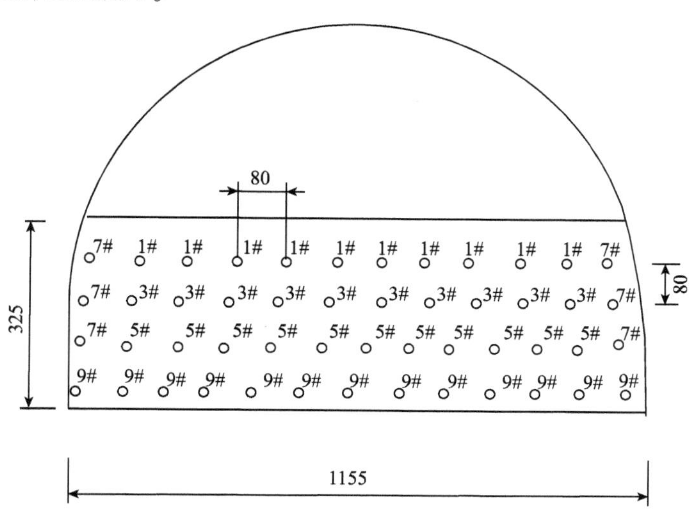

图3　下台阶爆破设计示意图(尺寸单位:cm)

总使用炸药 $Q=55.44$kg,实际使用量为55.50kg。

下台阶爆破设计参数表如表4所示。

下台阶爆破设计参数表　　表4

序号	眼别	段数	眼深(m)	眼数(个)	单孔装药量(kg)	各段总耗量(kg)
1	扩槽眼	1	2.0	12	1.0	12
2	扩槽眼	3	2.0	12	1.0	12
3	扩槽眼	5	2.0	13	1.0	12
4	扩槽眼	9	2.0	13	1.5	19.5
合计	—	—	—	50	—	55.5

注:下台阶土石方每延米为 $36m^3$,进尺按2.0m计算,平均单耗量 $0.77kg/m^3$。

2.2.4　炮眼布置、装药结构及起爆方式

炮眼布置原则以周边眼、辅助眼、掏槽眼、底板眼顺序进行。其中周边眼采用间隔装药,见图4;其余炮眼采用连续装药结构,见图5。起爆采用非电毫秒雷管族联起爆网络连接,见图6。

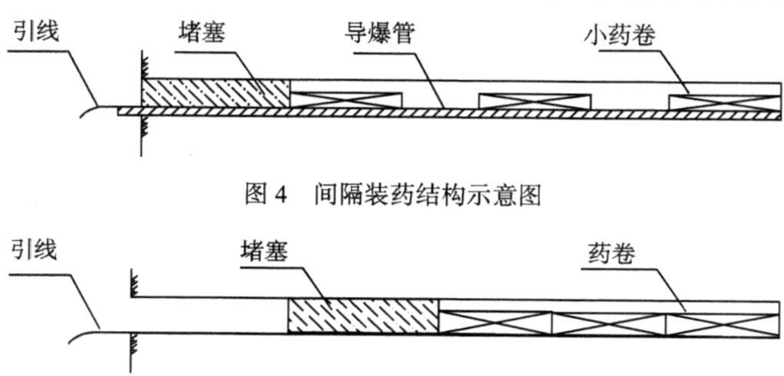

图4　间隔装药结构示意图

图5　连续装药结构示意图

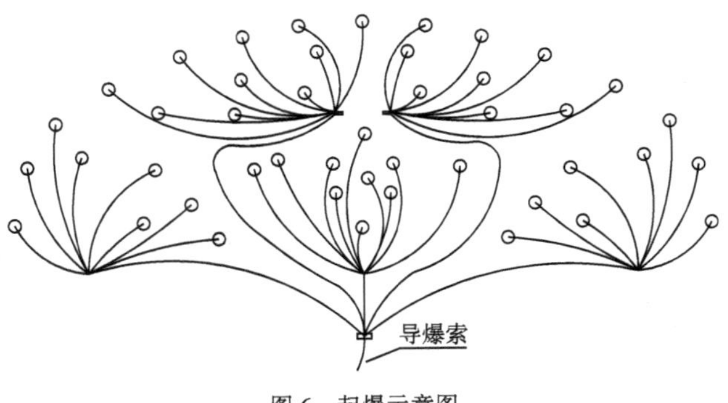

图6 起爆示意图

3 Ⅳ、Ⅴ级围岩爆破施工技术

朴鸭脚隧道的围岩基本为Ⅳ、Ⅴ级围岩，因此在开挖过程中，很容易出现超欠挖现象，因此在施工过程中，需要采取有效的控制爆破来避免超欠挖现象，主要采取以下工程措施。

3.1 测量放样，控制钻眼精度

隧道测量画轮廓线的精度直接影响隧道开挖效果，特别是周边眼的精度，直接影响超挖欠数值，要解决超欠挖问题，首先必须克服周边眼外插角控制，其次克服施工中存在的“宁超勿欠”思想，严格按设计轮廓放样，同时考虑预留沉降量和变形量。钻孔前准确地将中心线引至作业面，采用全站仪定出掏槽眼、周边眼和辅助眼孔位置，用红漆做出明显标志，每次测量放线时，对上次爆破台阶进行检查，根据爆破效果及时调整参数。为了减少因钻眼误差而引起的超欠挖，采取以下措施进行控制：周边炮眼的开口位置尽量在开挖轮廓线上；周边炮眼的外插角根据钻眼深度和规范允许超欠挖进行计算，一般外插角控制在3°~5°；所有炮眼（掏槽眼除外）的眼底位置尽可能控制在同一垂直面上；为有效地控制好隧道超欠挖，严格按设计的钻爆参数进行施工，加强隧道开挖全过程质量控制等。

3.2 周边眼隔孔装药

针对破碎围岩隧道超欠挖现象比较普遍，在爆破中对周边眼采用了隔孔装药的方法，通过对理论计算，周边眼距适当加密，装药采用一个孔装药，邻孔不装药，以增加周边眼爆破的自由面，同时也对隧道台阶成形起导向作用，周边眼采用这种隔孔装药方法有效地解决了超欠挖现象，而且节约了炸药成本。按周边眼采用隔孔装药方式，根据光爆参数计算的结果，对朴鸭脚隧道Ⅳ、Ⅴ级围岩进行了大量爆破试验，并进行了光爆效果分析，根据围岩地质变化情况对相关参数进行优化调整。

4 结语

本文所阐述的隧道爆破设计，在朴鸭脚隧道施工中得到了很好的应用，采取的这些措施有效地克服了隧道软岩超欠挖现象，取得了明显的经济和社会效益。在隧道Ⅳ、Ⅴ级围岩隧道爆破施工中,需要结合工程实际情况做好隧道爆破设计,结合工程实际需要确定炮眼位置,合理布置炸药、雷管安装位置。同时,还需要严格控制施钻角度,根据爆破范围确定用药量,同时还需要仔细检查周边眼的布置情况,只有加强施工过程控制,才能保证整个工程施工质量和效益。

参考文献

[1] 关宝树.隧道工程施工要点集[M].北京:人民交通出版社,2003.
[2] 朱永全.隧道工程[M].北京:中国铁道出版社,2005.
[3] 万姜林,关宝树.钻爆法隧道控制超欠挖技术研究[C]//中国土木工程学会隧道及地下工程学会第七届年会暨北京西单地铁车站工程学术讨论会议论文集(上).北京:中国土木程学会隧道及地下工程学会,1992:302-307.
[4] 刘书广,费维水.施工爆破对隧道围岩的扰动分析[J].交通世界,2006(08):73-75.
[5] 邓显平.隧道超欠挖的影响因素及控制途径[J].公路交通科技,2009(01):5-6.
[6] 高朋飞,刘阳春,傅菊根.琅琊山隧道软弱围岩爆破施工技术现代矿业 2016(11):42-43.

卓克基隧道软弱围岩受力监测及稳定性分析

秦　朗[1]　张文居[2]　甘林卫[3]

(1. 四川汶马高速公路有限责任公司,成都 610041;2. 四川藏区高速公路有限责任公司,成都 610041;3. 西南交通大学交通隧道工程教育部重点实验室,成都 610031)

摘　要:本文依托汶马高速公路卓克基隧道,对软岩隧道的结构力学行为和结构稳定性进行了分析。通过埋设监测元器件,测量典型软弱围岩断面的结构受力情况,对测量结果进行分析,研究软弱围岩隧道结构的力学行为及演化规律,并对软弱围岩大变形的机理进行了探讨。

关键词:藏区高速　隧道工程　卓克基隧道　受力监测

1　引言

近年来,随着我国经济实力快速发展和交通网络的迅速完善,越来越多的软弱围岩隧道得以修建,软岩大变形的问题也越来越突出[1]。隧道围岩大变形容易造成施工困难、损毁施工设备、延误工期、增加工程成本等严重后果。目前,无论设计和施工方面都还没有一套完全成熟和可靠的办法用来防治大变形。同时,对软弱围岩大变形的研究成果较少,在软岩隧道结构受力等方面基本处于空白的状态,急需进一步探讨和研究。鉴于此,本文依托汶川至马尔康高速公路卓克基隧道,通过资料调研和现场元器件监测数据分析等手段,对软岩隧道的结构力学行为和变形特性进行研究,以期能够为今后软弱围岩工程地质条件下隧道结构安全的修建提供借鉴。

2　工程概况

卓克基隧道位于马尔康县卓克基镇境内,临近 G317 国道和马尔康县城。隧道左洞全长 1895m,右洞全长 1939m,隧址区地形地貌为高山峡谷,主要为邛崃山脉和梭磨峡谷,属于侵蚀堆积地貌。隧道埋深为 5～164m,隧道穿越地层的岩性主要为第四系全新统泥石流堆积层(Q4sef)碎石土,第四系冲洪积层(Q2-3al+pl)漂、卵石土,第四系更新统冰水堆积层(Q2-3fgl)碎石土,三叠系上统新都桥组(T3x)板岩和千枚岩,三叠系上统侏倭组(T3zh)变质砂岩、板岩和千枚岩不等厚互层,岩体完整程度为较破碎～破碎(见图 1)。其中占比很大的千枚岩属于典型的软弱围岩,其强度低,遇水极易泥化软化,导致稳定性差,隧道开挖过程中容易出现围岩较大变形甚至坍塌。根据现场质料调研,隧道开挖过程中,破碎千枚岩自稳能力差、挤压变形严重,使得支护结构出现了渗水、开裂和剥落等现象。根据监控量测报告,已开挖隧道在ZK222+273处拱顶沉降累计最大值达56.48mm,周边收敛累计最大值达63.27mm,已经危及施工安全。总的来说,卓克基隧道围岩软弱,强度低,岩体破碎,易发生围岩变形。

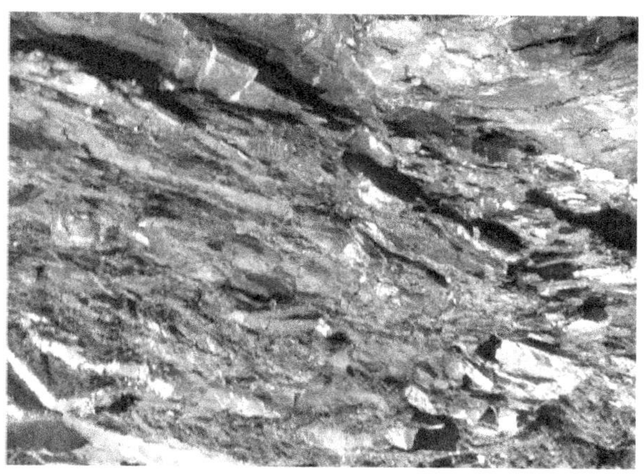

图1　卓克基隧道围岩情况

3　隧道结构监测

鉴于卓克基隧道围岩软弱,隧道开挖过程中极易出现围岩大变形甚至坍塌,有必要对隧道结构进行监测,以保障施工安全性和结构稳定性。隧道结构监测主要包括变形监测和受力监测,目前国内外,观测变形者居多,但是当隧道建成后,由于围岩被支护结构封闭,难以量测,而隧道二次衬砌的变形监测,由于二衬刚度较大,对于岩体变形的反映相对滞后,也难以反映隧道结构受力和安全状态[2]。近年来,随着钢弦式传感器应用推广,应力监测逐渐成熟,其较之形变监测具有直接、快速反映围岩、结构的力学变化特征的优点,更能够反映软岩隧道结构的力学演化特征。因此,本文选用应力监测作为结构监测,主要埋设钢弦式传感器,包括:

(1)土压力盒:量测围岩与初期支护之间、初期支护与二次衬砌之间的压力。

(2)混凝土应变计:量测二次衬砌内、外侧的应变,从而根据公式(1)和公式(2)计算二次衬砌截面内的轴力和弯矩。

(3)钢筋计:测量钢支撑或格栅钢架中内、外钢筋的轴力和型钢钢架内、外侧的应变,从而计算其应力。

$$N=\frac{1}{2}(\varepsilon_1+\varepsilon_2)E_sA \tag{1}$$

$$M=\frac{(\varepsilon_1-\varepsilon_2)E_sI}{t_0} \tag{2}$$

式中:N——轴力;

M——弯矩;

ε_1、ε_2——内外侧应变;

E_s——弹性模量;

A——截面面积；

I——截面惯性矩。

监测元器件埋设位置见图 2，主要监测拱顶、拱肩、拱腰、拱脚位置的受力情况。

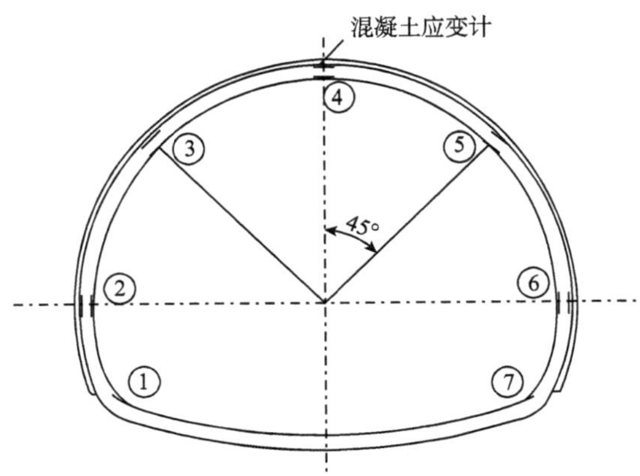

图 2　混凝土应变计埋设位置

4　现场监测数据分析

根据现场埋设监测元器件的监测数据，分析卓克基隧道结构力学演化规律。图 3 为卓克基隧道围岩—初期支护接触压力时态曲线，从中可以看出，隧道开挖后破碎千枚岩体往往不能自稳，较大的围岩松动荷载使得卓克基隧道初期支护的拱顶与拱肩位置围岩压力，而左右拱腰位置的接触压力相对较小。最大围岩—初期支护接触压力出现在拱顶位置，达到了 886kPa。右拱腰位置的围岩压力最小，为 293kPa，也明显高于普通的两车道公路隧道。进一步说明以破碎千枚岩为代表的软弱围岩隧道开挖后，围岩的自承载能力较低，且松动范围较大。为抑制围岩变形量，支护结构需要承受较大的围岩挤压应力。

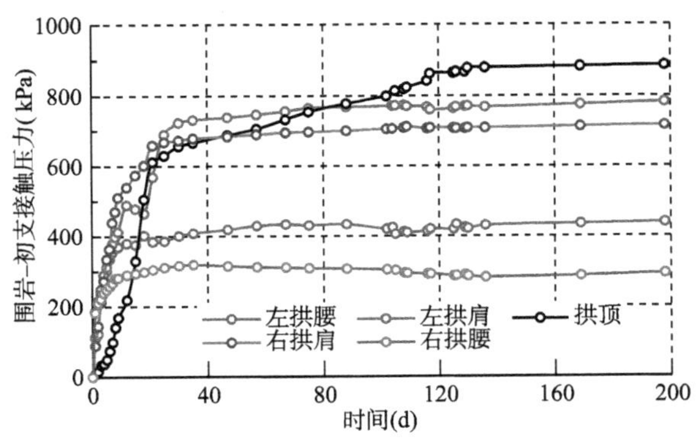

图 3　卓克基隧道围岩—初期支护接触压力时态曲线

卓克基隧道二次衬砌轴力与弯矩时态曲线见图 4，拱腰与拱脚位置的二次衬砌轴力较大，最大轴力出现在右侧拱腰位置，达到了 3764kN。拱顶与拱肩位置的轴力相对偏小，其中拱顶位置的轴力最小，为 1334kN。虽然以卓克基隧道为代表的软弱围岩隧道埋深较浅，几乎不存在构造应力场作用,但由于软弱围岩强度低、自稳能力差、结构松散破碎,使得支护结构依旧需要承受较大的围岩松动荷载。从支护结构受力随时间的变化规律来看,软弱围岩隧道二次衬砌受力稳定时间较长,但此后处于稳定状态,没有高地应力软岩隧道的持续流变挤压特性。拱顶位置的正弯矩最大,达到了 151.3kN·m,最大负弯矩出现在右拱肩位置,为 96.6kN·m。

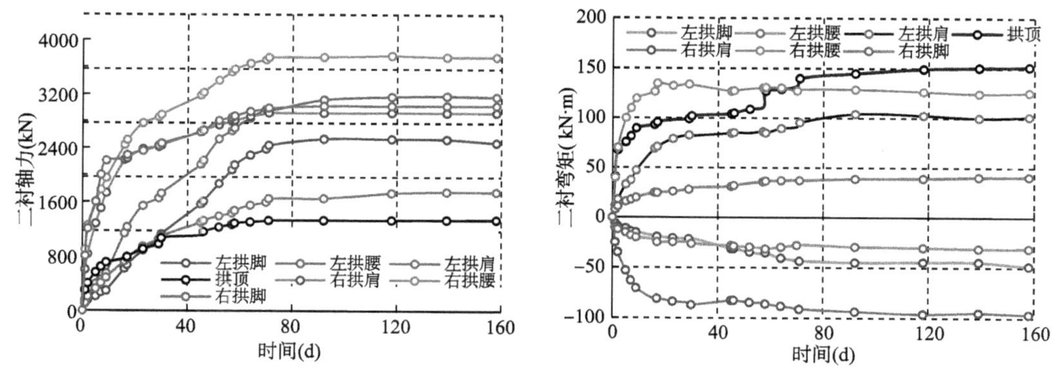

图 4 卓克基隧道二次衬砌轴力与弯矩时态曲线

5 软弱围岩稳定性分析

软弱围岩是指软弱、破碎和风化的岩体,具有软、弱、松、散和低强度的特点。当荷载超过一定限度,围岩将发生较大的变形,包括弹塑性变形、黏弹塑性变形等,软岩的塑性变形往往较大不易收敛最终导致坍塌。软弱围岩的主要工程特点有如下四点:

(1)岩体破碎、松散,黏结力差。

(2)围岩抗压强度低、遇水软化。

(3)岩体结构面软弱、易滑塌。

(4)在工程力的作用下能产生明显的塑性变形。

卓克基隧道这样的强震区埋深不大的破碎千枚岩隧道,虽然几乎不存在构造应力场作用,但由于软弱围岩强度低、自稳能力差、结构松散破碎,使得支护结构依旧需要承受较大的围岩松动荷载。围岩的层理与节理裂隙本身就较为发育,且在多次反复的强震与余震作用下会破坏千枚岩体结构,进而形成一种特殊的震裂损伤松动岩体。在这样的震裂损伤岩体中开挖隧道,围岩松弛区域往往会超过系统锚杆的长度;另外,震裂岩体地下水的渗透性增强,而千枚岩富含以高岭石、伊利石为主的黏土矿物,遇水易软化与泥化[3],致使其与锚杆间的黏结力得以削弱,锚杆不受拉力或受极小的拉力,使得在破碎千枚岩体中锚杆对围岩几乎没有起到加固作用。从而让喷射混凝土与钢拱架组成的初期支护直接承受较大的破碎岩体松动荷载,导致隧道结构承受较大的挤压荷载,一旦支护结构体系不能承受上部围岩的持续挤压变形,就容易导致隧道产生大变形灾害,甚至引发围岩失稳坍塌。

6 结语

以卓克基隧道为代表的软弱围岩隧道埋深较浅,几乎不存在构造应力场作用,但由于软弱围岩强度低、自稳能力差、结构松散破碎，锚杆不能发挥悬吊作用，导致隧道支护体系承担较大的围岩压力。一旦支护结构体系不能承受上部围岩的持续挤压变形，就容易导致隧道产生大变形灾害，甚至引发围岩失稳坍塌。

软弱围岩隧道二次衬砌受力稳定时间较长，但此后处于稳定状态，没有持续流变挤压特性。钢拱架成为初期支护重要的承载结构，初期隧道支护结构的内力随时间持续增加，达到稳定状态需要较长的时间，但稳定后保持数值的恒定，不受围岩流变效应的影响而持续增长。故以建设卓克基隧道为例的埋深较浅的软弱围岩隧道时，应做好超前地质预报，实施超前支护措施并加强初期支护，合理预留变形量，仰拱的施做宜及时跟进，尽早封闭，防止围岩变形过大或发生坍塌[4,5]。

参 考 文 献

[1] 王梦恕．中国隧道及地下工程修建技术[M]．北京：人民交通出版社，2010.

[2] 汪波，何川，吴德兴．隧道结构健康监测系统理念及其技术应用[J]．铁道工程学报，2012，1(1)：67-73.

[3] 张青龙，李宁，曲星．富水软岩隧洞变形特征及变形机制分析[J]．岩石力学与工程学报，2011，30(11)：2196-2203.

[4] 李廷春．毛羽山隧道高地应力软岩大变形施工控制技术[J]，现代隧道技术，2011，48(2)：59-67.

[5] 赵勇．隧道软弱围岩变形机制与控制技术研究[D]．北京交通大学博士学位论文，2012.

鹧鸪山隧道有害气体来源分析及处治技术研讨

李晓洪　郑金龙　王　联　马洪生

（四川省交通运输厅公路规划勘察设计研究院，成都 600041）

摘　要：汶川至马尔康高速公路鹧鸪山隧道施工中出现了瓦斯、硫化氢等有害气体涌出情况，通过宏观地质分析、现场检测及专业机构鉴定，评定了隧道瓦斯等级，采取了针对性技术措施，保证了隧道施工安全。可为类似复杂地质工程隧道勘察、设计与施工提供借鉴。

关键词：隧道　有害气体

1　隧道设计概况

汶马高速公路鹧鸪山隧道右洞起讫桩号为 K179+730~K188+496，长 8766m；左洞起讫桩号为 ZK179+696~ZK188+486，长 8790m，最大埋深约 1350m；从隧道中部分为 C1、C2 两个施工标段，出口端为 C2 标段，左洞长 4486m，右洞长 4496m。

鹧鸪山隧道位于马尔康北西向构造带内，处于米亚罗断裂带以西、松岗~抚边河断裂带以东，为一系列呈北西~南东向展布的线状紧密褶皱，并伴有数条同方向展布的压扭性断裂。米亚罗断裂对隧道有直接影响，穿越钻金楼倒转背斜，隧道地质构造复杂。

隧道洞身出露地层为三叠系上统新都桥组、侏倭组和三叠系中统杂谷脑组，其中新都桥组以碳质千枚岩夹板岩、砂岩为主，侏倭组以板岩夹砂岩、千枚岩为主，杂谷脑组以砂岩夹板岩、千枚岩为主。

隧道穿越各地层岩性中均含有炭质千枚岩，新都桥组以炭质千枚岩为主，场地地层无封闭盖层构造，前期通过钻探等勘察手段均未发现本隧道存在有害气体，工程类比临近类似工程也未发现存在有害气体。由于隧道存在炭质千枚岩，具生烃能力，尚不能完全排除存在不良气体的可能性，设计文件强调了施工中应加强施工通风，并配备适量的瓦检仪，在施工中加强动态检测。

2　施工发现有害气体过程

2.1　发现有害气体过程

鹧鸪山隧道 C2 标段于 2012 年 9 月开工，2015 年 9 月施工至 K186+634（ZK186+622）之

前(约 1800m)均未发现瓦斯等有毒有害气体。

2015 年 9 月 16 日 14 时 20 分左右,隧道右洞施工至 K186+634,有无色、带刺鼻性气味的不明气体从钻孔及岩石裂缝中涌出,靠近掌子面的上台阶地面多个积水处亦有大量气泡冒出。经瓦检员采用便携式和低浓度光干涉瓦检仪初步检测,掌子面拱顶炮眼口涌出的不明气体瓦斯浓度达到 10%以上(使用低浓度光学瓦检仪最大量程为 10%)。

2015 年 9 月 19 日 10 时 50 分左右,隧道左洞 ZK186+622 掌子面也出现相似的情况,且孔内气体压力较大,钻孔后炮眼内的泥浆受气体压力喷出 2m 以外。

2015 年 10 月 1 日 23 时,挖掘机在右洞 K186+593 掌子面右侧拱脚扒渣时,一股高压气体喷出,喷气口位置形成了一个约 $2m^3$ 的喷腔,经检测喷腔内气体浓度超过 10%。

2015 年 10 月 5 日 11 时许,发现右洞 K186+592~+585 段有初支出现开裂情况。

2015 年 10 月 6 日 1 时,右洞 K186+592~K186+585 段初支突然加速变形掉块,拱架快速扭曲变形并伴有声响。4 时 30 分 2 名瓦检员进洞,发现 K186+592 至掌子面已全部坍塌,检测气体浓度 1.5%。

2.2 气体成分测定分析

为查明不明气体成分,委托了检测单位实地采样,送实验室进行气体成分分析。根据四川省科源工程技术测试中心检测报告,隧道气体成分测定详见表 1。

气体成分测定结果表 表 1

测试日期		2015.9.18	2015.9.30	2015.10.21
取样地点		右洞	左洞	右洞
气体组分	$O_2(10^{-2}mol/mol)$	10.36	9.97~10.49	4.87
	$N_2(10^{-2}mol/mol)$	38.41	39.60~40.35	18.77
	$CH_4(10^{-2}mol/mol)$	12.33	5.09~7.51	11.40
	$CO_2(10^{-2}mol/mol)$	38.83	42.85~44.01	64.83
	$H_2(10^{-2}mol/mol)$	—	0.01~0.03	微量
	$C_2H_6(10^{-2}mol/mol)$	0.05	0.02~0.04	0.09
	$C_3H_8(10^{-2}mol/mol)$	0.02	0.01~0.02	0.04
	$H_2S(10^{-6}mol/mol)$	2.5866	2.0968~2.1468	7.33

根据测定结果,隧道涌出气体中,气体组分主要为 CO_2 和 N_2,其次为 CH_4、O_2 和 H_2S。

2.3 现场实测情况

经现场实测,局部通风机低速运行时,对 CH_4 和 CO_2 浓度进行了检测。

(1)左洞回风流 CH_4 浓度 0.02%~0.10%,CO_2 浓度 0.02%~0.12%,掌子面 CH_4 浓度 0.08%~0.18%,CO_2 浓度 0.10%~0.18%。

(2)右洞回风流 CH_4 浓度 0.02%~0.12%,CO_2 浓度 0.02%~0.12%,掌子面 CH_4 浓度 0.08%~0.20%,CO_2 浓度 0.10%~0.20%。

3　瓦斯来源分析及隧道瓦斯等级鉴定

3.1　隧道瓦斯来源宏观分析

隧址区位于马尔康北西向构造带内,即米亚罗断裂带以西,松岗~抚边河断裂带以东,为一系列呈北西~南东向展布的线状紧密褶皱,并伴有数条同方向展布的压扭性断裂。隧道穿越钻金楼倒转背斜,米亚罗断裂对隧道有影响。钻金楼倒转背斜两翼次级褶皱发育,类型复杂,并有斜歪、倒转、尖棱、平卧褶皱等;米亚罗断层及米亚罗支断层在鹧鸪山隧道附近岩体破碎,结构松散,岩层扭曲挤压严重。隧道地层中存在炭质千枚岩和炭质板岩,具生烃能力,地质构造对瓦斯生成和赋存创造了有利条件。

地质构造复杂地段容易造成瓦斯富集,形成"瓦斯包",揭穿含炭质地层时易造成瓦斯涌出异常,甚至诱发煤与瓦斯突出事故。因此,隧道在施工过程中遇瓦斯等有毒有害气体大量涌出的现象,系掌子面揭穿地质构造带,遇高压瓦斯气囊所致的可能性较大。在构造带附近,由于地应力和高压气体的共同作用,隧道偶有岩石与二氧化碳(瓦斯)动力现象。

褶皱类型和褶皱复杂程度对瓦斯赋存均有影响,当围岩的封闭条件较好时,背斜往往有利于瓦斯的存储,如在被基岩覆盖的闭合和半闭合背斜转折区,由于瓦斯运移路线加长和排出口不断缩小,增大了瓦斯运移的阻力,因此,在同一埋藏深度下比构造两翼瓦斯含量大;但在封闭条件差时,背斜中的瓦斯则容易沿裂隙逸散。在简单的向斜盆地构造中,向斜轴部瓦斯排放的条件往往比较困难,瓦斯难以沿垂直地层方向运移,大部分瓦斯仅能沿两翼流向地表,故而瓦斯赋存条件较好;在盆地边缘部分,含炭质地层距地表较近或大面积暴露,瓦斯则易于排放。断层对瓦斯保存有两种截然不同的影响,开放性断层是瓦斯排放的通道,在这类断层附近,瓦斯含量减小;封闭性断层本身透气性差,而且割断了含炭质地层与地表的联系,往往使封闭区段的瓦斯含量增大。

因此,鹧鸪山隧道出现瓦斯并偶尔发生有毒有害气体大量涌出的现象,与地层中炭质千枚岩和炭质板岩具生烃能力有关,也与隧道地质构造复杂紧密相关。

3.2　综合地质分析

鹧鸪山隧道出现瓦斯,与地质条件是相关的,主要分析如下:

(1)岩层具备生烃能力。鹧鸪山隧道穿越的地层存在炭质千枚岩、炭质板岩等岩层,从瓦斯生成条件方面看,地层本身具备生烃能力。

(2)区域地质构造强烈。鹧鸪山隧道C2标段出现瓦斯气体段位于钻金楼倒转背斜的倒转翼,地层在正常层序的基础上发生倒转,其所受的区域构造应力相比正常翼更加强烈,岩体揉皱和破碎程度更大,具备生烃能力的炭质板岩、炭质千枚岩可能在区域强烈构造情况下产生了瓦斯有害气体。

(3)地应力影响瓦斯压力和储存。此段隧道埋深约730m,地应力可达18~20MPa,高地应力影响了出现的瓦斯以较大的压力储存于透气性较好的板岩和砂岩中。

(4)隧道开挖有利瓦斯释放。隧道开挖后,出现了临空面,储存在岩体中的瓦斯顺节理和裂隙向隧道内运营,并在板岩、砂岩等硬质岩段出露。鹧鸪山隧道地质纵断面见图1。

3.3　隧道瓦斯等级鉴定

根据《鹧鸪山隧道瓦斯等级鉴定报告》的瓦斯鉴定结论:

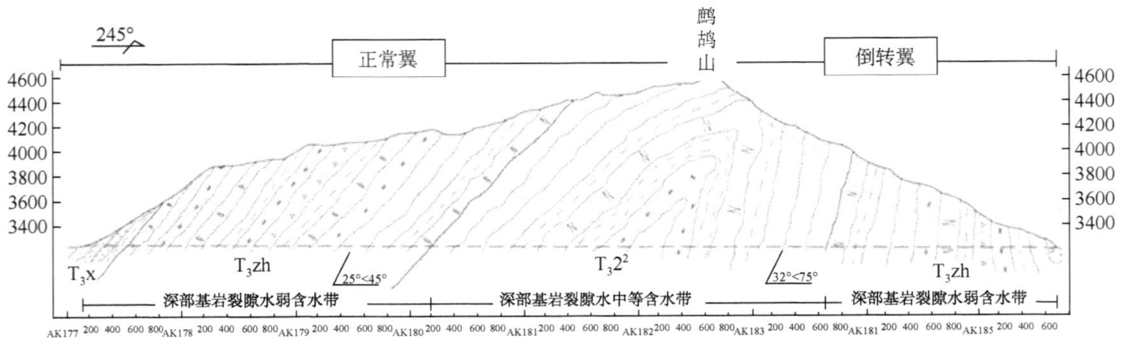

图 1 鹧鸪山隧道地质纵断面示意图

(1)鹧鸪山隧道左洞绝对瓦斯涌出量为 0.994m^3/min,右洞绝对瓦斯涌出量为1.039m^3/min。鹧鸪山隧道左洞绝对二氧化碳涌出量为 1.187m^3/min,右洞绝对二氧化碳涌出量为1.224m^3/min。

(2)根据《铁路瓦斯隧道技术规范》(TB 10120—2002)的规定,鹧鸪山隧道瓦斯等级为高瓦斯。

4 有害气体处治技术措施

4.1 瓦斯处治措施

本隧道瓦斯设防段主要技术措施包括以下几方面:

(1)超前预测预报措施。在原有地质素描、物探基础上,增加瓦斯钻探措施。

(2)瓦斯结构设防措施。防水板全封闭结构防止瓦斯渗漏。

(3)钻爆作业。按高瓦斯隧道施工要求,严格采取湿式钻孔,选用煤矿许用炸药和雷管,采取电力启爆等作业要求。

(4)瓦斯检测措施。采用人工监测与自动监测相结合方式监测瓦斯等有害气体,增加自动监测仪一套,采取 24h 连续监测,并增设专业人员跟班作业检测。

(5)施工通风要求。增加通风机以提高隧道通风能力,满足高瓦斯隧道施工通风风速及风量要求。

(6)电气及机械设备防爆要求。灯具等洞内电气设备均采用防爆设备,运输车等作业机械全部进行防爆改装。

(7)防突措施预案。参照煤矿相关规范,增加"四位一体"防突措施预案,防止隧道发生瓦斯或二氧化碳突出。

4.2 硫化氢气体处理措施

根据检测报告、隧道气体成分测定,洞内硫化氢气体浓度最高达到 7.33ppm。硫化氢气体有剧毒,对黏膜能产生刺激,引起局部刺激作用如眼睛刺痛、怕光、流泪、咽喉痒和咳嗽。吸入高浓度的硫化氢可出现头昏、头痛、全身无力、心悸、呼吸困难、口唇及指甲青紫,严重者可出现抽筋,并迅速进入昏迷状态。在施工过程中应采取必要的措施降低硫化氢气体对洞内人员的影响,超限处理措施如表 2 所示。

隧道内硫化氢浓度限制及超限处理措施　　表2

序号	地点	限　　值	超限处理措施
1	任意处	<0.13ppm	加强监测
2	任意处	0.13~6.6ppm	加强通风,加强监测
3	新开挖面	6.6~20ppm	加强通风,加强监测,喷生石灰雾水稀释硫化氢气体,局部增加风扇使浓度将至6.6ppm以下
4	其他地方	6.6~15ppm	
5	任意处	20~100ppm	加强通风,加强监测,喷生石灰雾水稀释硫化氢气体,查明原因,超限处停工,进洞人员应携带防护及急救设备

在施工现场需要作如下要求:

(1)应加强通风,保证氧含量大于20%;

(2)在掌子面附近喷洒水雾,降低空气中硫化氢的浓度;

(3)当浓度=20ppm时,为安全临界浓度值,洞内人员允许暴露8h。

5 结语

(1)本隧道地层中的含碳质千枚岩和板岩具有生烃的可能,在开挖过程中揭露出瓦斯气体,与隧道地层岩性、地质构造复杂经及地应力高密切相关。

(2)瓦斯储存的位置及影响因素复杂,现有地勘的探测手段难以全面查明瓦斯的储存和运移规律,故在后续隧道施工中应加强隧道超前探测和预报工作,实施动态设计与信息化施工管理。

(3)一旦隧道出现瓦斯等有毒有害气体时,应及时进行检测、分析与评定,根据评定结论及时提出针对性处治措施,调整施工方案以确保隧道施工安全。

参考文献

[1] 中国法制出版社. 煤矿安全规程(2016)[M]. 北京:中国法制出版社,2016.

[2] 四川省交通运输厅公路规划勘察设计研究院,公路瓦斯隧道设计与施工技术指南[M]. 人民交通出版社,2011.

[3] 中华人民共和国行业标准. TB 10120—2002 铁路瓦斯隧道技术规范[S]. 北京:中国铁道出版社,2003.

雀儿山隧道施工氧气含量监测及供氧技术研究

杨 枫[1,2] 郑金龙[2] 蔚艳庆[2]

(1.西南交通大学土木工程学院,成都 610031;
2.四川省交通运输厅公路规划勘察设计研究院,成都 610041)

摘 要:论文针对高海拔隧道低压缺氧威胁施工安全的问题,基于氧气质量守恒分析了高海拔隧道施工供氧标准,并在海拔4232m的雀儿山隧道开展洞口与掌子面温度、气压和氧含量长期监测,表明隧道内缺氧问题严重。现场采取弥散式供氧、个人携氧与移动式吸氧车供氧相结合的方式,保障隧道施工人员的氧气需求。

关键词:高海拔 隧道施工 供氧标准 氧气含量

1 引言

随着我国基础建设的大力推进,公路网也不断拓展,在西部大开发与一带一路等政策的推动下,公路建设已在西部地区蓬勃发展。由于青藏高原等特殊地形限制,高海拔公路隧道不断出现。据统计,我国已有高海拔隧道近百座,其海拔高度和建设长度仍在不断突破,高海拔隧道的出现打破了东西部之间交通运输的瓶颈,有力促进了西部地区经济发展,但是也面临着一系列亟需解决的高海拔施工技术难题。

低温、低压、缺氧等问题是高海拔隧道建设面临的主要难题。周兆年等学者研究认为,大气压随海拔高度升高而降低是造成缺氧并引起高原反应症状的原因,严重低氧可危及人的生命。风火山、昆仑山、巴朗山、羊八井等高海拔隧道施工过程中均因缺氧导致人员高原反应、机械劳动效率降低。国家《缺氧作业安全规程》要求隧道空气中的氧含量控制标准浓度为≥19.5%,《铁路隧道施工规范》规定施工过程中氧气含量体积分数应≥20%,国家其他相关规范也对施工过程中氧气浓度进行了要求。然而随着海拔增加大气压力降低,相同组分氧气对应的含氧量降低,单纯的氧浓度参数并不适用于高海拔地区。因此学者针对高海拔施工环境氧含量标准开展了相关研究,辛嵩等认为高原施工适宜环境目标海拔为2700m,唐志新建议海拔2800m以上采取增氧通风,杨立新建议将海拔2500m的大气含氧量作为设计增氧目标值。这些研究均基于理论分析,缺乏实际工程中数据对比修正。

项目基于不同海拔高度所需氧气质量守恒和等效气管氧分压相同两种方法分析了高海拔隧道施工供氧标准,通过对海拔4232m的雀儿山隧道洞口及掌子面三年的观测,对比了两种理论方法的准确性,分析了随着掌子面掘进隧道施工缺氧程度变化规律,现场测试了不同供氧方法的应用效果,优化出高海拔隧道施工综合供氧体系。研究成果对于完善高海拔隧道施工的实际工况研究,保障高海拔施工安全具有重要的意义。

2 隧道施工供氧标准理论分析

我国《缺氧危险作业安全规程》(GB 8958—2006)要求平原地区施工允许氧气浓度不低于19.5%,医学认为氧气浓度低于16%会降低工作效率,并可导致头部、肺部和循环系统问题,氧气浓度低于12%的情况下人会失去理智,时间长就会对生命构成威胁。高原地区空气密度降低,在体积含量不变的情况下质量和压力降低,因此用氧气体积含量来表述缺氧问题并不适用,本文基于不同海拔高度所需氧气质量守恒分析高海拔地区施工人员的供氧量标准。

基于氧气质量守恒定律可知,人在不同海拔高度所需氧气质量浓度相同,高海拔地区由于单位体积氧气质量降低从而导致人体导致缺氧发生。已知海平面空气密度 1.29kg/m^3,平原地区施工允许氧气浓度为19.5%,存在缺氧危险可能的氧浓度是16%,出现严重缺氧的氧浓度为12%,分别将以上三个浓度定义为人体习惯性、人员舒适性和安全性的临界氧浓度值。根据计算,不同温度条件下人员习惯性、舒适性和安全性的临界海拔高度见图1,随着温度变化海拔高度存在一定的差异,人体习惯性、舒适性和安全性的临界海拔高度确定为750m、2600m和5300m。

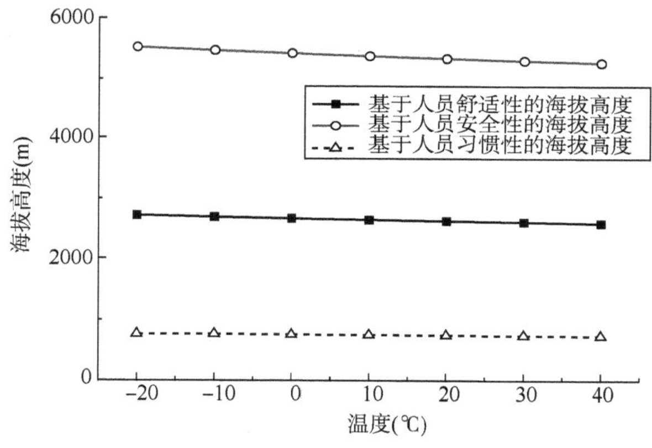

图1 基于氧气质量守恒方法的临界海拔高度

3 雀儿山隧道氧气含量现场监测

1)隧道洞口空气含氧量变化规律监测与分析

基于不同海拔高度所需氧气质量守恒分析了人员习惯性、舒适性和安全性的海拔高度要求,为了对比修正理论分析结果,在雀儿山隧道开展了现场测试。

雀儿山隧道是国道317线控制性工程,隧道长7079m,进口海拔4378m,出口海拔4232m,是我国海拔最高的超特长公路隧道,施工过程中面临严重的缺氧问题。为了分析高海拔隧道施工氧含量变化规律,团队在雀儿山隧道洞口外100m处设置监测点每天进行人工监测,获得2014年10月至2016年10月隧道洞口的温度、气压与氧气含量变化,见图2。

可以看出,隧道洞口温度随季节变化明显,气压随温度变化呈现一定的规律性,月平均气压随温度降低而降低,测试最高气压为61.7kPa,最低气压为59.1kPa,氧含量基本保持稳定,不随季节而变化。理论分析人员舒适性的氧气密度为0.21kg/m^3,人员安全性的氧气密度为

0.155kg/m³。根据现场测试数据，计算得到理论分析与现场测试的雀儿山隧道洞口氧气密度变化见图3，理论计算洞口氧气密度为0.179kg/m³，实测隧道洞口空气中平均氧气密度比理论分析结果平均低4.93%，约为海平面氧气密度的58.32%，等效为海平面氧浓度12.25%，接近出现严重缺氧的氧浓度，表现出明显的夏季低冬季高的季节性变化。现场测试最低氧气密度为0.153kg/m³，仅为海平面氧气密度的56.5%，约为海平面氧浓度11.86%，属于不满足人员安全性要求的氧气质量。

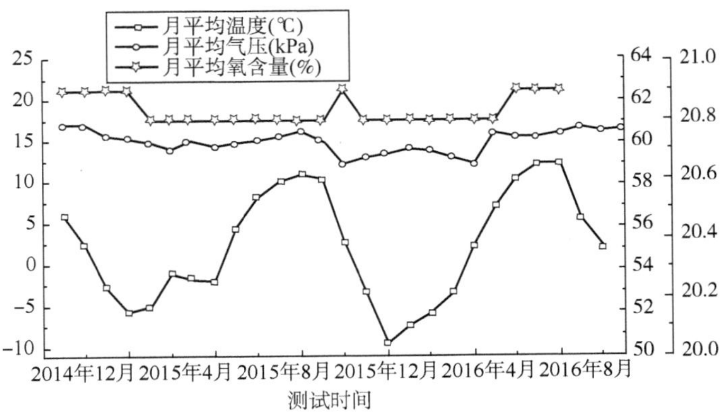

图2 雀儿山隧道洞口温度、气压与氧含量变化

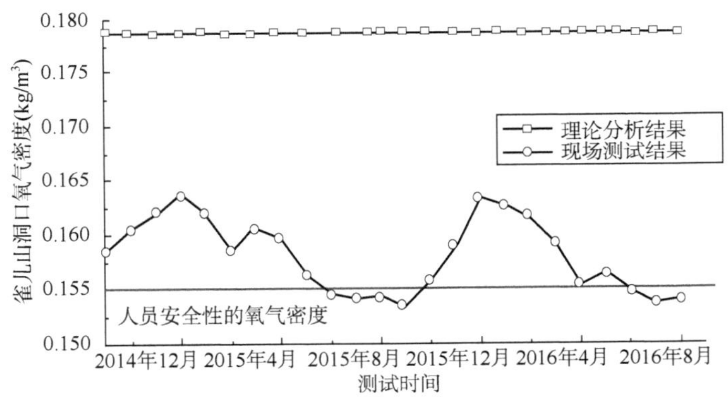

图3 雀儿山隧道洞口氧气密度理论与实测结果

2）隧道洞内氧气含量变化规律测试与分析

为了对比分析隧道掘进过程中掌子面与洞口氧分压差异，在距离掌子面15m的横断面选取五个测点，取测点数据的平均值作为掌子面测试结果，分别测试隧道掘进过程中掌子面温度、大气压力与含氧量大小及与掌子面数据差值，见图4。掌子面温度高于洞口，而大气压力与含氧量均低于洞口。与洞口相比掌子面温度变化较小，最低温度为2015年12月的12.7℃，最高温度为2015年9月的20.4℃，与洞口温度最高与最低月份相同，冬季掌子面与洞口温度存在最大温差22.3℃，夏季掌子面与洞口温度存在最小温差5.1℃。隧道掌子面气压同样呈现夏季较高而冬季较低的现象，与洞口大气压力变化规律一致，随着掌子面推进掌子面与洞口气压差略有增加，最大压差为1.8kPa，表明掌子面通风正常情况下气压降低不明显。

隧道掌子面空气含氧量最低为20%,最高为20.6%,与掌子面掘进距离无明显规律。

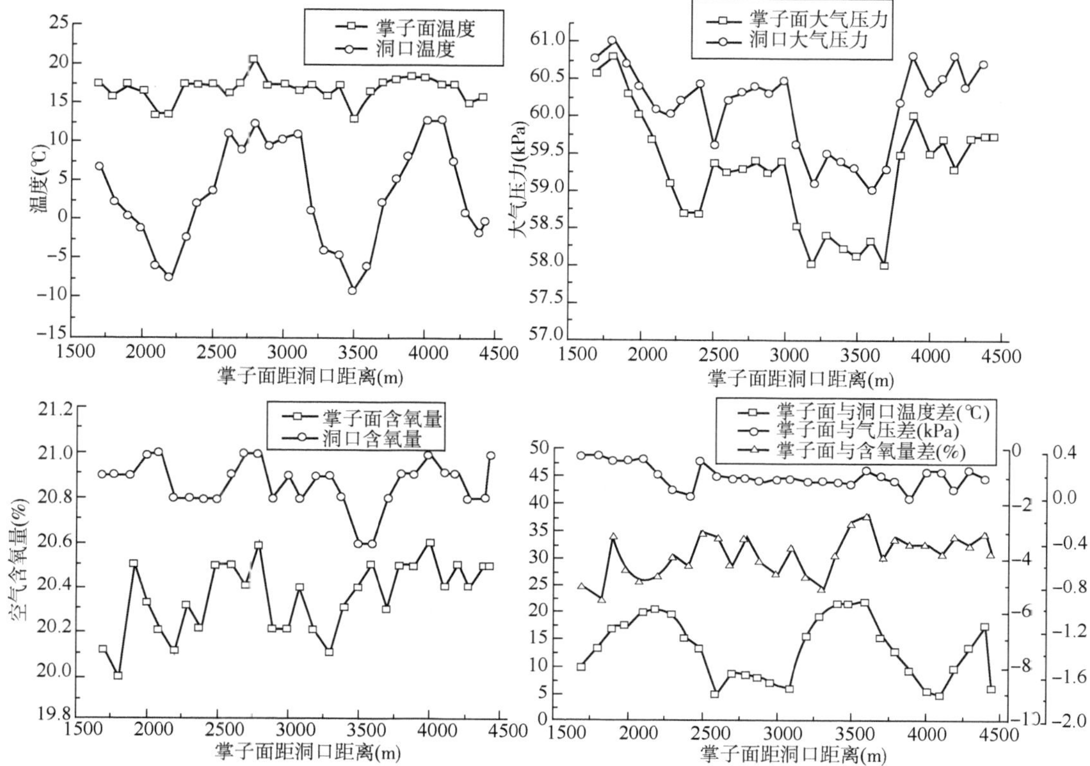

图4 不同掘进距离掌子面温度、气压、含氧量及与洞口差值

4 雀儿山隧道施工制氧供氧研究

基于氧气质量守恒方法计算人员舒适性的海拔高度为2600m,大气氧质量含量约为176.26g/m^3,而实测雀儿山隧道洞口平均氧质量含量为157.99g/m^3,隧道通风量约为9 800m^3/min,要保障整个隧道氧质量含量要求每小时需要供氧超过1万m^3,从经济性考虑是不合理的。

考虑采用局部弥散式供氧方法增加工作区域的含氧量,包括隧道内施工区域和隧道外办公区域,现场采用CAP—O—50型变压吸附(PSA)制氧机制氧,每个办公区域有效供氧为60L/min,掌子面有效供氧为240L/min。通过现场实验分别测试办公区域和施工区域在局部弥散式供氧条件下氧气变化。

测试了供氧前与供氧1h后施工人员的血氧饱和度、心率、血压如表1所示,受测人员供氧前血氧饱和度的平均值为83.4,为平原地区平均值的86.0%(平原地区平均值为97),表现出了受到高原缺氧的影响而出现的血氧饱和度降低;供氧后血氧饱和度的平均值为89.1,血氧饱和度增加6.43%,证明通过弥散式供氧使施工人员血氧饱和度明显提高,人员心率和血压受供氧影响较小。

施工人员供氧前后生理指标参数测试统计 表1

人员	血氧饱和度(SaO_2)		心率(BPM)		血压(BP)			
					收缩压(DBP)		舒张压(SBP)	
	供氧前	供氧后	供氧前	供氧后	供氧前	供氧后	供氧前	供氧后
1	83.1	87.2	82.8	82.5	132.2	128.2	90.3	91.0
2	84.7	89.7	92.2	86.8	124.7	122.5	85.8	84.2
3	82.4	90.5	88.0	88.2	122.0	121.4	79.2	74.7

办公区域与施工场地在弥散式供氧作用下均有效提高了氧气含量，但并不能达到人员安全的氧气需求，一方面需要增大弥散式供氧量，提高供氧区域的密封效果，同时还需要采取个人携氧与移动式吸氧车供氧相结合的方式，保障隧道施工人员的氧气需求。隧道施工供氧体系见图5。

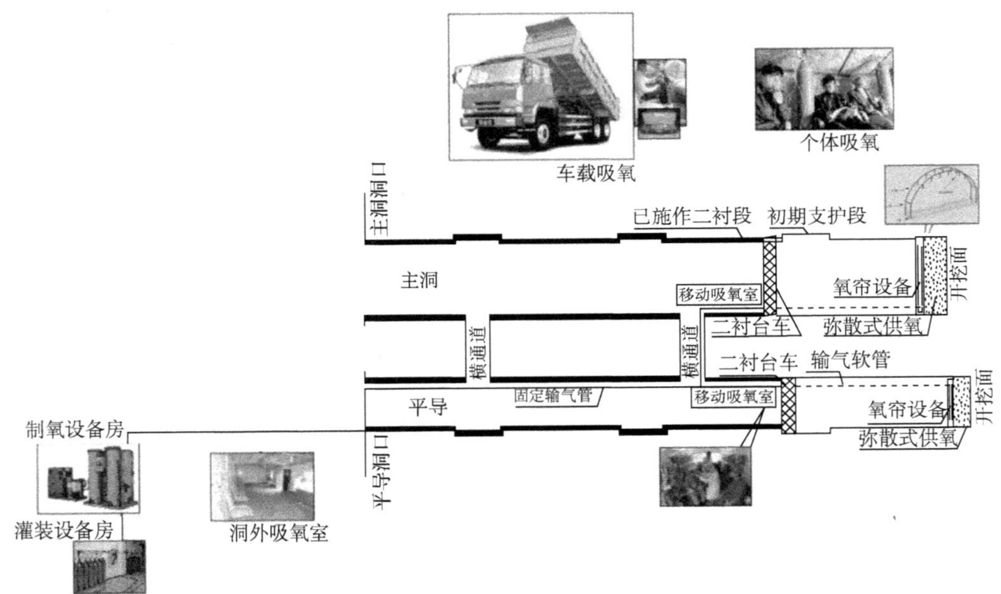

图5 隧道施工供氧体系

结合隧道施工特点，雀儿山隧道采取弥散式供氧、个人携氧与移动式吸氧车供氧相结合的方式，保障隧道施工人员的氧气需求。

5 结语

(1)基于不同海拔高度所需氧气质量守恒定律，计算获得了高海拔地区施工人员的供氧量标准为2600m，现场测试具有较好的一致性。

(2)海拔4232m的雀儿山隧道洞口与掌子面气管气氧分压随季节呈夏季高冬季低规律变化，在通风良好的条件下，掌子面氧分压降低幅度与掌子面推进距离关系不明显。

（3）雀儿山隧道现场采用弥散式供氧、个人携氧与移动式吸氧车供氧相结合的方式，保障隧道施工的氧气需求。

参考文献

[1] 朱永全，贾晓云，张雪雁.高海拔高寒区冻土隧道洞内施工环境控制技[J]. 岩土力学，2006（12）：2177-2180.

[2] 谭贤君. 高海拔寒区隧道冻胀机理及其保温技术研究[D]. 中国科学院，2010.

[3] 陈志凯. 基于认知机理的高海拔地区隧道工程施工降效影响因素研究[D]. 重庆交通大学，2017.

[4] 周兆年. 低氮与健康研究[J]. 中国基础科学，2003(5)：20-25.

[5] 谢文强，郭春，于丽，等. 巴朗山高海拔公路隧道施工氧含量测试及分析[J]. 现代隧道技术，2016（S2）：592-596.

[6] 张先军. 青藏铁路昆仑山隧道洞内气温及地温分布特征现场试验研究[J]. 岩石力学与工程学报，2005，24(6)：1086-1089.

[7] 张学富，张闽湘，杨风才. 风火山隧道温度特性非线性分析[J]. 岩土工程学报，2009(11)：1680-1685.

[8] 辛嵩，陈兴波，崔延红，等. 高原煤矿井下环境目标海拔高度的确定[J]. 矿业安全与环保，2015，(4)：13-16.

[9] 唐志新，杨鹏，吕文生，等. 高原地下矿井下气体浓度标准探讨[J].金属矿山，2009(05)：152-154+160.

[10] 杨立新，洪开荣，刘招伟，等.现代隧道施工通风技术[M]. 北京：人民交通出版社，2012.

[11] 唐志新，杨鹏，吕文生，等.基于指标预处理的高原地下矿工作环境灰色聚类评价[J]. 北京科技大学学报，2010，32(3)：282-286.

[12] 刘应书，杨雄，李永玲，等.高海拔地区室内富氧浓度安全试验研究[J]. 应用基础与工程科学学报，2011，19(3)：474-480.

[13] 中华人民共和国国家标准. GB/T 12130—2005 医用空气加压氧舱[S]. 北京：中国标准出版社，2005.

二郎山隧道段走廊方案综合论证

郑建国[1]　李玉文[2]　田尚志[1]

(1.四川省交通运输厅公路规划勘察设计研究院,成都 610041;2.四川交通职业技术学院,成都 611130)

摘　要:雅安至康定高速公路二郎山隧道长13.4km,由于隧址区极其复杂的地形条件、极其复杂的地质条件和极其敏感的环境条件,严重制约路线走廊方案。本文通过对隧址区地形、地质、环境综合分析研究,提出二郎山隧道两个走廊方案。在对二郎山隧道本身进行比选论证的基础上,结合洞外工程,对走廊方案从工程规模、抗灾减灾、运营节能、实施难度等多方面进行综合比选论证。

关键词:二郎山特长隧道　走廊方案　隧道比选　比选结论

雅安至康定高速公路通往我国及四川省西部藏族地区,是《国家公路网规划》高速公路G42横线"上海—成都"及G4218联络线"雅安—叶城"的重要组成部分,是《四川省高速公路网布局规划》成都引入线"成都—雅安—巴塘—西藏"、横线"康定—雅安—泸州—重庆"的重要路段,是连接成都至康定的重要通道,是通往藏区的重要国防线和生命线,在区域路网及社会经济发展中具有重要的地位和作用。

二郎山隧道是雅安至康定高速公路重大控制性工程之一,长13.4km,埋深超过1500m,具有极其复杂的地形条件、极其复杂的地质条件、极其敏感的环境条件等特点,严重制约路线走廊方案。

1　走廊控制因素

走廊方案控制因素主要为:极其复杂的地形条件、极其复杂的地质条件、极其敏感的环境条件。

1.1　极其复杂的地形条件

二郎山呈南北向展布,山势陡峭、层峦叠嶂、山体浑厚,为青衣江与大渡河的分水岭,海拔2000~4000m,沟谷深切,相对高差1000~2000m,为深切的高山区地形(图1)。

二郎山以东新沟上游蜂子河—两路口段由南向北,下游两河口—两路口段由西向东流往天全河,隧址区以西大渡河由北向南流经泸定县。新沟地形狭窄,纵坡比降大,海拔1500m以上新沟乡—蜂子河段冬季常有暗冰,存在连续长大纵坡,两岸地形陡峻,不良地质发育。

1.2　极其复杂的地质条件

隧址区位于由NE向龙门山构造带、SW向川滇构造带和NW向鲜水河构造带组成的"Y"字形构造体系交汇部位的NE侧,总体构造格局仍受NE向龙门山构造带控制,地质构造复杂，隧道大角度穿越龙门山断裂带西南段尾支（二郎山东支、中支、西支断裂）、保新厂—凰仪断裂、大渡河断裂、新沟断裂、赶羊沟断裂。其中二郎山断裂、保新厂—凰仪断裂、大渡河断裂为中更新世区域活动断裂（图 2）。

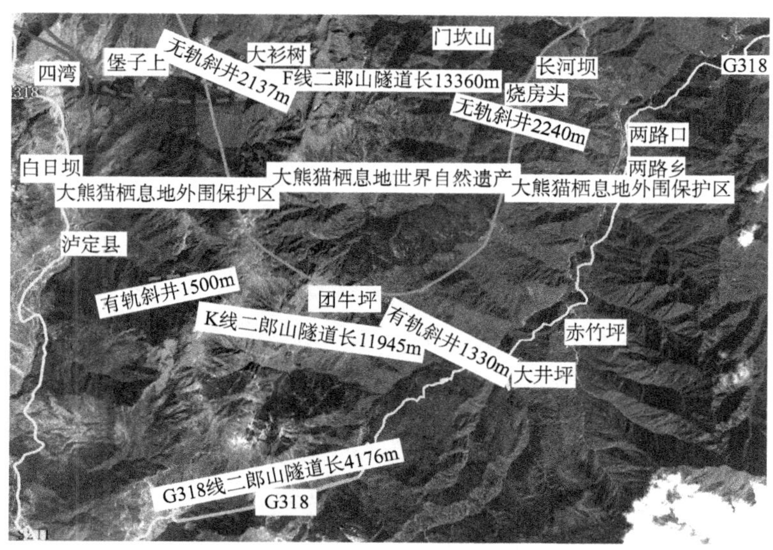

图 1　隧址区地形条件

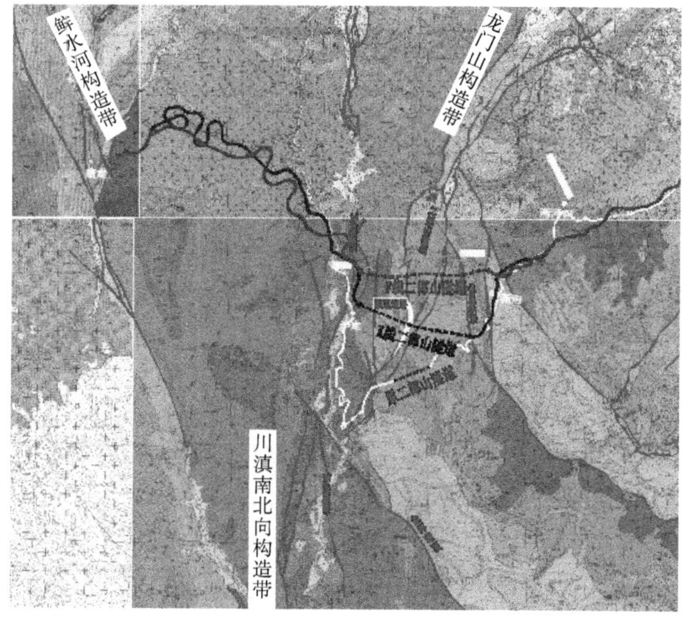

图 2　隧址区地质构造

1.3　极其敏感的环境条件

世界自然遗产—大熊猫栖息地保护区横亘北南，划分为核心区、保护区、外围区实行分区保护。南缘覆盖二郎山脉，东西向以天全河、新沟河、大渡河为界，其核心区为二郎山国家级风景名胜区,保护区为拟建的岚安省级风景名胜区,隧址区涉及保护区和外围保护区,根据《四川省世界遗产保护条例》,保护区内禁止建设设施。

2 隧址走廊方案

2.1 隧址走廊方案拟定

根据以上控制因素,结合两端接线条件及路线总体走向,拟定K线、F线两个走廊方案,见图3。

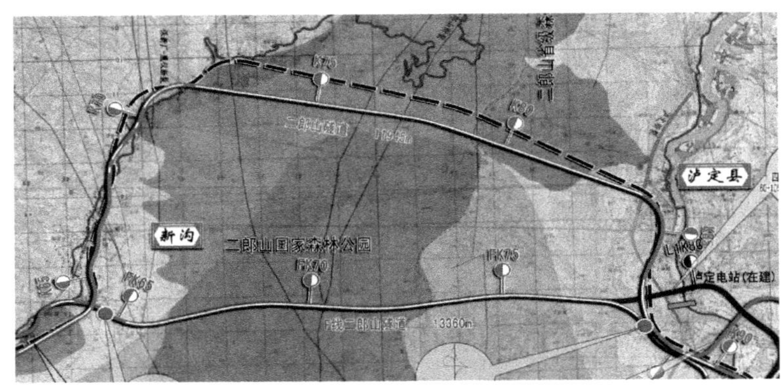

图3 走廊方案平面图

1)K线方案——绕行及隧道下穿外围区方案

K线由原工可推荐方案优化而成,沿新沟两岸及大熊猫栖息地外围区以连续长大纵坡上行,经水獭坪,于大柏牛以高桥跨新沟,以大柏牛隧道、野茶龙隧道2次跨越两路口3级电站引水隧道,经两路口转而向南,于两路乡设置新沟互通,经白茶坪、赤竹坪后转向西,穿越二郎山,出洞后再转向北,以连续下坡经太阳沟、四湾下至五里沟,设置泸定互通,路线长34.254km。

二郎山隧道长11945m,进洞于赤竹坪,出于太阳沟,隧道轴线下穿大熊猫栖息地的外围区,隧道洞口及斜井口设置于外围区。

2)F线方案——隧道直接下穿保护区方案

F线沿新沟上行,一路向西,经水獭坪、大柏牛,于野茶龙以低桥2跨新沟作明线绕避两路口3级电站引水隧道,至两路口后利用新沟平缓支沟门坎河向西,并设置新沟互通,经大河坝,穿越二郎山后出于五里沟,设置泸定互通,路线长25.412km。

本方案二郎山隧道长13360m,进洞于支沟大河坝,出洞于五里沟,隧道轴线下穿大熊猫栖息地的保护区,在外围区进出洞,隧道洞口及斜井口均设置于外围区,斜井口距保护区边界距离大于300m。

3)其他隧址方案研究

K线新沟段路线连续长下坡达14.81km/2.55%,仅满足最小值规定,二郎山进洞高程与新沟沟底高差约20余米,平纵面均已无余地继续向南上行和绕行,进一步缩短二郎山隧道的长度,在K线以南再无可行的隧址方案。

新沟左岸支沟呈羽毛形分布，纵坡比降极大，无其他平缓支沟可以利用，在K线与F线之间呈南北向分布的新沟上游段以及F线以北呈东西向分布的新沟下游段，无可行的隧址方案进一步缩短隧道长度。

2.2 二郎山隧道比选

1）二郎山隧道规模

K线二郎山隧道长度较短，进出洞高程较高，隧道埋深大；F线二郎山隧道比K线长1415m，进出洞高程较低，特别是进洞高程比K线低200m，隧道埋深较浅，比K线低约463m，如表1所示。

二郎山隧道比较（m） 表1

方　案	隧道长度	进口高程	出口高程	最大埋深
K线	11945	1678	1612	2003
F线	13360	1477	1570	1540

2）对大熊猫栖息地影响

K线二郎山隧道洞身下穿大熊猫栖息地的外围区，对其影响较小；F线二郎山隧道洞身下穿大熊猫栖息地的保护区，对其影响较大，但隧道最小埋深超过400m，并采取增长斜井的保护措施，使隧道洞口及斜井口均位于大熊猫栖息地外围区，距保护区边界300m以上，对大熊猫栖息地的不利影响降低到最低程度，如表2所示。

对大熊猫栖息地的影响 表2

方　案	外围区	保护区	核心区
K线	整个隧道（包含斜井口）	未涉及	未涉及
F线	洞口段及斜井口	洞身（最小埋深大于400m）	未涉及

3）地质条件

（1）地层岩性

隧道雅安段以三叠系、泥盆系、志留系和奥陶系的板岩、灰岩、粉砂岩等沉积岩为主；康定段以花岗岩、安山岩、闪长岩等岩浆岩为主。两个方案地形岩性基本一致。

（2）地质构造

隧址区主要区域断裂有：新沟断裂、保凰断裂、二郎山断裂、赶羊沟断裂、泸定断裂。两个方案均与区域断裂近正交，构造影响基本相当，区别在于K线方案未穿越新沟断裂。

（3）不良地质

主要不良地质问题有：区域活动断裂、高地应力条件下的岩爆和大变形、高压涌突水、瓦斯等。其中高地应力、瓦斯对两方案的影响程度差异较大：

K线最大埋深段达到2000m，F线最大埋深较K线少约500m，在受区域构造影响相近情况下，K线的整体地应力水平会明显高于F线5～10MPa，对隧道产生的岩爆和大变形水平级别更高，段落更长。

K 线在隧道中部穿越长度 1700m 的三叠系须家河组瓦斯地层，该段埋深大，受二郎山东支和中支挟持，利于瓦斯的汇集和集聚，施工中存在瓦斯突出风险，为高瓦斯隧道。

F 线穿越须家河组瓦斯地层位于隧道进口段，长度 500m，埋深浅，岩体破碎，不利于瓦斯的汇集，为低瓦斯隧道，施工风险相对较小。

经比选，F 线二郎山隧道地质条件优于 K 线。

4）隧道通风方案

通过对纵向式通风、横向式通风及组合式通风三种通风方式的 4 个通风方案进行综合比选，F 线与 K 线二郎山隧道均推荐采用工程造价经济、营运费用节省、修建技术难度、通风控制较容易，并利于隧道快速组织施工的 2 斜井 3 区段纵向式通风，如表 3 所示。

二郎山隧道通风方案 表 3

项目名称	K 线	F 线
通风方案	两有轨运输斜井 3 区段纵向式通风	两无轨运输斜井 3 区段纵向式通风
分段长度（m）	3400/5000/3540	3655/5000/4705
斜井参数（%）	雅安端 1330×2/19 康定端 1500×2/36	雅安端 2240×2/13 康定端 2137×2/13
斜井运输（%）	有轨	无轨
总功率（kW）	5173	6582
20 年运营费用（亿元）	2.18	3.46
辅助主洞施工	有轨运输施工速度慢、效率低、运输成本高	无轨运输施工速度快、效率高、运输成本低

二郎山隧道通风规模及 20 年营运通风费用 F 线略高，但由于 K 线全线隧道总体长度比 F 线长约 2.3km，隧道整体运营费用基本相当。

5）施工场地及弃渣条件

二郎山隧道为特长隧道，施工周期长、难度大，隧道弃渣量大，施工场地及弃渣场地选择对隧道顺利快速施工极为重要。

F 线二郎山隧道进出口分别位于长河坝宽缓支沟和五里沟，地形开阔平缓，利于就近设置施工场地及弃渣场址，有机耕道路相通，交通运输条件较好，施工干扰较小。

K 线二郎山隧道进口位于 G318 线对岸，地形狭窄，施工场地布设困难，隧道施工对 G318 线交通干扰较大；隧道出口位于泸定县城背后太阳沟陡坡中部，地形较陡，洞口高出泸定县城约 260m，隧道施工对泸定县城存在极大安全隐患。

隧道弃渣困难，渣场仍需布设于 F 线隧道洞口支沟内，弃渣距离约 8km。

F 线二郎山隧道交通、施工场地及弃渣条件均优于 K 线。

2.3 走廊方案综合比选

1）路线技术经济指标比较（表 4）

二郎山隧址走廊方案比较

表4

项目名称	K线方案	F线方案
路线长度(km)	34.254	25.412
最大连续纵坡及分段(m/%/段)	14810/2.55/2	5690/2.72/1
特殊路基(m)	2270	882
桥梁合计(m/座)	8340/27	3190/13
二郎山隧道主洞	11945/1	13360/1
二郎山隧道斜井	5660/4	8130/4
其他隧道	11370/12	9655/7
隧道合计	23315/13	21015/8
桥隧比例(%)	92.42	95.21
互通式立交(处)	1	1
占用土地(亩)	573.71	251.54
估计建安费(万元)	445978	354936
估计造价	567070	469472

2)走廊方案综合评价

对两个走廊方案从环境影响、运营安全、防灾减灾、工程规模、实施难度、社会效益等13个方面进行综合评价分析,如表5所示。

二郎山隧址方案综合评价

表5

评价因素	K线隧址方案	F线隧址方案
对大熊猫栖息地的影响	隧道洞身从外围区下穿过,主洞洞口及斜井口设置在外围区,对大熊猫栖息地影响较小	隧道洞身从保护区下穿过,主洞洞口及斜井口设置在外围区,对保护区影响降低到最低程度
长大连续下坡与冰雪组合的运行安全	连续长下坡14.81km/2.55%/分2段,每段仅满足最小值,其中暗冰路段7.39km/2.62%,对运行安全极为不利	不存在连续长下坡,二郎山隧道标高较低,不存在暗冰路段,运行安全性高
自然、地质灾害及防灾、抗灾	隧道轴线与6条断裂及分支近于正交,洞外路线与1条断裂近于正交,与2条近于平行,高墩大跨桥梁较多,地质病害突出,抗灾能力较差	隧道轴线与7条断裂及分支近于正交,洞外路线与2条断裂近于正交,自然灾害及地质病害较少,高墩大跨桥梁较少,抗灾能力强
运营里程与节能	运营绕行8.84km,隧道总体规模大,极不利于交通便捷和节能减排	运营直接,不存在绕行,隧道总体规模较小,营运费用节省

续上表

评价因素	K线隧址方案	F线隧址方案
二郎山隧道地质条件	隧道最大埋深大,轴线穿断裂少1条,2条断裂位于进出洞附近,隧道埋深较浅,洞身穿越含煤地层较长,瓦斯影响较大,高地应力问题更为突出,岩爆及大变形等级更高	隧道最大埋深较小,轴线穿断裂多1条,各断裂处隧道埋深较大,利于隧道抗震,进口段穿越含煤地层较短,瓦斯影响较小,岩爆及大变形等级较低
二郎山隧道施工难度	二郎山隧道长11.945km,通风斜井较短,工程规模较小,施工难度较小	二郎山隧道13.360km,通风斜井较长,工程规模较大,施工难度略大
二郎山隧道施工及弃渣条件	隧道进出洞于新沟、太阳沟,施工场地布设及弃渣困难	隧道进出洞于门坎河、五里沟,施工场地及弃渣条件较好
互通设置及与主要城镇连接	分别于新沟乡、五里沟设置互通,就近连接新沟乡、泸定	分别于门坎河、五里沟设置互通,方便连接新沟乡、泸定
对G318线的干扰和影响	多次跨越G318线,与G318线相距较近,施工对G318线影响较大	施工对G318线的影响较小
对泸定县城的干扰和影响	二郎山隧道出口段及3km接线位于泸定县城上方,与城市极不协调,施工对县城干扰大,隐患多,需加强安全防护	对泸定县城无影响
全段实施难易程度	施工里程长,路基、桥隧规模大,高墩、大跨桥梁较多,施工难度较大	施工里程短,桥隧规模小,高墩、大跨桥梁较少,施工难度较小
工程规模及造价	路线里程增长8.84km,桥隧总规模较大,造价较高。	路线里程短,桥隧总规模小,造价较低。
社会运营成本	按每辆车油耗成本0.7元/km,20年平均交通量18500辆/d。 K线比F线运营里程长8.7km,20年车辆运营成本K线比F线增加约8.22亿	

3)走廊方案综合比选结论

F线方案以二郎山隧道直接地下穿大熊猫栖息地保护区,较K线方案具有十分明显的优势:

(1)建设里程缩短8.84km,桥隧规模小,工程造价低9.8亿元,营运便捷,运养费用节省,具有较好的技术经济合理性及较高的社会经济效益;

(2)隧道洞口设置在外围区,采取增长斜井长度使斜井口设置在外围区,地面建筑物均不布设在大熊猫栖息地保护区内,环保措施可行;

(3)二郎山隧道标高较低,避免了新沟连续长大下坡及积雪结冰路段,行车安全性高;

(4)高墩大跨桥梁较少,绕避了地形艰巨、病害较多的新沟上游路段,抗灾能力强;

(5)洞外接线利于新沟及泸定互通布设、二郎山隧道施工场地布设及弃渣,且避免了对泸定县城的干扰和不协调。

经上述综合比选推荐F线方案;经省厅函商,四川省世界自然遗产管理办公室以川世遗办〔2011〕35号复函,原则同意F线方案。

3 结语

二郎山隧道极其复杂的地形条件、极其复杂的地质条件、极其敏感的环境条件，严重制约路线走廊方案。通过对 K 线、F 线两个走廊方案从环境影响、运营安全、防灾减灾、工程规模、实施难度、社会效益等 13 个方面进行综合比选，F 线方案具有一定优势。

参 考 文 献

[1] 四川省交通运输厅公路规划勘察设计研究院.雅康高速二郎山隧道初步勘察报告[R].成都:四川省交通运输厅公路规划勘察设计研究院,2014.

[2] 四川赛斯特科技有限责任公司.雅安至康定高速公路二郎山隧道工程场地地震安全性评价报告[F].成都:四川赛斯特科技有限责任公司,2014.

[3] 四川省交通运输厅公路规划勘察设计研究院.雅康高速二郎山隧道通风方案专题研究[R].成都:四川省交通运输厅公路规划勘察设计研究院,2014.

二郎山特长深埋隧道通风斜井反井法施工技术

宋志荣

(中铁十二局集团第三工程有限公司,太原 030024)

摘　要:结合二郎山特长公路隧道工程实例,介绍了隧道施工中遇到的难题,确定斜井对主洞掘进任务起不到辅助作用时,提出斜井通过主洞反向施工技术;文章重点对联络通道上跨主洞、地下风机房挑顶、各交叉口施工、斜井出洞等关键技术进行阐述,总结出联络通道上跨主洞施工技术、大断面地下风机房挑顶技术、多交叉口施工技术以及斜井出洞技术,为今后类似隧道工程的施工提供参考。

关键词:特长深埋隧道　斜井　反向掘进　施工技术

1　斜井反向施工背景

一般情况下,特长隧道施作斜井,主要从两个方面考虑:第一,在隧道施工阶段,通过切割正洞施工段落,可增加正洞工作面,加快正洞施工进度,确保工期实现;第二,在隧道运营阶段,作为隧道通风巷道,可改善特长隧道通风运营效果。目前,我国针对特长隧道的设计,基本会考虑增设斜井。因此,作为施工方,在施工时,都想利用斜井增设正洞工作面,以加快隧道施工进度,完成履约。但是,在不具备反向施工斜井的条件下,如果通过正向施工斜井将加大临建费用投入,且施工周期较长;如果隧道正洞地质条件好,施工进度快,通过对比正洞掘进至斜井交叉口时间和从修建斜井进场便道开始至斜井掘进至交叉口时间,前者如果在时间上有优势,说明斜井对隧道主洞施工任务起不到辅助掘进作用,但是,为确保运营后的通风功能,此时可以考虑从主洞交叉口位置反向施工斜井[1,2]。

2　工程概况

二郎山隧道全长约13.4km,是雅安至康定高速公路重大控制性工程之一,采用四斜井三区段分段纵向式通风,康定端斜井左线长1741m,康定端斜井右线长1724m;坡度分别为11.09%和10.56%。与主线交点分别为ZK74+572.8,K74+565;斜井交叉口距离左洞洞口为4484.2m,距离右洞洞口为4438m。康定端斜井施工难度大,具体表现在:距离长(送风斜井1741m,排风斜井1724m)、坡度大11.09%、二衬施工难度大。

3　总体施工方案

斜井施工采用反掘方式进行施工。先施工主洞,当施工至斜井交叉口时,通过交叉口向斜井施工。

通过对斜井、地下风机房与主洞平面位置关系的分析（见图 1），特长深埋隧道斜井反井施工中涉及的关键技术有联络通道上跨正洞、地下风机房挑顶以及斜井出洞等内容，为确保施工质量、安全受控，针对联络通道上跨正洞采取了小断面微台阶控制爆破技术，过程中加强对爆破振动速率的监测，地下风机房挑顶施工采用多台阶分部开挖法，施工时采用 I16 钢拱架进行临时支撑，斜井出洞结合地质情况，采用三台阶法，上台阶超前导洞出洞[3]。

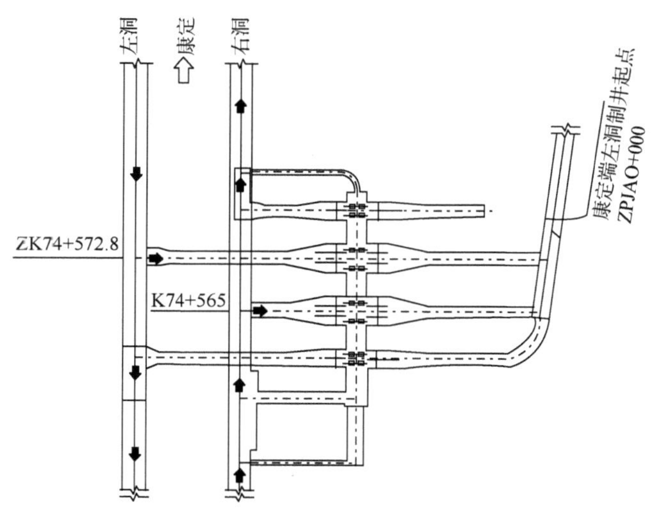

图 1　斜井、地下风机房与主洞平面位置关系图

3.1　联络通道上跨主洞施工技术[4]

由于斜井左洞联络风道上跨正洞，隧道洞顶净距小（主洞二衬背后岩层厚度约 115cm），开挖爆破时产生的爆破振动易影响正洞隧道洞顶的支护结构安全。在施工联络风道时，采取小断面微台阶控制爆破技术，即联络通道上台阶拱部采用光面爆破，下台阶采用分段爆破的综合控制爆破技术，装药采用不耦合空气间隔装药，同时，在下台阶开挖时底部设置单排减震孔。见图 2、图 3。

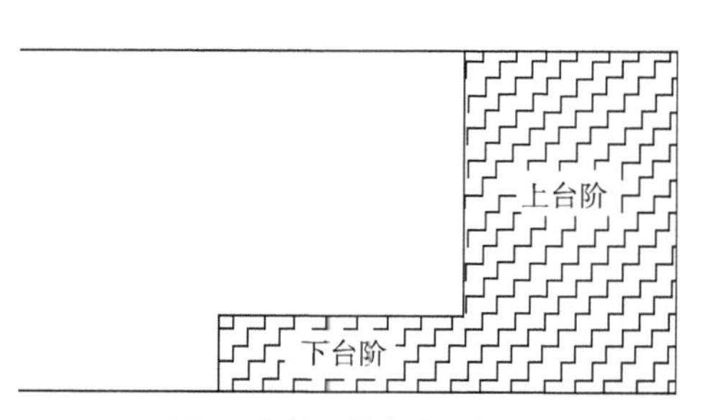

图 2　小断面微台阶示意图

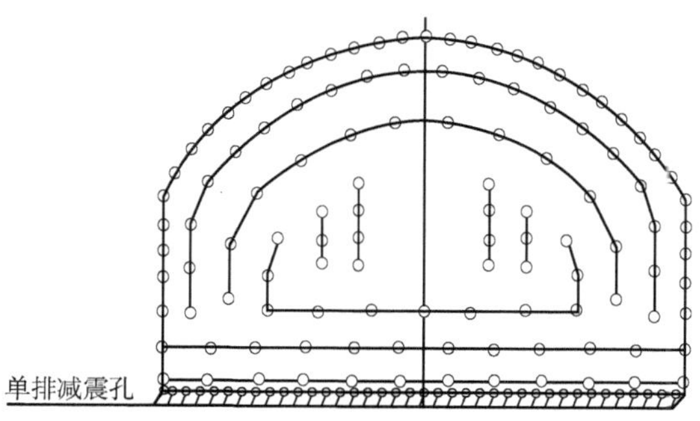

图 3　小断面微台阶炮眼示意图

通过采用该技术，降低了底部爆破时的地震效应，同时结合正洞洞顶监测技术，监测底部爆破时对正洞隧道已施工衬砌段的结构安全，使爆破振动速率始终控制在 20cm/s 范围。

3.2 大断面地下风机房挑顶施工技术[5]

二郎山隧道康定端地下风机房总长度达 108m,开挖断面为:11.6(宽)×14.05m(高),施工时,经右洞排风道侧壁沿地下风机房轴线逐步扩挖,挑顶过程中采用 I16 工字钢作为挑顶段临时支护,拱架间距 1.2m/榀,至地下风机房拱顶高程以及地下风机房上部轮廓成型,由于地下风机房断面高度达到 14.05m,在地下风机房开挖过程中采用多台阶分部开挖法,结合地下风机房断面尺寸,上台阶开挖高度控制在 3.75m,采用 $\phi42$ 超前小导管(环向 40cm,纵向 2m),I18 工字钢(间距 1m),$\phi22$ 锚杆支护,$\phi8$ 钢筋网(15×15cm),C20 喷混凝土(20cm)进行支护,其余每台阶高度控制在 2.5m 左右,见图 4。

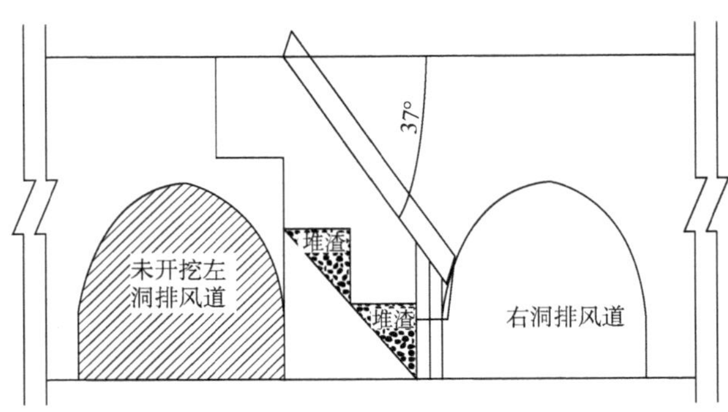

图 4　地下风机房施工示意图

挑顶施工时,除布设沉降观测点外,还应做好监控量测工作,6~8h 量测一次,并及时进行信息反馈以指导施工,及时采取补强措施,使隧道施工处于安全状态。

3.3 各交叉口施工技术[6]

由于正洞与斜井各联络风道以及地下风机房在施工时硐室交叉较多,为确保各交叉口开挖后结构安全、稳定。施工时在每处交叉口施工前,先施工钢架托梁,钢架托梁采用 HN300×150 型钢;凿除托梁范围内拱架间的混凝土后,割断钢支撑,安设型钢托梁及竖向钢支撑;型钢托梁和竖向钢支撑采用 $\phi25$ 的锁脚锚杆($L=3$m)锚固;补喷开挖轮廓以外的混凝土,形成"门脸",然后在对各交叉口进行开挖施工,开挖过程中应避免交叉口段应力集中,造成围岩失稳;过程中做好监控量测工作和应力监测工作,并及时进行信息反馈以指导施工,使隧道施工处于安全状态,见图 5。

3.4 斜井出洞施工技术[7]

由于二郎山隧道康定端斜井洞口地形复杂,从斜井洞口开辟工作面难度大,耗时长,需增加大型设备,修建较长施工便道,经济代价高;如采用三台阶直接出洞,易引发高边坡失稳及工程性滑塌、坍塌,同时可能产生冒顶,安全风险大。根据实际施工情况综合比较,提出了采用安全稳妥的单侧壁导坑法出洞施工。洞身开挖采用三台阶开挖,出洞前上台阶采用侧壁导坑出洞,导洞贯通后施作洞口的超前小管棚,利用小管棚提供的梁式结构作为后序开挖施工的超前支护,见图 6。

3.4.1 洞身施工

鉴于洞口段地质条件复杂。初期支护刚度必须保证,施工时采用强支护,即采用 I16 工字钢钢架,间距 80cm,喷射混凝土厚度 22cm,打设 3.0m 长 $\phi22$ 砂浆锚杆作为系统加固锚杆,间距 80cm×100cm，台阶拱脚处均安设 4 根 $\phi25$ 锁脚锚杆（$L=3m$）将钢架与岩体紧密连接，底角置于基岩上，不能有悬空现象，$\phi8$ 钢筋网（20cm×20cm），初期支护全断面封闭。

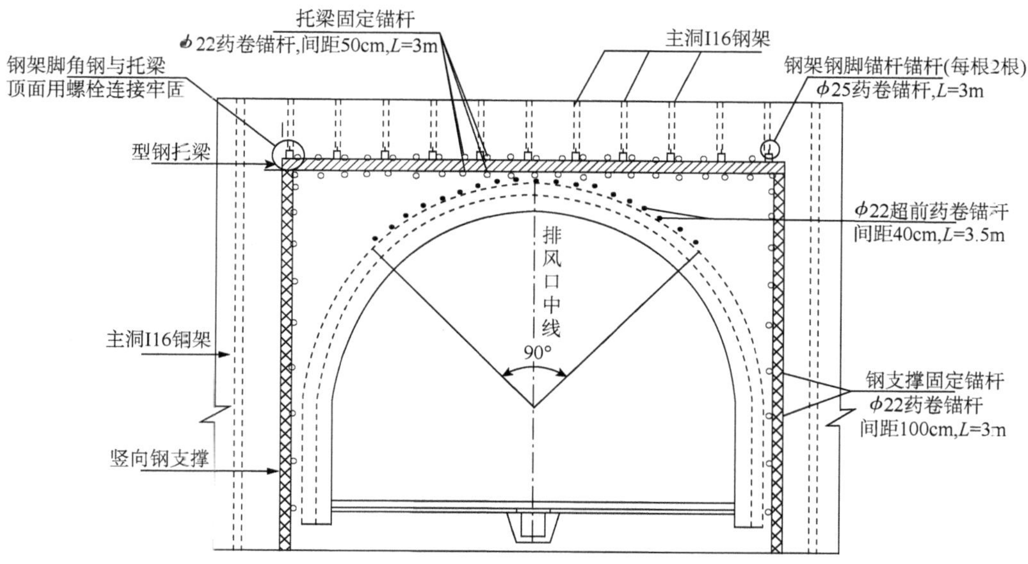

图 5　交叉口施工加固示意图

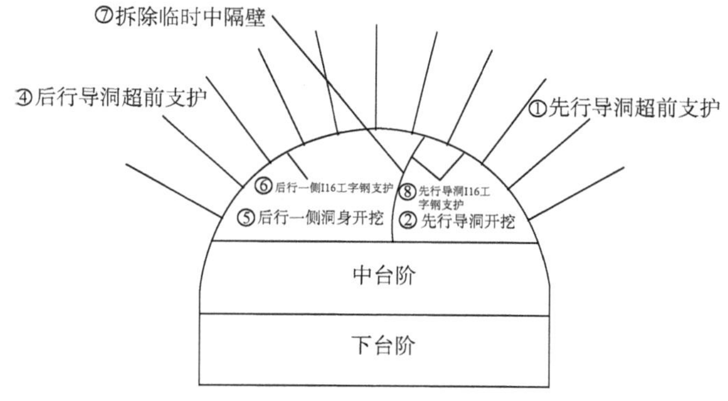

图 6　斜井出洞开挖示意图

3.4.2　超前导洞施工

当掘进至距离出洞位置剩余 10m 处，停止正洞开挖掘进，开始超前小导洞掘进施工。小导洞采用较小的半椭圆断面结构，施工中采用 3.0m（宽）×2.0m（高），位于正洞上台阶断面风水管线一侧，采用 I16 工字钢钢架作为洞身本身结构钢架和临时支撑以构成导洞支护，间距 80cm，每循环开挖前施做 $\phi42$ 超前小导管，导洞开挖施工过程中可探明洞口段地质情况，起到超前预报的作用，对后续开挖施工具有指导意义。

3.4.3　其余洞身开挖

待小导洞开挖支护完成后，所有的施工管线与材料均从此通过。

（1）洞口小管棚施工：为了确保洞身剩余段施工安全，控制隧道下沉，采用小管棚支护，利用小管棚提供的梁式结构为后序开挖施工预支护。

(2)按照正常段洞身开挖的施工步骤,采用三台阶开挖法施工,完成最后10m暗洞段落的开挖掘进施工任务,及时施工洞口仰拱。

4 结语

针对特长隧道的施工,如果斜井施工至交叉口时间晚于正洞施工至交叉口时间,已不能承担正洞施工任务时,斜井施工考虑从正洞交叉口反向掘进。这种施工情况一般出现在斜井洞口处于高山、峡谷、靠近河流等不利位置,斜井进场便道施工难度极大,施工周期很长,再加之斜井洞身较长,传统方式施工至交叉口时间上没有优势,斜井只是作为隧道运营通风使用。

通过二郎山特长公路隧道工程实例,采用从正洞施工斜井,节约了大量临建费用,同时总结出联络通道上跨主洞施工技术、大断面地下风机房挑顶技术、多交叉口施工技术以及斜井出洞技术,为今后类似情况下斜井的施工提供了新思路[8]。

参考文献

[1] 关宝树. 隧道工程施工要点集[M]. 北京:人民交通出版社,2003.
[2] 郝文广,刘家梁. 隧道进洞方案选择及横洞与正洞交叉段施工技术[J]. 铁道标准设计,2012(06):102-105.
[3] 郝才平. 宜巴高速公路界岭隧道横洞进正洞挑顶施工方案比选[J]. 现代隧道技术,2012,49(3):146-153.
[4] 王鑫. 西山特长隧道斜井进入正洞交叉口施工技术[J]. 现代隧道技术,2011,48(4):122-125.
[5] 舒文军. 长距离大倾角富水曲线斜井施工技术[J]. 现代隧道技术,2010.47(06):71-76.
[6] 何英伟. 复杂地形条件下山岭隧道单口出洞施工技术[J]. 公路工程,2011.36(03):37-41.
[7] 戴文革. 施工隧道斜井与正洞交叉段施工技术探讨[J]. 水利与建筑工程学报,2008.6(3):82-84.
[8] 赵勇. 无轨运输斜井井底车场优化及挑顶施工技术[J]. 隧道建设,2007,27(增1):40-42.

二郎山特长隧道地下风机房洞室群开挖技术

鲜云华

(中铁十二局集团第三工程有限公司,太原 030024)

摘　要: 随着国内山区高速公路的修建,长大隧道或者特长隧道在国内山区高速公路上屡见不鲜,而隧道通风则是其运营和管理的关键和重要环节。隧道地下风机房洞室群作为长大隧道或特长隧道的通风巷道的重要组成部分,以其断面类型多、空间跨度大、洞室高、洞室间距小且相互交叉、结构复杂、群洞效应明显等特点,增加了地下风机房的施工难度,结合正在施工的隧道项目,以及国内同类型地下风机房相关施工经验,介绍了二郎山特长隧道地下风机房洞室群开挖技术。

关键词: 特长隧道　地下风机房　洞室群　开挖技术

1　工程概况

1.1　工程简介

二郎山特长隧道全长约 13.4km,是雅安至康定高速公路重大控制性工程之一,采用四斜井三区段分段纵向式通风,康定端送风斜井 1734m,康定端排风斜井长 1710m;坡度分别为 11.09%和 10.56%。与主线交点分别为 ZK74+572.8、K74+565;斜井交叉口距离左洞洞口为 4484.2m,距离右洞洞口为 4445m。地下风机房洞室群设计有 16 条支洞,异形交叉断面,总体开挖投影面积达到 11000m²,其平面图见图 1。

1.2　工程地质条件

康定端斜井位于五里沟上游支沟(大沟)中部,沟壁陡峭,高约 100~150m,沟内有常年流水,沟谷宽约 5~10m,两斜井口相距约 28m,距较开阔的大、小沟交汇沟口约 1.2km。康定端斜井穿越主要地层为震旦系岩浆岩、志留系罗惹坪组以及一系列断层破碎带。穿越的主要岩性为花岗岩、安山岩以及泥岩、钙质泥岩夹砂岩和灰岩等。主要发育节理 5 组。由于斜井穿越一系列断裂,主要有 F2、F4,导致岩体破碎,电阻率低,富含地下水,在开挖穿越断裂破碎带及其影响带时,会产生涌突水以及碎屑物涌出的可能。

2　地下风机房结构及施工特点

地下风机房具有断面类型多、空间跨度大、洞室群交叉多、横洞跨越主线等特点,施工难度大,技术含量较高。

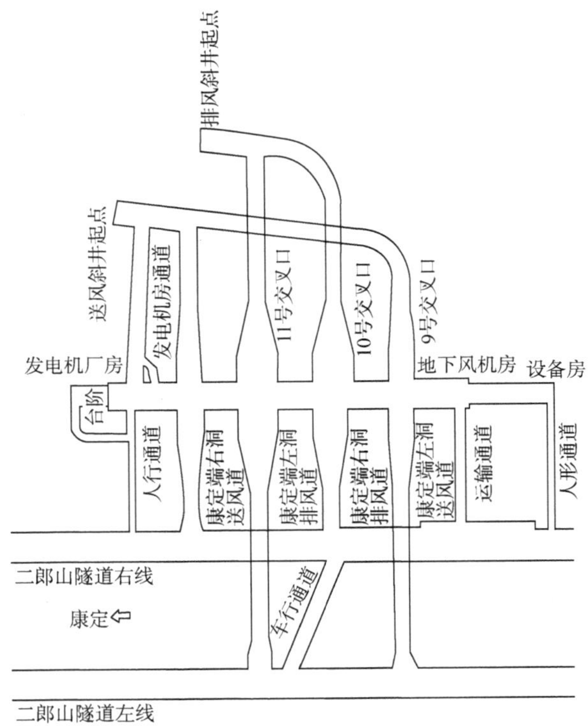

图1 地下风机房平面图

(1)交叉口多。地下通风系统共包括1条主洞、16条支洞、总长1100m,开挖轮廓水平投影面积达到11000m^2,属于典型的地下洞室群。

(2)大断面相交。通风联络通道与左、右线正洞形成大断面交叉,风机房与联络通道交叉,其交叉口处受力复杂,在开挖作业应加强临时支护。

(3)小间距洞室施工。风道小净距(最小净距60cm)上跨主洞右线、联络通道相互跨越。

(4)大断面开挖。二郎山隧道康定端地下风机房总长度达126m,开挖断面为:11.6(宽)×14.05m(高)。

(5)衬砌结构类型复杂。联络通道衬砌结构形式设有5种渐变方式9个渐变区段,共长170.9m,最大跨径14.5m,最小跨径6m,渐变洞室多,每种渐变形式长度较短。

(6)安全风险高。斜井大坡度反向施工存在出渣重车下坡、二衬台车爬坡易溜滑的安全风险。

(7)施工干扰大。包括斜井在内,开挖作业面达到19个,不同联络通道交叉作业、断面反复渐变。

3 总体施工方案

斜井施工采用反掘方式进行施工。先施工主洞至交叉口,再施工下风机房洞室群,通过交叉口向斜井施工。当右线施工至5号交叉口位置时,继续往前掘进,当右线掌子面超过5号交叉口位置120~150m时,对交叉口二衬进行加固,增加单独工班、机械设备对交叉口联络通道施工,由交叉口施工至斜井,完成地下风机房洞室群再施工斜井。

3.1 施工顺序

针对特长隧道的施工,如果斜井施工至交叉口时间晚于正洞施工至交叉口时间,已不能承担正洞施工任务时,斜井施工考虑从正洞交叉口反向掘进。这种施工情况一般出现在斜井洞口处于高山、峡谷、靠近河流等不利位置,斜井进场便道施工难度极大,施工周期很长,再加之斜井洞身较长,传统方式施工至交叉口时间上没有优势,因而选择斜井反向施工,确定以下斜井洞室群开挖顺序。见图2。

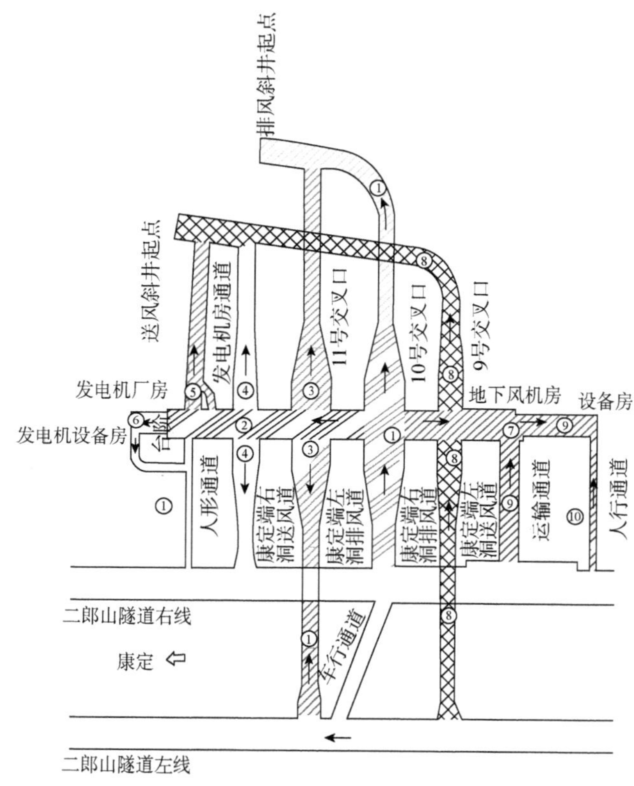

图2 地下风机房开挖顺序

(1)第1步开挖左洞排风道开挖至跨右洞顶的位置、开挖右洞排风道从5号交叉口到排风斜井的起点位置(此阶段可根据实际情况分两阶段开挖,第一阶由5号交叉口开挖至10号交叉口,第二阶段地下风机房开挖完毕后,再开挖10号交叉口到排风斜井的起点位置)、开挖人行横通道。

(2)第2步开挖地下风机房,由大里程至小里程开挖。

(3)第3步从地下风机房向两侧开挖左线排风道,在跨右洞洞顶的位置贯通。

(4)第4步从地下风机房向两侧开挖右洞送风道。

(5)第5步开挖发电机房通道,第6步开挖发电机设备房。

(6)第7步第二阶段开挖地下风机房。

(7)第8步从地下风机房向两侧开挖左洞送风道,一头与左洞贯通,一头开挖至送风斜井起点位置。

(8)第9步开挖设备房及运输通道,其中运输通到可以在正洞开挖的过程中开挖;第10步开挖人行横洞。

通过以上开挖顺序,能够合理组织施工,最大程度节约施工时间,节约施工成本,各个洞室施工不相干扰,快速完成了洞室群施工,为斜井开挖提供条件,使斜井施工任务提前完成。

3.2 主要施工技术

通过对斜井、地下风机房与主洞平面位置关系的分析(图1),特长深埋隧道斜井反向施工中地下风机房洞室群开挖涉及的关键技术有联络通道上跨正洞、地下风机房挑顶等内容,为确保施工质量、安全受控,联络通道上跨正洞采取了小断面微台阶控制爆破技术,地下风机房挑顶施工采用多台阶分部开挖法。

3.2.1 联络通道上跨主洞施工技术

由于二郎山隧道左线送风联络道、排风联络道上跨右线洞顶、送风联络道上跨排风联络道等,隧道洞顶位置两洞室净距为60cm(即主洞二衬背后岩层厚度),上跨洞室开挖爆破时产生的爆破振动易影响下方隔离层的支护结构安全。从干扰或者阻断地震波传播的方面考虑,在开挖上跨主洞洞顶段落时,采取小断面微台阶控制爆破技术:①首先选取合理的爆破间隔时间,避免爆破振动波的叠加;②上台阶控制在3.5m,下台阶控制在0.8m,联络通道上台阶拱部采用光面爆破,下台阶采用分段爆破的综合控制爆破技术,装药采用不耦合间隔装药,孔眼大小在38mm左右,选用药卷直径为25mm炸药;③在下台阶开挖时,底部设置单排减震孔及光爆导向眼,小围岩的扰动,阻断地震波的传播,单排减震孔孔间距控制在10cm,不装药;光爆导向眼间距控制在40cm。见图3、图4。

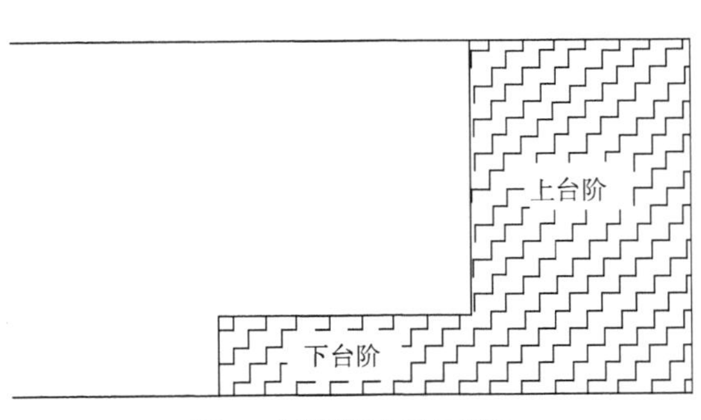

图3 小断面微台阶示意图

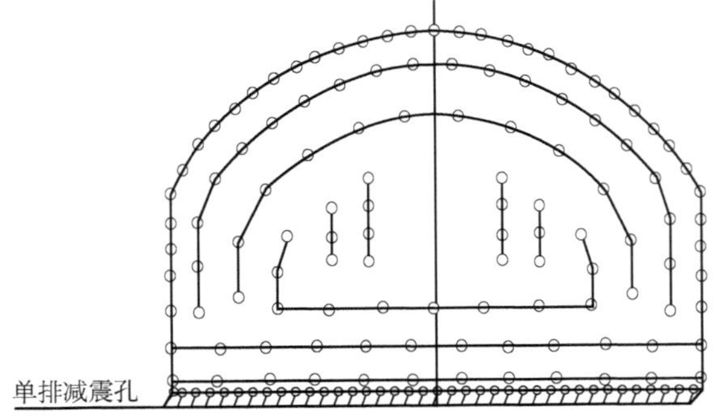

图4 小断面微台阶炮眼示意图

3.2.2 交叉口施工技术

1)地下风机房施工

当10号交叉口(图1)完成后,在10号交叉口侧壁,沿地下风机房轴线逐步扩挖,至地下风机房顶标高,以及地下风机房上部轮廓成型,然后地下风机房采用多台阶施工至地下风机房端头,其余地下风机房未施工段,待左洞排风道完成后,不影响行车、堆渣,采用多台阶开挖方法施工至地下风机房另一端头。见图5。

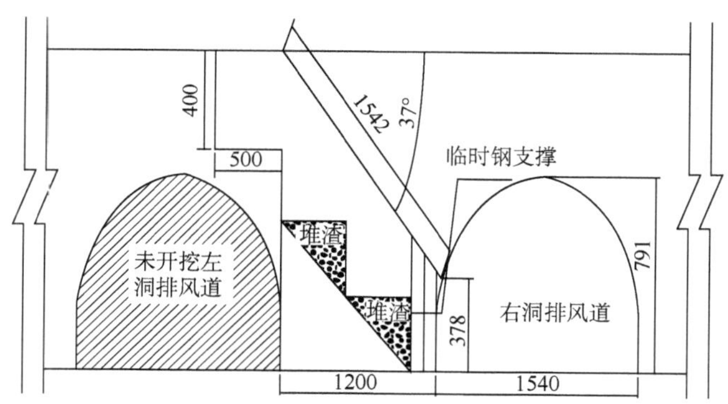

图5　地下风机房施工示意图(尺寸单位:m)

二郎山隧道地下风机房总长度达126m,开挖断面为:11.6(宽)×14.05m(高),施工时,经右洞排风道侧壁沿地下风机房轴线逐步扩挖至地下风机房拱顶高程以及地下风机房上部轮廓成型。挑顶过程中采用I16工字钢作为挑顶段临时支护,拱架间距1.2m/榀。

由于地下风机房断面高度达到14.05m,在地下风机房开挖过程中采用多台阶分部开挖法,结合地下风机房断面尺寸,上台阶开挖高度控制在3.75m,其余每台阶高度控制在2.5m左右。

2)高洞室进入矮洞室开挖技术

地下风机房开挖高度14.05m,送风道及排风道最大高度为9.03m,最大宽度为15.4m,两者交叉口位置受力复杂,处理不当极易发生安全事故,采用以下方法施工,确保交叉口开挖时结构安全。

(1)在每榀钢支撑于托梁稍上处施工两根ϕ22的锁脚锚杆($L=3$m);

(2)凿除托梁下拱架间的混凝土后,割断钢支撑,安设型钢托梁及竖向钢支撑,并打设固定锚杆,完成托换工字钢托梁、钢支撑均采用焊接,焊缝高度不小于8mm,保证连接牢固;

(3)补喷开挖轮廓以外的混凝土,覆盖包裹托梁和钢支撑等,形成"门脸"。

交叉口托换后钢支撑见图6。

4　注意事项

(1)地下风机房及联络通道开挖采用光面爆破,严格按爆破设计施工,严格控制用药量,尤其是交叉口等应力集中部位,保证爆破成型质量,严格按设计要求做好初期支护,必要时进行加强支护。

(2)地下风机房及横通道开挖时,严格执行超前地质预报和监控量测报告制度,及时掌握围岩情况,对围岩与原设计发生变化停止开挖作业,及时采取有效地加强措施。横通道、风机房大断面施工时加强监控量测措施,通过监控量测掌握围岩动态变化,确保施工安全。

(3)因地下风机房和横通道地处III级围岩,拱顶下沉及净空收敛量测断面距离为5m。量测点距开挖面2m的范围内应尽快安设观测点,保证爆破后24h内或下一次爆破前测出初测读数。

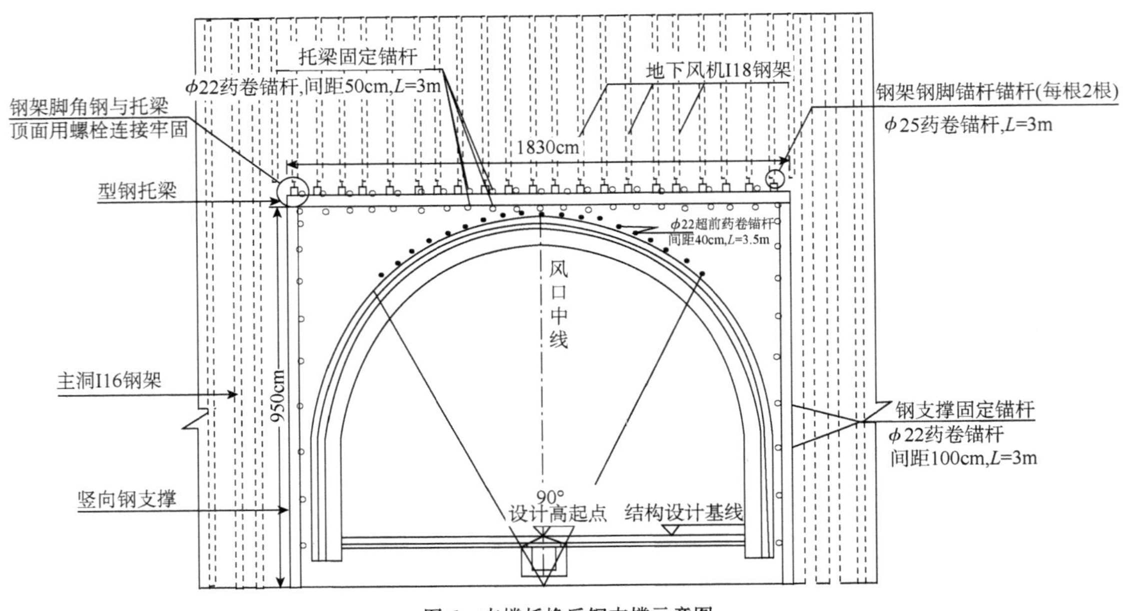

图6 支撑托换后钢支撑示意图

(4)加强左洞及右洞影响段的监控量测,及时掌握横洞开挖对主洞影响段的影响,如发现量测数据超出警戒值,立即停止开挖,查找原因并采取加固措施,加固稳定后在继续施工。

5 结语

二郎山特长隧道地下风机房洞室群开挖介绍了联络通道上跨主洞施工技术,确保二郎山隧道左线送风联络道、排风联络道上跨右线洞顶、送风联络道上跨排风联络道安全施工,保证了洞室的安全贯通;交叉口施工技术保证洞室交叉口位置施工安全,同时使大断面地风机房施工快速、安全地进行。

通过二郎山特长公路隧道工程实例,采用从正洞施工斜井,节约了大量临建费用,快速完成了斜井施工任务,介绍了二郎山特长隧道地下风机房洞室群开挖技术,为今后类似情况下隧道洞室群的施工提供了新思路。

参考文献

[1] 关宝树. 隧道工程施工要点集[M]. 北京:人民交通出版社,2003.
[2] 郝文广,刘家梁. 隧道进洞方案选择及横洞与正洞交叉段施工技术[J]. 铁道标准设计,2012(06):102-105.
[3] 郝才平. 宜巴高速公路界岭隧道横洞进正洞挑顶施工方案比选[J]. 现代隧道技术,2012,49(03):146-153.
[4] 王鑫. 西山特长隧道斜井进入正洞交叉口施工技术[J]. 现代隧道技术,2011,48(04):122-125
[5] 舒文军. 长距离大倾角富水曲线斜井施工技术[J]. 现代隧道技术,2010,47(06):71-76.
[6] 何英伟. 复杂地形条件下山岭隧道单口出洞施工技术[J].公路工程,2011,36(03):37-41.
[7] 戴文革. 施工隧道斜井与正洞交叉段施工技术探讨[J]. 水利与建筑工程学报,2008,6(03):82-84.

二郎山特长隧道水压光面爆破综合施工技术

马希平

（中铁十二局集团第三工程有限公司，太原 030024）

摘　要：为了更好地控制隧道超欠挖、降低炸药单耗、降低爆破粉尘，根据二郎山特长隧道围岩特性，进行了详细的钻爆设计，通过严格控制水压光面爆破施工精度及操作要点，半孔率达到了 90%以上，不仅从源头降低了环境污染，为施工人员提供了良好的作业环境，而且获得了平整圆顺的开挖轮廓线，实现了进度与经济效益双赢，使得二郎山特长隧道平均月进尺达到了 150m，并创造了独头掘进 7333m 的施工纪录，颇具类似工程借鉴。

关键词：二郎山特长隧道　水压光面爆破　施工技术

1　工程概况

二郎山特长隧道全长 13459m，是雅安至康定高速公路重大控制性工程之一，被誉为“川藏第一隧”，其设计硬岩占隧道总长度的 87.5%，实际以花岗岩为主。[1]

目前，光面爆破已在隧道施工中广泛应用，而为了更进一步减少爆破粉尘、降低炸药单耗及较好地控制超欠挖，水压光面爆破显得尤为必要，再辅以良好的通风及水幕降尘技术，将会极大地改善隧道内施工作业环境及减少隧道开挖单循环作业时间。[2]

2　施工技术

水压光面爆破，在光面爆破的基础上对其装药结构进行了革新，利用水的不可压缩性来高效地传递爆轰波，降低炸药单耗，利用湿式除尘机理，爆破产生的水雾在源头迅速降低了空气中的有害气体、粉尘浓度及爆破噪声。[3,4]

2.1　钻爆设计

以全断面钻爆法施工为例，隧道断面面积 $80m^2$，循环进尺约 3.6m，采用理论计算与现场试爆验证相结合的方式，确定以下爆破参数：①钻孔位置、方向及深度；②装药结构、装药量及水袋布置；③炮眼堵塞形式等。掏槽眼、辅助眼及周边眼相辅相成、共同作用才能达到理想的爆破效果。

2.2　炮眼布置

全断面共布置 18 台 YT28 风动凿岩机，炮眼总数约 154 个，中间两排掏槽眼数量视围岩情况而定，炮眼间距控制如下：①周边眼间距：45~50cm；②外层掘进眼（最外层辅助眼）间距：1.0~1.1m；③周边眼与外层掘进眼排间距：65~75cm，该间距即光爆层厚度，亦即最小抵抗线。光爆层厚度要大于周边眼间距。炮眼布置见图1。

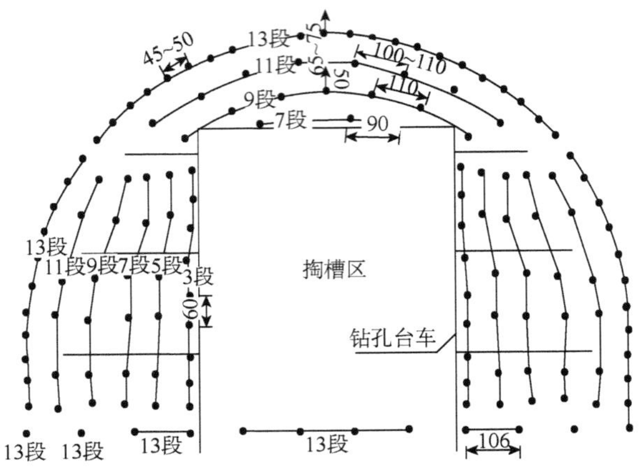

图1　全断面炮眼布置图（尺寸单位：cm）

2.3　钻孔方向

（1）周边眼：因风动凿岩机结构影响，起钻时，钻杆尾部需向隧道轴线方向偏离10cm（4m长钻杆），以保证成型的钻孔眼底在开挖轮廓线外10cm，避免造成欠挖，见图2。

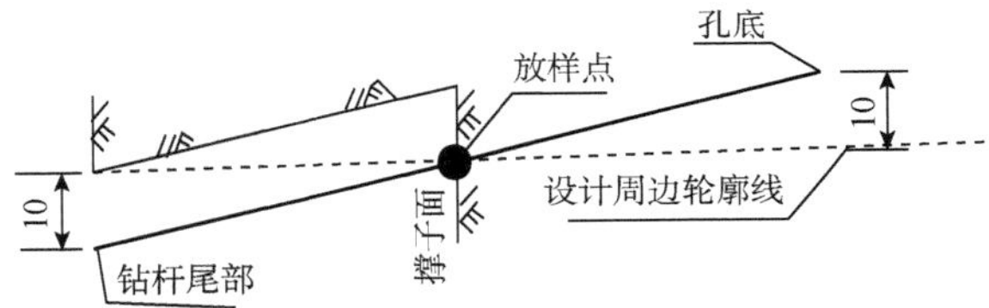

图2　周边眼起钻点位置与角度示意图（尺寸单位：cm）

（2）外层掘进眼：钻孔方向与隧道轴线平行。

（3）辅助眼及掏槽眼：依据断面大小，通过钻眼角度调整逐步与隧道轴线平行，并最终保证掘进眼与隧道轴线平行，见图3。

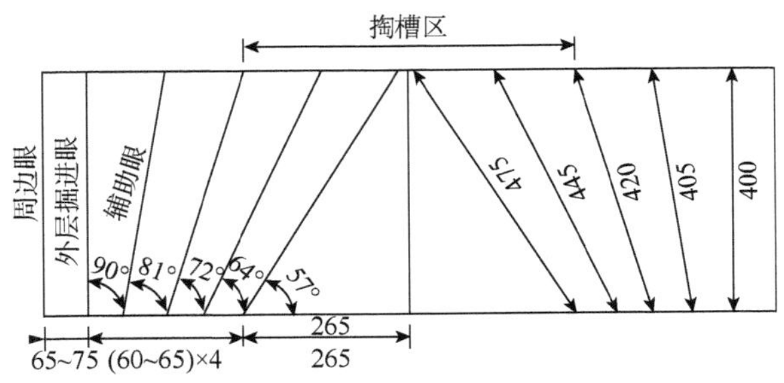

图3　钻孔方向示意图（尺寸单位：cm）

（4）起钻位置炮眼应尽可能避开节理裂隙等结构面，以保证装药的密封性。

(5)应根据掌子面凹凸情况确定钻孔深度,以保证所有钻孔孔底基本位于同一平面上。

2.4 装药结构[5]

(1)周边眼:除两侧底眼,其余周边眼均采用不耦合空气间隔装药,导爆索传爆。眼底装一节 20cm 水袋和 2/3 节 $\phi32$ 药卷(若采用 $\phi25$ 药卷,每孔适当增加 1 卷),中间区段按间距 50cm 均匀布置 1/3 药卷,炮眼口装两节 20cm 水袋并按 30cm 长度封堵炮泥,见图 4。

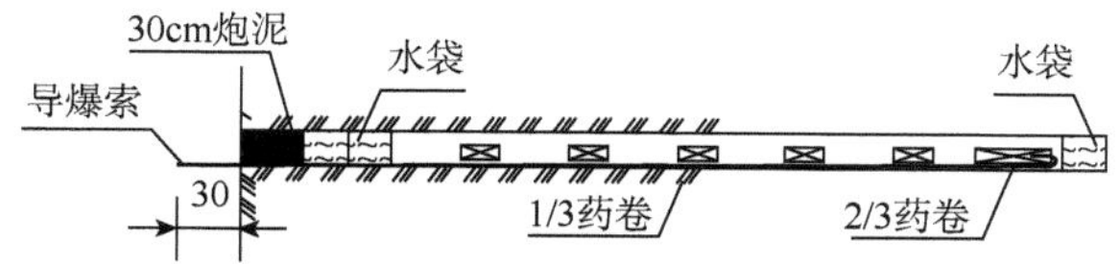

图 4　周边眼装药结构图(尺寸单位:cm)

(2)掏槽眼、辅助眼及两侧周边底眼:采用连续装药结构装药。眼底装一节 20cm 水袋和一节 $\phi32$ 药卷,然后连续装入药卷,炮眼口装两节 20cm 水袋并按 30cm 长度封堵炮泥,见图 5。

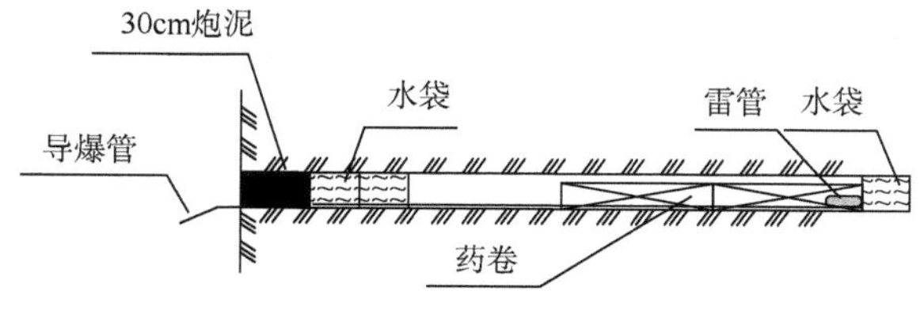

图 5　连续装药结构图

2.5 联线方式

(1)将一根导爆索(支线)插入一根 2/3 药卷,然后反向将药卷连同导爆索放入眼底,炮眼口外预留 30cm(快刀切割,不能用剪刀剪断)。

(2)然后分别从两侧底眼开始用一根导爆索(主线)将支线的露头连接起来,支线露头与主线搭接 10cm,缠绕胶带 3 层,每个导爆索(支线)的露头方向朝向上部(拱顶方向既传爆方句)。

(3)两根主线连至拱顶后,用 2 发非电毫秒雷管引出,接至电雷管,见图 6。

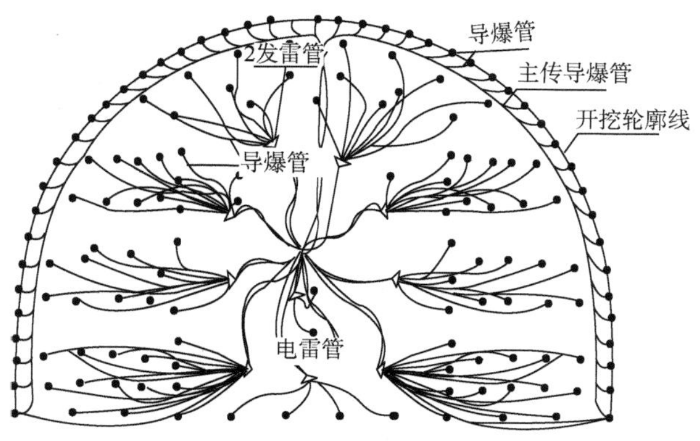

图 6　全断面爆破网络图

2.6 四类接头的设置形式

①导爆索支线在周边眼底部药卷的接头:反绕;②拱顶两根导爆索主线与 2 根非电毫秒

雷管的接头:顺接;③各处非电毫秒雷管与非电毫秒雷管的接头:反接;④非电毫秒雷管与电雷管的接头:反接。

2.7 起爆方式[6]

采用非电毫秒雷管微差顺序起爆,在不断产生的自由面的情况下,获得较好的爆破效果。周边炮眼从两侧各用一根主传导爆索将各周边眼导爆索连接至拱顶后,用2发非电毫秒雷管引出至电雷管。其余炮眼分区汇总,再通过非电毫秒雷管连至电雷管引爆。电爆因受各种电与杂散电流的影响,如处理不当,极易出现早爆。所以,二郎山隧道采用塑料导爆管非电起爆技术,连线方式:①毫秒普通非电雷管连接炸药(周边眼与导爆索连接);②导爆管与毫秒普通非电雷管连接(连接处有塑料四通接头);③激发针与导爆管连接;④起爆电线与激发针连接;⑤起爆电线连接起爆器。

2.8 通风降尘

为了保证良好的作业环境,应在水压光面爆破水雾降尘的基础上,迅速通风降尘。二郎山隧道采用巷道式通风、水幕降尘系统(高压射流式水炮、移动式水幕、固定式环向水幕)进行通风降尘,能够在爆破后15min左右即可获得良好的作业环境。

3 操作要点[7,8]

(1)应将炮眼、掌子面中线准确测量并标记在掌子面上,工人操作熟练后,可只标记周边眼、底板眼及中线。

(2)应严格按照设计孔位、孔间距、孔深及装药进行施钻,周边眼间距及光爆层厚度的控制是制约光爆效果的关键因素。

(3)保证周边眼导爆索外露30cm长度。

(4)在非电毫秒雷管接非电毫秒雷管的接头及非电毫秒雷管与电雷管的接头处,均要将雷管包在导爆管束中间位置,且接头下部的导爆管尾部不能绕圈后用胶带缠绕于接头上部,以免影响传爆,可将其(接头以下的导爆管尾部)捆成束后自然下垂。

(5)各支线与主线要连接紧凑,且不能出现支线绕圈、迂回等现象,以免不能成功传爆。

(6)根据掏槽部分围岩的破碎程度及抛掷效果,对于完整性好的整体性岩石,掏槽眼布置宜采用小掏心方式。第一排掏槽眼距离隧道中心线1.4m,角度55°左右;第二排外移20cm,角度70°左右,第三排外移20cm,角度80°左右;第三排以外的炮眼排距在0.8~0.9m之间,按照开挖宽度排至最外层掘进眼为止,除去掏槽及周边眼其余炮眼均平行与隧道轴线方向施钻。

(7)所有装药炮眼均用水袋及炮泥堵塞,水袋长20cm,炮泥长度为30cm,施工过程中必须堵塞到位,保证爆破效果。

(8)应对周边眼钻孔质量进行单独考核,该项内容是实际操作的关键。

二郎山特长隧道水压光面爆破效果见图7。

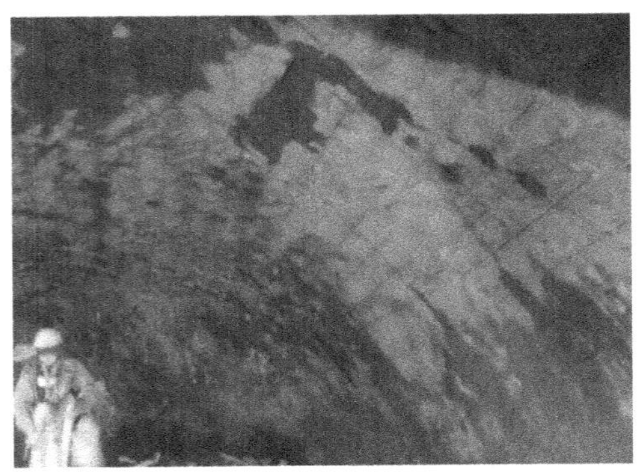

图7 水压光面爆破效果图

4 结语

隧道超欠挖控制，是隧道施工最基本的工作，是制约进度及经济效益的根源。二郎山隧道水压光面爆破技术的成功实施，不仅从源头降低了环境污染，为施工人员提供了良好的作业环境，而且降低了炸药单耗，获得了平整圆顺的开挖轮廓线，从根本上控制了隧道超欠挖，为喷射混凝土及二次衬砌节约了大量的施工时间及避免了材料浪费，实现了进度与经济效益双赢，使得二郎山隧道平均月进尺达到了 150m，并创造了独头掘进 7333m 的施工纪录。

参考文献

[1] 宋志荣.二郎山特长深埋隧道通风斜井反井法施工技术[J]. 现代隧道技术，2017，54(2)：202-206.
[2] 罗毅，任华林. 岑溪大隧道光面爆破设计及其应用[J]. 公路交通技术，2015(1)：98-101.
[3] 高红宾. 隧道掘进新技术——水压爆破施工[J]. 公路交通技术，2009(3)：125-126.
[4] 何广沂，荆山，徐凤奎，等.节能环保工程爆破[M]. 北京：中国铁道出版社，2007.
[5] 聂武丁. 隧道掘进水压爆破技术的实际应用[J]. 工程爆破，2012，18(4)：38-41.
[6] 张金柱.大断面隧道钻爆法快速施工技术[J]. 西部探矿工程，2003，15(7)：96-99.
[7] 刘殿中.工程爆破实用手册[M]. 北京：冶金工业出版社.1999.
[8] 张志强.在役管道近距离并行管沟的爆破施工技术[J]. 石油工程建设，2011，37(1)：36-41.

二郎山特长隧道斜井反井法施工通风技术研究

马希平

(中铁十二局集团第三工程有限公司,太原 030024)

摘　要:针对二郎山特长隧道斜井反井施工特点,利用 FLUENT 数值模拟软件分析研究了热位差对斜井反井法施工通风的影响,并结合现场测试数据对数值模拟结果进行了验证。考虑热位差的影响对斜井反井法施工通风阻力计算公式进行了修正。

关键词:斜井　反井法　热位差　通风阻力　公式修正

1　引言

斜井反井法施工,即先施工主洞,当施工至斜井与主洞交叉口位置时,从交叉口向斜井洞口方向掘进的施工方法。在斜井掘进过程中,洞内污染气体、烟尘等有害气体向掌子面汇集,危害施工人员的身体健康和影响机械设备的正常运转,同时在施工过程中,掌子面位置要高于交叉口,存在高程差,且掌子面附近因机械运转而导致空气温度较高,致使交叉口与掌子面存在热位差,对洞内的风流造成影响,增加了通风难度。因此,十分有必要对反井法施工过程中的通风问题进行研究,保证洞内施工空气质量,从而保障隧道的快速施工和施工安全[1]。

依托雅康高速公路二郎山特长隧道,对斜井反井法施工过程中的通风问题进行分析研究,研究成果可为今后类似工程施工提供参考。

2　依托工程概况

二郎山特长隧道是雅安至康定高速公路重点控制性工程,隧道长约 13.4km,采用四斜井三区段分段纵向式通风[2],康定端排风斜井长 1734m,康定端送风斜井长 1716m,坡度分别为 11.09%和 10.56%。斜井与主洞交叉口距离左洞洞口为 4484.2m,距离右洞洞口为4445m。斜井采用独头压入式通风[3],每条斜井配置一台轴流风机,两台轴流风机均放置在与二郎山隧道右线相连的联络风道内,并在与二郎山隧道左线相连的联络风道内设置一台射流风机进行风流引导来排出斜井内的污风(注:主洞与斜井改进型巷道式通风中,右线为新鲜风送风道,左线为污风排风道)。

在斜井反井法施工中,因斜井纵坡较大,热空气上浮,掌子面空气置换时间长,污风较难排出,需着重对其进行相应的分析研究,保障洞内施工快速通风[4-6]。

3 反井施工通风数值模拟

3.1 几何模型建立

依据二郎山特长隧道斜井掘进现场的实际情况,运用 FLUENT 软件建立与现场实际相符的几何分析模型,对压入式通风爆破粉尘的扩散运移情况进行数值模拟[7-11]。几何模型尺寸如下:掘进巷道长约 1000m,坡度为 10%,无支护,断面形式接近三心拱,净宽度 9m,拱高 7.2m,净面积 56m^2,送风管道中心点距地面高 3.5m,风管出风口处风速为 10m/s。

在利用 GAMBIT 软件对几何模型进行网格划分时,选择非结构化网格类型,Elements 项选择 Tet/Hybrid 形式,Type 项选择 T-Grid 形式。划分网格后的几何模型见图 1、图 2。

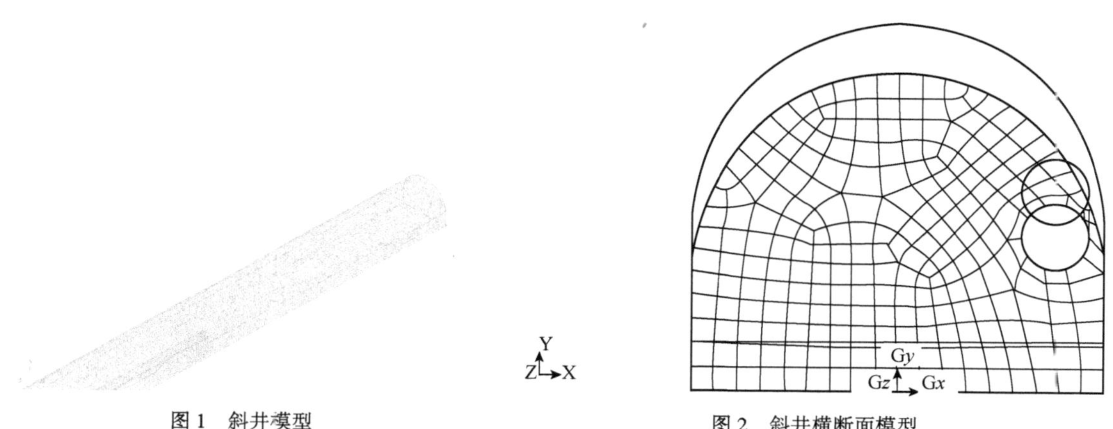

图 1 斜井模型

图 2 斜井横断面模型

3.2 考虑热位差时数值模拟结果及分析

考虑到实际工程中,二郎山特长隧道斜井掌子面与斜井交叉口之间存在温度差异,可能对洞内的风流造成影响,故在模拟中开启自然对流模型,掌子面附近温度根据现场资料设置为 30℃,斜井入口处温度设置为 25℃。

经过模拟得到爆破粉尘在通风不同时间扩散及浓度分布情况,截取各时刻高度为 $Y=$ 1.5m平面的浓度分布云图进行分析,见图 3~图 8。

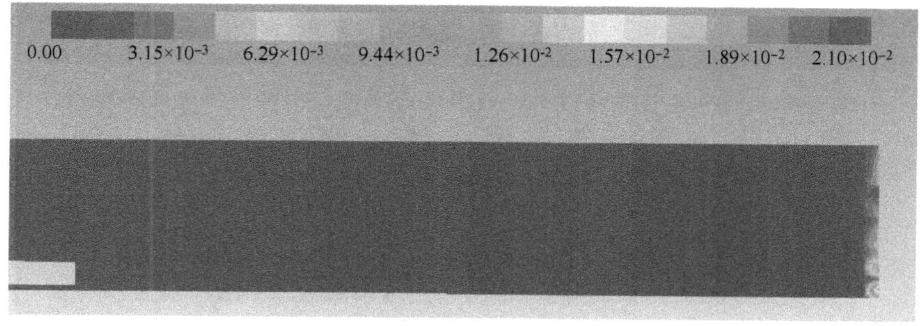

图 3 $T=10$s,$Y=1.5$m 平面粉尘浓度分布

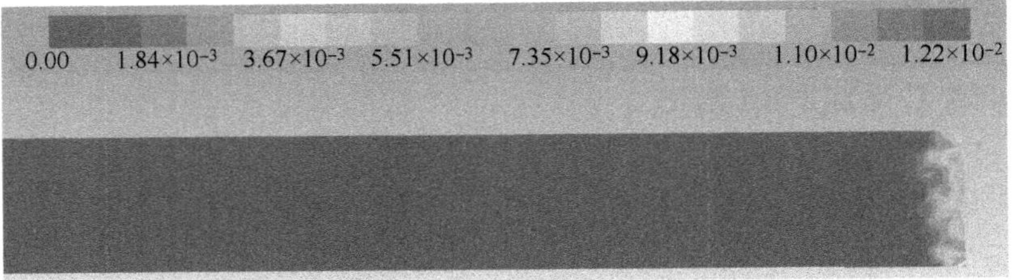

图 4　$T=60s, Y=1.5m$ 平面粉尘浓度分布

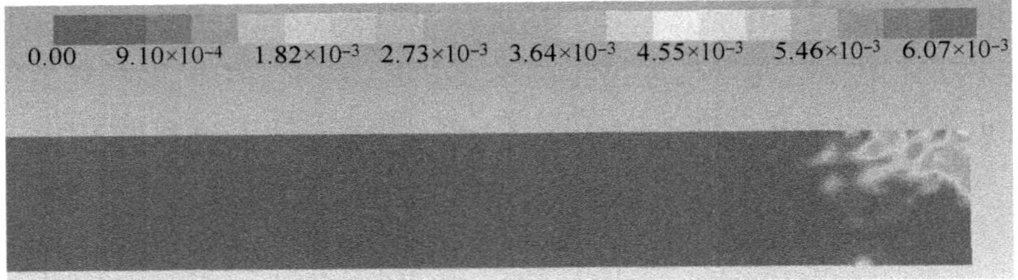

图 5　$T=300s, Y=1.5m$ 平面粉尘浓度分布

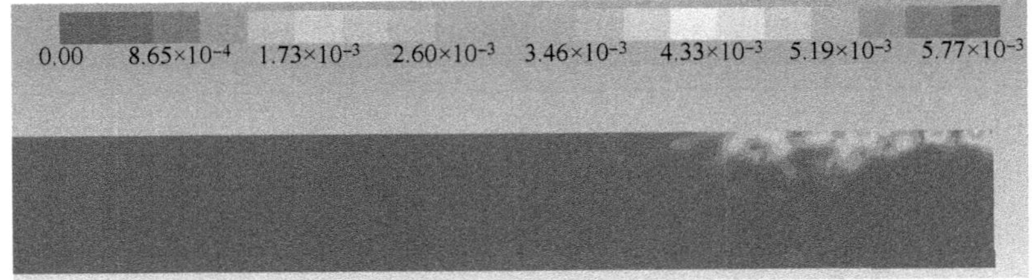

图 6　$T=900s, Y=1.5m$ 平面粉尘浓度分布

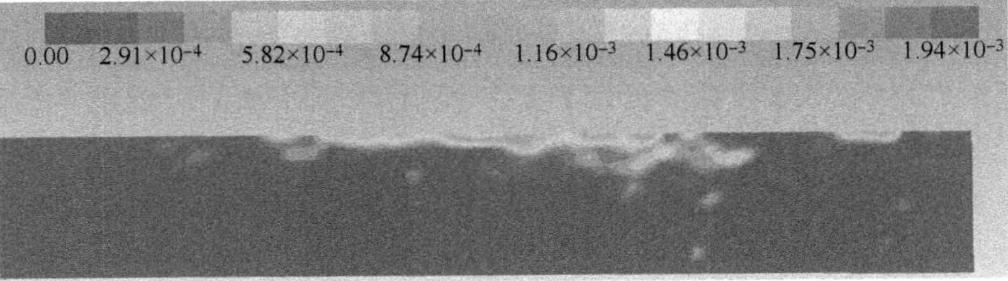

图 7　$T=1500s, Y=1.5m$ 平面粉尘浓度分布

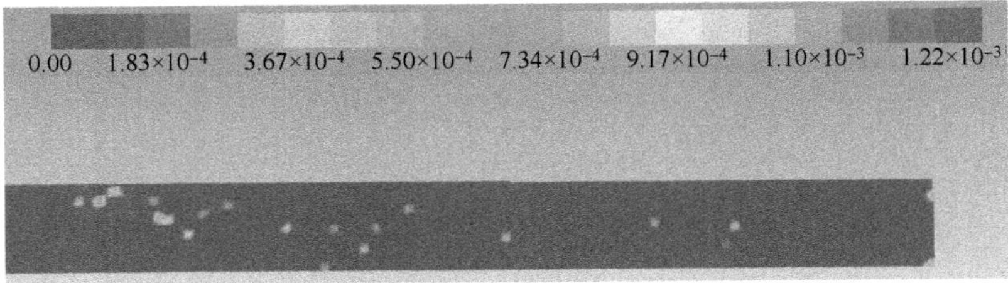

图 8　$T=2100s, Y=1.5m$ 平面粉尘浓度分布

由以上数值模拟得到的结果可以分析得出：

(1)爆破发生后，爆破粉尘从迎头端面高速喷出，在自身动量作用下向周围迅速扩散，但由于呼吸性粉尘粒径较小，受到空气阻力较大，速度衰减的也快，所以扩散距离很短，作业面空间粉尘浓度瞬间变大，$T=10\mathrm{s}$ 时，掌子面附近最大的粉尘浓度为 $4621\mathrm{mg/m^3}$。

(2)当压入式通风射流从风筒出口高速射出后，将以贴壁射流运动的规律进行发展，不断卷吸周围的空气及粉尘，作业面被新鲜风流冲洗，附近空间粉尘浓度逐渐降低，射流体内空气的含尘浓度不断升高，$T=300\mathrm{s}$ 时，掌子面附近最大的粉尘浓度为 $2391\mathrm{mg/m^3}$。

(3)在通风 1500s 后，随着通风时间的增大，洞内粉尘在风流引导下沿着壁面向洞外排出，此时可以明显看出 1.5m 高度处的粉尘主要集中在隧道左侧，即风流向外的一侧，但是由于掌子面附近存在风流涡流区，导致少部分粉尘漂浮至隧道右侧。

(4)通风 2100s 后，巷道内的粉尘基本被排出，浓度达到规范中工作面粉尘浓度的要求，可允许工人进入作业，此时掌子面附近粉尘浓度为 $12.4\mathrm{mg/m^3}$。

3.3 数值模拟结果验证

通过将隧道内爆破施工粉尘浓度测试结果与数值模拟结果对比分析，以验证数值模拟结果的准确性。

3.3.1 现场测试

测试距离掌子面附近 30m 处爆破施工过程中不同时间段的粉尘浓度，测试结果如表 1 所示。

爆破工序粉尘浓度测试结果 表 1

爆破后时间(min)	粉尘(mg·m^{-3})	爆破后时间(min)	粉尘(mg·m^{-3})
5	44.51	25	21.23
15	30.15	35	18.59

3.3.2 对比验证

提取距掌子面 30m 处的数值模拟计算结果与实测结果进行对比分析，数值模拟结果与实测结果粉尘浓度如表 2 所示。

爆破工序粉尘浓度对比 表 2

爆破后通风时间(s)	断面粉尘浓度(mg·m^{-3})	实测断面粉尘浓度(mg·m^{-3})
300	46.51	44.51
900	29.15	30.15
1500	18.48	21.23
2100	15.13	18.59

对数值模拟结果与实测结果进行绘图，结果见图 9。

通过对距掌子面 30m 处断面的粉尘浓度的数值模拟结果与实测结果对比分析可以看出，数值模拟结果在 300s 时计算得到的粉尘浓度略大于实测断面粉尘浓度，在 900s、1500s、2100s 时数值模拟结果比实测结果相对较小，但对于数值模拟结果的粉尘浓度变化曲线与实测浓度曲线的变化趋势是非常接近的，可以认为数值模拟结果计算可信。

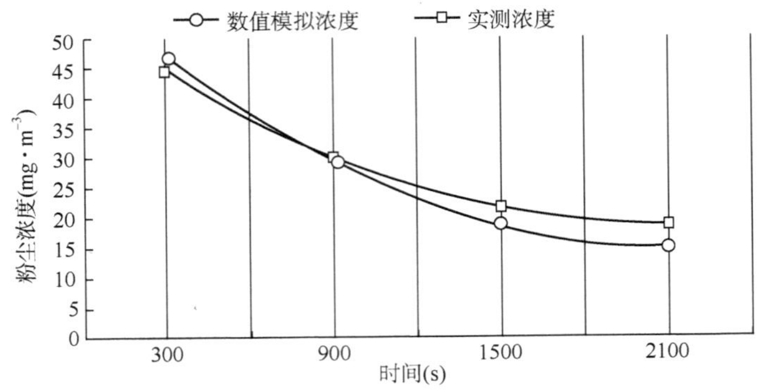

图9 数值模拟与实测结果对比曲线

3.4 热位差对反井施工通风的影响分析

为了研究热位差对于通风系统的影响，通过计算忽略热位差时洞内的粉尘浓度，并对比考虑热位差时洞内的粉尘浓度计算结果，得到热位差在反井施工通风中的影响。

模拟时关闭自然对流模型，不考虑斜井交叉口与掌子面处的温度差，计算完成后仍提取距掌子面附近30m处断面的粉尘浓度结果，并与考虑热位差时的计算结果进行对比，具体数据如表3所示。

不同条件下的计算结果 表3

爆破后通风时间(s)	距掌子面30m处粉尘浓度(mg·m^{-3})	
	忽略热位差	考虑热位差
300	45.04	46.51
900	27.71	29.15
1500	16.96	18.48
2100	13.59	15.13

根据表3计算所得数据，绘制不同条件下的粉尘浓度计算结果对比曲线见图10。

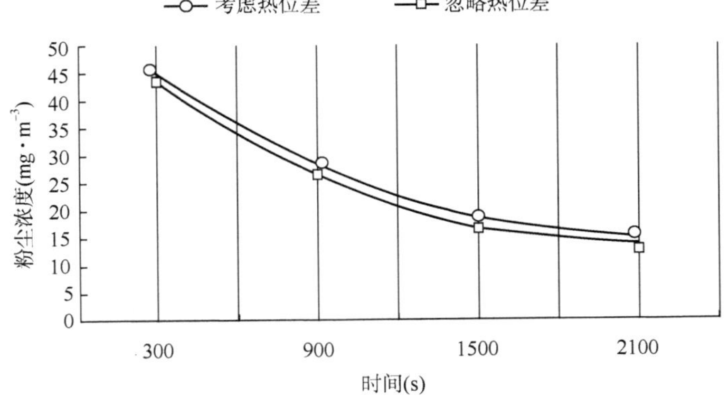

图10 距掌子面30m处粉尘浓度结果对比

根据图 10 可以分析得出:在忽略热位差条件下进行计算时,距掌子面 30m 处的粉尘浓度值在不同时刻相对于考虑热位差条件下的计算结果要低,但总体趋势两者相似。分析其原因,是由于掌子面与斜井交叉口存在高程差以及温度差,最终使得斜井交叉口与掌子面存在向洞内方向的热位差,且与污风风流出流方向相反,对于通风系统其作用相当于阻力,不利于洞内污染物的排出,故在反井法施工通风设计中,计算沿程阻力时,应考虑热位差对于洞内风流的影响。

4 反井施工通风计算理论修正

当隧道存在高程差时,如果洞内气温高于洞口气温,则洞内空气的密度比洞外的空气密度小,洞口空气有从洞口流入洞内的趋势,即浮升效应;反之,洞内空气有从洞内流出洞口的趋势,即沉降效应。这种由于洞内外的气温差及两处的高程差所引起的空气流动的压力差称为热位差,见图 11。

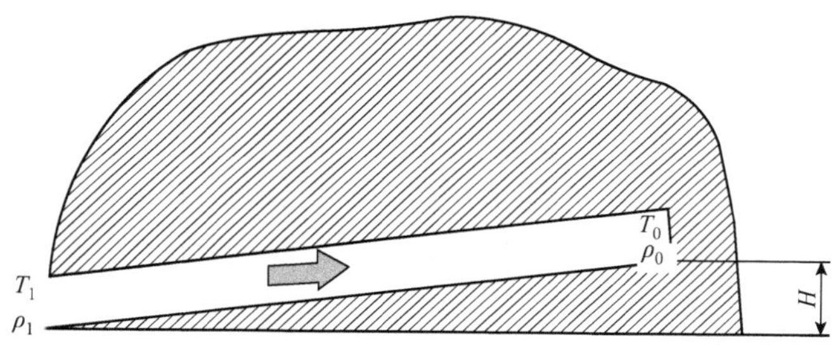

图 11 热位差示意图

假设掌子面附近气温为 T_0,洞口处气温为 T_1,对应的空气密度为 ρ_0、ρ_1,洞口与掌子面的高程差为 H,见图 11。根据以上假设及流体静力学方法可得知,当洞内与洞口处的密度确定时,热位差 $\Delta P_{热}$ 仅与洞口与洞内的高差 H 有关,呈正比例关系,可按下式计算:

$$\Delta P_{热} = (\rho_1 - \rho_0)gH \tag{1}$$

式中:ρ_0——掌子面附近的空气密度($kg \cdot m^{-3}$);

ρ_1——洞口附近的空气密度($kg \cdot m^{-3}$);

H——洞口与掌子面之间的高程差(m)。

通过前文分析可以发现,斜井由于洞口与掌子面存在热位差,其对于目前的反井通风是作为阻力存在的,则在对洞内配置射流风机时,计算隧道沿程阻力应考虑热位差对风流的影响,否则可能导致通风设计达不到预期要求。

《公路隧道通风照明设计规范》中射流风机通风阻力计算公式为[12]:

$$P_i = \left(\sum \zeta_i + \sum \lambda_i \frac{L_i}{d_i} \right) \frac{\rho}{2} v_i^2 \tag{2}$$

但对于反井施工道风,在射流风机通风阻力计算时应将热位差也考虑在内,则反坡施工射流风机通风阻力计算公式应为:

$$P_i = \left(\sum \xi_i + \sum \lambda_i \frac{L_i}{d_i} \right) \frac{\rho}{2} v_i^2 + (\rho_1 - \rho_0)gH \tag{3}$$

式中：P_i——射流风机通风阻力($N \cdot m^{-2}$)；

ξ_i——隧道局部阻力系数；

λ_i——隧道段沿程阻力系数；

L_i——隧道各段长度(m)；

d_i——隧道各段当量直径(m)；

v_i——隧道各段风速(m/s)；

ρ——隧道内平均空气密度($kg \cdot m^{-3}$)；

ρ_0——隧道掌子面附近空气密度($kg \cdot m^{-3}$)；

ρ_1——隧道洞口附近空气密度($kg \cdot m^{-3}$)；

H——隧道洞口与掌子面高程差(m)。

5 结语

依托雅康高速二郎山特长隧道,对二郎山特长隧道斜井反井法施工过程中遇到的施工通风问题进行了研究,得到了如下结论：

(1)通过考虑热位差和忽略热位差两种工况计算结果对比分析得出,在反井法施工通风设计中,计算沿程阻力时,应考虑热位差对于洞内风流的影响。

(2)考虑热位差在反井法施工通风中的阻力效应,对反井法施工射流风机通风阻力计算公式进行了修正。

参考文献

[1] 刘永胜,洪开荣,卓越,等. 特长深埋高速公路隧道平导通风技术研究[J]. 现代隧道技术,2017,54(4):173-179.

[2] 王平安. 高原长隧道独头多巷道通风技术 [J]. 铁道建筑技术,2015(9):50-53.

[3] 王进志.雪峰山特长铁路隧道白沙斜井主要难点与对策[J]. 隧道建设,2011,31(2):246-251.

[4] 穆千祥,曹支才,肖元平. 包家山隧道 3#斜井工区施工通风方式研究[J]. 隧道建设,2010,30(3):336-338.

[5] 王海明,马红. 通风除尘设计应用[J]. 黑龙江科技信息,2010(14):285.

[6] 陈琳. 公路隧道无轨运输条件下长距离施工通风技术[J]. 铁道建筑,2011(8):33-35.

[7] 孙忠强,苏昭桂.隧道出渣过程粉尘扩散规律研究[J]. 工业安全与环保,2017(02):100-103.

[8] 孙忠强,方宝君.钻爆法隧道施工钻孔过程粉尘分布规律研究[J]. 煤炭技术,2016(10):155-157.

[9] 张玉伟,谢永利,赖金星,等.压入式通风模式下高原隧道有害气体分布特征研究[J]. 铁道科学与工程学报,2016(10):1994-2000.

[10] 危宁,李力,王春燕.隧道施工通风中的有害气体浓度变化分析[J]. 三峡大学学报(自然科学版),2006(04):324-327.

[11] 韩占忠,王敬,兰小平.FLUENT 流体工程仿真计算实例与应用[M]. 北京:北京理工大学出版社,2004.

[12] 中华人民共和国行业标准. JTJ 026.1—1999 公路隧道通风照明设计规范[S]. 北京:人民交通出版社,2000.

利用 Ansys 有限元分析二郎山隧道交通转换带大跨度断面初期支护可靠性

李文灿

（中铁十二局集团第三工程有限公司，太原 030024）

摘 要：本文利用 Ansys 有限元分析软件，对雅康高速公路二郎山隧道交通转换带大跨度断面进行初期支护应力模拟，计算支护受到的剪力、弯矩、位移，分析初期支护可靠性，从而优化支护参数，确定施工方案，有效节约成本。

关键词：Ansys 初期支护 应力 可靠性

1 工程概况

雅康至康定高速公路 C2 标段主线长 9.116km（K72+300～K97+398），泸定互通式立交一座，泸定连接线长 4.906km，主要结构物为大桥 2888.94/8 座、中桥 693.75m/14 座、盖板涵 38.5/1 座、主线隧道 14935m/4 座、斜井隧道 3444m/2 座、连接线隧道 1608.78/1 座。工期 66 个月。

隧址区地处四川盆地与青藏高原过渡的二郎山高中山区，地面切割强烈，山势陡峻，高差大，二郎山主峰海拔 3437m，与隧道口相对高差接近 2000m，交通转换带处埋深为 1216～1231m。

2 交通转换带设计前提、功能及初期支护类型

2.1 设计前提

当隧道某段进行维修或发生交通事故后，洞内正常交通和应急救援通道通过车行横通道进行交通转换，由于车行横通道断面较小（一个车道），交通通行能力小。为提高交通转换通行能力，二郎山隧道 C2 标设置一处大断面多功能交通转换带。转换交通道为双车道，主洞段设置为大断面景观带，在主洞的基础上左、右侧各加宽 3.5m，右侧兼作紧急停车带，长度为 120m。图 1 为洞内多功能交通转换带内轮廓。

2.2 功能

多功能交通转换带功能：①方便车辆正常转向与互通，缩短封闭段距离，极大地缓解了超特长隧道在维修养护期间的交通组织压力，便于维修和营运管理；②在车道换行段设置景观区，实现“长隧短运”，可有效缓解司乘人员的视觉疲劳和心理压抑感，提高了行车舒适度和安

全性;③服务带右侧加宽车道兼作停车带,可以满足紧急情况下停车的需要,同时,长距离的停车带可供正常运营情况下部分乘客临时停车参观。图2为洞内多功能交通转换带平面布置示意图。

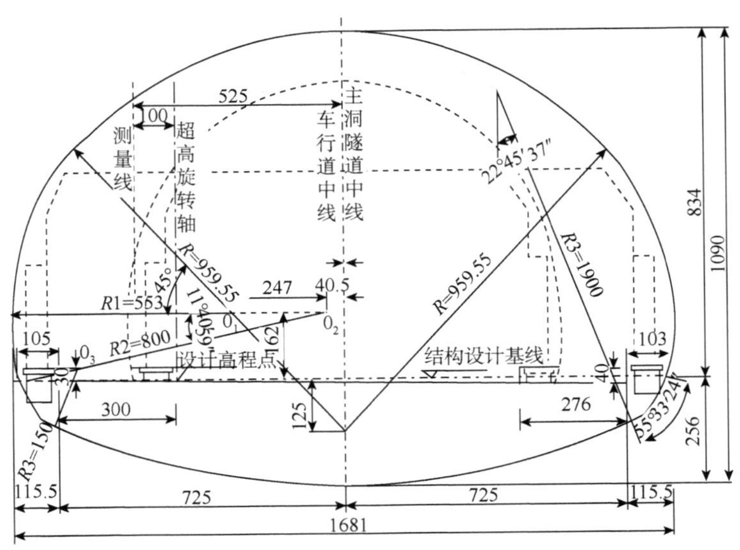

图1　洞内多功能交通转换带内轮廓(尺寸单位:cm)

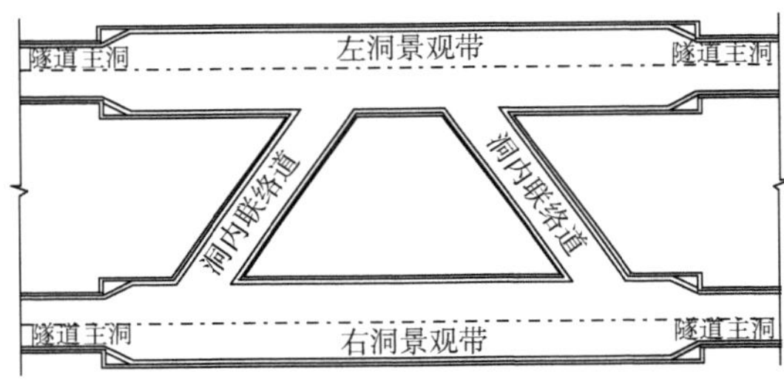

图2　洞内多功能交通转换带内轮

2.3　初期支护类型

多功能交通转换带断面跨度较大,开挖净宽度为1845cm,初期支护采用I18工字钢,间距设置90cm,$\phi8$钢筋网(网格尺寸20cm×20cm,C20喷射混凝土厚度24cm,$\phi22$药卷锚杆350cm(每环设置35根)。图3为多功能交通转换带初期支护图。

3　交通转换带开挖后Ansys仿真模拟

3.1　建立隧道模型

将隧道开挖分为两种不同材料属性,方便建模后对于"岩体"的选取,一为隧道开挖初始岩体,其次为隧道初期支护,划分单元网格并加载约束后能更快捷分析初始地应力。

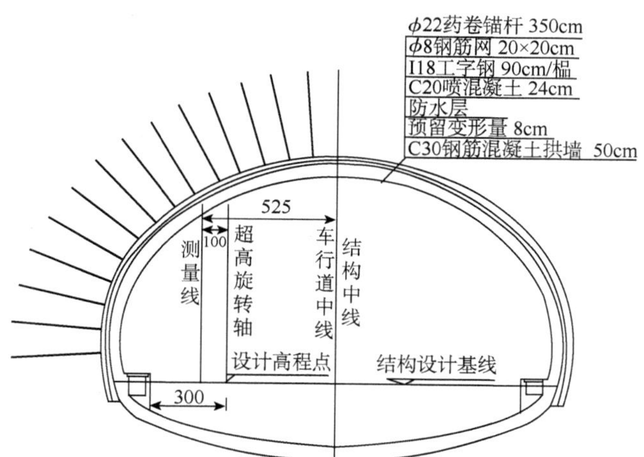

图 3　洞内多功能交通转换带初期支护(尺寸单位:cm)

3.2　施加约束(图 4)

对模型施加垂直及水平压力,由于隧道埋深较大,围岩压力采用容许应力法计算。

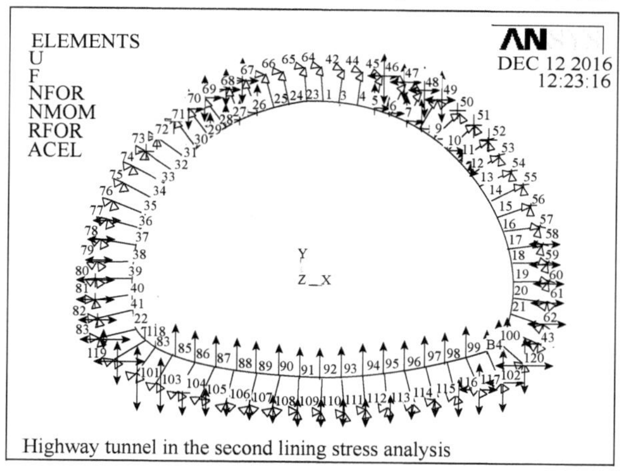

图 4　施加荷载

(1)垂直压力:

$$q=\gamma h \tag{1}$$

$$h=0.45\times 2^{s-1}\times w \tag{2}$$

$$w=1+i\times(B-5) \tag{3}$$

式中:q——围岩垂直匀布压力(kPa);

γ——围岩容重(kN/m^3),取 20;

h——围岩压力计算高度(m);

s——围岩级别;

w——宽度影响系数;

i——围岩压力增减率,当 B(18.45m)>5m 时,i 取 0.1;

B——隧道跨度(18.45m)。

故 $q=20\times0.45\times2^4\times[1+0.1\times(18.45-5)]=337.68\text{kPa}$

(2)水平压力：

$e=\delta q$，V 级围岩下，δ 取 0.3~0.5，此时我们取 0.5，故 $e=337.68\times0.5=168.84\text{kPa}$

3.3 计算结果

根据施加荷载模拟计算所受应力，计算结果通过应力图显示，得到荷载作用下的剪力图(图 5)、弯矩图(图 6)、轴力图(图 7)。

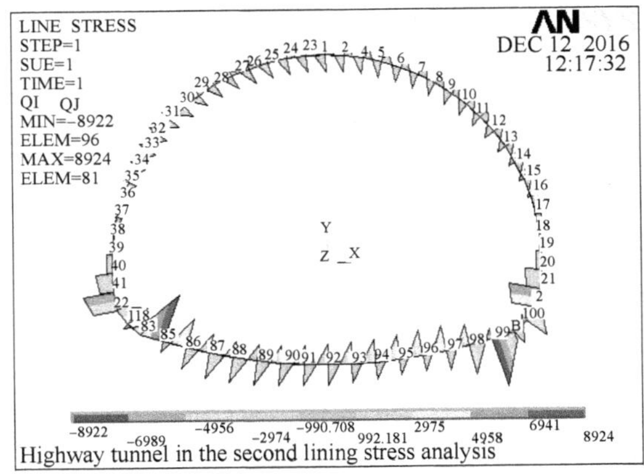

图 5 剪力图

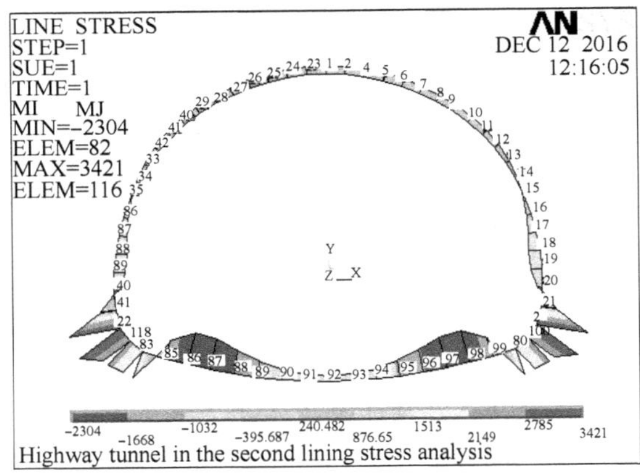

图 6 弯矩图

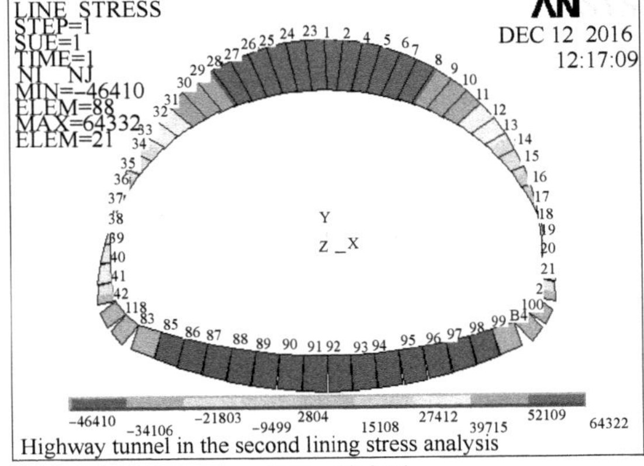

图 7 轴力图

最大剪力位于拱脚,剪力值为 8924;最大弯矩位于拱脚,弯矩值为 3421;最大轴力位于拱顶,轴力值为 64322。

根据《公路隧道设计规范》(JTG D70—2004),混凝土矩形截面受压构件的抗压、抗弯、抗剪强度计算式:

$$KN \leqslant \phi\alpha R_a bh、KM \leqslant 0.5R_w bh^2、KQ \leqslant 0.5Rabh$$

式中:R_a——混凝土抗压极限强度;

R_w——混凝土弯曲抗压极限强度标准值;

K——安全系数;

N——轴向力(kN);

b——截面宽度(m);

h——截面厚度(m);

ϕ——构件纵向弯曲系数,对于贴壁式隧道衬砌、明洞拱圈及墙背紧密回填的变强,可取 1;

α——轴向力的偏心影响系数。

检算以上控制截面:

最大轴力:$1\times1\times22.5\times1\times0.5\times10^6>2.4\times64322$,抗压极限状态通过验算;

最大弯矩:$0.5\times1.25\times22.5\times0.5^2\times1\times10^6>3421\times2.4$,弯曲抗压极限状态通过验算;

最大弯矩:$0.3\times22.5\times0.5\times1\times10^6>8924\times2.4$,弯曲抗压极限状态通过验算。

综上所述,多功能交通转换带初期支护满足规范及设计规范要求,施工安全可控。

4 注意事项

(1)严格控制隧道开挖进尺,加强施工质量控制,确保现场实际按照设计施工,控制好施工要点和工序施工要点。

(2)加强围岩量测,通过超前地质预报把握前方围岩状态,及时发现异常情况,避免突发地质灾害的发生。

(3)及时施作二次衬砌,确保其紧跟掌子面,保证施工安全。

5 结语

大断面隧道是我国高速公路,尤其是山岭隧道中的发展趋势,也将成为我国高速公路隧道未来的组成部分,二郎山特长山岭隧道多功能转换带的设置正是雅康高速公路的一种创新、一种实践。利用 Ansys 对隧道大断面初支进行可靠性分析是基于理论模拟,对现场施工起到了一定的指导意义,同时也值得类似工程的借鉴。

参考文献

[1] 杨其新,王明年.地下工程施工与管理[M].成都:西南交通大学出版社,2005.

[2] 关宝树.隧道工程施工要点集[M].北京:人民交通出版社,2003.

[3] 中华人民共和国行业标准. JTG F60—2009 公路隧道施工技术规范[S].北京:人民交通出版社,2009.

· 道路工程篇 ·

四川藏区高速公路勘察设计工作的思考

郑　斌

（四川藏区高速公路有限责任公司，成都 610041）

摘　要：由于四川藏区复杂的地形、地质、气候、生态等建设环境条件，藏区高速公路勘察设计有别于内地高速公路项目，在满足使用功能的基础下，更应重视工程实施性、营运安全性、生态持续性，实现安全、快捷、经济、环保的建设目标。本文结合藏区高速公路的建设，提出类似工程项目勘察设计应关注的工作。

关键词：山区高速公路　勘察设计　思考

随着国家对交通基础设施建设的大力投入，我国的公路建设得到了突飞猛进的发展，建设安全、快捷、环保、经济的公路，是公路建设者们的使命与责任。随着公路建设向自然条件复杂艰险山区延伸，对建设者们提出了更高的要求，中国工程院院士郑皆连将其比喻为“攀登工程建设上的珠穆朗玛峰”。四川藏区高速公路建设于 2010 年开始启动，通过各方近 10 年的不懈努力，雅康、汶马高速公路陆续建成通车。

1　四川藏区高速公路的特点

四川藏区地处川、藏、青、甘、滇五省（区）结合部，包括甘孜、阿坝藏族自治州，是康巴文化的核心区，亦是内地连接西藏的重要通道。在建的雅康、汶马高速公路是四川藏区高速公路的代表，其中雅康高速公路全长 135km，桥隧比 82%概算总投资 230 亿，已建成通车 95km，剩余路段将于 2018 年底建成；汶马高速公路全长 172km，桥隧比高达 86%，概算总投资约 287 亿元，2018 年底通车 100km。

1.1　气候极其恶劣

川藏地区海拔大多在 3500m 以上，95%以上属于高寒地区，气候复杂多变，气温差异大，存在浓雾、强暴雨、季节性积雪冰冻等极端气候，对全天候安全营运影响极大。

1.2　地形极其复杂

四川藏区高速公路位于四川盆地西侧丘陵区向川西北龙门山、青藏高原东缘的梯形过渡带，地形陡峻、走廊带狭窄、南北向沟壑纵横，地物众多，布线自由度极小，东西向高速公路须翻越多座高山、跨越多条河流，相对高差大，存在超长连续纵坡。

1.3　地质极其复杂

地质复杂、构造发育，区域内有著名的地质构造鲜水河、安宁河和龙门山活动断裂带构成的

Y字形构造，地震烈度高，活动频繁，滑坡、坍塌与泥石流等地质灾害对后期营运危害极大。

1.4 生态环境极其脆弱

项目所在区域内民族、宗教、文化、经济社会、人文景观五大元素融合交汇，生态环境、人文旅游、资源丰富多彩，区内还存在着很多的珍稀野生动植物，旅游资源得天独厚。由于地质、气候等原因，生态极其脆弱，环境敏感点多，国家为此设定了大量的各类自然保护区。

1.5 工程建设极其困难

项目地处偏僻山区，经济十分落后交通条件差，区内现有的公路总量少、通达深度不足、技术标准低、路面状况差、抗灾能力弱，施工场地狭窄，建设面临极大的挑战。

2 面临的问题与对策

藏区高速公路面临“五个极其复杂”的问题，需解决防灾减灾、营运安全、经济节能等技术难题，实现项目“安全、畅通、节能环保、经济”的建设目标。勘察设计工作是项目建设的核心、灵魂，是提升工程品质的前提，必须抓好管理创新与技术创新。

2.1 管理创新

（1）面对复杂的四川藏区高速公路建设，各级高度重视，交通运输部为此成立了专业最齐、力量最强、规格最高的交通运输部四川省藏区高速公路建设专家委员会，专家委员会、中科院郑皆连院士团队均多次深入藏区，实地考察调研四川藏区高速公路建设，分别从功能定位、技术标准、设计理念、设计原则，以及重大工程技术难题、工程实施、营运安全等进行了指导，为四川藏区高速公路建设提供技术支持。

（2）坚持业主的主导作用，根据四川藏区高速公路特点，组建专家团队，调研学习国内外类似工程建设经验，制定藏区高速公路专项技术要求、勘察设计技术指南，全过程参与项目前期工作，确保建设理念贯穿于项目的前期、施工、营运的全过程。通过招标选择国内一流勘察设计队伍，加大勘察设计工作深度；同时实行“双院制”和业主、专家团队的全过程参与，及时协调、指导设计单位研究解决项目安全、环保与可实施的技术难题，对项目重难点工程增加了技术设计，确保工程的技术可行性、经济合理性和实施可能性，为项目科学决策、顺利实施与投资控制打下了坚实的基础。

2.2 科技攻关

（1）为破解项目技术难题，充分发挥国内科研院所的技术优势，组织编制了“四川藏区高速公路科研规划”“四川藏区高速公路智慧交通规划”，分阶段、分部开展联合技术攻关，有效解决藏区高速公路在勘察设计、建设实施、运营管理各阶段的技术难题，提高高速公路建设科技含量，降低项目工程建设及运营成本。

（2）结合项目特点，按照“$1+2+n$”的层级实施攻关，即实施一项科技部国家重点研发计划课题《公共安全风险防控与应急技术装备》之重点专项项目《区域综合交通基础设施安全保障技术》；交通运输部建设科技研究项目《恶劣地质条件长大山区隧道施工安全风险防控与示范》、省国资委科技项目《藏区高速公路防灾减灾及环保关键技术》二项省部级课题；多项藏高公司自立组织开展的科研专题，基本解决了项目防灾减灾、营运安全、经济节能、智慧交通和交旅融合等技术问题。

3 认识与思考

3.1 通道资源的合理利用

西部山区建设条件极其复杂,工程十分艰巨,在狭窄通道范围内难以容纳多个基础设施项目,行政主管部门应统筹综合交通的走廊资源利用,做好顶层设计。如长江过江交通通道规划、中科院郑皆连院士团队开展的“进藏铁路公路通道研究”;同时山区高速公路互通造价较高,其枢纽的选址也十分困难,应超前研究枢纽方案,合理预留枢纽结点。

3.2 充分认识总体设计

目前高速公路建设大多位于贫困边远山区,区域路网差,其功能除快速通达外,还应兼顾起依托当地资源带动区域相关产业精准扶贫,勘察设计的总体设计除常规地形、地质、气候选线理念落实的基础上,更应加强规划选线、征拆选线、环保选线,依托“交通+旅游”融合发展,推进土地资源集约利用、带动地方经济发展,提升服务品质;同时设置合理勘察设计周期,充分保障前期工作经费,创新综合勘察技术,加大影响区域的勘察范围与勘察深度,减少后期重大的设计方案变化。

3.3 落实全寿命周期成本建设理念

全寿命周期成本是指工程全寿命周期的成本总和,包括工程建设成本、运营管理成本和养护维修成本,设计应实现建设项目全寿命周期内的经济与合理性。勘察设计往往较多关注的是公路建设的初期成本,对运营、养护等后期成本关注不够,对建设给环境所带来的长远损失估计不足,由于防护、环保措施不足,造成公路灾毁、使用寿命缩短、大修提前,甚至诱发地质灾害;构造物的形式坚持实际、实用、实在和经济合理的原则,注重标准化、定型化,以及“建、管、养”全寿命整体安全的设计理念选择。

3.4 重视环保节能理念落实

公路作为公共设施,既要满足车辆通行的基本要求,又要与自然环境和谐统一,尽最大努力地减少对自然环境的破坏。藏区高速公路环境敏感点多,工程弃渣量大;同时项目隧道比例高,后期运营用电量大,为此必须充分认识区域环境特性,从规划立项抓起,落实环境保护、绿色交通的设计理念,有效运用新理念、新技术、新设备,强化综合节能、弃渣利用的顶层设计,细化工程措施,切实解决环境保护与工程施工、营运的矛盾。

3.5 强化建设过程中的再认识

项目前期均按照各阶段的规范要求完成了相应的勘察设计工作,由于项目建设、营运环境条件的复杂性,加之区域地震活跃,如汶川“5.12”地震、芦山“4.20”地震、九寨沟“9.9”地震,无疑对川藏梯度带本就脆弱的地质条件雪上加霜,加之地震滞后效应的逐渐显现,区域防灾减灾工作更加严峻,潜在灾害难以查清、被认识,如雅康高速公路“7.27”大仁烟特大桥线外高位滑坡、汶马高速公路通化乡西山村线外高位滑坡、国道213线“6.24”茂县叠溪特大山体滑坡和“8.6”茂县石大关高位山体滑坡等,这些都对公路的建设和运营带来了巨大威胁;同时对区域重大的地质灾害治理应从政府层面统筹,并由国土部门牵头、交通部门配合进行综合治理。

3.6 建立智慧营运管理体系

针对项目灾害多、重特大工程多,应充分利用北斗卫星、智能机器人、现代通信与网络、

GIS+BIM 等现代信息技术,建立项目地灾、桥梁、隧道等结构长期健康监测、全生命期安全评价及预警平台;同时加强项目救援体系、区域多通道、多交通方式的互联互通,建立应急指挥信息化智能平台,实现营运管理智能化。

3.7 设计推动施工技术的进步

藏区项目大多施工环境条件差,首先应考虑工程的可实施性;同时工程位于高寒、高海拔地区,应加强施工设备、工法、生态修复技术的研究,落实以人为本、降低劳动强度、提高施工功效、降低工程造价的目标。

4 结语

山区高速公路建设的成功,重要的、取决定性作用的是前期的规划、勘察设计,然而由于项目的建设环境复杂,勘察设计的认识局限,同时国家精准扶贫与"交通+旅游"、行业绿色交通和品质工程等对基础设施建设提出了更高要求,为此应重新认识项目总体设计,加大各阶段的勘察设计深度,提高项目勘察设计质量与工程品质。

参考文献

[1] 中华人民共和国行业标准. JTG B01—2014 公路工程技术标准[S]. 北京:人民交通出版社股份有限公司,2014.

[2] 中华人民共和国行业标准. JTG D20—2017 公路路线设计规范[S]. 北京:人民交通出版社股份有限公司,2017.

[3] 美国交通部联邦公路管理局,公路灵活性设计指南[M].湖南省交通规划勘察设计院公路灵活性设计指南,译.北京:人民交通出版社,2006.

藏区高速公路典型滑坡危险性评价

牟　力[1]　李　磊[2]　郑　斌[1]　孟陆波[2]　成　威[2]

（1.四川藏区高速公路有限责任公司，成都 610041；2.成都理工大学
地质灾害防治与地质环境保护国家重点实验室，成都 610059）

摘　要：滑坡作为一种常见的地质灾害对地区的工程建设常常带来很大的危害。本文运用模糊层次分析法对藏区高速沿线的滑坡进行危险性评价，建立危险性评价模型。根据公路沿线滑坡的特点筛选出四项一级评价指标，13 项二级评价指标来建立评价体系：地形地貌，包括坡度、坡高、坡向、植被覆盖率；地质条件，包括地层岩性、地质构造、坡体自身结构、滑体体积、滑面特征；外部影响因素，包括降雨作、地震作用、坡体到水系的距离、人类工程活动；以及坡体变形迹象。采用上述方法对汶马高速克枯滑坡进行评价，所得结果与现场判别吻合，说明该方法可行。

关键词：藏区高速公路　滑坡　模糊层次分析法　危险性评价

1　引言

大型地质灾害对人民生命财产造成巨大损失，并对社会公共安全构成严重威胁。我国地质灾害发生十分频繁且灾害损失极为严重，尤其是在地形地质条件复杂的西部山区。而滑坡则是主要的地质灾害类型[1]，典型的有：2010 年 6 月 28 日贵州关岭滑坡造成 99 人死亡，7 月 18 日陕西安康滑坡造成 29 人死亡，7 月 27 日四川汉源万工乡滑坡造成 20 人死亡和失踪，9 月 1 日云南保山滑坡造成 48 人死亡。藏区高速在建设过程中，就发生了大量的滑坡灾害，如汶马高速公路 C4 合同段 ZK54+600～ZK54+800 左侧克枯滑坡、雅康高速公路 C10 合同段天河隧道出口滑坡、C1 合同段新沟互通右侧滑坡等。并且藏区高速公路场地地质条件异常复杂，再加上降雨、地震以及人类工程活动影响强烈，滑坡地质灾害不仅频繁发生，而且还具有突发性，对藏区高速公路建设和运营形成重大威胁。因此对这些滑坡进行危险性评价，为后期地质灾害的处置提供指导就具有非常重要的意义。

20 世纪 70 年代，随着自然灾害造成的损失的急剧增加，促使人类把减灾工作提高到新的高度。一些发达国家首先拓宽了灾害研究领域，在继续深入研究灾害机理的同时，开始进行灾害评估工作。1988 年，Brand E W[2]阐述了滑坡地质灾害在香港的发展情况，并尝试定量对灾害进行风险计算，为香港的滑坡风险管理和防治提供了经验。陈永波[3]将因子叠加法与模糊综合评判法同时应用于三峡开县库区的滑坡危险度区划研究。Long Nguyen Thanh[4]等利用层次分析法，对越南 Luoi 地区地质灾害危险性进行分区。王志旺等先后采用逻辑回归方法和证据权法对长江三峡库区秭归—巴东一带滑坡灾害进行了危险度分区定量评价[5]。殷跃

平等[6]对我国地质灾害类型、分布规律、成因机制、级别及其灾害损失程度等进行分析的基础上,运用专家打分、模糊综合评价和危险性指数等方法对地质灾害现状进行了综合评价,绘制了目前我国地质灾害的现状评价图,综合表征了我国目前地质灾害的空间发育现状。曹璞源等[7],梁润娥等[8]都运用层次分析法来建立滑坡危险性综合评价模型,所得结果均具有一定的合理性。而俞晔[9]以地震为诱发地质灾害的主要因素,通过分析海南省地震区地震动峰值加速度与地震烈度对区域滑坡灾害的影响,对该区域地质灾害危险性评价,研究表明强烈地震诱发滑坡崩塌的数量,不仅仅取决于地震本身的影响,而且与发震地区的地质条件以及发震时的气象条件等各种因素有着密切的关系。

本文根据多次的现场调研以及参考前人的研究,采用模糊层次分析法来对藏区高速沿线的滑坡进行危险性评价,并以克枯滑坡为例来验证可靠性。

2 危险性评价方法

2.1 模糊层次分析法

模糊层次分析法是根据传统的层次分析法改进而来的,它将层次分析法与模糊数学法相结合。由于地质灾害影响因素的不确定性和模糊性,造成地质灾害的危险性的变量关系多且错综复杂,其中有些是确定的可循变化规律的变量,有些变量是不确定的、变化规律是随机的。一般定性方法如专家打分法难以全面准确地考虑诸多影响因素,很多情况下存在很大的随意性和模糊性,易造成漏判、误判现象。而模糊层次分析法应用模糊变换原理和最大隶属度原则,考虑被评价目标的主要因素或多个影响因素,可以做出综合评价。由于模糊层次分析法的运用已经非常成熟,详细步骤不再展开,可参考相关文献[10]。

2.2 指标选取

通过对藏区公路沿线滑坡与不稳定斜坡灾害调查分析,综合考虑滑坡本身危险性大小和公路受滑坡与不稳定斜坡的影响程度,选取地形地貌、地质条件、外部影响因素、坡体变形破坏迹象 4 大类共 14 个指标。

地形地貌:地形是滑坡与不稳定斜坡形成的必要条件,地形地貌包括坡高、坡度、坡向、植被覆盖情况等方面。一般来说坡越高,坡度越陡,滑塌就越容易发生。植被可以护坡和防治水土流失。坡向主要涉及光照强度,向阳坡所受到的阳光较为充足,那么坡体里面的水分会较快的蒸发,减少了地表水的冲刷效果,背阳坡则与之相反。

地质条件:地质条件是滑坡与不稳定斜坡地质灾害类型、规模、发生方式最直接的体现。地质条件包括地层岩性、地质构造、坡体自身的结构、滑面特征以及滑体体积。地层岩性越差,地质构造越发育,滑体体积越大,则危险性越大。坡体自身的结构是指层状岩体组成的斜坡中,由坡向、岩层产状、河流或河谷流向三者之间的特定组合方式决定的,一般反向、横向坡稳定性最好,斜向坡次之,顺向坡对坡体稳定性最不利。

外部影响因素:外部影响因素主要涉及降雨作用、地震作用以及坡体到水系的距离、人类工程活动。根据大量的工程资料表明,大量的边坡失稳变形破坏事件主要发生在降雨中或降雨后,这充分地说明了水对于边坡失稳破坏的贡献性。选择年降雨量来反映降雨对坡的影响,年降雨量越多,则对坡的影响较大。地震在瞬间产生强动力作用,可以直接诱发大量滑坡地质灾害，同时产生大量的震裂、松动斜坡岩土体，为后期滑坡地质灾害的形成发育创造了极为有利的条件，余震的动力作用及多次余震的积累效应也是震后诱发滑坡发生非常重要的因子之一。坡离水系的距离越近，则受水的影响也就越大，坡体更容易受到水的侵蚀，从而产生滑动。人类工程活动主要为城镇、人口密集区、工业区、交通设施等，本评价模型主要针对沿线线路改建中的人工开挖切坡及支护等因素。

坡体变形迹象：其在野外综合地质判识中具有很大的控制作用，因为其他的因素基本上都只是反映了坡体赋有的地质环境和其本身的结构组成等静态信息，唯有地面坡体变形情况在一定程度上反映了斜坡变形发展的阶段。这对于从宏观上对斜坡在不久的将来发生破坏与否进行判断具有很大的参考价值。

3　滑坡危险性评价模型

本文构建了"目标层 A——一级评价指标层；B—二级评价指标层；C—三级评价结构层次"。根据所选取的 4 个一级指标再细分出 13 个二级指标建立评价体系模型，如表 1 所示。

滑坡危险性评价体系模型　　表 1

指标层次			无危险 （0~25 分）	低危险 （25~50 分）	中危险 （50~75 分）	高危险 （75~100 分）
滑坡危险性评价 A	地形地貌 B_1	坡度（°）C_1	<30	30~45	45~60	>60
		坡高（m）C_2	<100	100~200	200~300	>300
		坡向（°）C_3	0~45 360~315	45~90 315~270	90~135 270~225	135~180 225~180
		植被覆盖率（%）C_4	75~100	50~75	25~50	0~25
	地质条件 B_2	地层岩性 C_5	硬岩	风化和节理发育硬岩	软硬相间	土及软岩
		地质构造 C_6	不发育	弱发育	中发育	强发育
		坡体自身结构 C_7	反向坡	横向坡	斜向坡	顺向坡
		滑体体积（10^5m^3）C_8	0~1	1~10	10~100	>100
		滑面特征 C_9	单面型	上陡下缓型	上缓下陡型	复杂型
		降雨作用（mm/年）C_{10}	<200	200~600	600~1000	>1 000
	外部影响因素 B_3	地震作用 C_{11}	地震烈度<Ⅵ度，动峰加速度<0.05g	地震烈度Ⅵ~Ⅶ度，动峰加速度0.05~0.15g，	地震烈度Ⅷ度，动峰加速度0.2~0.3g	地震烈度≥Ⅸ度，动峰加速度≥0.4g，
		坡体到水系距离（m）C_{12}	>1000	600~1000	200~600	0~200
		人类活动 C_{13}	无	弱	中等	强烈
	坡体变形迹象 B_4		未查见或无明显变形迹象	局部有部分变形迹象显现	局部有明显的变形破坏迹象	整体有明显变形破坏迹象

4 典型滑坡危险性评价

以汶马高速 C4 标 ZK54+600~ZK54+800 左侧克枯滑坡为例,根据现场调研数据进行打分,应用上述评价模型进行评价。

克枯滑坡位于汶马高速路左侧(见图 1),在河流的右岸,发育大型崩坡积体,崩坡积体上发育一个规模较大的滑坡,滑坡整体形态呈舌状,剖面形态呈台阶状,坡度 60°,坡向 53°,坡面形状为阶梯形,长度为 200m,宽度为 200m,厚度为 25~35m,平面形态为不规则形,影响滑坡失稳的因素有地质因素、地貌因素、物理因素、人为因素和诱发因素,其中地质因素为岩石的破碎风化,物理因素是岩石的风化作用,人为因素就是坡脚的开挖,诱发因素就是强降暴雨。影响滑坡复活诱发因素的是降雨和地震的作用。滑坡坡脚为老 G317,据现场调查,前缘坡口滑塌严重(见图 2),后缘见有明显错台陡坎,高约 20m。滑体内物质主要由碎石组成,块石及角砾少量,石质成分以千枚岩为主,变质砂岩少量,结构以松散~稍密状为主。属巨型牵引式古滑坡。

图 1 克枯滑坡

图 2 克枯滑坡滑塌处

根据对克枯滑坡地质调查研究,对其各评价指标做出取值,其评价指标基础数据如表 2 所示。

克枯滑坡危险性预测评价指标基础数据 表 2

因素层级	C1	C2	C3	C4	C5	C6	C7
实际情况	坡度为 60°	坡高为 230m	斜坡坡向 233°	植被覆盖率 20%	主要为碎石土	剖面形态为阶梯形,节理裂隙及其发育	顺向坡
评估值	60	230	233	20	80	85	80
因素层级	C8	C9	C10	C11	C12	C13	B4
实际情况	坡面滑体的体积为 $11\times10^5\mathrm{m}^3$	滑面形态呈现出复杂型	年降水量 530mm	地震动峰值加速度为 0.2g,地震烈度为Ⅷ度	滑坡到相近水域的距离大约为 10m 左右	人类工程活动作用效果强烈	整体有明显的变形破坏迹象,已出现多处拉裂缝
评估值	11	85	530	60	10	83	87

通过以上计算，求得克枯滑坡危险性综合模糊隶属度为(0,0.07,0.26,0.67)，根据最大隶属度原则，克枯滑坡危险等级为Ⅳ级，为高危险，此结果与现场判别吻合。由于此滑坡危险性高，而且曾经发生过局部滑塌，坡体主要由碎石土构成，在强降雨的作用下仍有可能再次产生滑坡灾害，对汶马高速有较大的潜在威胁。建议对克枯滑坡做抗滑桩+桩板墙结构进行防护，并对其进行监测，提前预知滑坡的位移状况，尽可能减小其所带来的灾害。

5 结语

(1)综合考虑滑坡本身危险性大小和公路受滑坡与不稳定斜坡的影响程度，主要从地形地貌、地质条件、外部影响因素、坡体变形破坏迹象这四个方面来选取评价指标

(2)根据所选取的评价指标，运用模糊层次分析法来建立滑坡危险性评价体系，并将评价结果分为无危险、低危险、中危险、高危险。

(3)将此方法应用于汶马高速 C4 合同段 ZK54+600~ZK54+800 左侧克枯滑坡危险性评价，评价结果显示为高危险，与现场判别吻合，说明模糊层次分析法用于评价滑坡危险性是可行的

(4)由于克枯滑坡具有高危险性，并且在外在因素影响下极易再次发生灾害。建议对克枯滑坡做抗滑桩+桩板墙结构进行防护，并对其进行监测，提前预知滑坡的位移状况，尽可能减小其所带来的灾害。

参考文献

[1] 冯自立，崔鹏，何思明.滑坡转化为泥石流机理研究综述[J].自然灾害学报，2005，14(3)：8-14.

[2] BrandEW.Landslide risk assessment in Hong Kong[J].Landslide，1988：1059-1074.

[3] 陈永波.滑坡危险度区划研究——以三峡开县库区为例[D].西南交通大学，2002.

[4] Long Nguyen Thanh, Florimond lie Smedt. Application of an analytical hierarchical processapproach process approach for landslide susceptibility mapping in A Luoi district, Thua Thien Hue Prpvince, Vietnam [J]. Environment Earth Sciences, 2012, 66 (7)：1739-1752.

[5] 王志旺，李端有，王湘桂.证据权法在滑坡危险度区划研究中的应用[J].第一届中国水利水电岩土力学与工程学术讨论会论文集，2006：600-602.

[6] 殷跃平，李媛.区域地质灾害趋势预测理论与方法[J].工程地质学报，1996，475-79.

[7] 曹璞源，胡胜，邱海军，等.基于模糊层次分析的西安市地质灾害危险性评价[J].干旱区资源与环境，2017，31(8).

[8] 梁润娥，邱云海.基于层次分析法的某中层滑坡危险性分析[J].南方国土资源，2018(6).

[9] 俞晔.地震诱发滑坡灾害危险性评价分析[J].科技风，2018(18).

[10] 张吉军.模糊层次分析法(FAHP)[J].模糊系统与数学，2000，14(2)：80-88.

藏区高速公路堆积层土质滑坡判识

牟　力[1]　李　磊[2]　孟陆波[2]　成　威[2]

（1.四川藏区高速公路有限责任公司，成都 610041；2.成都理工大学
地质灾害防治与地质环境保护国家重点实验室，成都 610059）

摘　要：潜在滑坡的判识是滑坡防灾减灾中最根本、最基础的工作。本文根据藏区高速公路滑坡的特点，采用地质演化分析判别方法，从斜坡初始状态、时效变形阶段、累进变形破坏阶段、破坏后阶段，建立堆积层土质滑坡的判别指标，并提出相应的判识标准。其中判别指标主要分为成灾背景因素和成灾显现因素这两大类，随后根据这两类指标对堆积层土质滑坡的初始状态、时效变形阶段、累进变形破坏阶段、破坏后阶段这四个阶段进行识别描述，从而建立堆积层土质滑坡四个阶段的判识标准，为其早期识别提供依据。依据此方法对汶马高速维关滑坡为例进行判别，初步判定其发育阶段为时效变形阶段。

关键词：藏区高速公路　堆积层土质滑坡　判识指标　判识标准　维关滑坡

1　引言

潜在滑坡是指具备滑坡发生条件，目前尚未发生明显整体移动的滑坡或斜坡岩土体，在自然的、人为的或综合因素的作用下，有演变为滑坡灾害趋势，并威胁人类生命财产安全及资源、环境自然平衡的滑坡或危险斜坡。潜在滑坡的判识是滑坡防灾减灾中最根本、最基础的工作。由于潜在滑坡具有隐蔽性，且带来的潜在经济损失巨大，因此，对潜在滑坡进行判识研究，为基础工程建设和防灾减灾工作提供科学依据具有重要的意义。

目前国内外对地质灾害的研究主要集中在“灾后”的研究，而对潜在地质灾害和灾害体早期识别的研究相对较少。我国学者 1975 年编写的《工程地质手册》[1]简要介绍了从地貌、地层岩性、水文地质条件上识别滑坡。此后，滑坡研究者们主要基于地质环境特征等因素，提出了一些判别潜在滑坡的标志和方法。徐邦栋[2]详细阐述了从地形地貌、地层岩性、结构构造及水文地质等条件判识潜在滑坡的依据和方法。何满朝等[3]针对巨型滑坡难以识别的问题，提出了利用宏观地质特征和微观结构特征相结合确定“滑坡岩体”的新方法。其次，对潜在斜坡的判识需要选取相应的致灾因子，运用理论分析和数字模拟等的方法对边坡的稳定性进行早期的识别，确定其潜在斜坡的稳定性。范大军[4]对茂县二里山不稳定斜坡的破坏模式进行了稳定性的分析。史秀志等[5]选用边坡岩体的重度、内聚力、摩擦角、边坡角、边坡高度及孔隙压力比等 6 个指标作为边坡稳定性预测的判别因子，建立了边坡稳定性预测的 Bayes 判别分析模型。研究表明，Bayes 判别分类性能良好，与支持向量机方法有较好的一致性，且预测

精度高,交差确认估计的误判率较低。王林峰,陈洪凯等[6]对危岩体运用可靠度计算的方法,对其稳定性进行了早期的识别。马保成,田伟平[7]等对公路地质灾害的灾前识别进行了不同的方法研究,进行类比分析,从而确定公路地质灾害的灾前早期识别体系。袁进科[8]基于整裂损伤程度,提出了公路崩塌的识别方法。

对于滑坡早期识别虽有一些学者已经做了很多研究,但是相对于"灾后"的研究还是显得较少。由于地质灾害隐蔽性强,如何识别潜在地质灾害、研究地质灾害判识标准仍然是地质灾害研究领域的重点和难点问题。本文依靠现场的调查以及参考前人的研究,对藏区高速公路沿线的堆积层土质滑坡进行判识,为藏区高速公路的建设以及后期的防灾减灾工程做一些参考。

2 堆积层土质滑坡判识指标

堆积层土质滑坡是指斜坡上由于物质坡移堆积而成的松散堆积物(包括碎屑、老滑坡堆积物、崩塌堆积物等)沿某个剪应力集中面发生的滑动。堆积层滑坡主要发生在斜坡具有临空优势的部位,由于堆积层较厚,容易向着临空面方向形成应力集中,在降雨作用下,岩土体力学性质降低,坡体容易沿着剪应力集中面滑动破坏。

根据对堆积层土质滑坡的地形地貌、地层岩性及组合、斜坡结构特征、早期变形迹象等因素的分析,考虑指标野外获取的难易程度,结合藏区高速公路堆积层滑坡特点,将判识指标分为两大类:成灾背景因素和成灾显现因素。其中,成灾背景因素包括地形地貌(坡度、坡高、坡形)、地层岩性及组合(地层岩性、滑体厚度)、坡体结构特征;成灾显现因素包括坡顶拉裂缝、变形速率、陡坎及错台。

1)成灾背景因素

(1)地形地貌。

堆积层滑坡一般在临空条件较好的地方发生局部滑动,发生堆积层滑坡的斜坡坡度较陡,一般在30°~50°之间,一般坡体的坡高都在60m以上,坡形呈阶梯形或者凸形。无论是崩坡积成因,还是滑坡堆积成因,最终堆积体斜坡坡度多以自然休止角分布。由于发生堆积层滑坡要具备较好的临空条件,所以这类滑坡多发生在冲沟或陡坎地貌附近。

(2)地层岩性及坡体结构。

堆积层滑坡的组成物质主要常见于上覆堆积层,上部为碎石土、块石土,下部为千枚岩、变质砂岩和板岩类组成,碎石含量一般在10%~20%,滑体厚度一般大于20m,坡体结构通常呈松散~稍密状。

2)成灾显现因素

堆积层斜坡变形过程中,坡顶拉裂缝、变形速率、陡坎及错台是重要识别指标。在自重作用下,斜坡向临空方向发生变形,变形速率逐渐增大,在斜坡坡脚和斜坡后部某个位置形成应力集中,并在斜坡后缘形成拉裂缝、陡坎及错台。在强降雨作用下,雨水沿着空隙渗入坡体,一方面增加了坡体物质的含水率,增加坡体的自重,导致坡体下滑力增强。另一方面雨水自地表入渗以后,在雨水与土体接触的过程中,由于堆积层滑坡土体的亲水性强、易软化,进而雨水将持续软化土体,导致其力学性质降低,斜坡内部裂缝持续往下扩展,沿着应力集中面形成一贯通滑面。在降雨等诱发条件下，土体下滑力一旦超过抗滑力将导致斜坡发生失稳破坏。

3 堆积层土质滑坡判识标准

结合已有对堆积层土质滑坡的认识和藏区高速公路沿线典型堆积层土质滑坡相关指标的统计分析，采用成灾背景因素（坡度、坡形、坡高、地层岩性、滑体厚度、坡体结构特征共6个指标）、成灾显现因素（坡顶拉裂缝、变形速率、陡坎及错台共3个指标），对堆积层土质滑坡地质演化的四个阶段（初始状态、时效变形阶段、累进变形破坏阶段、破坏后阶段）进行识别描述，从而建立堆积层土质滑坡4阶段的判识标准，为其早期识别提供依据。其判识标准见表1，地质演化过程见图1。

堆积层土质滑坡判识标准　　表1

判识指标	判识阶段			
	初始状态	时效变形阶段	累进变形破坏阶段	破坏后状态
成灾背景因素（坡度、坡高、坡形、地层岩性、滑体厚度、坡体结构特征）	①常见于上覆堆积层，上部为碎石土、块石土，下部为千枚岩、变质砂岩和板岩类组成； ②地形上缓下陡； ③坡度为30°~70°； ④坡高为>60m； ⑤滑体厚度>20m	①坡度、坡高、地层岩性、滑体厚度与初始状态近似； ②坡面地形：剖面上坡形呈现阶梯形或者凸形、上缓下陡形；平面呈现出不规则形、半圆形、舌状形或者矩形； ③坡体为土—岩复合斜坡，基—覆界面平直光滑，滑坡周界明显，坡体结构松散—稍密	①坡度、坡高、地层岩性、滑体厚度、坡体结构特征与时效变形阶段近似； ②坡面地形：坡形整体上呈现出上陡中缓下陡的形态。平面呈现出不规则形、半圆形、舌状形或者矩形	坡形整体上呈现出上陡下缓的形态
成灾显现因素（坡顶拉裂缝、变形速率、陡坎及错台）		①后缘出现拉裂缝，错台，裂隙缝宽50~100cm，可见深度2~5m，下错宽30~50cm，可见深度2~5m； ②变形速率0.5~5mm/d； ③坡脚时常见渗水现象，有孔隙水渗流出	①滑体中上部坡表见有多级弧拉裂缝，滑坡周界裂隙圈闭，后缘弧形拉裂趋于闭合，前缘膨胀明显。后缘拉裂缝的深度为5~20m，缝宽不等，陡坎及错台深度为5~40m； ②变形速率>50cm/d，变形曲线切线角为85°~90°，加速度a>>0，位移矢量角方向一致	①滑坡体滑移到一段距离后稳定，滑坡膨胀裂隙前缘发育，滑坡体横向裂隙发育。滑坡周界拉裂错动非常的明显； ②后缘拉裂缝，错台已经形成了滑坡壁和错台沟壑

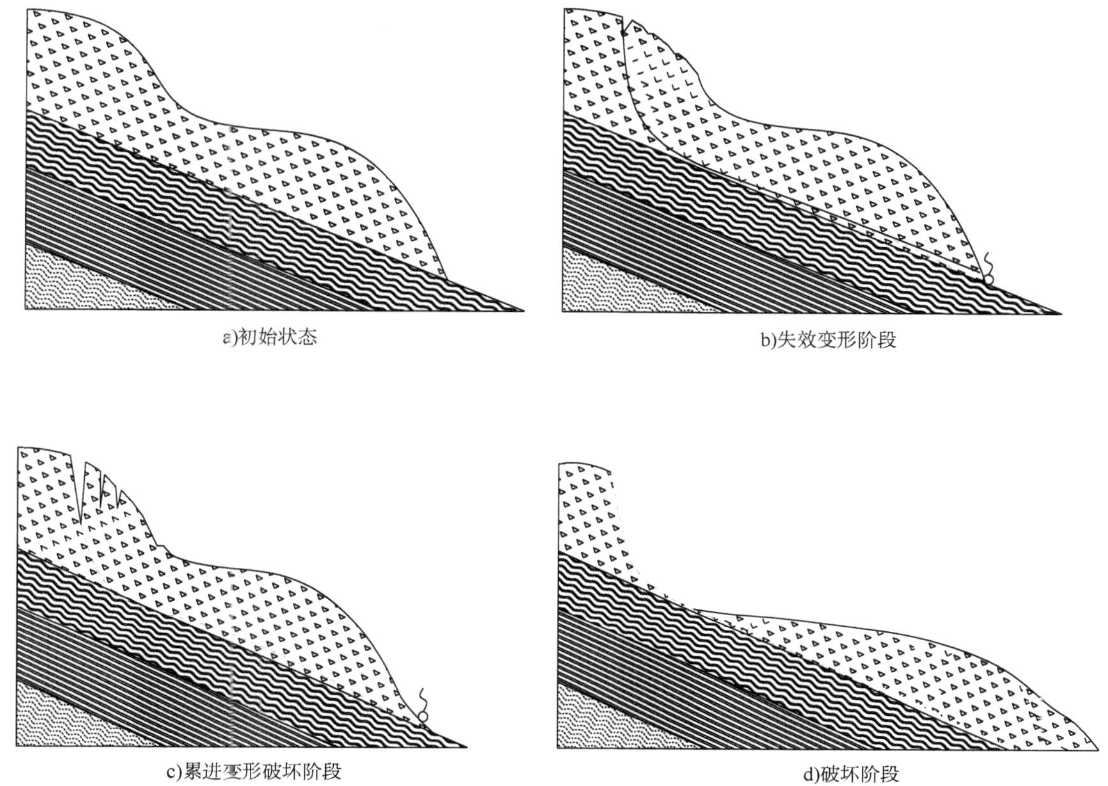

图1　堆积层土质滑坡地质演化过程

4　典型堆积层土质滑坡判识

以C9合同段维关滑坡为例说明堆积层土质滑坡判识(见图2)。其成灾背景因素和成灾显现因素如下：

图2　维关滑坡

成灾背景因素：该处滑坡上部由碎石土组成，下部由千枚岩和变质砂岩组成。坡度在30°~50°，厚度20~30m，该滑坡体长约350m，沿河宽约200m，为一大型牵引式滑坡。该滑体平面似矩形，滑坡整体上呈现出上缓下陡的形态。坡体结构特征为滑坡区地形总体较陡，结构以松散~稍密状为主。

成灾显现因素：滑坡后壁形成3~5m错台，滑体中上部坡表见有多级弧形拉裂缝，宽度不等，坡口一带多呈宽张状。在地震和降雨的作用下，前缘很容易引发牵引式滑塌。

通过上述指标，结合堆积层土质滑坡的判识标准，初步判定C9合同段维关滑坡发育阶段为时效变形阶段。

5 结语

(1)结合藏区高速公路堆积层滑坡特点，将判识指标分为两大类：成灾背景因素和成灾显现因素。其中，成灾背景因素包括：地形地貌（坡度、坡高、坡形）、地层岩性及组合（地层岩性、滑体厚度）、坡体结构特征；成灾显现因素：坡顶拉裂缝、变形速率、陡坎及错台。

(2)结合已有对堆积层土质滑坡的认识和藏区高速公路沿线典型堆积层土质滑坡相关指标的统计分析，采用成灾背景因素、成灾显现因素，对堆积层土质滑坡地质演化的四个阶段（初始状态、时效变形阶段、累进变形破坏阶段、破坏后阶段）进行识别描述，从而建立堆积层土质滑坡四个阶段的判识标准，为其早期识别提供依据。

(3)以C9合同段维关滑坡为例说明堆积层土质滑坡判识，初步判定C9合同段维关滑坡发育阶段为时效变形阶段。

参考文献

[1]《工程地质手册》编写组，工程地质手册[M].北京：中国建筑工业出版社，1975.

[2] 徐邦栋.滑坡分析与防治[M].中国铁道出版社，2001.

[3] 何满潮，武雄，鹿粗，等."滑坡岩体"鉴别的试验方法研究[J].岩石力学与工程学报，2003，22(4)：630-632.

[4] 范大军.茂县二里山不稳定斜坡的破坏模式分析与治理设计[J].今日科苑，2010(2)：108

[5] 史秀志，周健，郑纬，等.边坡稳定性预测的Bayes判别分析方法及应用[J].四川大学学报(工程科学版)，2010，42(3)：63-68.

[6] 王林峰，陈洪凯，唐红梅.危岩稳定可靠度计算方法研究[J].人民长江，2012，43(23)：14-17.

[7] 马保成，田伟平，高婷，等.公路地质灾害的灾前识别方法研究[J].公路，2011，6(6)：1-4.

[8] 袁进科，裴向军.基于震裂损伤程度的公路崩塌识别方法[J].公路交通科技，2013，30(3)：45-51.

关于高速公路养护作业安全防护方法的探讨

谭　荣

（四川交投建设工程股份有限公司，成都 610041）

摘　要：本文根据国家有关道路养护作业管理要求，结合本公司高速公路养护安全作业经验，具体阐述灵活运用施工安全标志、防冲撞装置以及防超速措施，提升施工现场防冲撞能力，预防和减少施工作业区发生的交通事故。

关键词：高速公路　养护　防撞　减少事故

近年来，随着高速公路建设的迅猛发展，高速交通已成为各省市交通运输的主枢纽，但随着使用年限的增加，道路设施的技术状况不断下降，养护作业已成为高速公路公司营运管理的常态。由于高速公路养护作业存在点多、线长、面广，因事故造成的紧急恢复性临时定点养护作业居多，加之高速公路具有车多、流量大、车速快的营运环境，大大地增加了在通行的高速公路进行养护作业人员受到外部车辆伤害的风险因素。

如何规范设置道路施工安全标志，提升施工作业区的防撞能力，保护施工人员、机具安全成为高速公路养护施工单位所面临的重要课题。

1　事故案例

以××省高速公路近年内发生的养护施工人员受到外部车辆伤害为例：

案例一：2007 年 1 月 28 日晚 19 时 10 分，大货车川 Z011××行驶至××高速公路上行 19km，违章冲入正在该路段进行振荡标线施工作业区，致现场施工人员孙××死亡。

案例二：2011 年 6 月 2 日 9：45 左右，一辆绿色新东风牌重型平挂牵引车行至京昆高速 K1006+200 处冲入封闭的施工作业区，致该施工作业区内施工人员 6 死 7 伤的特大交通事故。

分析此类事故案例，我们可以发现：

（1）如果道路施工安全标志设置不规范、不齐全，不仅给过往车辆造成极大不便，还会造成施工路段交通阻塞，严重时还会诱发恶性交通事故。

（2）过往车辆因车速过快、车辆失控、驾驶员临危措施不当等各种原因冲入施工作业区，给施工人员带来意外的车辆伤害。

（3）外部车辆带来的事故伤害具有不确定性、被动性、严重性三个特征。

（4）从本质安全的角度来讲，施工现场所布设交通标志和设施虽然满足法律法规及行业标准的要求，但不足以抵挡或消除外部车辆的撞击。

2 现行法律法规及行业标准存在的不足

在我国现行的《中华人民共和国道路交通安全法》《公路养护安全作业规程》等法律法规中,对道路施工安全标志布置长度、位置作了详细要求,这对道路施工现场安全标志设置起着规范性的指导作用。但是对施工现场安全防护设施仅作了一般性的规定,特别是高速公路这种不同于普通公路的施工作业区应采取的安全防冲撞措施没有明确的具体规定,所有道路施工安全标志和设施的规范设置图例中也没有设置防冲撞设施的明确图例。这就需要高速公路养护施工作业单位在实际施工过程中去摸索和实践,找出一套适合高速公路施工现场的安全防护措施,提升施工现场防车辆冲撞能力,降低和减少事故给施工人员带来的伤害。

3 可采用的高速公路养护作业区安全防护方法

在日常高速公路养护中,大多数施工作业控制区所采取的安全防护措施是规范设置道路施工安全标志、锥形交通路标、防撞桶等,作为渠化作业区交通的安全设施,整个施工现场明显缺乏抗车辆冲撞的能力。加之部分施工路段处于弯道、坡道和天气等原因,这使得本已恶劣的施工环境更加雪上加霜。通过对一些交通安全设施生产厂家的走访调查,结合现在国内交通防撞隔离设施产品在高速公路养护维修作业中的实际运用,笔者认为根据现行法律法规及行业标准,在通行的高速公路上进行的养护作业中可采取以下几种方法来达到安全防护的目的。

3.1 锥形交通路标在规范设置中的技巧运用

(1)合理间距法。在《公路养护安全作业规程》中 5.0.5 条第一款中有这样的规定:交通锥布设间距不宜大于 10m,其中上游过渡区和工作区布设间距不宜大于 4m。而在实际运用中,由于 10m 的间距过大,造成部分车辆违规进入施工封闭区进行行驶,不能达到全封闭施工的目的,留下了事故隐患。为降低外部车辆进入施工作业控制区的可能性,交通锥布设间距宜为 2~3m(以小型车辆不能穿越两个锥形交通路标之间的距离),且可在封闭区内横向设置锥形交通路标或路栏;如遇弯道或坡顶,标志设置应超过弯道或坡顶 150m 位置。这种方法主要可防止过往车辆进入封闭区域内行驶,预防和减少意外事故的发生。

(2)上游过渡区变道最佳角度法。在《公路养护安全作业规程》条文说明中 4.0.5 条,明确了上游过渡区最小变道长度,但对上游过渡区变道角度没有明确规定。在实际施工过程中,施工现场常常因上游过渡区变道角度设置不合理,导致车流在改变车道时因拥挤而发生冲撞事故。在多次实践中,我们发现上游过渡区变道角度越小,车流的变化就越缓和平滑。当变道角度大于 45°时,在变道路段极易发生拥挤和紧急刹车,更加容易发生事故。但如果变道角度小于 15°时,这将导致上游过渡区变道长度过长。通过实践,上游过渡区变道最佳角度应确定为 20°~30°。

3.2 如何设置施工现场防冲撞装置

在完成道路施工安全标志规范布置时,如何运用安全设施提升对作业区的防冲撞能力,是高速公路养护施工安全防护的关键。

(1)危险点防护法。在安全防护设施布置的过程中,首先应明确弯道转弯点、坡道顶点及底点、机械设备停放点等容易发生车辆碰撞的部位作为危险点来考虑。在危险点的安全防护中可以考虑设置防撞桶作为防撞装置。防撞桶是用高弹性、高强度的改性塑料或玻璃钢制成,内部放置水袋或灌水(应达到其内部容积的90%),当车辆与该设备碰撞时,能有效地减少冲击力,降低车辆冲撞带来的损伤,且该设备易搬动,可根据实际情况灵活配置。

(2)危险面防护法。高速公路施工作业人员所面对的外部车辆冲撞危险主要存在两个方向的危险面,一个是从缓冲区与工作区横向面,另一个是工作区与开放交通的车道之间的纵向面。如果将整个作业区与外部车道连续进行防冲撞隔离,那么作业人员受到外部车辆冲撞的可能性也就大大降低,达到了安全防护的目的。

①在横向缓冲区内与工作区横向面设置组合式防撞桶或防撞墙。在实际施工中,许多施工单位采用在横向缓冲区与工作区横向面堆放沙包等措施来达到防冲撞的目的,这是一个简单易行、就地取材的办法,但沙包容易散落既影响施工现场美观又不易清理,如果作为生产材料,又只能堆放在工作区内。部分施工单位采用分散设置防撞桶、施工隔离墩等措施,这显然达不到防冲撞效果。笔者认为在该区域应该采用设置组合式防撞桶、防撞墙或防撞车。这既满足规范要求,又能够满足实际防撞需要。

②在横向缓冲区与工作区纵向面宜采用水马围栏隔离装置。现实施工中,大多数施工单位均按规范要求采用锥形交通路标作为渠化作业区交通的隔离装置,但由于锥形交通路标不具备抗车辆冲撞的能力,这很容易使外部车辆发生危险时因应急处置措施不力冲入作业区,造成施工人员受到意外伤害。所以在横向缓冲区宜采用水马围栏隔离装置。

但是,在实际施工中,由于临时养护作业居多,工作区较长、作业时间短,如果全部采用水马围栏进行隔离,会造成养护进度慢、成本高。笔者认为使用水马围栏时,应当综合考虑作业时间、道路状况、天气情况等因素,在短期养护作业、道路线形较好、视线开阔的路段、天气良好的情况下,可以采用锥形交通路标隔离。在长期养护作业的或者作业路段处于坡道、弯道的情况下,宜采用水马围栏装置。

3.3 防止通行车辆在施工路段超速行驶的措施

在高速公路养护施工现场,我们发现在开放交通的车道上,未按限速要求行驶的车辆比比皆是,究其原因:一是高速公路属全封闭,行车无横向干扰,尽管施工路段道路变窄,在车流量少的情况,少有拥堵现象,这导致部分驾驶人员思想麻痹大意,进入施工路段后没有采取减速措施。二是由于高速公路施工点多线长,高速公路交通警察巡逻密度不能全天候覆盖,对施工现场车辆超速行驶处治力度不够。三是施工路段所设限速标志与一般道路限速标志无根本区别,部分驾驶员因为车速快根本就没注意到施工路段的限速标志。四是大部分施工路段在开放交通的车道上没有设置强制减速措施。针对以上情况,在施工路段可采取以下几种措施来防止开放车道上通行车辆车速过快:

(1)连续设置施工警告频闪灯和LED限速标志。在施工警告区连续设置施工警告频闪灯、LED限速标志,用主动发光去吸引驾驶员加以注意,以提醒驾驶员:已进入施工现场,车辆应该减速、按规定速度行驶。

(2)设置模拟交通警察或雷达测速设施。在上游过渡区与缓冲区之间设置模拟交通警察或雷达测速,强化高速公路交通警察对施工现场交通秩序的监管力度,提醒驾驶员减速通过施工区。

(3)设置立体的车行道纵向减速标线。在施工作业区外车行道设置临时性的纵向减速立体标线,提醒驾驶员减速行驶。

(4)设置减速拱(减速带)。减速拱由高强橡胶制作,具有安装方便、无噪声、耐撞击的特性,无论白天,还是夜晚均具有高度可视线,白天黄黑警示色明显醒目,夜晚减速拱内有可反光装置,可反射出明显的亮光,吸引司机注意减低车速,可大大降低了施工现场发生交通事故的可能性。需要注意的是,设置减速拱后,会影响车辆正常行驶速度,降低了道路的通行能力,在车速过快的情况下,还会造成跳车等现象发生。此方法应综合考虑施工时间、车流量大小等因素,并要在取得交通管理部门同意后,才能实施。这种方法能对通行车辆减速起到很好的作用,特别适用于长下坡施工路段。

3.4 其他的安全防护方法

目前,在通行的高速公路上进行养护作业的安全防护应该是一个系统工程,养护作业单位所能做到的就是加强养护信息宣传,规范设置道路施工标志,教育作业人员安全文明施工,预防和减少施工现场交通事故。

随着人们对高速公路的认识和安防科技水平不断提高,在高速公路施工现场的安全防护措施和方法也会不断得到完善和提高,比如红外线报警也会得到更广泛的运用。

参 考 文 献

[1] 中华人民共和国行业标准. JTG H30—2015 公路养护安全作业规程[S].北京:人民交通出版社股份有限公司,2015.

[2] 中华人民共和国行业标准. GB 5768—2009 道路交通标志和标线[S].北京:中国标准出版社,2009.

山区高等级公路弃渣场选址的探讨

汪比超

（四川交投建设工程股份有限公司，成都 610041）

摘　要：由于地形地势的特点，隧道设计和施工中，弃渣场的选址成为设计的重点和难点之一，本文就雅康高速 C16 项目及汶马高速 C8 项目隧道弃渣场的选址和优化，探讨山区隧道施工中弃渣场的选址与优化。

关键词：山区　高级公路　弃渣　选址

1　引言

随着交通建设的发展，四川省内的高速路网逐步推进到山区，特别以汶马高速，雅康高速，九绵高速为代表的高速公路，桥隧占比都达到 90%以上，隧道占比达到 80%左右，而路基相对占比 10%左右，与以前的高速公路相比发生了很大的变化。这些高速公路隧道都成为重点工程，必须抓好隧道的质量、安全、进度。而抓隧道进度务必解决好弃渣问题。如此大方量的弃渣，加之山区地形限制，大部分弃渣场设计都会主要从技术上考虑。往往选择沿河谷两侧滩地或个别台阶地，不但占用土地，挤压河道，且挡防工程量较大，运距较远，造价较高，出发点是为了解决弃渣而选场地，再完善相关挡防设施工程。而作为长期身处施工一线的交投人，结合雅康 C16 项目及汶马 C8 项目的实际施工的得与失，总结出渣场选址应结合当地地形，与治理滑坡、泥石流冲沟等地质灾害相结合。山区地形，沟深坡陡，冲沟经雨水冲刷形成，基本无防护，加之边坡常为堆积体，坡脚在雨季易遭雨水冲刷，造成边坡失稳，形成滑坡及泥石流。我们在充分调查的基础上，合理利用沟谷地形及其巨大落差，采用工程措施，既治理了当地的地质灾害，改善加强了当地交通，且新造台阶平地作为当地耕地，为居民创收。

下面就分别以雅康 C16 项目、汶马乐 C8 项目为实例予以阐述。

2　雅康 C16 项目

雅安至康定高速公路第 C16 合同段，起讫桩号为 K100+140～K108+450，路线总长共 8.31km。路基 240m，桥梁 540m/2 座，隧道 7567.5m/3 座，便道 1 处。

初步设计小马厂桥桥长约 240m，工程造价约 2000 万元，沙湾隧道出口边坡极其不稳定，边坡塌方可能性极大，且沙湾隧道出口无施工作业平台。小马厂路基设计为高填路堤右线桩号为 K102+718～K102+836，左线桩号为 ZK102+710～ZK102+806，最大高填路基共 11 级，分级高度均为 12m，坡率 1∶2，每一级平台宽度 5m，坡高 113m。在填挖交界处设置一道排水明渠，主线下方采用直径 400cm 的钢波纹管涵，涵洞进出口接排水明渠。明渠断面为梯形，底宽 3m，顶宽 7m，沟深 4m，采用 M10 浆砌片石砌筑。沿着沟底设一道片石盲沟，以便于在改沟施工前进行路基排水。路堤边坡坡脚设置一道上宽 3m、下宽 5.15m、高 6m 的护脚挡墙，以防止雨水冲刷、淘蚀坡脚，提高路堤稳定性。见图 1。

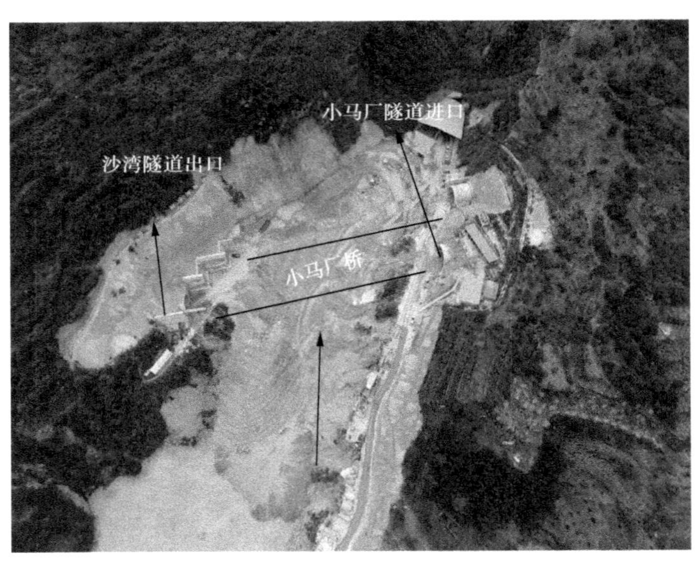

图 1　小马厂桥位置图

此处线路采用高填方路基的形式通过需满足如下四点：

(1)弃土场应尽量选择在地质条件相对较好的低洼路段或谷地的底部，无水流或水流较小的支沟、山间沟谷。

(2)不占或少占耕地，尽可能利用荒山和荒地。

(3)选择在肚大口小，有利于布设拦渣工程的地形位置，以达到自身稳定的状态，避免出现单坡场地。

(4)弃土场的设计要素主要有体积面积比和临空面。弃土场的体积面积比($S_k = V/A$)，即平均高度是弃土场的主要空间几何特征值，一般 S_k 越大，弃土场的经济性越强。但 S_k 太大则不利于弃土场自身的稳定，导致相关防护工程量的增大。一般情况下体积面积比 S_k 以8～15m 为宜。现场计算可以容纳 80 万 m^3 渣土。高填路基长度 240m，宽度约 300m，计算填筑高度约 12m，符合要求。

填筑前、后的状态见图 2、图 3。

综合上述情况，并经过多次与设计磋商后决定将此处桥梁变更为路基，既解决隧道 80 万 m^3 弃渣，同时又增加隧道施工的作业平台，还增强对隧道洞口的整体稳定性，路基填筑后预留面积大，后期可以利用填方路基外空地做观景台或避险车道等施工设施。

通过施工过程中对位移观测点的观测，高填方路基平均位移为 0.2mm/d，低于规范要求的小于 5mm/d，故路基边坡位移满足规范要求。

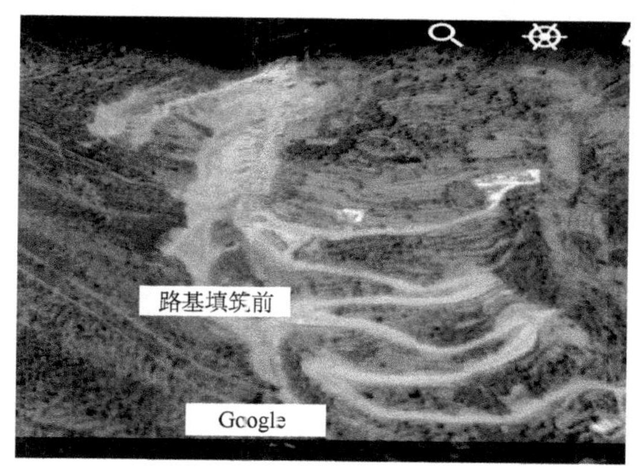

图 2　路基填筑前状态

图 3　填筑后的状态

3　汶马乐 C8 项目

(1)阿坝州理县蒲溪沟区域山高、坡陡、沟狭,没有一块平地。蒲溪沟隧道和木堆隧道设计洞碴 58 万 m^3,设计弃土场距离施工现场平均运距约 15km,不仅要新建便桥两跨杂谷脑河,还要在 317 国道上运行 5km,交通干扰大,不可控因素多。更重要的是,仅洞碴运输成本一项便高达千万。

(2)蒲溪沟 2012 年夏天曾发生过泥石流,冲毁过房屋和栈桥,危及下方的 G318 国道。蒲溪沟是地质灾害重点观测区,需要地灾整治。

(3)蒲溪冲沟在距离隧道上游 1 公里处,因山势变化,该段冲沟在该处有一个大回头湾自然落差约 80m,山体具有锁口的天然效果。

设计方案(四川省交通运输厅公路规划勘察设计研究院):

(1)上游设拦渣坝,改变水流走向,将水里夹杂的石头阻拦。

(2)两级抗滑桩挡防。一级为四根直径 2.5m 的抗滑桩,位于弃土场中部,配合山势将弃土场锁腰。二级为八根直径 2.5m 的抗滑桩,位于弃土场下游,配合山势和新建大坝锁口。

(3)弃土场下方埋设双排直径 2m 的圆管涵疏渗水。

(4)弃土场顶部修建宽 8m 高 4m 的梯形钢筋混凝土河堤泄洪。

(5)弃土场四周修环形截水沟,排除弃土场周围山体的地表水。

取得的效果:

(1)顺利通过省水利厅和省环保局的验收,还数次组织各地市州地质灾害处治方面的人员现场观摩学习。

(2)通过监测,弃土场和所有构造物稳定,顺利经受了 2016 年、2017 年夏季暴雨天气和小型地震。根治了蒲溪沟冲沟泥石流地质隐患。

(3)解决了隧道弃渣的难题,节约了工程成本,缩短了工序衔接周期。

弃渣前、后,弃土场状态见图 4、图 5。

图 4　弃渣前弃土场状态

图 5　弃渣后弃土场状态

参 考 文 献

[1] 中华人民共和国行业标准. JTG F10—2006　公路路基施工技术规范[S].北京:人民交通出版社,2006.

[2] 韩信,张敏静.弃土场位置选择和设计原则方法探讨[J]公路,2008,(09):282-285.

[3] 谭鹏.山区高速公路弃土场基本特性及其稳定性分析[D].重庆:重庆交通大学,2010.

[4] 陈中月,王志峰,李勇.高速公路弃土场综合设计内容与方法[J].工程与建设,2006,(20):52-54

[5] 黄建雄,彭立,李宏泉,等.不同用途的山区高速公路弃土场施工控制标准研究[J].公路工程,2011,(36):22-24.

山区高速公路施工便道总体规划与施工

伏冠西

（四川路桥华东建设有限责任公司，成都 610000）

摘　要：山区高速公路的便道建设大多会面临地形陡峭、地表破碎等不利情况，如何规划最优便道线路、如何安全高效的施工、如何进行经济有效的维护是管理者需要面对的诸多困难。本文将以通往藏区的雅安至康定高速公路特大型悬索桥便道施工为依托，针对上述困难问题进行阐述，为类似项目提供相关经验。

关键词：山区高速公路　施工便道　地形陡峭　地表破碎

本文以雅康高速 C15 合同段泸定大渡河特大桥东岸便道施工为依托，对便道线路总体规划、便道施工、便道维护等环节进行分析、总结。

1　工程概况

大渡河由北向南穿越桥区，穿越桥区段较顺直。两岸施工区山体雄厚，整体自然坡度为 45°～55°。东侧地形陡峭，部分位置基岩裸露，形成陡坎，坡面略有起伏，不稳定高陡边坡高达 100m，局部坡度 60°～70°，加上地表破碎，便道建设面临多重困难，见图 1、图 2。

图 1　山体滑坡区

图 2　地势陡峭

2　便道线路总体规划

2.1　便道总体规划思路

山区高速公路施工便道的规划应在项目进场初期与项目总体布置（生活生产区、拌和站、

钢筋场、电力等)共同考虑,对进入桥位区的地形、地貌等实际情况反复踏勘后综合分析选出最优线路。便道规划一般原则如下:

(1)施工便道宜尽量多地利用地方永久道路和桥梁,视道路状况进行改建或局部改线,以最大限度减少便道修筑量为宜;

(2)施工便道要与项目总体布置相结合,各道路分主线、支线要将项目各功能区联通,并确保各施工各作业面的材料和混凝土运输到位;

(3)由于施工便道的临时性和经济性,在较陡坡面上,便道回头弯的转弯半径设计以满足施工过程通过的最大车辆通过为准,转弯半径不宜过大以防增加施工难度;

(4)由于施工便道的临时性和经济性,便道最大坡度的设计以满足最重车辆通过为准,纵坡不宜过缓以增加便道纵向长度;

(5)便道前期踏勘一定要对便道施工区域、便道坡面下方对住房、坟墓等需拆迁或特别防护的构筑物进行清理、排查,做好施工前的拆迁工作及施工的防护工作。

2.2 便道具体规划

便道具体规划实施分总体规划和总体设计总体规划解决线路问题,总体设计解决道路技术标准问题。

1)总体规划

根据对桥位区现场反复踏勘,桥位区上游及下游均有地方道路可以选择便道起点,且每个起点都有高线和底线两种选择,共有4条备选线路。线路决策从以下4个方面考虑。见图3。

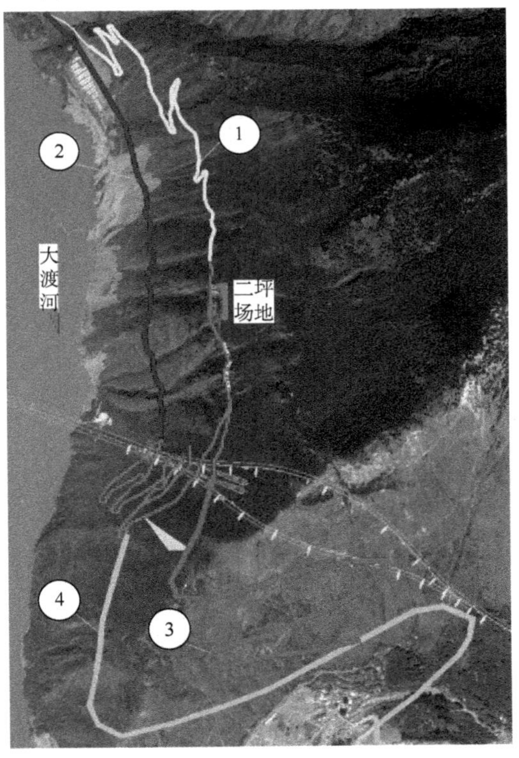

图3 规划平面图

(1)施工难度。

2 号线穿越较厚砂层,施工需要搭设便桥,难度大。

(2)施工安全。

3 号线边坡坡度最陡为 38°,4 号线存在 3 处滑坡,安全风险大。

(3)施工工期。

1 号线在原有便道上改建,能快速形成施工时间段(实际施工 30d)。

(4)惠及民生。

1 号线附近有当地村民,可供村民使用。

综合上述 4 个方面的考虑,选择上游侧走上线 1 号线路最优。

另外,由于桥位施工区便道下方存在坟墓,拆迁滞后,影响施工便道主线施工,需增加等级更低的临时支线,仅满足装载机转运桩基施工小型机具,可将主体工程施工时间提前。待坟墓拆迁完成后再进行主线施工。

2)总体设计

便道总体设计考虑要满足现场施工需要,最大坡度、最大转弯半径、道路宽度等指标的确定,要最大限度减少便道纵向长度及施工工作量。

(1)便道纵坡的确定。

分析进场作业的机械设备的最大爬坡能力,本项目便道纵坡设计最大坡度为 18%。

(2)便道转弯半径的确定。

由于大型车辆可通过多次反向转弯倒退、正向转弯前进的方式通过。经过车辆实地试验,结合实际情况,便道最小转弯半径≥12m。

(3)山区盘山施工便道要设置向内(向山体一侧)的横坡,坡度为 2%~4%,以保证排水畅通。

(4)山区盘山施工便道要在边坡坡脚设施排水沟,并在回头弯的位置将上一段的水沟引至道路外侧排出。

(5)边坡坡顶设置截水沟,防止雨水冲刷破面。见图 4。

图 4 坡顶截水沟

(6)对于高陡回头弯坡面,特别是坡面较破碎的应采用挂网喷浆处理。

(7)便道每隔 200m 设置会车平台,在现场便道不通视的情况下可以增设会车平台,设置会车平台路面宽度不小于 6.5m,有效长度不小于 20m。

(8)便道外侧设置警示墩。为维护公路结构保持便道安全畅通,适用道路服务和管理要求,全线设置警示标志、禁令标志指示标志和交通标志等。

(9)临时支线纵坡坡度 24%,回头弯半径 6m。

3 便道施工

便道施工一般有全开挖、半挖半填、全填方三种形式。结合本项目原地面坡面较大等具体情况,若考虑半挖半填及全填方均需修筑挡土墙,工程量大且地质质情况复杂,修筑挡土墙有滑落的风险,可能造成便道整体移位下滑。综合考虑本项目采用全开挖的方式施工。

因便道开挖方量较大,采用机械开挖整平。路堑采取横挖法全宽开挖,根据地形情况,薄层开挖采用装载机下坡法推土,坚土和厚层用挖机开挖,采用装载机直接推运。挖出的土方经自卸汽车运至弃土场,以满足环保要求。

(1)施工前仔细调查自然状态下的山体稳定情况,分析施工期间边坡稳定性,发现问题及时加固处理;开挖采取自上而下分层开挖。

(2)路基开挖同时,设置临时排水设施,临时排水设施尽量与永久性排水设施相结合。施工前切实做好地表排水工程,保证路基挖方边坡的稳定。

(3)加强测量控制,根据开挖地段的路基中线,标高和横断面,确定开挖边线,边坡随开挖随成型,若开挖后遇到恶劣天气(大雨),采用塑料薄膜覆盖。

(4)便道所通过部分区域的边坡以砂土、卵石土为主,开挖中要注意边坡的整修,坡度不宜过陡。

(5)高边坡土石方开挖应严格按照从上至下的开挖施工顺序逐级开挖,逐级加固,直至全部防护工程结束,确保坡体稳定和结构安全。边坡开挖坡面应顺直、圆滑、大面平整,边坡上不得有柱石、危石。见图 5。

(6)便道正下方有居民房屋的安全施工。采取一禁:禁止抛方作业;二守:作业过程中专人值守;三疏:并对开挖下方人员进行疏散;四拦:是通过在居民区上方设置两级缓冲沟(宽 2m、深 1m)防止落石对房屋破坏。见图 6。

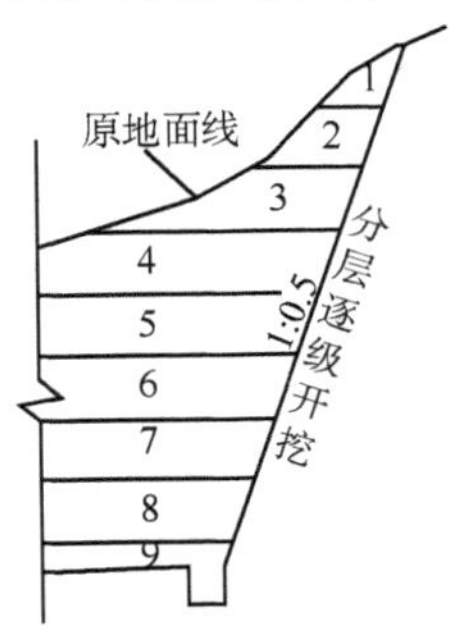

图 5 分层开挖高边坡路基示意图

图 6 缓冲沟设置示意图

4 便道维护

便道维护是在便道施工完成后，便道使用期间保证其功能正常运转的相应措施。

1)沉降位移观测

便道施工完成后及时在高边坡的坡顶设置沉降位移观测点，并收集坐标初值，每隔半月进行观测（雨季期间需增加至1星期一次），若出现位移根据情况及时进行相应处理。

2)排水设施维护

便道的排水设施是否正常运转直接影响到便道的使用功能，特别是雨季期间，若便道下方有居民生活，雨水未有效排出将影响居民的正常生活，因此应定期对排水沟、截水沟进行检查，存在问题及时疏通。

5 结语

雅康高速泸定大渡河特大桥东岸便道的顺利建成为大桥建设打下了坚实的基础，建成后的实景见图7。

图7 便道修筑后实景

(1)便道的总体规划一定要与项目的总体规划统一考虑，共同规划，通过拟定多种不同线路综合比选确定最优方案。

(2)各地区的便道设计标准需根据使用功能的要求以及地形条件综合考虑，既要保证通行功能又不浪费资源。

(3)便道的施工方法需根据地形地貌情况综合考虑。

(4)注重便道的维护，发现问题苗头及时处理，若因维护原因不当导致道路中断将打乱生产节奏造成不必要的损失。

参 考 文 献

[1] 福建省高速公路建设总指挥部.福建省高速公路施工标准化管理指南(工地建设)[G].北京:人民交通出版社股份有限公司,2014.
[2] 中华人民共和国行业标准.JTG B01—2014 公路工程技术标准[S].北京:人民交通出版社股份有限公司,2014.
[3] 盛泽.山区高速公路施工便道的选线与施工[J].湖南交通科技,2012,(03):42-44.
[4] 吴越江.山区高速公路施工便道规划与优化[J].公路交通科技(应用技术版),2014(04):107-109.

高速公路边坡高位滑坡综合处置施工技术研究

贾少凯　王智平

（中交一公局海威工程建设有限公司，北京 101119）

摘　要：目前国内正处在山区高速公路的建设高潮中，对于山区高速公路而言，滑坡灾害已成为最主要的自然灾害之一。高边坡施工常因施工改变了场地岩土工程条件，特别是位于高烈度地震带的滑坡，由于作用因素、运动机理、多变性及复杂性，造成了滑坡灾害的预测和治理的难度极大，本文结合雅康高速C5合同段成雅改线GXK1+170～GXK1+310段右侧边坡红线外高位滑坡处置工程实例，介绍一种在周围有多处重要构筑物情况下的高位滑坡处置施工技术。

关键词：高烈度地震带　边坡高位滑坡　处置施工技术

1　工程概况

雅康高速公路C5合同段成雅改线为全长1.6km的路基工程，该工程为既有G5京昆高速公路改造工程，新修建的成雅改线将全幅替换G5京昆高速成雅段K1945+100～K1946+690段，该改线与G5京昆高速公路的相对距离由最近的完全重合至最远的60m，故成雅改线的施工将极大程度上影响国家主干道G5京昆高速公路的运营质量与安全。2017年5月，由于雅安连降暴雨，成雅改线GXK1+170-310段右侧连续发生多次滑坡，最终形成滑坡主滑面长达250余米的边坡高位滑坡灾害，塌方量达14万余立方米，并危及下方运营中的G5京昆高速、后方的青衣江及周围的房屋、村民、高压铁塔、天然气管道、电线杆的安全。

由于随时可能发生次生灾害，若采用常规的滑坡处置方法，均无法达到目标，经过项目技术人员研究，提出了一种高位滑坡处置施工技术，有效地解决了该项难题。见图1。

图1　滑坡清方完成后航拍图

2 滑坡机理分析

该段以粉砂岩、夹薄层粉砂质泥岩为主，位于山脊两侧缓斜坡地段，地表水、地下水集中汇集处，差异风化造成该区域内岩层完整性差，风化、解体严重，层面间泥化夹层已贯通，力学指标低。在前缘开挖后，岩体受重力作用沿节理拉裂，与母岩脱离，顺层滑移破坏。

3 高位滑坡处置施工

3.1 工艺原理

首先在滑坡壁外侧设置5个北斗卫星监控，接着设置钢管桩+联系梁+周界截水沟，以保护周围多处房屋、高压铁塔、电线杆及天然气管道。根据钢管桩施工进度，同步进行滑坡体清方减载施工及滑坡壁外的一、二、三、四级挖方边坡的锚索、锚杆框架梁施工。清方至一级平台顶时，施工主滑面上的6排锚索框架梁，以保证滑坡面的整体稳定性并在框架梁上方修筑一条横向截水沟。同时，施工一级平台上的33根圆形抗滑桩，以对滑坡坡脚锁口，约束坡体横断面方向上的变形。对于一级边坡以下的土石方开挖工程，左幅可提前开挖，右幅需根据抗滑桩进度逐步开挖，起到反压坡脚的作用。变更设计文件中要求一级边坡采用锚杆框架梁进行支护，根据计算，一级边坡采用挂网喷射混凝土即可满足要求且加快了施工进度，节约了投资。滑坡处置施工整体平面布置见图2。

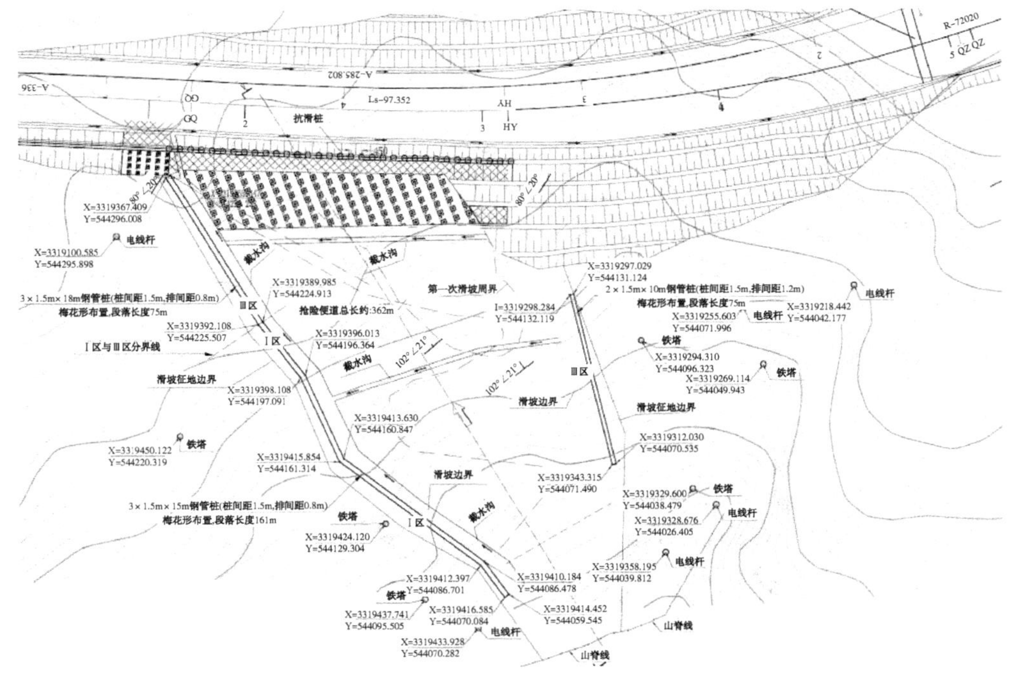

图2 滑坡处置施工整体平面布置图

注:本图除桩号、高程尺寸单位为m,其余尺寸单位均为cm

3.2 准备工作

(1)修筑进场便道,接通水路及电路,完成人员、机械、设备、材料进场检验和检修工作。

(2)严格按照设计图在滑坡周界设置5个北斗卫星监控,监控精度达到毫米级别,处置过程中可提前预警,后期运营中也可实时监控量测。

(3)合理规划场地,施工顺序。

(4)提前确定挖掘机站位,行走路线,运输车辆行走路线,开挖顺序等。

3.3 回填夯实裂缝并完善周界截水沟

采用黏土回填、夯实滑坡周界的裂缝,避免地下水下渗,同时完善坡面临时截水设施。

3.4 钢管桩及联系梁施工

(1)根据受力验算,在滑坡侧壁设置三排钢管桩+联系梁,分Ⅰ、Ⅱ、Ⅲ区,Ⅰ区长18m,Ⅱ区长15m,Ⅲ区长10m,钢管桩采用孔梅花形布置,嵌入稳定岩层不小于6m,钢管为$\phi140\times6$mm无缝镀锌钢管,根据现场地质情况,采用$\phi180$钻孔,若塌孔情况较严重,需采用跟管措施;钻孔采用无水钻进并跳孔施工。

(2)桩顶采用C25钢筋混凝土联系梁进行连接,钢管桩桩顶伸入联系梁不小于50cm,每10~15m设置一道伸缩缝,并采用沥青麻叙填塞。

(3)钢管防腐采用电弧热喷涂防腐方法进行处理。

3.5 滑坡清方减载

滑坡体范围大、延伸至山顶,主滑面长度达250余米,垂直高度达100余米,滑坡体清方采取由上至下,将滑塌体采用挖掘机配合推土机翻挖松动、推运至一级平台处,再采用挖掘机配合自卸汽车挖装运走。按滑坡体范围距离和机械翻挖、推运极限计算,最远处需翻挖10次,近处需翻挖2次,整个滑坡体厚度较大,最厚处约14m,因此滑坡体翻挖不能一次性完成,多次翻挖循环方能将滑坡体全部清掉。由于临近G5京昆高速,整个清方施工必须实行零爆破施工,对于石方需采取机械破碎法实施。

3.6 锚杆、锚索框架梁施工

(1)必须采取随挖随支护的施工方法,施工初期,应按工作锚杆数量的5%进行拉拔试验。

(2)做好钻孔记录,预应力锚索锚固长度必须符合设计要求,锚杆必须达到设计长度,若岩层与设计不一致,需对锚索、锚杆长度进行调整。

(3)注浆必须连续实施,不得中断,第一次注浆24h后,孔口浆体收缩,应及时补浆。

(4)预应力锚索必须在框架锚梁混凝土达到设计强度后且孔内水泥砂浆达到设计强度的70%以上后才可张拉。

(5)应用砂轮锯切割多余钢绞线。

3.7 抗滑桩施工

(1)根据施工现场实际地质情况、工程特点,采用旋挖钻进行钻孔施工,由于孔径达2.5m,省内现有旋挖设备施工能力有限,故钻孔时,需先采用$D=1.8$m的钻头首次钻进到位,再用$D=2.5$m的钻头再次扩孔钻进成孔,遇见局部岩层较硬处,需采用$D=1.3$m钻头进行局部破碎。

(2)抗滑桩按照跳孔施工的原则进行施工,待桩身混凝土达到设计强度的70%以上时,再进行其他桩的开挖、浇筑。

(3)根据地质情况,桩基灌注施工采用水下桩施工工艺实施,联合业主、设计、监理再次到现场进行确认,岩层较硬,地质条件良好,桩基施工无须采用泥浆护壁,节能减排效果突出。

3.8 一级边坡土石方开挖

根据计算,一级边坡左幅土石方可提前挖除,右幅土石方需根据抗滑桩施工进度及位置进行开挖,以保证在抗滑桩施工完成前起到反压坡脚的作用。

3.9 一级边坡挂网喷浆施工

锚杆长度按照原设计变更执行,严格控制配合比,以保证喷混质量;喷枪与受喷面之间的距离控制在1m左右以减小回弹量。处置完成后见图3。

图3 处置完成

4 效益分析

4.1 经济效益

采用了北斗卫星监控+预加固处理(周界截水沟+钢管桩+联系梁)+减载(土石方翻运、清理)+坡面防护(锚杆、锚索框架梁)+坡口锁脚(圆形抗滑桩)+一级边坡挂网喷混凝土的综合处理方法。经过专家评估及北斗卫星监控数据显示,该种方法有效地处置了该次高位滑坡,目前虽不能形成直接经济效益,但大大减少了后期运营的安全隐患,且施工过程中节能减排效果突出。施工过程中,根据计算优化设计,节约投资金额约50万元,经济效益突出。

4.2 工期效益

钢管桩+联系梁与滑坡清方减载同步实施,形成负衔接,在保证安全的同时大大提高了施工效率。抗滑桩为圆形抗滑桩,采用旋挖设备施工,相比常规的方形抗滑桩,缩短了工期约100d,且避免了人工挖孔桩的施工风险。一级边坡防护采用挂网喷浆,相比常规的锚杆框架梁,缩短了工期约20d。共计节约工期约120d,最终完成了雅康高速雅泸段2017年年底的通车任务。

4.3 社会效益

(1)成功完成了该次高位滑坡应急抢险处置工程,未对临近的既有G5京昆高速、青衣江造成任何影响，且保证了周围房屋、高压铁塔、天然气管道及电线杆的安全，受到了当地政府、相关部门、业主、设计、监理的高度认可。

（2）成雅改线是“成都—康定”唯一的高速路线，也是整个雅康高速第一段正式投入运营的路段，打通了进入藏区的生命大动脉，具有重要的政治意义。

5 结语

通过采用高速公路边坡高位滑坡综合处置施工技术对雅康高速C5合同段成雅改线GXK1+170~GXK1+310段右侧边坡高位滑坡灾害进行处置，安全、快捷、保质保量地完成了该次高位滑坡的处置任务。处置过程中，未对临近的既有G5京昆高速、青衣江造成任何影响，且保证了周围人民、房屋、高压铁塔、天然气管道及电线杆的安全，经专家认证，处置效果良好，大大降低了后期运营的安全风险，取得了良好的社会效益与经济效益，为以后类似的滑坡处置提供了宝贵的经验。

参考文献

[1] 王智雄.高位牵引式滑坡变形破坏机理及其灾害链研究[D].西南交通大学，2015.
[2] 王俊媛.浅谈公路滑坡治理[J].北方交通，2016，(03)：44-47.

雅康高速公路建设技术与管理创新浅析

黄　兵　程启光　狄海波　李　爽　余代岱　王　杰

(四川雅康高速公路有限责任公司,成都 610041)

摘　要:雅康高速是首条连接四川盆地和青藏高原的高速公路,其地质地形条件复杂,气候恶劣多变,生态环境问题突出。本文从项目建设过程中所遇到的问题入手,简要分析了在雅康高速公路建设中的技术与管理创新,为未来藏区高速公路的建设提供一定的参考。

关键词:藏区高速公路　施工　管理　质量控制　生态保护

1　概述

雅康高速公路(见图1)是国家高速公路网雅安至新疆叶城联络线(G4218)中的一段。项目起于雅安市雨城区草坝镇,接G93成渝经济区环线乐雅高速公路,在对岩镇与G5京昆高速公路成雅段、雅西段形成枢纽互通,向西经天全县、泸定县,止于康定城东,全线采用双向四车道高速公路标准,设计时速80km/h,概算总投资230亿元。项目全长约135km(其中雅安段长89km、甘孜段46km),桥隧比达82%,路基宽度24.5m。

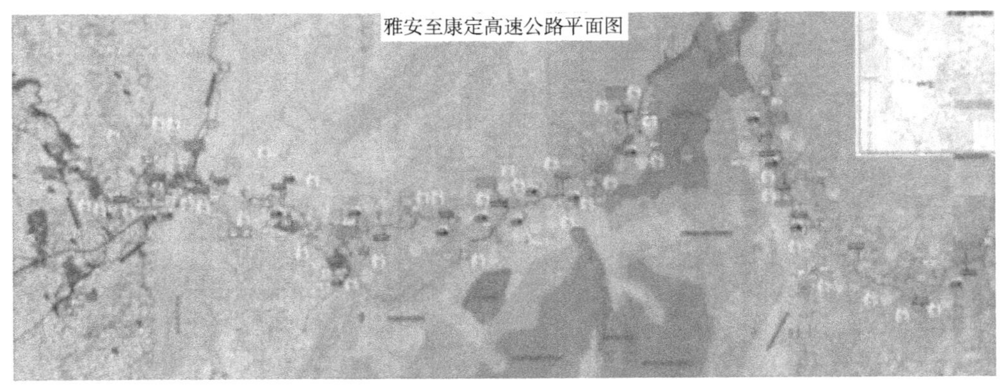

图1　雅康高速公路项目平面图

其中雅安草坝至泸定段全长95km,路基土石方2267万 m^3,沥青混凝土路面491万 m^2,桥梁88座(含特大桥梁5座),隧道19座(含特长隧道5座),互通式立交10座(含枢纽互通2座)。控制性工程包括二郎山超长隧道、飞仙关、紫石特长隧道,对岩枢纽互通,李子坪改线隧道、大仁烟大桥以及沥青混凝土路面工程。

2 项目特点

作为首条从四川盆地向青藏高原快速攀升的高速公路,项目建设面临“五个极其”的严峻挑战和考验,建设难度极大,雅康高速公路被喻为攀登公路建设的珠峰。

2.1 地形条件复杂

雅康高速公路地形条件极其复杂。项目位于四川盆地向青藏高原过渡的横断山脉,短短135km需克服2000m的高差,为典型的V字形深大峡谷。该区域海拔快速爬升,地貌类型复杂多样、地形狭窄陡峻、沟壑纵横、起伏巨大,路线在崇山峻岭中布设,需穿越狭窄河谷和高大山体。全线高程变化见图2。

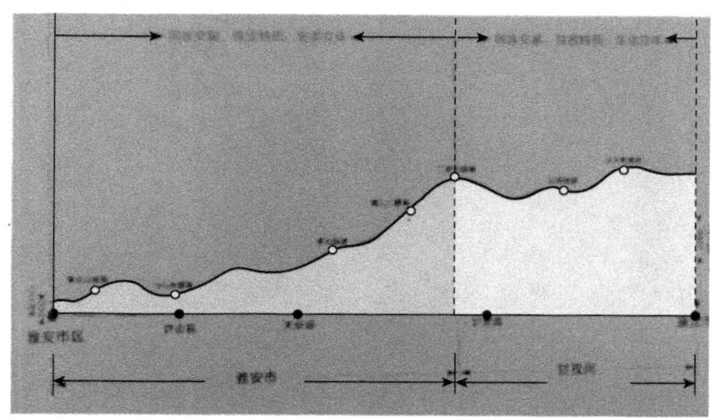

图2 雅康高速公路项目高程图

2.2 地质条件复杂

项目位于高烈度地震区域,需穿越龙门山断裂、安宁河断裂等多条区域大断裂带。受其影响,区域内滑坡、崩塌、泥石流等不良地质极其发育,频发次生灾害,如二郎山特长隧道穿过13条断裂带,工程地质条件复杂。沿线周边滑坡崩塌灾害情况见图3。

2.3 气候条件恶劣

项目穿越不同的气候垂直分布带,高海拔路段的雨、雪、冰、雾、风等恶劣气候影响时间长,早晚温差达15℃。沿线附近隧道口积雪情况见图4。

图3 滑坡崩塌灾害

图4 隧道口积雪

2.4 生态环境脆弱

紧邻大熊猫栖息地自然保护区，穿越省级珍稀鱼类保护区，环境敏感点多，工程实施带来植被保护等问题面临巨大环境考验，工程建设的环境保护、水土保持工作任务异常艰巨。藏区典型的生态环境见图5。

2.5 工程建设困难

项目全线桥隧比高达82%，是目前国内在建高速公路桥隧比最高、施工难度最大的项目之一。全线长达50km隧道群(最长的二郎山隧道长达13.4km)，穿越高山峡谷，施工便道布设于悬崖峭壁，材料运输、隧道弃渣、电力供应极其困难。藏区典型的公路情况见图6。

图5 藏区生态环境

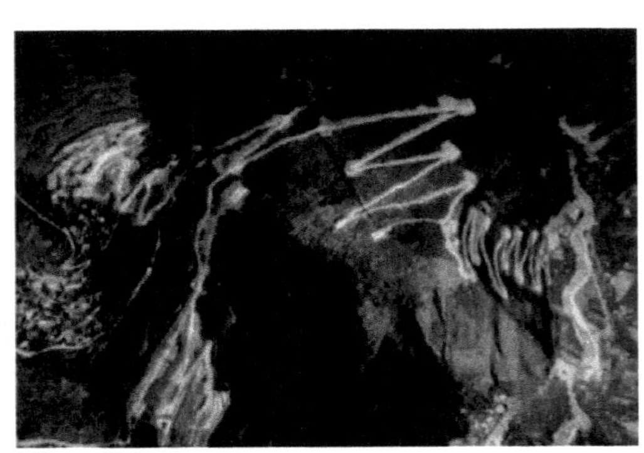

图6 蜿蜒的公路

3 施工技术创新

3.1 二郎山超长隧道技术创新

二郎山隧道全长13459m，是全国建成通车的高海拔地区长度最长的高速公路隧道，被誉为“川藏第一隧”。隧道位于Ⅷ度地震烈度区，穿越13条区域性断裂带，建设地质条件极其复杂，被誉为地质博物馆。该隧道是全国首次设计有大段面多功能交通转换带、景观带和抗震扩大段(长260m)的隧道，为运营安全管理、四川频繁发生的地震灾害预留抗震变形及补强空间，保证隧道有效建筑限界。

在施工过程中通过建设者技术创新，成功解决了地下风机房网络洞室群(1条主洞、16条支洞)开挖支护、交通转换带大断面开挖支护、长大隧道反坡施工、岩爆瓦斯溢出等一系列技术难题。泸定端克服超长距离施工通风技术难题，独头掘进达到7333.6m，居国内高速公路隧道第一。二郎山隧道地质见图9。

3.2 高陡边坡安全监测创新

边坡安全检测方法大体可分为两类，表面监测以及内部监测。表面监测主要对边坡的外部变形进行监测，如边坡的表面位移以及沉降。内部监测主要对边坡内部变形进行监测，例如内部位移、水位变化、应力变化等。本次雅康高速的创新监测主要在其外部监测上。

雅康高速公路全线利用科技手段，提高安全管控能力。结合沿线地质灾害排查情况，投入资金约450万元，共在72个点位安装北斗高精度地灾监测预警系统监测点，为项目的建设提供准确的施工数据，并且为项目建成后后期运营提供足够的监测数据保障，防范可能存在的灾害。北斗高精度地灾监测预警监测点见图7。

3.3 超长隧道及隧道群的行车舒适

二郎山隧道长达13.4km，全部加铺沥青混凝土路面，为国内之最，大幅提高了行车舒适性以及安全性。同时，良好的隧道照明设计就是考虑隧道长度、路面类型、公路线型、内饰、有无人行道、设计时速、交通量和汽车种类等相关因素，进行隧道光源光色、灯具选择，灯具排列布置，合理的诱导照明设计及照明控制设计，达到满足驾驶员交通安全的视觉信息采集，提高驾驶的安全性和舒适感，并最终达到降低运营成本的目的。二郎山隧道采用技术手段改进隧道照明。首次使用LED视觉动态照明系统，在隧道内营造良好的行车环境，舒缓行车心理压力，提高行车舒适度，进一步降低行车安全风险。同时各类光束的协调还能增加隧道内的艺术感。隧道内LED照明系统见图8。

图7 北斗高精度地灾监测预警监测点

图8 隧道内LED照明系统

3.4 大型枢纽互通施工安全

复合式互通立交在国内高速公路上尚不多见，因其往往是条件受限制情况下而形成的，复合式立交方案也多是互通立交专业设计的难点。

对岩枢纽互通为省内在建最大规模枢纽互通，连接成雅、雅西高速公路，上下4层、8条匝道、8m^{3}混凝土、长5km的桥梁，工程量集中；4次跨越运营高速公路、18次跨越国道108线，安全风险极大。项目单位组织施工、监理、设计等单位超前谋划、反复论证、优化施工组织方案，完善大跨径钢箱梁(65m、600t)顶推跨越运营高速公路的施工工艺和安全措施以及应急预案，安全优质完成建设任务。

3.5 桥隧混凝土施工工艺创新

在混凝土的施工过程中，很容易受到各个方面的约束，如原材料、天气施工工艺等各个方面。保证混凝土的施工质量对整个工程的安全性，耐久性都有十分重要的作用。而不同的施工工艺对混凝土性能的影响是显著的，恰当的施工工艺是必不可少的。

成功开发研制了隧道整体式双侧壁电缆沟移动式模架、自行式液压防护棚架、隧道施工用移动式发电机组等新设备；采取了水压爆破、巷道式通风+射流式水幕降尘、智能架桥机、结构物二维码实名制、雅康项目桥梁混凝土护栏和桥面铺装施工工艺指南等新技术新工艺。取得国家实用新型专利6项、工法2个。

4 管理创新

项目单位坚持“有为才有位、凡事重落实”的工作理念,坚持“定人、定责、定时”的工作方法,组织参建单位执行合同、规范行为,精细管理、强化控制,变串联推进、流水作业为并联推进、交叉作业,有效攻克了工期提前与工程质量、安全、环水保管控之间的突出矛盾,实现了工程建设总体受控、加快推进,实现雅安至泸定段提前21个月建成通车。

4.1 大仁烟大桥恢复重建施工

大仁烟大桥于2016年7月27日因红线外高位滑坡损毁,恢复重建时间紧,高边坡处治难度大。项目单位组织参建单位优化施工组织方案,增加梁场、增加塔吊等施工设备,采用“四同步”的方式保证施工质量与进度:桥梁上部40片梁板预制与下部24根桩基、12个桥墩同步施工,两排桥墩同步施工,桥梁与高边坡同步施工,210m高边坡上中下部同步施工,较计划工期提前1个月完成桥梁重建任务。

4.2 路面工程施工

“强协调”保证路面工程材料供应。面对今年以来市场建材严重短缺且价格飞涨、停工3个月的困难局面,省交通运输厅、省交投集团主要领导会同地方政府主要领导现场办公,成功恢复7个料场,专门用于雅康项目路面工程。同时项目单位积极汇报,主动出击,主要领导带队深入项目附近料场一线组织协调,在地方党委政府大力支持下,增加料源、增加运距,增加资金保障和监控措施,有效攻克路面材料100万t供应难题,有力保证了路面工程进度。

“做加法”保证路面工程施工质量。增加路面工程质量实时监控系统,对后场沥青混凝土混合料的拌和实现了信息化管控,实时监控沥青混合料总盘数127379盘,形成监控日报72份,有效保证了混合料级配稳定、用油量足够,确保了源头质量;对沥青混凝土前场摊铺、碾压的温度和速度实现定量信息化管控,组织设计代表、专家和专业技术咨询单位定期现场检查咨询,召开质量管控专题会25次、印发质量工作要求文件36份,出具咨询报告11期、路面质量专题汇报4期、质量监控技术服务咨询联系单15份,有效保证了过程施工质量。

“高标准”保证路面工程的施工品质。采用正向激励措施,对沥青混凝土路面平整度、厚度、压实度、外观质量等指标提出内控高标准,在劳动竞赛中专门予以考核奖励,鼓励参建单位勇为人先、追求卓越。据质监部门组织的交工验收检测数据,厚度、弯沉、平整度压实度、渗水系数等指标检测合格率均达100%;路面平整度σ代表值达0.56,达到高桥隧比高速公路的领先水平。

5 生态保护

项目全面实施绿化工程,所有上下边坡、互通立交、弃渣场均实施生态恢复。累计完成绿化90万m^2,栽植乔木2.8万株,灌木10.6万株。二郎山超长隧道国内首次完全实现斜井洞内反打,有效保护二郎山大熊猫保护区生态环境,减少约4.3万m^2的地表及植被破坏。喇叭河互通设计为综合体,能消化附近6个隧道的弃渣100万m^3,既有效解决弃渣难题,又节约弃渣占地、提升服务功能。周公山特长隧道出口涉及森林植被保护,实施改线,延长隧道600m,减少植被影响 8.6 万 m^2,减少占地 130 亩。同时,在沿线声环境敏感点设置了 5.8km 声屏障,水环境敏感点设置了 222 套雨污收集系统,经沉淀处理后排放。

6 结语

雅康高速公路在兼顾设计和施工方面问题的同时,还仔细考虑了施工过程中所带来的环境问题,并且采取了相应的措施加以解决。雅康高速公路的技术与管理创新能够为未来高速公路的设计施工提供一个良好的借鉴。

参 考 文 献

[1] 杨静.试论山区公路建设与环保对策及建议[J].西南公路,2017,(04):58-59+70.
[2] 张有兴.表面监测在边坡安全监测中的运用[J].科技创新与应用,2017,(10):225.
[3] 张阿玲.高速公路隧道照明设计与研究[D].长安大学,2011.
[4] 汪锋.大型复合式枢纽互通立交设计探讨[J].中外公路,2007,(05):144-146.
[5] 高欣.土木工程中混凝土施工技术的质量控制策略[J].工程技术研究,2017,(09):163-164.

狮子坪水库便道危岩落石运动特征研究及防护措施

吴立辉　王永刚

（中交一公局汶马高速 C15 标项目部）

摘　要：针对狮子坪水库便道施工的特殊地质环境，对便道作业区山体边坡危岩落石运动特征进行了研究，通过建立的三种常见二维边坡模型，利用公式法，对作业区常见危岩的运动特征进行了理论分析，同时运用基于概率统计的 RocFall 数值模拟软件对危岩模型进行了落石运动路径的数值模拟，研究了落石运动的特征，对得到的结果进行了综合分析，提出了适宜作业区危岩边坡的防护措施。

关键词：狮子坪水库便道　危岩边坡　公式计算法　RocFall 模拟　防护措施

1　研究区工程地质条件

危岩是指位于山体边坡上被多组岩体结构面切割而构成的岩石块体及其组合，在重力、地震力、裂隙水压力等诱发因素共同作用下处于欠稳定、不稳定或极限平衡状态[1]。近几年崩塌灾害发生频率逐渐增大[2]，对施工生产有着很大的影响。崩塌是山体边坡上的岩土体在重力作用下平衡突然被打破，脱离山体崩落、滚动、堆积在坡脚（或沟谷）的地质现象[3]。

狮子坪水库便道位于四川省汶川至马尔康高速公路 C15 标段，为主线隧道桥梁工程的辅助工程，汶川至马尔康高速公路地处青藏高原东缘与四川盆地西北边缘交错接触带，地处青藏高原东缘与四川盆地西北边缘交错接触带，地形复杂，地势西北高、东南低。东南为龙门山，中西部为邛崃山脉。作业区多为高山峡谷区，山势陡峭，沟壑纵横，谷底幽深，岷江、大渡河百川至东南奔腾出山，沿岸泥石流等山区自然灾害频繁。工程所在地区交通极为不便，进场唯一通道为 G317 国道。

作业区构造主体位于松潘—甘孜褶皱系一级构造单元，进一步区划可划分出龙门山陷褶段束、茂汶—丹巴地背斜、马尔康地向斜三个三级构造单元，主要构造为薛城 S 型构造、族郎帚状构造，主要断裂有米亚罗压扭性断层。新构造运动主要表现为大面积抬升运动和地震运动。

据作业区地面踏勘揭露，出露地层有新生界第四系全新统人工填筑层（Q_4^{me}）、崩坡积层（Q_4^{c+dl}）、崩积层（Q_4^{c}）、冲洪积层（Q_4^{al+pl}）和中生界三叠系中统杂谷脑组（T_{2z}）地层。出露岩石主要为变质砂岩，次为板岩、千枚岩，岩石脆性较大，便道边坡常有碎石掉落。受狮子坪水库蓄水影响，C15 标段施工范围内滑塌体分布较多，主要诱因为水库蓄水之后引起山坡堆积体滑落,分布有很多危岩边坡。利用理论计算[4,5]和数值模拟方法得出作业区危岩崩塌落石的运动特征,以此给防护措施设计提供有效的依据。

狮子坪水库便道工程主要包括三个部分,由下往上依次为1号,2号和3号便道,其中1号与2号便道以及2号与3号便道各有一个回头弯(见图1)。通过现场踏勘,可以将危岩边坡大致分为三类:第一类是单一坡度边坡,具有一个或两个水平台阶,坡度大约为60°~70°,表面主要是变质砂岩和千枚岩,无植被;第二类是缓折线型边坡,坡度从上到下依次变小后增大,其上覆盖植被,表面为散碎石坡面、软土坡面,常见于2号便道;第三类是直立边坡,坡角近乎90°,中部稍微变缓,下部变陡,表面为杂草灌木覆盖的密实碎石堆积、硬土坡面,常见于3号便道。

图1　狮子坪水库便道示意图

2　危岩运动特征

2.1　落石运动计算模型

常见落石的运动阶段可分为:初始位移阶段、碰撞阶段、滑动阶段和滚动阶段四个阶段,每个阶段落石的能量分布均不相同,整个过程遵循动力学原理。在初始诱因(如滑坡、崩塌)下,落石或碎石块失稳,在重力的作用下以滑滚的方式向下运动,运动过程如图2所示。影响落石速度的主要因素是危岩边坡的坡度和落石的高度,其他影响因素还有石块质量、自然形状、边坡坡形变化和上覆岩石、植被情况,覆盖层的厚薄和特征。

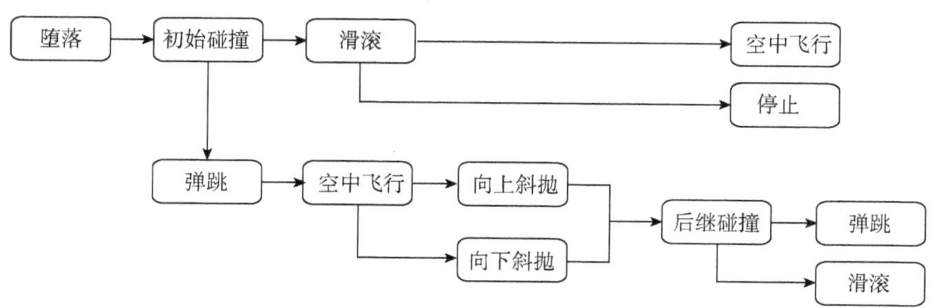

图2　落石运动过程框架图

2.2 落石运动速度计算公式

单一坡度边坡模型：山坡坡度一致，各个台阶的高度小于5m，其各段长度差值在10m以内或相邻坡度差小于5°者。见图3a)。

缓折线型边坡模型：其中缓山坡的坡度角 $\alpha<30°$，陡坡段坡度角 $\alpha\leqslant 60°$，坡段长超过10m，相邻坡段的坡度角相差大于5°。见图3b)。

直立山坡模型：上部坡段为极陡坡 $\alpha>60°$，其高度超过10m，下部坡段坡度较缓。见图3c)。

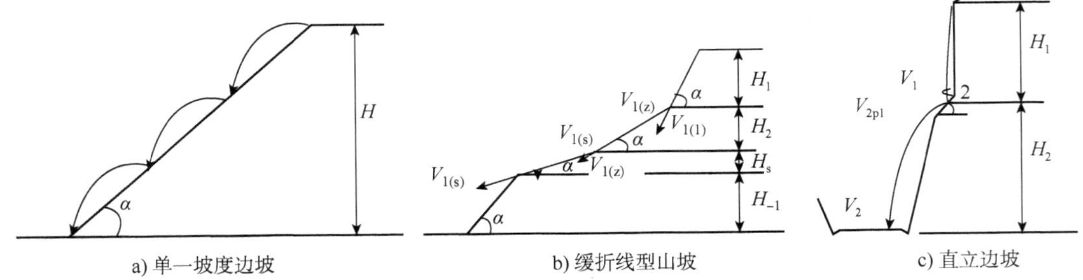

图3 落石运动计算模型

(1)单一坡度边坡：计算坠落石块沿单一山坡运动时的速度，可用任意形状物体滚动、滑动、跳跃运动的公式，即

$$V=\mu\sqrt{2gH}=\varepsilon\sqrt{H} \tag{1}$$

$$\mu=\sqrt{1-K\cot\alpha} \tag{2}$$

$$\varepsilon=\mu\sqrt{2g} \tag{3}$$

式中：V——落石速度；

H——石块坠落高度(m)；

g——重力加速度(m/s^2)；

α——山坡坡度角(°)；

K——石块沿山坡运动所受一切有关因素综合影响的阻力特性系数(见表1)

μ、ε——可通过计算或查表获得。

阻力特性系数 K 值计算公式表 表1

编 号	坡度角 $\alpha°$	K 值计算公式	适用情形
1	0°~30°	$K=0.41+0.0043\alpha$	25°<α<30°有草，稀疏灌木
2	30°~60°	$K=0.543-0.0048\alpha+0.000162\alpha^2$	35<α<45°基岩外露，局部有草和稀疏灌木的山坡
3	60°~90°	$K=1.05-0.0125\alpha+0.0000025\alpha^3$	α≥45°基岩外露的山坡

(2)缓折线型山坡：最高一个坡段坡脚的速度按公式(1)、公式(2)计算，其余坡段终端的速度为：

$$V_{j(i)}=\sqrt{V_{0(i)}+2gH_i(1-K_i\cot\alpha_i)}=\sqrt{V_{0(i)}^2+\varepsilon_i^2H_i} \tag{4}$$

式中：$V_{j(i)}$——各坡段落石瞬时速度；

H_i——各坡段高度；

K_i、ε_i——岩石运动阻力特性参数。

(3)直立边坡:直立危岩动力学平衡被打破掉落下来以后,过程中如遇到突出岩块会发生强烈碰撞,只产生一次弹跳就落入路基之中。

铅直下落的末速度:

$$V_1 = \sqrt{2gH_1} \tag{5}$$

和斜面碰撞后的切线初速度:

$$V_{2(0)} = (1-\lambda)V_1\cos(90-\alpha_2) = (1-\lambda)V_1\sin\alpha_2 \tag{6}$$

式中:λ——瞬间摩擦系数,此处落石是与便道接触,取 0.1;

α_2——碰撞入射角。

石块崩落到路基面时的末速度:

$$V_2 = \sqrt{2g}\left[(1-\lambda)\sqrt{H_1}\sin\alpha + \sqrt{H_2}\right] \tag{7}$$

2.3 落石弹跳计算

(1)石块在斜坡上的弹跳计算(见图 4):

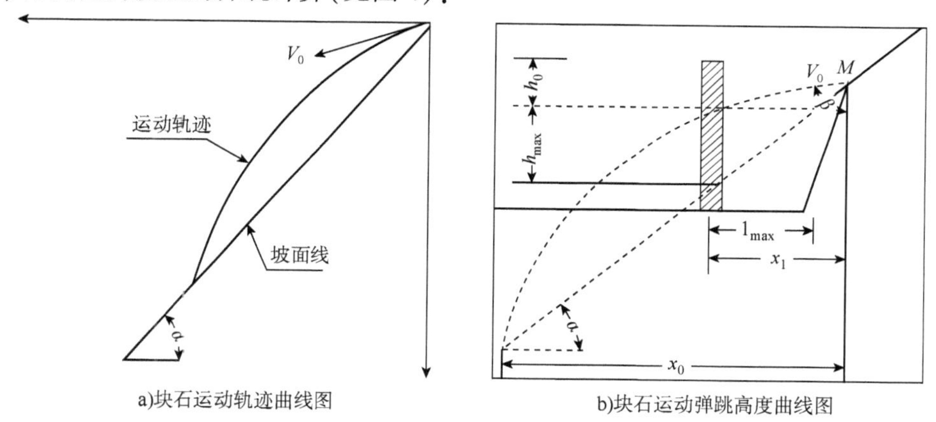

图 4 石块在斜坡上的弹跳计算

石块的运动轨迹方程为:

$$y = \frac{gx^2}{2V_0\sin^2\beta} + x\cot\beta$$

$$\beta = \frac{200 + 2\alpha\left(1 - \frac{\alpha}{45}\right)}{\sqrt[3]{V_i}} \tag{8}$$

式中:V_0——石块落至 0 点的反射速度(m/s);

β——石块反射逦度 V_0的方向与铅垂线夹角(°)。

当 $x_i = \frac{1}{2}x_0$ 时,落石运动轨迹对山坡面的水平和垂直偏离为最大,并按以下公式计算:

$$l_{max} = \frac{V_0^2(\tan\alpha - \cot\beta)^2}{2g\tan\alpha(1+\cot^2\beta)} \tag{9}$$

$$h_{max} = l_{max}\tan\alpha = \frac{V_0^2(\tan\alpha - \cot\beta)^2}{2g(1+\cot^2\beta)} \tag{10}$$

(2)石块在平台上的弹跳计算：

$$\tan\beta = \frac{\rho}{1-\lambda} \times \tan\theta \tag{11}$$

$$V_0 = (1-\lambda)V_r \times \frac{\cos\theta}{\cos\beta} \tag{12}$$

$$X_0 = \frac{V_0^2}{g}\sin 2\beta \tag{13}$$

$$H_{max} = \frac{V_0^2}{2g}\sin^2\beta \tag{14}$$

$$L_{max} = \frac{V_0^2}{2g}\sin 2\beta \tag{15}$$

式中：θ——入射角，采用山坡坡度角作为 θ 值；

β——石块反射速度 V_0 的方向与水平线夹角(°)；

ρ——恢复系数，此处落石是与便道接触，取 0.7；

λ——瞬间摩擦系数，此处落石是与便道接触，取 0.1。

根据石块腾越计算所得的 L_{max} 和 H_{max} 值，即落石的最大弹跳高度。

3 危岩落石运动数值模拟

3.1 RocFall 落石运动数值模拟原理

RocFall 是用于对危岩边坡进行数值模拟的软件。典型的应用包括岩石掘进和高速公路边坡防护等。工程人员运用动能和落石轨迹来确定防护系统的位置和防护措施。全过程均采用窗口交互式模式(图 5)，数据图表输出均能转换为电子表格，方便用户编辑。

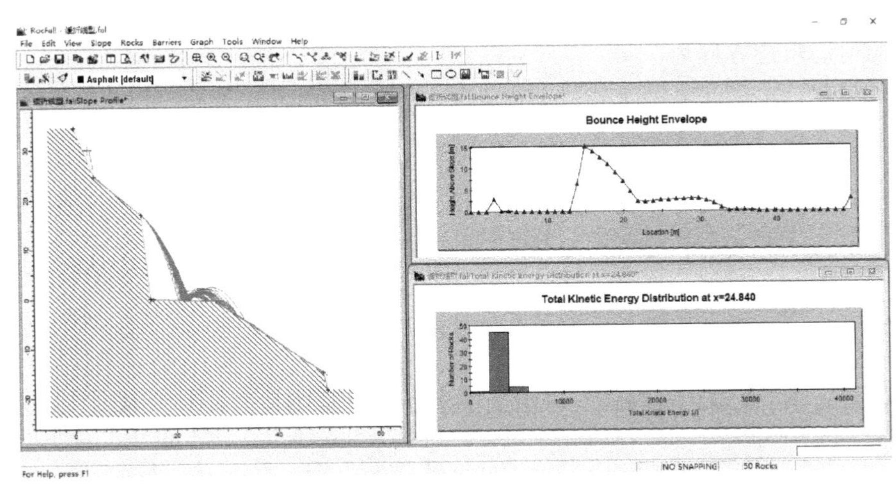

图 5 RocFall 运行界面

计算原理：便道作业区岩石块体由于受重力势能的影响，上部岩体具有较大势能，当它们受到外力扰动或者风化等原因，自身动力学平衡被打破，变成落石。下落过程中，依据动能定理,落石的势能转化为动能,如遇边坡上突出坡面或较大岩块时,会发生碰撞甚至弹跳,动能被损耗,落石弹跳的高度和角度与坡面的倾角、法向恢复系数、切向恢复系数都有关系;边坡在落石下落过程中不断起到消能的作用,落石会由于动能的耗损不再运动,堆积起来。整个过程遵循能量守恒定律[6]。

3.2 初始模型建立与参数赋值

根据作业区勘察试验数据结果,建立三种符合实际的计算模型(图 6),在软件对话框中输入各坡段的物理力学参数,同时确定边坡的破碎危岩带和预估落石集中带。

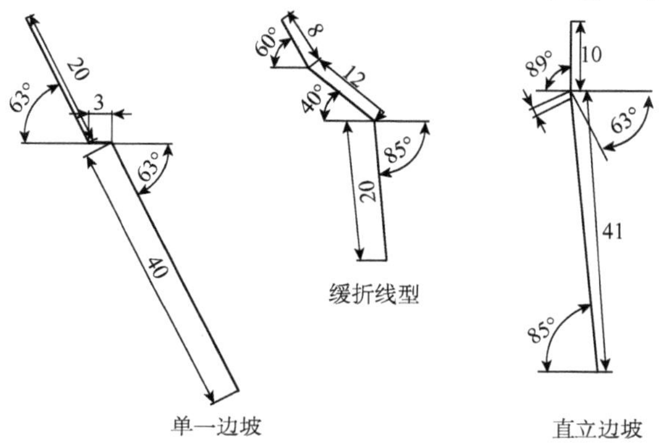

图 6 狮子坪便道边坡数值模型(尺寸单位:m)

结合现场踏勘资料,对不同类型边坡的坡段进行定义,赋予岩性和植被情况,确定岩坡的法向恢复系数 R_n 和切向恢复系数 R_t,如表 2 所示。

各个坡段参数的取值 表 2

坡段岩性	法向恢复系数 R_n	切向恢复系数 R_t	边坡类型	软件中对应项
基告裸露,强风化砂岩,岩质较坚硬	0.55	0.93	单一坡度边坡	Clean hard bedrock
松散碎石坡面,软土坡面	0.18	0.60	缓折线型边坡	Talus with vegetation
杂草灌木覆盖的密实碎石堆积、硬土坡面	0.24	0.83	直立边坡	Soil with vegetation

根据工程地质条件,狮子坪水库便道所处区域为构造活跃带,危岩边坡上的岩体普遍具有构造裂隙和风化裂隙,这些裂隙在自然营力(地下水压力,岩体风化,地震)的缓慢作用下发生变形,随着变形程度的积累,岩块的平衡会被打破,自边坡下落[7]。由于平衡时的位移为长期积累,岩体初始速度普遍不大,在进行数值模拟时,排除随机因素的影响,计算参数取平均值。一般地,岩石离开坡面后,做初速度为 0 的自由落体运动。

3.3 落石数值模拟

据现场已有落石的调查,大部分落石重量在 30kg,所以此次模拟选择落石重量为 30kg。对危岩破碎带拟定多个落石点,边坡顶点水平坐标为 0,进行落石路径模拟,确定出大致的落石集中区以及落石运动性质变化特征。

(1)单一坡度边坡落石数值模拟(图7)

对主要常见于1号便道的单一坡度边坡进行了数值模拟(图7),边坡上基岩裸露,上覆强风化砂岩夹板岩,岩质较坚硬。危岩体距离便道24m,落石从失稳掉落直到到达1号便道的水平运动距离为33m,33.000m<X<37.000m为落石的集中破坏区。边坡上落石的弹跳高度在X=27.000m处最大,高度约为28m,落石总动能在X=37.000m处最大,约为1.55×10^4J,在此之后,大多数落石最终会滑滚或直接掉入狮子坪水库里。

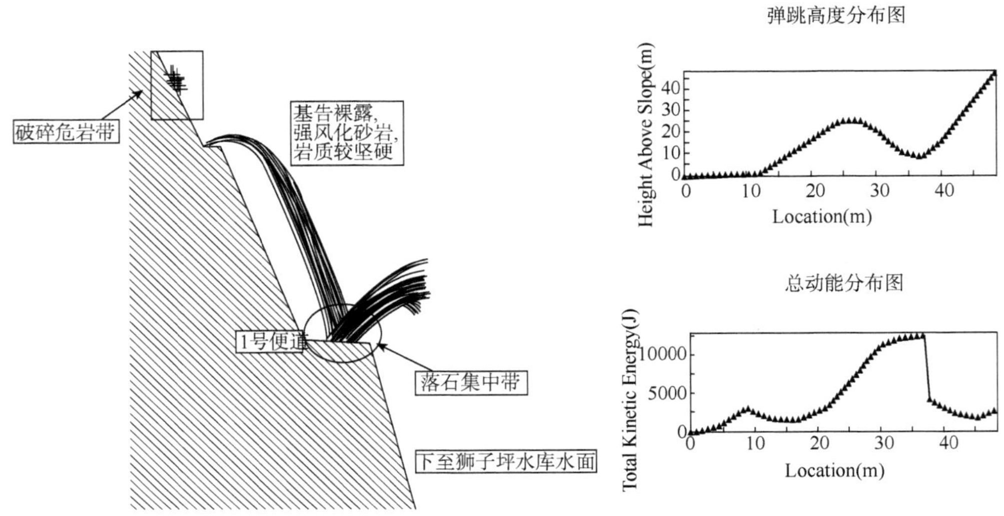

图7 单一坡度边坡落石数值模拟图

(2)缓折线型边坡落石数值模拟(图8)

缓折线型边坡上为松散碎石坡面,软土坡面,上覆植被。从数值模拟图中可以看到,危岩体距离便道15m,落石从失稳掉落直到到达2号便道的水平运动距离为21m,21.000m<X<25.000m为落石的集中破坏区。边坡上落石的弹跳高度在X=18.000m处最大,高度约为14m,落石总动能在X=23.000m处最大,约为3.85×10^4J,在此之后,大多数落石最终会滑滚至1号便道。

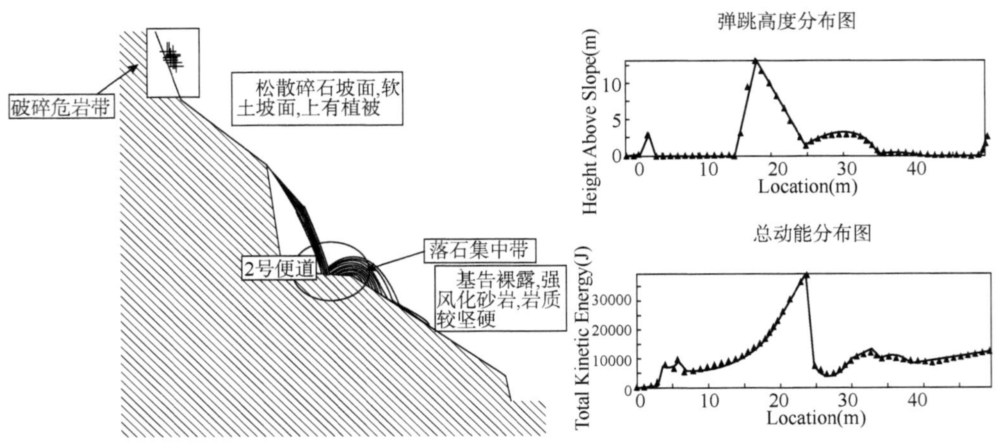

图8 缓折线型边坡落石数值模拟图

(3)直立边坡落石数值模拟(图9)

直立边坡上为杂草灌木覆盖的密实碎石堆积、硬土坡面。从数值模拟图上可以看到,危岩体距离便道8m,落石轨迹大致有两类:一类是露头较多的落石直接坠落,沿下坡段运动到3号便道;另一类是出露较小的岩块先沿上部坡段运动至转折点发生弹跳,直接坠入3号便道。落石从失稳掉落直到到达2#便道的水平运动距离分别为8m和16m,3号便道与坡角接触带和 $16.000<X<18.000$m 附近为落石的集中破坏区。边坡上落石的弹跳高度在 $X=9.500$m 处最大,高度约为34m,3号便道落石总动能在 $X=8.000$m 处最大,约为 3.5×10^4J,在此之后,大多数落石最终会滑滚至2号便道,造成二次破坏。对于这类边坡,设置拦截措施对于在转折点发生弹跳的岩块不再具有效果,防护工程应予以考虑。

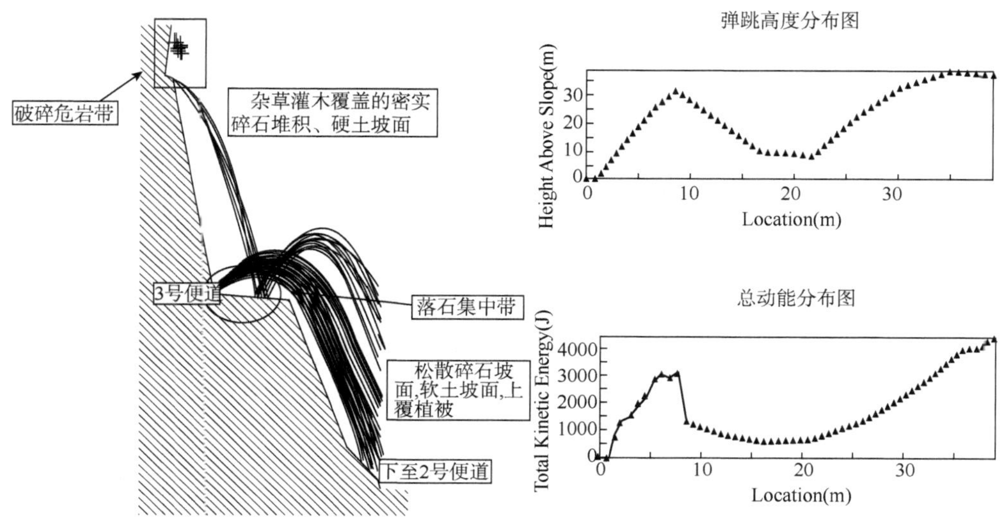

图9 直立边坡落石数值模拟图

4 作业区危岩体防护措施

进场便道在修筑过程中需要做好进场便道的支挡防护工程,特别注意治理滑坡、崩塌等危岩常见地质危害,保证主线施工期间便道的畅通。防护工程设计时应遵循三个原则:主动加固治理原则、被动防护原则和主动加固—被动防护相结合原则[8]。根据对公式法和数值模拟结果的研究,对于便道危岩滑坡、崩塌的治理,采用主动和被动防护相结合的方法,在此以片石混凝土挡土墙和预应力锚索框架梁为例进行说明。

(1)片石混凝土挡土墙

片石混凝土挡土墙属于一种拦截稳固措施(图10),旨在保证便道整体稳固性,有效地防止滑坡的发生,在危岩掉落时也能起到拦截的作用,避免砸向路面。

片石混凝土挡土墙施工工艺流程见图11,主要设置在1号和2号便道边坡的坡角和坡顶处。

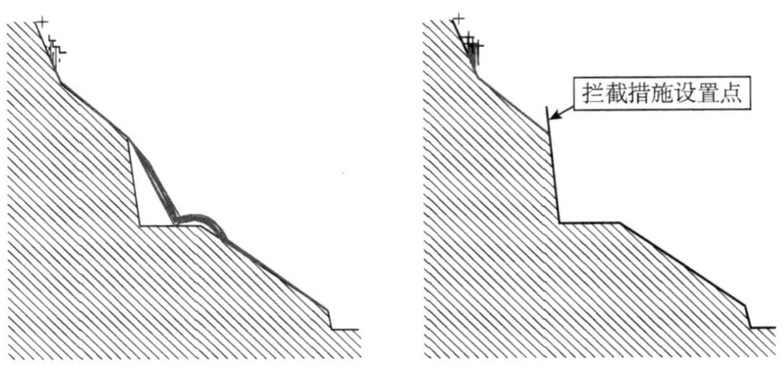

图 10　危岩边坡拦截措施设置示意图

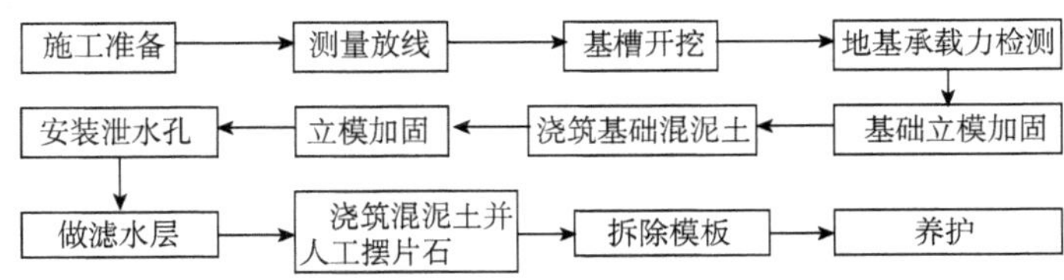

图 11　片石混凝土施工工艺流程图

(2)预应力锚索框架梁

预应力锚索框架梁是一种张拉装置,由钻孔穿过所需防护的坡面,把一端(锚杆)锚固在坚硬的岩层中(称内锚头),然后在另一个自由端(称外锚头)进行张拉,从而对岩层施加压力对不稳定岩体进行锚固(图 12)。其施工工艺流程见图 13,主要设置在 2 号和 3 号便道边坡危岩破碎带上。

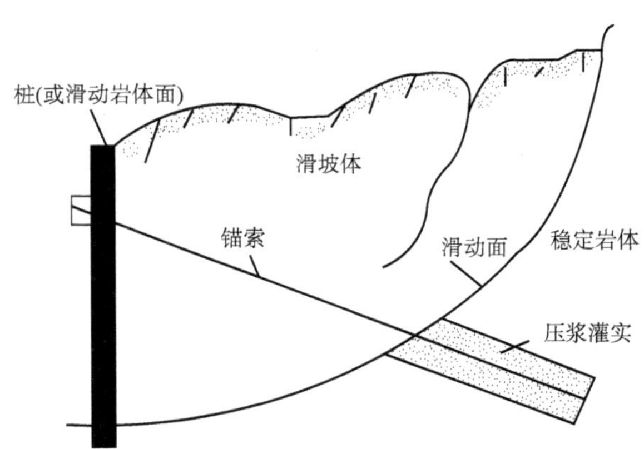

图 12　预应力锚索示意图

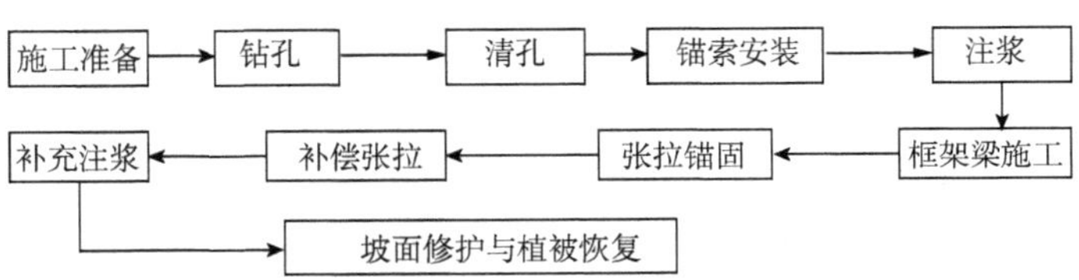

图 13　预应力锚索框架梁施工工艺流程图

5 结语

通过狮子坪水库便道危岩工程实例,利用公式计算法和数值模拟方法来对作业区的危岩体进行运动特征计算,可以得出如下结论:

(1)利用简化二维理论计算的方法,对危岩体的运动特征进行计算分析,能大致厘清落石的运动范围。

(2)RocFall 软件是基于概率统计的算法,通过拟定多个落石点进行数值模拟,发现不同边坡模型落石的弹跳和总动能消耗模式大致相同,作业区危岩大多会直接撞击到路面上,威胁到施工机械和队伍的安全。

(3)结合公式法和数值模拟的落石计算结果,对狮子坪水库便道的防护措施设计了片石混凝土挡土墙、预应力锚索框架梁等方案,针对不同便道实施不同的防护措施,保证主线工程的顺利施工。

(4)影响落石运动特征的因素较多,利用公式法和数值模拟均会忽略掉一些因素,从而造成一定的差异,若能结合更多作业区实际地质资料,将使预测结果更加精确。

参 考 文 献

[1] 陈维,徐则民,刘文连.差异风化型危岩力学模型及破坏机制研究[J].岩土力学,2015,36(1):195-204.
[2] 张卓元,王士天,王兰生.工程地质分析原理[M].地质出版社,1993.
[3] 胡厚天.崩塌与落石[M].北京:中国铁道出版社,1989.
[4] 唐红梅,易朋莹.危岩落石运动路径研究[J].重庆建筑大学学报,2003,25(1):17-23.
[5] 韩俊艳,陈红旗,杜修力.典型斜坡滚石运动的理论计算研究[J].水文地质工程地质,2010,37(4):93-96.
[6] 曾舜.RocFall 软件在危岩崩塌处治设计中的应用[J].中国水运,2011,1(1):211-212.
[7] 纪仁芹.重庆地区公路高边坡危岩稳定性分析与治理方法[D].重庆交通大学,2014:55-58.
[8] 陈洪凯,欧阳仲春,廖世荣.三峡库区危岩综合治理技术及应用[J].地下空间,2002,22(2):97-101.

高速公路运行车速分布特性研究

黄　兵[1]　吴　斌[1]　张　洋[1]　朱顺应[2]　卢　华[2]　汪　攀[2]

(1.四川雅康高速公路有限责任公司,成都 625000;
2.武汉理工大学交通学院,武汉 430063)

摘　要:为研究高速公路运行车速分布特性,以运行车速为样本对象,分所有车、小客车、大货车三种车型绘制运行车速频率分布曲线,然后利用 P—P 概率图检验、K—S 检验确定各车型运行速度分布形式,并对各车型运行车速变异系数进行常数 T 检验。结果表明:高速公路断面所有车、小客车、大货车三种车型运行车速都近似于服从正态分布,服从正态分布的各类车型运行车速变异系数在统计意义上是一个常数且等于 0.10。

关键词:高速公路　运行车速　分布特性　正态分布　变异系数

运行车速是描述车流运动的一个基本参数,直接影响到高速公路营运安全与效率,因此研究高速公路的车速分布特性至关重要,通过车速分布特性可对车辆合理限速进而降低事故率和伤亡率,并对高速公路线形设计提出指导性的意见[1-3]。

各国对于运行车速分布已有一定研究。Kumar 和 Rao[4] 发现地点车速服从正态分布,他们将 85%位车速看作平均自由车速,调查统计得出了小型车、公交车、货车的平均自由车速值;Partha 和 Satish 等[5] 收集了印度 17 个双向单车道的地点车速数据,可以通过($V_{85}-V_{50}$)与($V_{50}-V_{15}$)的比值来确定车速分布曲线的形式,并且得出当且仅当比值处于 0.69~1.35 区间时,分布曲线为单峰形式;汪双杰[6] 对公路运行车速进行了正态分布检验,并引入离差概念得出了运行车速特征值的定量化标准;周宏敏[7] 研究了运行车速分布特征并构建了基于连续线性变化的运行车速预测模型;阎莹[8] 对运行车速进行了 4 种分布形式拟合检验,发现高速公路断面运行车速服从正态分布,并提出了概率分布累计函数可有效解决原始观测数据的指标准确量化问题。

虽然已有较多文献研究了高速公路运行车速分布,但研究对象大多针对所有车型,且对高速公路运行车速变异系数研究较少,鉴于此,本文分所有车、小汽车、大货车三种不同车型对高速公路运行车速特征参数及分布形式进行研究,分析探讨各车型运行车速变异系数,为高速公路运行车速理论研究提供进一步的补充。

1　数据与方法

1.1　数据来源

运行车速采集地点为我国山岭区、平原区等 4 条高速公路不同断面,且车速采集路段前后300m无隧道、桥梁等构造物以及其他任何暴露于视野的电子监控、违章抓拍设备,因此,分析所得结论具有一定代表性及广泛适用性,其基本情况如表1所示。

数据采集路段基本情况　　表1

序　号	路段名称	设计速度(km/h)	限速值(km/h)	交通量(veh/d)
1	杭瑞高速	100	100	825
2	岱黄高速	100	100	18 061
3	沪蓉西高速	80	80	11 134
4	十漫高速	80	80	966

1.2 数据采集

采用磁感应交通流分析仪NC—200采集车型、断面车速等特征数据,为了避免仪器可能出现的故障,试验过程中采用雷达枪对车速数据进行人工采样,若磁感应观测数据与人工采样数据出现显著差异,则重新观测。此外,为保障采集数据更具有代表性及可比性,数据采集均选择天气晴朗时段,且观测路段无施工、路面障碍物和临时停靠车辆的影响,并要求扫取样本交通组成与总体车辆保持一致。

1.3 数据分析方法

1.3.1 P—P概率图检验

P—P概率图是用来检验变量分布的一种图形[9]。P—P概率图对任意一组车速数据进行检验其是不是指定的分布,如果图中的点都靠近于直线,那么说明拟合效果比较好。该法是一种直观、简单的方法。通过正态分布、logistic分布、weibull分布以及Gamma分布四种分布方式分别对各高速不同车型车速数据进行P—P概率图拟合检验。

1.3.2 单样本K—S检验

单样本K—S检验是检验单一样本是否服从某一预先假设的特定分布的方法[9]。其检验方法是以样本数据的累计频数分布与特定理论分布比较,若两者间的差距很小,则推论该样本取自某特定分布族。其原理如下:

假设检验问题:H_0 样本所来自的总体分布服从某特定分布。

令 $F_0(x)$ 表示预先假设的理论分布, $F_n(x)$ 表示随机样本的累计概率(频率)函数,设 $D = \max|F_0(x) - F_n(x)|$。

结论:当 $D > D(n,a)$,则拒绝 H_0,反之则接受 H_0 假设。其中 $D(n,a)$ 是显著水平为 a 且样本容量为 n 时的拒绝临界值。

1.3.3 变异系数T检验

变异系数是衡量各观测值变异程度的一个统计量,其为标准差与平均数的比值[10]。当比较多个数据变异程度时,若度量单位与平均数相同,可直接用标准差进行比较;若单位或平均数不同时,比较其变异程度则不能采用标准差,而需采用变异系数。

变异系数检验采用单样本T检验法。变异系数T检验法用于不同高速公路运行车速变异系数与某个常数的差异性,当显著性水平小于0.05时认为有显著性差异。

2 结果与分析

2.1 运行速度特征参数统计分析

采用 SPSS 统计分析软件，按所有车、小客车、大货车对车辆进行车型分类，对 4 条高速公路车速数据进行处理分析，获得 4 条高速公路速度样本特征参数，如表 2 所示。

运行车速特征统计参数　　表 2

参数（km/h）	杭瑞高速			岱黄高速			沪蓉西高速			十漫高速		
	所有车	小客车	大货车	所有车	小客车	大货车	所有车	小客车	大货车	所有车	小客车	大货车
平均车速	89.4	93.5	84.4	70.5	75.5	66.9	74.5	82.2	67.5	92.1	94.7	85.7
中值	89.0	93.0	84.0	71.0	76.0	68.0	74.0	82.0	67.0	92.0	96.0	87.0
V_{85}	98.0	104.0	94.0	80.0	82.5	74.0	85.0	91.0	77.0	108.0	112.0	96.0
V_{15}	80.0	83.4	75.0	61.0	68.0	58.0	65.0	73.0	59.0	76.0	79.0	72.0
标准差	9.0	8.4	7.7	9.2	7.2	8.3	9.8	7.6	8.3	12.5	12.2	10.3
偏度	0.3	0.5	0.1	-0.1	-0.1	0.0	0.0	0.3	0.0	-0.1	-0.2	-0.5
峰度	0.5	-0.1	-0.7	-0.3	-0.1	-0.1	-0.1	-0.1	0.0	-0.7	-0.7	-0.5
极小值	67.0	76.0	67.0	48.0	59.0	48.0	43.0	65.0	43.0	57.0	63.0	57.0
极大值	121.0	121.0	103.0	91.0	91.0	89.0	105.0	105.0	89.0	121.0	121.0	102.0
变异系数	0.10	0.09	0.09	0.13	0.10	0.12	0.13	0.09	0.12	0.14	0.13	0.12

由上表知，不同车辆类型中，小客车的平均车速、中值、V_{85}、V_{15}依次高于所有车及大货车；相同设计车速条件下，交通量越大，车速集中趋势参数值越小，其原因是交通量越大，路段上车速受外界因素干扰较大，各种车型之间的相互干扰较大，车速相对较低。

为确定高速公路断面运行车速分布形式，以沪蓉西高速为例，分所有车、小客车、大货车三种车型绘制不同车型运行车速频率分布曲线，见图 1。由图可知，所有车、小客车、大货车三种车型运行车速分布都有中间较为集中，两边较为分散的特点；且由表 2 知运行车速偏度、峰度值都接近于 0，因此猜想各车型运行车速近似于服从正态分布。

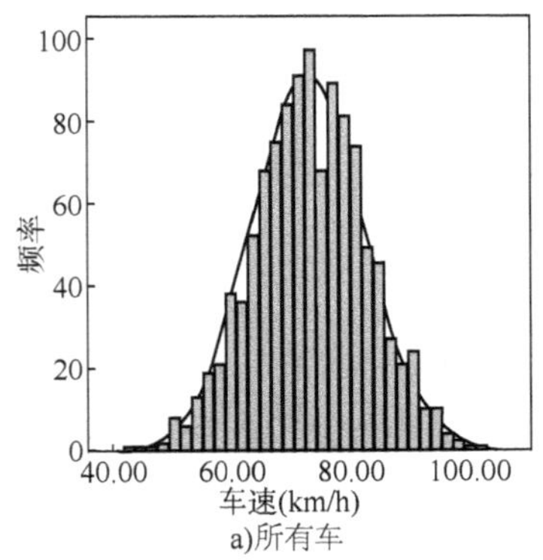

a)所有车

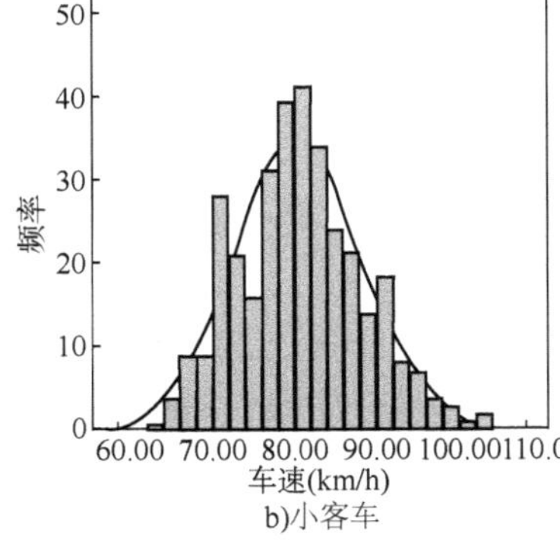

b)小客车

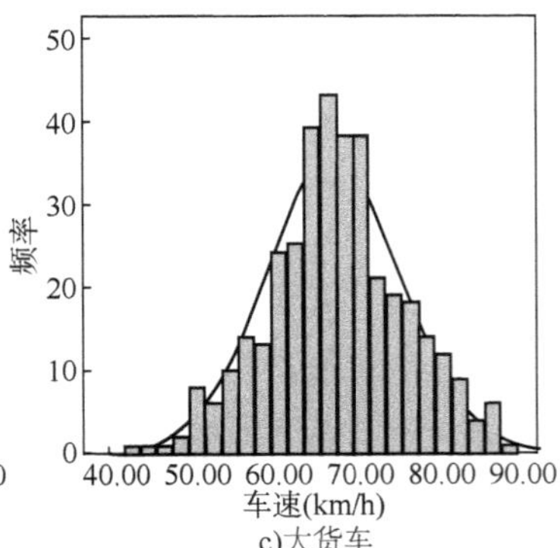

c)大货车

图 1　沪蓉西高速各车型运行车速频率分布曲线

2.2 P—P 概率图检验

为检验运行车速是否为正态分布，利用 P—P 概率图对其检验，以沪蓉西高速所有车型运行车速为例，采用 SPSS 软件处理得到 4 种分布 P—P 概率图，结果见图 2。可以得出 4 种分布对于该组车速数据的拟合优度不尽相同，可认为正态分布能够更好地拟合这组数据的分布形态。对所有路段各种车型进行 P—P 概率图检验，大部分路段运行车速都近似服从正态分布，少部分样本 P—P 概率图检验不明显，因此可通过单样本 K—S 检验进行进一步精确判定。

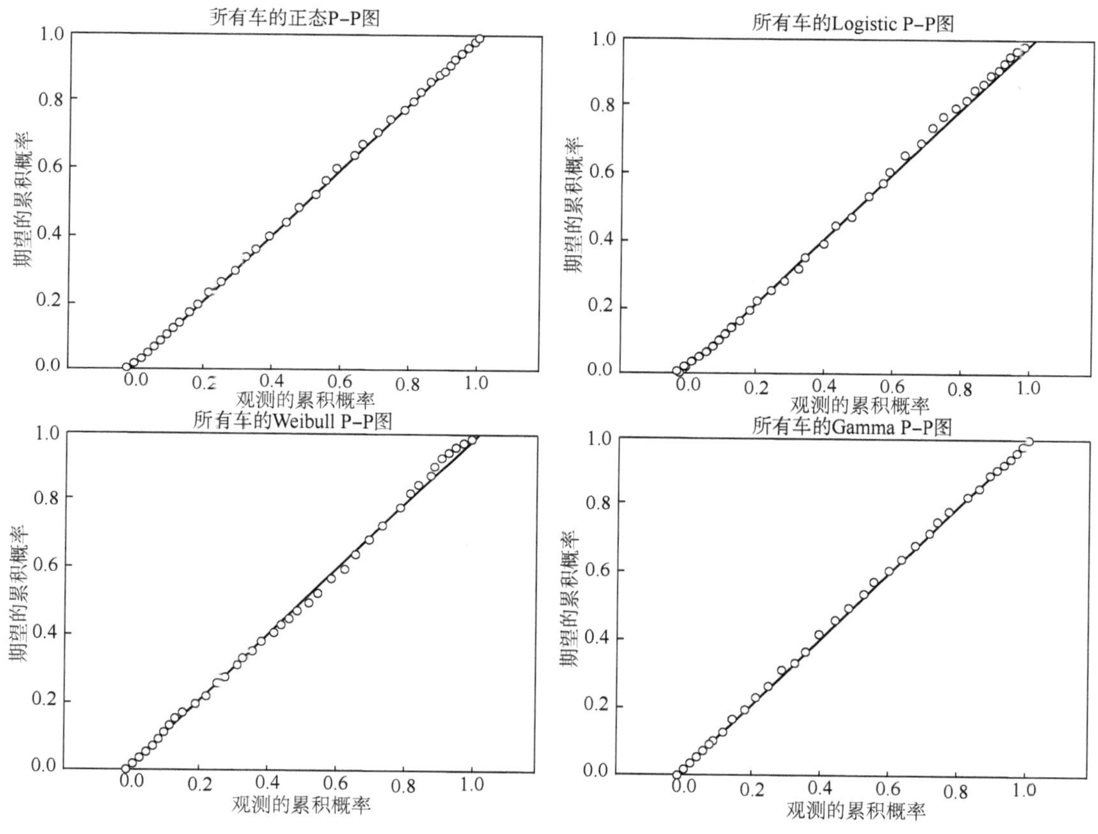

图 2　沪蓉西高速所有车型车速 4 种分布 P—P 概率检验

2.3 单样本 K—S 检验

对各高速公路各车型运行速度进行单样本 K—S 检验，结果发现，双尾检验 sig 值都大于 0.05，结合 P—P 概率图检验，从定性及定量方面可认为 4 条高速公路运行车速近似于服从正态分布。

2.4 变异系数 T 检验

由表 2 可得各高速公路路段所有车、小客车、大货车运行车速变异系数，经计算，所有车、小客车、大货车变异系数平均值分别为 0.12、0.10、0.11，服从正态分布的运行车速变异系数在一定意义上可以用变异系数平均值表示。本文猜测服从正态分布的各类车型运行车速变异系数在统计意义上是一个常数，且为 0.10。

针对此猜想,对各类车型运行车速变异系数平均值与检验值 0.10 进行 T 检验,检验结果如表 3 所示,各车型 *sig*>0.05,表明所有车、小客车、大货车运行车速变异系数平均值与常数 0.10的差异不显著,即服从正态分布的各类车型运行车速变异系数在统计意义上是一个常数且等于 0.10,即运行车速越高,车速标准差越大,车速离散程度越大,高速公路交通事故率越高,事故强度越大[11],因此应对高速公路合理限速,保障交通安全。

变异系数 T 为常数检验 表 3

车 型	检验值=0.10					
	t	df	Sig.(双侧)	均值差值	差分的 95%置信区间	
					下限	上限
所有车	3.043	3	0.056	0.02472	-0.0011	0.0506
小客车	0.219	3	0.841	0.00200	-0.0271	0.0311
大货车	1.821	3	0.166	0.01435	-0.0107	0.0394

3 结语

本文通过采集高速公路运行车速数据并进行统计分析,研究了高速公路路段运行车速特征参数及分布形式,可得如下结论:

(1)对小客车、所有车、大货车运行车速集中趋势参数如平均车速、中值、V_{85}、V_{15}等统计发现,小客车集中趋势参数值依次高于所有车、大货车,即各车型运行速度聚集程度依次降低;且相同设计车速条件下,交通量越大,车速集中趋势参数值越小,车速离散程度越大。

(2)同一条高速公路路段上,所有车型运行车速标准差最大,车速离散程度最大。

(3)高速公路不同路段运行车速特征参数存在一定差异,经过检验发现,所有车、小客车、大货车车型运行车速都近似于服从正态分布。

(4)近似于服从正态分布的各类车型运行车速变异系数在统计意义上是一个常数且等于 0.10,即运行车速越高,车速标准差越大,车速离散程度越大,高速公路越容易发生交通事故,事故强度越大。

本研究尚有一些值得深入研究的问题:

(1)对高速公路运行车速数据研究分析暂未考虑道路线形因素,后期研究可针对该因素深入探讨。

(2)服从正态分布的各类车型运行车速变异系数在统计意义上是一个常数且等于 0.10,该常数的值是否与其他因素有关有待进一步研究。

参 考 文 献

[1] Cheng Guozhu, Pei Yulong. Relationship between speed and traffic accident and speed limit on freeway[J]. Journal of Harbin Institute of Technology, 2008, 15(2): 149-154.

[2] 吴彪,杨忠振,谢军,等.高速公路施工区路段车速分布特性研究[J].交通运输系统工程与信息,2016,16(2):219-224.

[3] 陈涛,孙林,张信,等.山区高速公路连续下坡路段区间运行车速特征分析[J].武汉理工大学学报(交通科学与工程版),2014(4):701-704.
[4] Kumar V M,Rac S K.Headway and speed studies on two-lane highways[J].1998.
[5] Dey P P,Chandra S,Gangopadhaya S.Speed Distribution Curves under Mixed Traffic Conditions[J].Journal of Transportation Engineering,2006,132(6):475-481.
[6] 汪双杰,方靖,唐荣贵,等.公路运行速度特征研究[J].中国公路学报,2010(s1):24-27.
[7] 周宏敏,马玉成,王君,等.高速公路断面运行车速分布的研究[J].华东交通大学学报,2008,25(5):32-35.
[8] 阎莹,王晓飞,张宇辉,等.高速公路断面运行车速分布特征研究[J].中国安全科学学报,2008,18(7):171.
[9] 张文彤,邝春伟.SPSS 统计分析基础教程[M].高等教育出版社,2011.
[10] 罗晓芃,齐佳音,田春华.电影首映日后票房预测模型研究[J].统计与信息论坛,2016,31(11):94-102.
[11] Garber N J,Gadiraju R.Factors Affecting Speed Variance and its Influence on Accidents[j].transportation Research Record,1989.